航天科技图书出版基金资助出版

系统安全

张　弘　何钟武　编著

中国宇航出版社
·北京·

图书在版编目（CIP）数据

系统安全 / 张弘，何钟武编著. -- 北京：中国宇航出版社，2023.4

ISBN 978-7-5159-2192-1

Ⅰ.①系… Ⅱ.①张… ②何… Ⅲ.①系统安全工程 Ⅳ.①X93

中国国家版本馆CIP数据核字(2023)第015682号

责任编辑　王杰琼　　封面设计　王晓武

出　版
发　行　中国宇航出版社

社　址　北京市阜成路8号　邮　编　100830
(010)68768548

网　址　www.caphbook.com

经　销　新华书店

发行部　(010)68767386　(010)68371900
(010)68767382　(010)88100613(传真)

零售店　读者服务部　(010)68371105

承　印　北京中科印刷有限公司

版　次　2023年4月第1版
2023年4月第1次印刷

规　格　787×1092

开　本　1/16

印　张　21.25

字　数　517千字

书　号　ISBN 978-7-5159-2192-1

定　价　158.00元

本书如有印装质量问题，可与发行部联系调换

航天科技图书出版基金简介

航天科技图书出版基金是由中国航天科技集团公司于2007年设立的，旨在鼓励航天科技人员著书立说，不断积累和传承航天科技知识，为航天事业提供知识储备和技术支持，繁荣航天科技图书出版工作，促进航天事业又好又快地发展。基金资助项目由航天科技图书出版基金评审委员会审定，由中国宇航出版社出版。

申请出版基金资助的项目包括航天基础理论著作，航天工程技术著作，航天科技工具书，航天型号管理经验与管理思想集萃，世界航天各学科前沿技术发展译著以及有代表性的科研生产、经营管理译著，向社会公众普及航天知识、宣传航天文化的优秀读物等。出版基金每年评审1～2次，资助20～30项。

欢迎广大作者积极申请航天科技图书出版基金。可以登录中国航天科技国际交流中心网站，点击“通知公告”专栏查询详情并下载基金申请表；也可以通过电话、信函索取申报指南和基金申请表。

网址：http：//www.ccastic.spacechina.com

电话：(010) 68767205，68767805

序　一

我国现代装备正处在跨代发展阶段，对高度综合与复杂系统集成的装备往往存在技术认知上的不足和技术能力上的短板，其表现形式为：研制过程中的主要问题是研制差错；使用过程中的主要问题是使用、维修差错（含维修项目及间隔不当），而使用、维修差错说到底还是研制需求识别不够充分。这些研制差错，可能会给现代装备埋下一定的安全隐患。

我们必须对装备的使用安全怀有敬畏之心。只有经系统安全技术融合的产品才是全寿命周期内有生命力的产品，否则，其充其量只是高新技术的展览区。我们有幸参与装备型号的研制，就应时刻不忘肩上的责任与义务：一是确保所确定的研制需求，汲取了类似装备的经验与教训，涵盖了适航规章（航空装备）等规范、标准规定的要求，能满足使用与维修保障及经济性要求；二是装备的系统规范、研制规范和产品规范要求是在装备系统研制的过程中经过充分的安全性评估过程迭代得出，并证明是能够得到满足的；三是型号的研制过程比结果重要，研制过程中严格执行 SAE ARP 4754A，过程受控，能解决目前型号管理中的不细、不严问题，并使研制差错最小化。

在编写本书的过程中，作者参考了国外大量文献，介绍了国内尚在启蒙而国外广为应用的成熟理念，从而提升了该书的技术成熟度及其在工程上的应用价值。这就是其难能可贵之处。书中所述内容虽以航空装备为主，但它同样适用于航天等领域现代复杂装备研制与使用时系统安全工作的规划、管理与实施。本书对培养我国系统安全专业的技术人才、规范包括军机在内的航空装备适航性工作、促进装备研制管理和安全文化水平的提升，均有一定的意义。

本书作者之一张弘自 2003 年起先后担任多型号飞机总设计师，有近四十年航空装备一线研制工作经验的积淀，对装备研制过程既有丰富经验，又有深刻教训。作者工作之余，勿忘皓首穷经，历时十五年，终成心血之作，我们在此表示衷心感谢。

由于国内外专家们的背景、经历和实践的差异，因此有些观点和认识不尽相同。现本着“仁者见仁、智者见智”的精神，推出本书，给读者以研究、思考的广阔空间，并从中受益。

孙年荣

序　二

本书作者根据自己在航空装备系统架构及通用质量特性领域几十年的技术积淀与感悟，将ARP 4754标准体系、DOC 9859、MIL-HDBK-516C等国外研制与使用阶段的安全性相关标准、规范有机融合在一起，全面论述了全寿命周期内系统安全工作的基本概念、基本理念与管理技术。本书以安全性引导装备研制为牵引，重点阐述了研制阶段如何自顶而下实施装备的功能分解和自下而上实施装备功能集成的过程。本书以复杂系统研制差错为重点，结合航空装备的适航要求，论述了安全性评估的深度与广度要求，简述了安全性评估关键技术。本书借鉴了国外装备复杂系统的成熟技术，在国内学术思想较为新颖，工程可操作性较强。

在高度综合与复杂系统集成的装备领域，尤其是军用装备领域，我国关于系统安全方面的理论书籍较少。这类复杂装备在技术认知和基础设计能力方面还继承了传统装备的设计理念和思路，总想靠试验和分析的方法解决所有安全性问题，而ARP 4754体系和工程实际表明这是不切实际的。

本书面向我国航空、航天装备复杂系统的研制，从系统安全的角度阐述了装备的研制保证过程。目前，国内论述民机安全性方面的相关书籍有一些，但全面论述复杂装备系统安全的基本理念、以安全性需求引导装备的功能架构及需求分配与评估的同类书籍较少。本书对装备领域深入认识和开展系统安全工作具有很强的实用价值与指导意义。

吕川

前 言

随着科学技术飞速发展，现代装备越来越数字化、综合化和智能化，而这些复杂装备在使用过程中经常发生故障。有些故障一旦发生，往往会导致灾难性后果。为什么现代装备的研制差错那么多？为什么出了故障后，定位起来那么困难？

近30年的航空、航天事故再次警示我们：人类在革新科学技术、创造物质财富、推动社会进步、享受现代生活的同时，也往往在不断地制造着副产品——灾难。灾难总是在人们惊慌、彷徨、绝望之余不期而至，“落井下石”，从而时常让社会变得不那么宁静与和谐。

理念决定了处事的广度与深度。英国社会学家巴里·特纳（Barry Turner）在1978年出版的 *Man-Made Disasters* 一书中指出：大规模技术系统中的灾难既不是偶然事件的结果，也不是上帝所为；更确切地说，灾难是由一系列非故意的人为与组织因素不断积累而酝酿的结果，其过程通常会长达很多年，这些人为与组织因素主要包括过失与错误、不正确的管理决策、对安全与危险不正确的假设等。

笔者根据自己近40年在航空装备系统架构及通用质量特性领域的工程经验、教训与感悟，认为安全不仅要关注故障，还要关注装备研制、制造与使用全寿命期内的差错、文化与管理，更要关注装备全寿命周期内影响安全的主要矛盾。于是，通过对现役装备安全性问题的分析、统筹与综合，提出了高度复杂与综合系统或装备的研制，应以减缓或消除研制差错为理念、以安全性引导装备研制为思想、以系统安全管理为统领、以装备安全性需求为目标、以功能安全性需求分配与验证为指引、以基于目标与风险的安全性评估为手段、以过程保证为切入点等一体化解决方案，给出了搭建符合ALARP的装备架构方法，展示了现代装备安全性需求的识别、确认、实施与验证的全过程，进而系统而合理地解决了装备安全性要求高与全寿命周期费用低、研制周期短、系统集成度高等各要素之间的矛盾。

本书侧重于装备研制阶段，旨在帮助人们在航空、航天、航海、石化、交通等领域，结合经济可承受性的要求，从概念设计阶段开始，正确地理解和应用系统安全技术，以规范化的组织形式实施系统安全工程，进而减少装备的研制差错，将造成危险的各种差错、事件消灭在萌芽状态或控制在可接受的范围内，最大限度地降低系统性故障发生的概率，提高装备系统对各类事故的免疫能力，以实现装备使用时的安全、可靠、经济，并为军用航空器适航审定过程提供技术支撑。

本书共8章。第1～3章论述了系统安全技术的基本概念，剖析了系统安全技术的传统理念及误区，并从组织、人为、技术、风险权衡、结构化的设计保证和严格的过程控制等方面介绍并分析了国外有关系统安全的新理念，提出了在大系统、大综保环境下统筹系统安全工作的观点，并据此给出了装备研制阶段系统安全工作的思路；第4章从事故的特点出发，论述了装备的安全文化及研制阶段系统安全管理的要求；第5章重点论述了装备的研制程序及系统安全技术在研制阶段的应用，即如何通过双“V”过程自顶而下确定装备的安全性需求和自下而上验证所确定的需求均得到满足；第6章则重点阐述了安全性评估技术，并对主要的安全性评估工具做了简介；第7章简述了民机主最低设备清单的原理，并探讨了推广到军机的意义；第8章针对装备在使用过程中暴露出的电缆设计、安装和维修等方面的典型问题，讨论了电气线路互联系统安全性的结构化分析与评估技术。

同“以可靠性为中心的维修”技术一样，系统安全技术也是由航空领域发展而来的，并逐渐渗透到其他工程领域，最终在各领域得到广泛应用。鉴于本书的适用范围较广，故亦借鉴“以可靠性为中心的维修”的模式，取名为“系统安全”而非“飞机系统安全”。

在编著本书的过程中，同济大学刘毅教授及同事项勇在适航领域给予了指导并提供了大量的资料；本书的出版，得到了中国宇航出版社的大力支持。特此一并致谢！

理论源于实践，只有用于实践才能得到升华。本书主要是在消化国外大量标准、规范及文献的基础上，结合作者的工作教训与体会编写而成的，由于作者英语及专业水平有限，对系统安全工作的部分问题可能理解不透彻，书中不妥之处在所难免，恳请广大项目负责人员、工程技术人员和专家在使用本书时，能就遇到的问题和作者进行探讨。

作　者

2022年12月

目　录

第1章　绪　论

1.1　近百年来人类十大工业灾难

据统计，近百年来人类十大工业灾难中，就日历时间而言，1986年之后就有9起，其中发生在2000年之后的有5起，具体如下。

1）日本福岛核电站事故，经济损失：＞2 000亿美元。

2011年3月11日发生在日本东北太平洋的里氏9.0级地震及由此引发的海啸导致福岛第一核电站爆炸并产生核泄漏。据日本放送协会（NHK）2014年3月11日报告，截至当日，因东京电力公司福岛第一核电站事故所导致的去污、赔偿、废炉等费用已超过2 000亿美元。这笔费用并没有考虑对生态环境造成破坏所带来的损失，而在两年前所估计的这笔费用则为1 000亿美元。显然，该核电站对环境的破坏还在继续，因核电站事故产生的损失还将继续扩大，十年后，有很大可能远远超过切尔诺贝利核泄漏事故所带来的损失。

事故直接原因：里氏9.0级地震及由此引发的海啸。2012年7月5日，日本国会福岛核电站事故独立调查委员会将此次事故定性为“人祸”而非“天灾”，并给出最终调查报告：福岛核电站的问题在东日本大地震发生之前就已经存在，东电、政府和核电监管人员因没有及时采取有效的措施，缺乏管理能力，而“共谋”了这场灾难。

因此，事故间接原因：组织管理不当。

2）切尔诺贝利核泄漏事故，经济损失：2 000亿美元。

1986年4月26日，苏联基辅以北130 km处的切尔诺贝利核电站发生泄漏事故，这是目前史上与福岛核电站事故一起，并列为和平时期人类最大的社会经济灾难。其中，50%的乌克兰领土被不同程度地污染，超过20万人口被疏散并重新安置，1 700万人被直接暴露于核辐射之下。与切尔诺贝利核泄漏有关的死亡人数，包括数年后死于癌症者，约有12.5万人；相关花费，包括清理、安置及对受害者赔偿等的总费用约达2 000亿美元，仅为切尔诺贝利核电站重建钢制防护层的费用就需20亿美元。

事故直接原因：核电站操作人员违反操作规程、维修不当、无视安全条件所致。

3）哥伦比亚号航天飞机事故，损失：130亿美元。

哥伦比亚号航天飞机是美国国家航空航天局（National Aeronautics and Space Administration，NASA）研制的航天器中首架具有航天价值的空天飞行器。2003年2月1日，它在重返大气层时由于机翼中自16天之前发射时即存在的一个小洞而坠毁。在1978年它的建造成本即达到20亿美元，相当于2012年的63亿美元，另外还花费5亿美元用于事故调查，使之成为史上最昂贵的飞行器事故调查个案，仅搜寻和发现航天飞机残骸就花了 3 亿美元。

4）“威望”号油轮泄漏事故，损失：120 亿美元。

2002 年 11 月 13 日，希腊“威望”号油轮满载 7.7 万 t 重质燃料油正在航行途中，在驶经西班牙加利西亚附近海域时遭遇暴风雨，船上 12 个油箱中的一个发生爆裂。随着暴风雨的不断加剧，最终该油轮被劈成两半，约 2 000 万加仑的石油倾泄到海上。波特维特拉经济委员会的报告显示，仅其清理费用高达 120 亿美元。

5）“挑战者”号航天飞机爆炸事故，损失：55 亿美元。

1986 年 1 月 28 日，美国“挑战者”号航天飞机在起飞短短 72 s 之后发生爆炸坠毁。“挑战者”号航天飞机失事的直接技术原因是航天飞机右侧火箭发动机上防止热气泄漏的 O 型密封圈失效。当时（1986 年）该航天飞机的造价及航天员培养等费用约合 20 亿美元，相当于 2012 年的 45 亿美元；另外，在 1986～1987 年间用于事故调查、错误纠正、损失装置更换的费用也高达 4.5 亿美元，相当于 2012 年的 10 亿美元。

6）英国派珀·阿尔法石油钻塔事故，损失：34 亿美元。

这是世界上损失最大的离岸石油钻塔事故。这里曾一度是全球最大的石油生产钻塔，每天可产原油 31 万 7 千桶。1988 年 7 月 6 日，技术人员在进行例行维护时，共检查了 100 个相同的安全阀。然而不幸的是，技术人员却忘记更换其中的一个安全阀，而它就是用来阻止液态天然气囤积以防危险发生的关键装置。当天晚上 10 点，一名技术人员按下按钮，启动液态天然气泵，一场损失最为惨重的石油钻塔事故随之发生。在 2 h 之内，300 个工作平台都被火海吞噬，最终坍塌，造成 167 名工人遇难，物质损失达 34 亿美元。

事故原因：维修不当。

7）美国埃克森·瓦尔迪兹石油泄漏事故（1989 年 3 月 24 日），损失：25 亿美元。

8）美国 B－2 轰炸机坠毁事故（2008 年 2 月 23 日），损失：14 亿美元。

9）美国洛杉矶地铁相撞事故（2008 年 9 月 12 日），损失：5 亿美元。

10）英国泰坦尼克沉没事故（1912 年 4 月 15 日），损失：1.5 亿美元（不含 1 500 多条生命）。

随着科学技术飞速发展，装备现代化水平不断提高，越来越向大型化、高速化、电子化以及结构的复杂化和功能的智能化与综合化方向发展，复杂装备在使用过程中经常发生故障。有些故障一旦发生，往往会导致灾难性后果，且灾难的严重程度还与装备的复杂程度相关。

前十大灾难中航天航空领域就占有三席，麻省理工学院、得克萨斯农工大学、得克萨斯大学奥斯汀分校、德雷克塞尔大学和马里兰大学的帕克分校都将“挑战者”号航天飞机事故作为工程伦理的一个教案，在加拿大和其他一些国家也特将此案例列为系统安全工程师在取得专业执照前的应知应会内容。此外，2015 年 2 月 4 日中国台湾复兴航空 ATR－72 飞机的灾难性事故也可能会成为系统安全方面又一经典案例。

因此，以下两节特对“挑战者”号航天飞机和复兴航空 ATR－72 飞机失事案例做简要分析。

1.2 “挑战者”号航天飞机失事分析

1.2.1 “挑战者”号航天飞机失事简介

美国“挑战者”号航天飞机是肯尼迪航天中心的第二架航天飞机。它以航行于大西洋和太平洋上的英国研究船“挑战者”号而命名，并为人类的航天事业做出了巨大贡献。

“挑战者”号航天飞机重约79 500 kg，失事前共计飞行9次，绕行地球987圈，在太空中总计停留69天。

1986年1月28日，美国佛罗里达州的卡纳维拉尔角，航天飞机发射台上还结着冰，但比天气更让人心寒的是“挑战者”号航天飞机的失事。其失事场景见图1-1。

图1-1 “挑战者”号航天飞机失事场景

当天，“挑战者”号航天飞机在第10次发射升空后突然发生爆炸，舱内7名宇航员（其中包括一名女教师）全部遇难。

上午11：38，耸立在发射台上的“挑战者”号航天飞机正在启动升空：第7 s，飞机翻转；第16 s，机身背向地面，机腹朝天完成预定转换角度；第24 s，主发动机推力降至预定功率的94%；第42 s，主发动机按计划再降低至预定功率的65%，以避免航天飞机穿过高空湍流区时由于外壳过热而使飞机解体。这时，一切正常，航速已达677m/s，高度8 000 m。第50 s，地面曾有人发现航天飞机右侧固体助推器侧部冒出一丝丝白烟，这个现象没有引起人们的注意；第52 s，地面指挥中心通知指令长斯克比将发动机恢复全速；第59 s，高度10 000 m，主发动机已全速工作，助推器已燃烧了近450 t固体推进剂。此时，地面控制中心和航天飞机上的计算机上显示的各种数据均未见任何异常；第65 s，斯克比向地面报告“主发动机已加速”，“明白，全速前进”是地面测控中心收听到的最后一句报告词；第72 s，高度16 600 m，航天飞机突然闪出一团亮光，外挂推进剂贮箱凌空爆炸，航天飞机被炸得粉碎，与地面的通信猝然中断，监控中心屏幕上的数据陡然消失。“挑战者”号航天飞机变成了一团大火，两枚失去控制的固体助推火箭脱离火球，呈V字形喷着火焰向前飞去，眼看就要掉入人口稠密的陆地，航天中心负责安全的军官比林格眼疾手快，在第 100 s 时，通过遥控装置将它们引爆了。

“挑战者”号航天飞机失事了！爆炸后的碎片在发射区域的东南方 30 km 处散落了 1 h 之久，价值 12 亿美元的航天飞机顷刻化为乌有，7 名机组人员全部遇难。各国领导人纷纷致电以示哀悼，天地为之震惊，沧海为之哭泣！

然而，人们在悲痛之余，对科学事业的不懈追求并未停止。在“阿波罗”4 号飞船失事中遇难的格里索姆生前曾说过一段感人的话：“要是我们死亡，大家要把它当作一件寻常的普通事情，我们从事的是一种冒险的事业。万一发生意外，不要耽搁计划的进展。征服太空是值得冒险的。”

当然，人们在悲痛之余也会追问：“挑战者”号航天飞机失事的根本原因是什么？领导者们应当承担什么责任？

1.2.2 案例分析

1.2.2.1 调查报告

1986 年 2 月 3 日，时任总统里根下令成立一个由 13 人组成的总统调查委员会，调查“挑战者”号航天飞机失事原因。由前国务卿罗杰斯为首的调查委员会在 4 个月的调查中访问了 160 人，举行了 35 次调查会议，搜集了 6.3 万份文件和数百幅照片。6 月 9 日，调查委员会正式向里根总统提交长达 256 页的调查报告。报告认为：“挑战者”号航天飞机爆炸的原因是右侧助推火箭存在问题。由于航天飞机发射时气温过低，寒冷的天气对火箭密封圈产生影响，最终导致爆炸。

根据调查这一事故的总统调查委员会的报告，爆炸是因一个 O 型密封圈失效所致。该密封圈位于右侧固体火箭推进器的两个低层次部件之间。失效的密封圈使炽热的气体外泄，最终导致航天飞机爆炸。O 型密封圈会在低温下失效，尽管在发射前夕，有些工程师曾警告不要在冷天发射，但是由于发射已被推迟了 5 次，因此此时低层人员的警告未能引起足够的重视。

“挑战者”号航天飞机是美国正式使用的第二架航天飞机。其开发初期原本想作为高保真结构测试体，但在“挑战者”号航天飞机完成初期测试任务后，被改装成正式的轨道运载工具，在连逃生装置都没有的情况下，于 1983 年 4 月 4 日正式履行首航任务。

1986 年 2 月“挑战者”号航天飞机失事后，美国科学家费曼做了著名的 O 型密封圈演示实验，只用一杯冰水和一只橡皮环，在美国国会向公众揭示了“挑战者”号航天飞机失事的根本原因——低温下橡胶失去弹性。

其实这场事故本来可以避免。在发射前 13 h，一位重要工程师通过电话向公司上级汇报了上次“挑战者”号航天飞机的发射由于 O 型密封圈失效差点毁灭之事，但上级由于急着完成太空飞行任务，保持了自己的观点。在发射前 30 min，一架波音 757 客机报告了强气流的存在，但发射中心也没有注意。于是悲剧发生了。

1.2.2.2 “挑战者”号失事的直接技术原因

“挑战者”号航天飞机失事的直接技术原因系航天飞机右侧火箭发动机上防止热气泄漏的O型密封圈失效。

在航天飞机设计准则中明确规定了推进器使用的环境温度范围为40～90 ℉[①]，而在实际使用时，整个航天飞机系统周围环境温度却处于31～99 ℉。

所有的橡胶密封圈从来没有在50 ℉以下测试过，这主要是因为这种材料是用来承受燃烧所产生的热气，而不是用来承受冬天里发射时的寒气，而当时“挑战者”号航天飞机发射的时间却正好是在寒冷的冬天。

1.2.2.3 “挑战者”号航天飞机失事的真正原因

（1）决策问题

“挑战者”号航天飞机失事的根本原因在于决策问题，而非技术问题。那么究竟在“挑战者”号航天飞机事件中存在哪些决策上的问题呢？

在按规定准时飞行、节约成本与安全飞行三者之间的决策上存在严重的失误。NASA选择了前者，这个决策本身就是一个极其重大的失误。NASA根本没有考虑到在这3个问题上哪一个更为重要。NASA宁可选择有缺陷的工具飞行，也不愿接受27个月的改装计划。在摩劳伊的回忆录中写道：我认为我们每次都在冒险，我们在1月28日之前已经发现了密封圈问题，却还要冒险飞行。这简直就是赌徒行为！

在候选制造商的选择上也存在决策失误的问题。从材料制造商的选择上可以看出：所谓的竞标，其实更倾向于萨科尔公司，对于其他的竞争厂家来说，并没有公平性可言。这样竞标出来的公司，产品质量等问题理所当然是非常令人担忧的，并且NASA的监督等也极不作为。

（2）项目管理问题

首先，是安全文化问题。

一是上级领导与一般工程人员之间存在主仆之分。其结果显然造就了一种相当不健康的文化环境，从而使得在整个NASA以及在NASA与外部的技术沟通方面均存在很大的难度。例如，在跟萨科尔公司的沟通上存在着等级优越的观念。这种安全文化环境与现代项目的管理明显格格不入。

二是组织内部本身的“从众情绪”较重。得克萨斯州立大学名誉校长汉斯说：“我相信在每一次独立的发射中，有一些子部门的工程师不会站起来说‘别发射’，因为人人都会因此而遭到议论。”由此可见，NASA的员工们从众压力有多么严重。

三是骄傲情绪充斥着NASA。曾经的成功先例使得他们处在了一个骄傲而导致危险的边缘，在决策方面没有丝毫回旋的余地；而对于危机的来临又缺乏镇定的应急处置程序。这就是“骄兵必败”。

其次，是决策的环境问题。

---

① ℉为华氏度。(华氏度－32)÷1.8＝摄氏度。

我们不难看到，整个决策环境其实都有压力。这些压力既有来自外部的，也有源自内部的。NASA 想在里根总统发表国情咨文前把航天飞机送上天，这显然承受着巨大的压力。尽管这种压力并不能够得到当局的承认，但确实存在。

1.2.3 教训与启示

1986 年美国“挑战者”号航天飞机的失事是人类探索太空史上的一次悲壮事故。“挑战者”号航天飞机失事原因就是固体火箭发动机上一个 O 型密封圈由于在低温下变形，发生泄漏所致。通过对该案例的分析，我们汲取到一些决策与项目管理方面血的教训。

“挑战者”号航天飞机失事，既有技术方面的原因，也有决策方面的原因。而其失事的根本原因还在于领导层决策失误。这种决策失误的影响虽然是间接的，但其影响之大，已经远远超过了技术本身的原因。在这种情况下的决策机制，不可避免地将带来技术上的失误。因此，可以说决策的成败影响着 NASA 的所有项目，而不仅仅是一次航天飞机的爆炸。

笔者谨以此例让读者思考：在我国是否也存在类似于 20 世纪美国 NASA 内部的决策与管理（组织）问题？此类问题在我国装备研制中又该如何避免？或者采取什么样的措施来避免？事实上，大型装备的研制是一项庞大而复杂的系统工程，其安全性工作本身也是一项系统工程，需要在技术、进度、费用、资源等方方面面进行综合权衡。

1.3 复兴航空 ATR-72 飞机失事分析

1.3.1 ATR-72 飞机失事简介

2015 年 2 月 4 日，台湾一架由松山机场飞往金门机场的 ATR-72 支线飞机，从起飞到坠毁仅仅 3 分 23 秒。其航班号为 GE235。

据网站信息，该航班起飞后，2 号发动机因为不明原因自动顺桨，并通知飞行员“engine flameout”（发动机熄火），但稍后，未显异常的 1 号发动机也被机组人员误关闭，驾驶舱出现失速警告声响，机组成员试图重启发动机失败，最终导致灾难性事故发生。

众所周知，单一故障的发生不会导致现代商用飞机灾难性事故的发生，否则就不可能通过适航审定。对本次航班，为什么 2 号发动机熄火，最终导致了如此灾难性事件的发生呢?

1.3.2 案例分析

1.3.2.1 黑匣子记录

2015 年 2 月 4 日 GE235 航班 ATR-72 飞机黑匣子记录结果见表 1-1。

表1-1 GE235航班ATR-72飞机黑匣子记录结果

时间	黑匣子记录结果
10:52:38.3	驾驶舱出现主要警告声响
10:52:43.0	组员（机组成员)将1号发动机油门收回
10:53:00.4	开始讨论发动机熄火程序
10:53:06.4	组员再次提及收回1号发动机油门,并确认2号发动机熄火
10:53:12.6	驾驶舱第一次出现失速警告声响
10:53:19.6	组员提及1号发动机已经顺桨并断油
10:53:21.4	失速警告声响
10:53:25.7	失速警告声响
10:53:34.9	组员联系松山塔台呼叫“mayday mayday,engine flameout ”
10:53:55.9	失速警告声响
10:54:09.2	组员开始呼叫重新开车
10:54:12.4	失速警告声响
10:54:34.4	主要警告声响,不明声响
10:54:36.6	停止记录

1.3.2.2 分析结果

(1) 间接技术原因

飞机爬升过程中2号发动机停车，是本次灾难性事故的间接原因。这是因为：

1) 如果仅仅是单一发动机的空中停车，对ATR-72飞机而言不会导致本次灾难的发生。但如果没有2号发动机的故障，可能后面的一切都不会发生。

2) 如果2号发动机故障后，关闭的是2号发动机而不是1号发动机的油门，则飞机原则上应能安全着陆。

3) 按适航要求，ATR-72飞机单发故障（失效）时有一套标准的处置程序，至少能保证飞机的安全着陆。

(2) 直接技术原因

从表1-1的数据中不难看出：人为错误地关闭了1号发动机的油门，致使1号发动机也停车，从而导致了灾难性事故的发生。

因此，本次航班灾难性事故的直接原因是：人为差错。

(3) 真正原因

1) 组织原因。本次航班有3名机组人员（正、副驾驶和观察员），且均有相当丰富的驾驶经验。从2015年2月4日的10：52：43.0时刻到10：53：06.4时刻，机组成员两次提及收回1号发动机油门，且确认2号发动机熄火。一般来说，针对双发飞机，空中关闭某台发动机或对某台发动机灭火前需事先确认哪台发动机出现故障，并经机组人员共同确认，方可操作。

所以，本次事故的发生至少表明：

a）3个人中如果有一个人不糊涂，则不会关闭1号发动机油门。

b）3个人虽均接受了单发停车的地面飞行模拟训练（否则不具备上岗资格），但在面对真实的单发停车之危险时，对应急程序实际操作不是十分清楚。

c）不排除在极为紧张的时刻，3个人没能很好地相互沟通或没有达成一致的意见，某个人直接实施了不正确的操作。

上述3条表明，机组人员平时训练或相互沟通存在问题，这就与组织管理相关联。

2）设计原因。

事实上，对于双发飞机，一发停车时另一发被误关闭而酿成灾难性事故的事件时有发生。说明这种人为差错的频率不再是一种极不可能的小概率事件，如不对现有的设计予以改进或重新确定设计需求，很难说今后不再发生类似事故。

按《运输类飞机适航标准》CCAR－25部第25.121条“爬升：单发停车”中第（c）条“起飞最后阶段”的要求：“临界发动机停车，其余发动机处于可用的最大连续功率（推力）状态。”当一台发动机停车时，我们再结合工程实际情况认为应通过飞行控制系统或发动机操纵系统的软件实现：

a）应让机组人员不用分析与判断，通过明确的语音提示或故障显示，准确知道是哪台发动机出现了故障。

b）机组人员关停不了正常工作的发动机，或关停操作无效。

c）通过软件控制，自动实现将正常工作的发动机调整到最大连续功率（推力）状态。

d）对已停车的发动机油门杆应设置红色的闪烁指示，以提醒机组人员及时关闭油门。

（声明：以上结果系作者依据网上资料自行分析，仅代表作者个人观点，不构成任何法律依据。此外，表1－1数据信息量不够，不构成对分析结果的绝对支撑）

1.3.3 教训与启示

当灾难性事件发生时，我们一般无权指责在事故中不幸牺牲了的责任人。只有从设计、规范及管理等方面进一步分析和探索系统安全方面存在的问题，进一步完善设计、制造与管理方面的需求与规范，这才是根本。本次事故的主要教训与启示如下。

（1）人为因素方面

1）当飞机出现危险状态（单发停车）时，机组人员的工作负荷相当大。因此，不要指望他们每次的操作都是正确的。

2）曾经发生过的人为差错就不再是小概率事件。

（2）设计方面

1）发动机油门如能由计算机自动控制，或手工操纵时在需要关闭的油门操纵杆上有明显的标志（如手柄上有大片红色的闪烁指示，闪烁指示由计算机自动控制），可能会避免此次灾难的发生。

2）飞机符合适航规章或相关标准的要求，但不一定满足其安全性使用要求；适航规章或相关标准、规范只是“墓碑”，它既不能够囊括现有技术条件下装备及其组成系统的全部安全性要求，也不可能预示未来新技术条件下装备及其组成系统的安全性要求。

（3）组织管理方面

1）在飞机研制过程中，需要将较多的资源（包括时间）放在设计要求（需求）的确定与验证上，设计要求应充分反映可能的人为差错，不要指望人在关键时刻去做过多的决策与判断。

2）不要指望每个人工作时都有很强的责任心、较高的素质。对飞机的研制、生产与使用均应有严格的过程保证与控制程序。

3）注重安全文化建设。一是各级人员在进行技术沟通时应是平等的，无等级观念，无水平高低之分。否则，岗位级别较低的人员如果担心自己的想法不正确，则不仅是失去了一次“智者见智”的机会，更糟糕的是让一线技术人员永远熄灭了技术创新的动力。二是平时应培养危险时刻需具有的临危不乱、沉着睿智之素质。

4）应充分对飞机的研制、使用与维修人员进行培训。

5）应确保相关研制、使用与维修文件的正确性、完整性与齐套性。

6）不要指望任何组织或个人能对其不熟悉的领域实施有效的管理。

此次灾难性事故的发生，恰巧全方面地反映了本书的“安全性需求引导装备研制”的理念；有效地佐证了人为差错、组织不当会带来灾难性事故等观点；无意间强调了文化建设的重要性；全面诠释了如何利用装备的使用场景或功能来反映设计的需求，并架构所需的系统；翔实展现了为什么仅符合适航规章或相关规范的要求而不一定能满足装备安全性使用要求的示例；实事求是地阐明了SHEL和Reason两大模型的深刻含义；侧面反映了寿命周期内过程保证与控制的重要性；高度概括了在大系统、大综保环境下统筹系统安全工作的必要性。

血不会白流，只是这种代价确实太大了。但如果能给我们装备的研制及使用程序带来优化，也许能够慰藉在天之灵。我们相信：GE235的事故将会成为系统安全专业的经典案例。

1.4　系统安全技术发展历程

系统安全技术在国外的研究与应用经历了如下5个阶段：

1）事故调查阶段。

2）事故预防阶段。

3）系统安全原理阶段。

4）综合预防阶段。

5）研制保证与过程控制阶段。

1.4.1　事故调查阶段

事故调查阶段：20 世纪 20 年代初期到 40 年代前期。

自飞机投入实际使用以来，飞行安全问题就一直深受人们重视。早期的飞机虽然事故频发，但由于飞行速度低，造成灾难性事故的情况并不多。20 世纪 20 年代初期，美国军方开始记录、统计飞机的各种事故。在 20 世纪 30 年代之后，美英等国都进一步加大了对飞行事故的记录与调查。1937 年英国成立了航空事故调查组。由于第二次世界大战期间飞机在飞行训练中的损失大于战斗中的损失，飞行事故剧增。1943 年美国陆军航空兵正式实施飞行安全大纲。1944 年创刊了《飞行安全》杂志，进一步加强了事故的调查与分析。

1.4.2　事故预防阶段

事故预防阶段：20 世纪 40 年代中期到 60 年代中期。

飞行安全机构的建立和飞行安全大纲的实施使飞行事故率继续下降。1946 年，美英军用飞机的灾难性事故率分别为每 10 万飞行小时 44 次和 40 次。尽管如此，但事故调查不能从根本上解决飞机的使用安全问题，于是，第二次世界大战结束后，美英空军都把工作重点从事故记录和调查转向事故预防，并强调在飞机和系统的设计与制造中考虑安全性问题。事故预防主要采取以下措施：

1）加强飞行安全研究和技术检查工作。

2）制定各种安全规章和条例。

3）开展安全培训。

4）推行标准化。

1955 年 7 月，美国总统正式宣布“先驱者”号地球卫星计划，在该装备的 11 次飞行试验中仅有 3 次取得成功。其主要原因是事故预防措施不力。在随后的“大力神”及“双子星座”飞船计划中汲取了“先驱者”号的教训，采取了更严格的事故预防措施，如环境验收试验、工艺质量筛选、FRACAS、关键系统双余度设计、质量控制大纲和试验大纲的安全性评审，从而保证了“大力神”火箭的 14 次飞行试验中仅发生了 2 次事故。

1.4.3　系统安全原理阶段

系统安全原理阶段：20 世纪 60 年代后期到 80 年代中期。

早在 20 世纪 60 年代初期，美国空军在“民兵”洲际导弹的研制中就首先引入了系统安全原理，并颁发了军用标准《空军弹道导弹系统安全工程》。1963 年 9 月，美国空军制定了《系统和有关分系统以及设备安全工程的一般要求》标准，标准号为 MIL－STD－882，并作为系统和设备的设计指南。该标准于 1969 年 7 月颁布。此后的 1977 年，该标准经修订后改名为《系统安全工作要求》，标准号相应地改为 MIL－STD－882A。MIL－STD－882A 标准提出了风险的可承受性理念，并以此作为系统安全工作的准则。该标准要求引入危险可能性并建立危险发生频率的等级，以便与危险严重性等级相协调，增加了软件安全性要求，从而使得系统安全的工作要求在装备的全寿命周期内得到明确而全面的规定。这一标准是当时比较成熟的系统安全标准，并被不少国家引用。NASA参照MIL-STD-882标准，分别于20世纪70年代初期、末期和20世纪80年代初期先后颁布了NHB.1700.1（V3）《系统安全》、NHB.5300.4（1D-2）《航天飞机的安全性、可靠性、维修性和质量管理条例》、NHB.1700.1（V7）《系统安全手册》；欧空局在“使神”号航天飞机的计划中汲取了美国在系统安全方面的经验，制定了航天飞机的安全性设计与分析管理程序。同时，民用领域也汲取了系统安全分析技术，并将之用于民用飞机的安全性评估，以确定是否满足适航当局提出的安全性要求。

1.4.4 综合预防阶段

综合预防阶段：20世纪80年代中期至90年代中期。

1986年1月，震惊世界的美国航天飞机“挑战者”号失事，促进了航天航空装备安全性技术的发展。20世纪80年代中期以来，除了进一步加强安全性分析、设计和验证之外，还综合运用了人为因素分析、软件安全性、风险管理和定量风险评估等各种先进技术来预防事故的发生。期间最典型的标志是SHEL模型的提出与应用；1993年1月MIL-STD-882B进行修订并发布了MIL-STD-882C《系统安全工作要求》，也为典型标志之一。MIL-STD-882C删除了MIL-STD-882B中对软件独立规定的工作项目，将危险和软件系统安全工作整合在一起，接着在1996年1月发布了MIL-STD-882C的修改通报。

1.4.5 研制保证与过程控制阶段

研制保证与过程控制阶段：20世纪90年代中期至今。

随着1992年DO178B及1996年之后ARP 4754、ARP 4761、MIL-HDBK-516、DO254等系列标准及规范的相继推出，系统安全技术使得现代装备的研制进入了研制保证与过程控制阶段。总体来说，装备的安全性水平通过研制保证程序来保证，通过设计、试验与制造的过程控制来实施，通过使用与维修的过程控制来维持。具体来说，通过功能危险评估确定（分配）装备及各系统的安全性需求，通过试验与评估验证安全性目标是否达到，通过研制保证等级对装备的设计、试验、试制进行管理，通过SHEL模型将使用与维修过程中的人为因素、组织因素预先反映到设计、制造与管理中，从而真正实现安全性（可靠性）是设计出来的，是制造和管理出来的。

如果研制保证与过程控制技术能真正落实到装备的研制、生产与管理之中，那么目前国内部分新机在试飞前的“排故—排故—再排故”、在试飞阶段时的“飞—停—飞”的办法将从此停用；新研型号在首次试用（如飞机首飞、火箭发射、“嫦娥”落月等）时，工程各级研制人员将不再“提心吊胆”；装备使用阶段因各类需求不当导致部分系统功能重新研制的工作也会减少许多；由安全事故或事故征候所致的频繁“质量整顿”工作也将从此与时代告别！

1.5 系统安全技术国外发展趋势

国外系统安全技术的发展呈现如下趋势：

1）系统安全技术的横向拓展。

2）系统安全技术的纵向深入。

3）结构化的研制保证和严格的过程控制技术的应用。

4）大系统、大综保环境下系统安全工作的统筹。

5）装备使用期间的安全管理由事故调查转向过程管理。

6）高度重视系统安全技术在民用航空领域的应用。

7）特别注重民机适航技术在军机中的推广与应用。

8）非常注重相关标准及规章的系统化与完善。

9）系统架构力求 ALARP（As Low As Reasonably Practicable，最低合理可行）（参见 3.12 节）。

正是系统安全技术的不断发展与进步，才使得航空器的使用安全性水平频频取得新的突破。

1.5.1 系统安全技术的横向拓展

系统安全技术由过去关注的纯技术因素拓展为今天的组织、人为和技术 3 方面因素的综合，并按 SHEL 模型识别和管理危险。系统安全技术的横向拓展也因此经历了 3 个时代。

（1）技术时代

从第二次世界大战期间到 20 世纪 70 年代中期，由于飞机系统架构简单，系统之间交联少，飞机的安全性事故主要由技术原因所致，人为因素所占的事故比例较小，因此人们关注的是如何从技术上保证飞行器的安全。这一时代也被划分为“技术时代”。

此阶段系统安全管理的重点是不断地推出、完善相应的技术法规，如 1953 年 CAA 颁布的 CAR 4b，1965 年与 SR 422B 合并，并经修订后形成了 FAR 25 部，作为运输类飞机适航审定的技术标准。

1970 年，FAR 25 部又通过 25－23 修正案，纳入了：

1）灾难性、危险性故障状态定性与定量的概率要求。

2）人为因素对安全性的要求。

该阶段通过系统安全管理，飞机的安全性水平大幅提高，到 20 世纪 70 年代中期，大型商用飞机灾难性故障率基本达到 1×10^{-6}/FH 的水平。

因此，那时安全性工作的重点放在技术原因的调查、适航法规的执行和技术因素的改进等方面，在大型商用飞机方面取得了当时令人满意的安全性水平。

（2）人的时代

但是，从 20 世纪 70 年代初期开始，随着系统冗余、自动驾驶、先进的机载与地面导航和通信设备、飞行导引等技术的广泛使用，以及空中和地面通信与导航能力的大幅提高，飞机安全性事故的发生概率大大降低。于是，由技术因素造成的安全性事故在 10%以下，而人为因素造成的安全性事故则高达 80%左右。此时，人们在技术因素方面不管怎么努力，也就是解决 10%的安全性问题，因此人为因素方面的系统安全管理则变得非常关键。故而，从 20 世纪 70 年代中期到 90 年代中期，人们便将系统安全的工作重点逐步从对技术因素的考虑转移到对人为因素的考虑上来。

这就预示着“人的时代”在航空安全方面已经开始了。系统安全工作此时的重点已经转移到了人的能力和人为因素等方面，并与之对应地提出了机组资源管理（Crew Resources Management，CRM）、面向航空公司的飞行培训（Line - Oriented Flight Training，LOFT）、以人为中心的自动驾驶与人机界面设计等。在这一阶段，人们发现对大型商用飞机机组的差错概率不可能进行量化，于是 1977 年又利用 25 - 41 修正案对 FAR 25 部进行了修订。

尽管从 20 世纪 70 年代中期到 90 年代中期，人们围绕如何减轻因人为因素所造成的差错对安全事故的影响投入了大量的人力、物力和财力，但人为因素所造成的安全事故依然占总安全性事故的 80%左右，这实际上成为安全性事故总量的大头。

这一时代，系统安全性工作注重于单个的人，而没有将人与其完成工作所处的实际环境结合起来。

（3）组织时代

直到 20 世纪 90 年代早期，航空界人士发现：人为因素不会单独存在，而是与飞行器的使用环境融合在一起。尽管科学界早已认识到使用环境的特征将影响人的能力，并决定着事件和后果的性质，且使用环境对人的工效影响还得通过组织管理予以解决，但直到 20 世纪 90 年代航空领域才承认这一事实。而这又标志着“组织时代”的开始。

在这一时代，人们意识到，系统安全技术应站在系统工程角度，综合考虑组织、人为及技术因素。于是，直到这时才有了航空安全应考虑组织因素这一理念。

故从 20 世纪 90 年代起，人们站在系统工程的角度提出了系统安全技术应包括组织、人为和技术 3 方面的因素（图 1 - 2）。组织、人为和技术 3 方面因素的相互作用可用 SHEL 模型予以描述（图 1 - 3）。

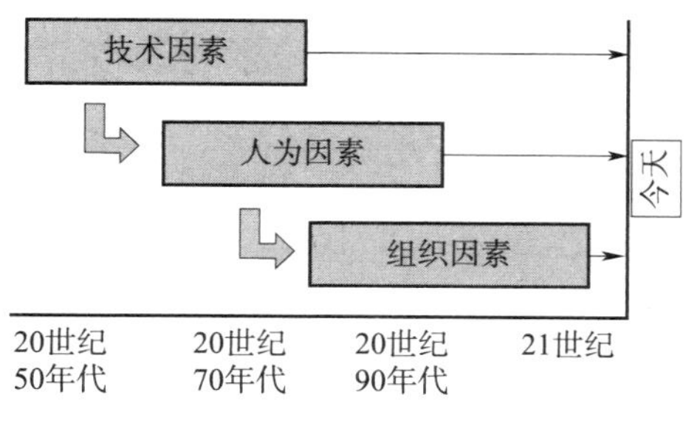

图 1 - 2　系统安全技术的横向拓展

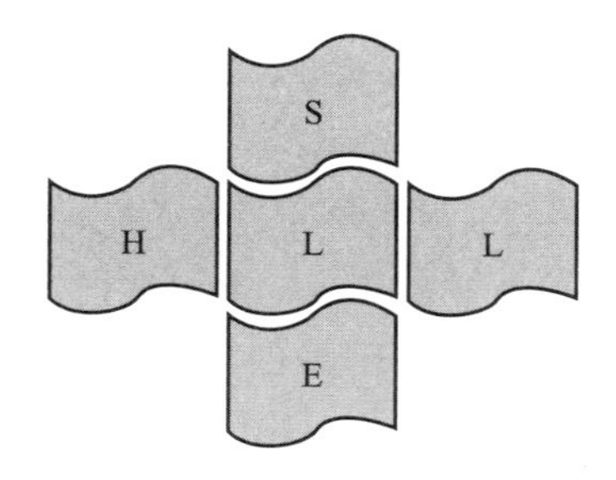

图 1 - 3　SHEL 模型

该模型于1972年由爱德华（Edwards）提出，1984年由霍金斯（Hawkins）发扬光大。它主要描述了软件（Software）、硬件（Hardware）、环境（Environment）、人件（Liveware）之间的关系。其中，环境是指安全文化、系统安全培训与技术管理模式、物件环境等。而物件环境是指装备寿命期内所经历的力学、热力学和化学、气象、电磁环境及这些环境因素的综合。人件又细分为管理人件和使用人件。

SHEL模型主要反映了组织、人为和技术3方面因素的相互作用。它揭示了今天全新的系统安全技术理念：系统地识别和管理组织、人为与技术3方面的危险，并将危险发生的风险降低到用户（社会）可接受的水平内。

而今，在商用飞机的适航审定方面，需按FAR AC 25.1309－1B等要求对复杂的功能系统执行ARP 4754规定的程序，开展系统化的过程控制，以减缓研制差错所带来的后果。这实质上就是系统安全管理在组织因素方面的具体应用与体现。

1.5.2 系统安全技术的纵向深入

系统安全技术不再局限于过去那种在研发阶段开展危害性分析、在使用中发生事故时开展事故调查的传统模式，而是通过在产品的系统中设定安全性目标，并围绕安全性目标分配资源和技术。

而今系统安全技术的纵向深入程度呈现如下两个特点：

一是在时间维上，系统安全技术纵向深入到了所研究系统寿命周期内的各个阶段。设计与制造、使用、维修已构成了支撑产品使用安全性水平的3条腿（图1－4）。

二是在效能、时间和费用的约束下，必须在时间维的不同坐标轴上应用系统安全的理论与方法，通过反复迭代，将灾难性风险降低到用户（社会）可接受的水平内，即强调经济可承受性与安全性水平的权衡。

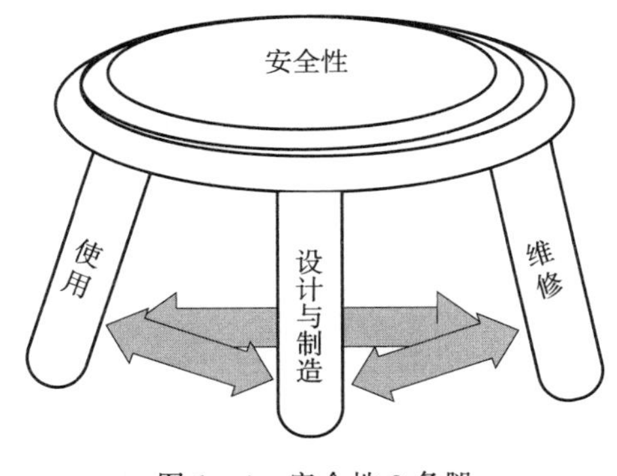

图1－4　安全性3条腿

1.5.3 结构化的研制保证和严格的过程控制技术的应用

高度复杂或综合系统由于无法穷尽系统的所有状态，在研制过程中往往会出现各种差错，如故障状态识别不全、设计需求确定不准、复杂系统存在多余功能等。现代装备系高度复杂或综合装备，因此其安全性水平已无法仅靠试验或分析手段来评估。如何有组织地对现代装备进行安全性评估，如何最大限度地降低技术、人为及组织因素对软件、硬件所造成的重大影响，如何实现装备的使用安全性水平，正成为系统安全性评估的新课题。

如果说过去采用故障模式及影响分析（Failure Modes and Effect Analysis，FMEA）、故障树分析（Fault Tree Analysis，FTA）和试验的方法，对系统所实施的安全性评估效率低下、不尽如人意，那么今天对于具有高度冗余和重构能力的数字化、综合化、智能化的复杂系统，再仅采用 FMEA、FTA 和相关试验来进行评估就显得苍白无力。

现代系统正呼唤着一种更为严格的系统安全技术。这种技术要求提供足够的安全性评估数据，要求更清晰地定义所分析的对象，要求逻辑性更强地阐述所使用的假设、决断与策略。它就是结构化的研制保证和严格的过程控制技术。使用该项技术能减缓困扰我们多年的现代装备研制差错问题，帮助我们发现航空装备在初步试验、试飞过程中的问题到底出现在哪里，并使得传统的安全性试验与分析方法向结构化的研制保证和严格的过程控制方法转变，从而确保现代装备固有安全性要求和使用安全性水平得以实现。

但这并不是说试验或分析不重要。相反，结构化的研制保证和严格的过程控制方法将试验与分析作为安全性需求识别、确认与验证的重要手段之一。它强调的是：

1）系统安全工作的规范化、完整化与系统化。

2）结构化的研制保证和严格的过程控制技术，是复杂系统安全性需求符合性审查的一部分。

1.5.4 大系统、大综保环境下系统安全工作的统筹

装备级及以上层次系统（如综合作战系统）可称为大系统，可靠性、维修性、测试性、保障性、安全性、环境适应性（含电磁兼容性）、适航（性）、经济可承受性的质量特性集成又统称为大综保。

由于装备使用时的安全性这一质量特性是体现在大系统与大综保环境下的特性，而且装备的设计与制造、使用、维修构成了装备使用安全性水平的 3 条腿，3 条腿中如有一条腿是软体，则装备的使用安全性水平无法保证，因此必须在大系统、大综保的环境下统筹系统安全工作。

1.5.5 装备使用期间的安全管理由事故调查转向过程管理

按照国际民航组织颁布的 DOC 9859 Safety Management Manual（SMM），商用飞机使用期间传统的安全模式，依赖于事故/严重事故征候的调查过程，并视其为主要的安全干预方法。它基于以下 3 个基本假设：

1）大多数时间，装备系统按照所设计的套路（基线性能）运行。

2）遵守规章保证系统的基线性能，就能确保装备使用安全（基于遵守）。

3）因为遵守规章可确保装备系统的基线性能，因此装备日常使用（即过程）期间所出现的小的基本不重要的偏差无关紧要，只有导致严重后果（即结果）的重大偏差才要紧

(以结果为导向)。

按照 SAE ARP 5150,商用飞机使用期间现代的安全模式建立于事件调查之外,着眼于过程控制,即装备使用期间的安全管理由事故调查转向过程管理。它基于以下 3 个基本假设:

1)大多数时间,装备系统并不按照所设计的套路运行(即运行性能导致实际偏离)。

2)不仅仅依靠遵守规章,而是不断地监控装备系统的实时运行状况(基于性能)。

3)不断跟踪和分析装备日常使用期间所出现的小的不重要的偏差(以过程为导向)。

因此,可以说,现代装备使用期间的安全管理已由事故调查转向过程管理。

1.5.6 高度重视系统安全技术在民用航空领域的应用

美国国家研究委员会(National Research Council,NRC)于 2006 年 12 月公布了其在 NASA 的资助下,按照 NASA 合同要求完成的《民用航空技术十年发展规划:未来的基础》报告。该报告要求未来 10 年美国的民用航空研究与技术须有助于达到 4 个高度优先的战略目标:

1)提高容量。

2)提高安全性和可靠性。

3)提高效率和性能。

4)降低能耗和环境影响。

从上述 4 个高度优先的战略目标顺序可以看出,美国将系统安全工作摆在了系统的性能、降耗与环境等工作之前;从系统安全技术的发展历程来看,它始于军用装备。由此可见,一是系统安全技术受到了相当大程度的重视;二是注重其在民用航空领域的推广与应用力度。

1.5.7 特别注重民机适航技术在军机中的推广与应用

2002 年 10 月 1 日,美国国防部颁发了 MIL - HDBK - 516 “AIRWORTHINESS CERTIFICATION CRITERIA”,它标志着民机适航技术在军机上的正式推广。之后,美国国防部于 2004 年 2 月和 2005 年 9 月分别推出了 MIL - HDBK - 516A、MIL - HDBK - 516B,并于 2008 年 2 月对 MIL - HDBK - 516B 又做了修订,修订后的版本为 MIL - HDBK - 516B w/CHANGE 1;2014 年 12 月又推出了 MIL - HDBK - 516C。从 MIL - HDBK - 516C 的内容要求不难看出,除了 MIL 系列标准之外,FAR23 部、FAR25 部等系列适航规章及相应的咨询通告等也构成了 MIL - HDBK - 516C 标准本身的重要支撑文件。此外,欧洲于 2010 年 11 月 30 日推出了 EUROPEAN MILITARY AIRWORTHINESS CERTIFICATION CRITERIA 1.0 版,紧接着经过 5 次修订后最终于 2013 年 1 月 24 日推出了 2.0 版。

由此可见,一是欧美军方对适航技术在军机方面的推广与应用高度重视;二是适航技术不再局限于民机,也正在军机领域大为推广,如美军的直升机、“全球鹰”无人机等。

1.5.8 非常注重相关标准及规章的系统化与完善

（1）标准及规章的系统化

标准及规章的系统化主要体现在：一是 FAR/CS25 和 SAE ARP 4754、SAE ARP 4761、RTCA DO－160、RTCA DO－178、RTCA DO－254、RTCA DO－297、SAE ARP 5150、SAE ARP 5151 等标准共同构成了现代机载系统（尤其是高度复杂和综合系统）寿命期内安全性评估指南（图 1－5）；二是国际民航组织（International Civil Aviation Organization，ICAO）2006 年颁发并于 2008 年、2013 年、2018 年修订了 DOC 9859 Safety Management Manual（安全管理手册，SMM），美国联邦航空局（Federal Aviation Administration，FAA）又先后于 2000 年、2009 年颁发了 *System Safety Handbook* 与 *Risk Management Handbook*。这些标准与手册为今天装备全寿命期内组织、人为和技术的危险识别与减缓提供了技术与管理手段。

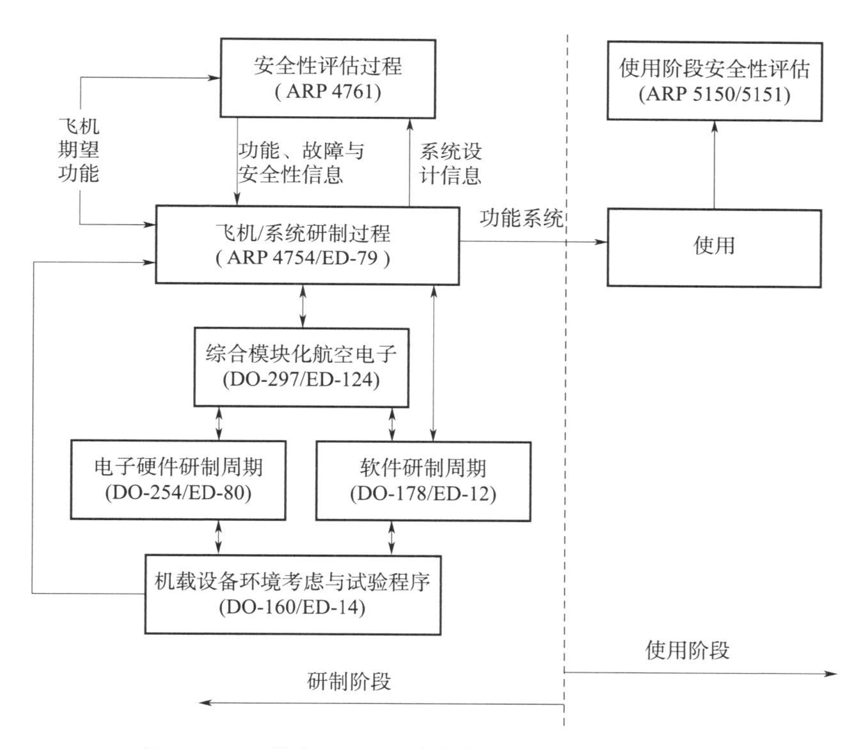

图 1－5 现代商用飞机研制与使用阶段安全性评估指南

（2）标准的不断完善

随着航空技术的进步、航空制造业和航空运输业的发展，以及人们对航空安全认识的深化，适航标准自身也在不断发展和更新。近年来国际上对运输类飞机的适航性研究和标准制定又有了新的进展。标准及规章主要依据民机运营过程中的事故，并根据事故的调查结果，找出技术、人为及组织管理因素后，再不断完善。例如，1982 年颁布的 AC

25.1309 就是安全性规章在不断追求完善的一例，1988 年颁布了 AC 25.1309 - 1A，而今 AC 25.1309 - 1B 正在起草并征求意见；从 2001 年 1 月至 2021 年 2 月，美国联邦航空局对 FAR 25 共发布了 45 项修正案，即修正案 25 - 101 至修正案 25 - 145。更新后的 FAR 25 概括了对当前民机各项设计技术的最新安全性要求，如突风载荷、损伤容限设计、坠撞安全性设计、风挡/尾翼鸟撞试验、机轮能量吸收试验、系统安全性分析、闪电防护、高能辐射区电磁干扰防护、最小可操纵速度、不可用燃油测量、颤振、防冰、噪声等各类疑难试飞科目。

美国军用标准 MIL - STD - 882《系统安全大纲要求》的不断完善同样具有代表性。从 1969 年 7 月发布第一个系统安全军用标准 MIL - STD - 882 到 2012 年 5 月颁发 MIL - STD - 882E 的 43 年中，该标准先后进行了 6 次重大修订，平均每 7 年修订一次，充分体现了美军重视跟踪标准的应用情况并及时进行修订，以保持标准的先进性和适用性。该标准的核心思想就是风险管理，即对装备全寿命周期内的安全性水平进行管理，从而保证在各个环节都能及时、全面、准确地考虑装备的各种安全性问题，并提前做好事故预防的措施或应急处置程序；该标准的目标从保障武器装备和军事人员的安全向保障环境安全和人员职业健康延伸；技术内容从设备硬件向系统软件扩展；实现目标的方法也从单项技术向系统集成演变；实现目标的基本手段则是对装备全寿命周期内的可能风险予以识别、分析、评价与控制。

MSG - 3 也是美国根据飞机在使用过程中发生的安全性事故而不断完善的又一个典型案例。例如，MSG - 3 原版中的结构部分是以 1976 年 HS748 运输机机翼折断事故为背景而诞生的；MSG - 3R2 版中结构部分的进一步完善是以 1988 年波音 737 飞机上机身损坏事故为背景的；MSG - 3R2000 版中严谨而缜密的区域分析内容，就是因为 1996 年环球航空公司（Trans World Airlines，TWA）的一架波音 747 飞机在大西洋上空爆炸，并致使 230 人丧生而换来的。到 2021 年 2 月为止，MSG - 3R2000 版经过 2001 年、2002 年、2003 年、2005 年、2007 年、2009 年、2011 年、2013 年、2015 年、2018 年的 10 次修订，最新版为 MSG - 3R2018。

1.6 系统安全技术国内的研究与应用

1.6.1 发展历程

我国系统安全工作虽然起步较晚，但对安全问题极为重视，这主要体现在劳动生产过程中的安全卫生制度等方面。20 世纪 50 年代以来，我国先后颁布了《工厂安全卫生规程》《建筑安装工程安全技术规程》《关于加强企业生产中安全工作的几项规定》等；20 世纪 70 年代以来陆续引进了有关系统安全的专著和文献。1978 年天津东方化工厂最早应用 FTA 方法分析了高氯酸的生产过程。1982 年我国首次召开了安全系统工程讨论会，并组织分工对初步危险分析（Preliminary Hazard Analysis，PHA）、事件树分析（Event Tree

Analysis，ETA)、FTA 等分析方法进行研究。1993 年我国将“安全科学技术”确立为一级学科。

1990 年后，我国先后颁发了《系统安全性通用大纲》(GJB 900—1990)、《系统安全工程手册》(GJB/Z 99—1997)、《软件可靠性和安全性设计准则》(GJB/Z 102—1997)、《军用软件安全性分析指南》(GJB/Z 142—2004) 等标准文件。其中，GJB 900—1990 是以 MIL-STD-882C 为参照而制订的；GJB/Z 99—1997 是以 1990 年发布的美军手册 MIL-HDBK-764 为参照制定的，并作为 GJB 900—1990 的支持标准。根据国情需要，GJB/Z 99—1997 对 MIL-HDBK-764 的结构及内容进行了调整和修改，补充了系统安全管理、安全性设计准则、软件安全性、安全性验证、安全性定量要求、区域安全性分析、冗余及降额等设计方法以及大量的工程应用示例。该指导性技术文件也对 GJB 900—1990 中的一些术语和内容做了适当的修改和补充。例如，把“系统安全性”改为“系统安全”、把“系统安全性设计”改为“安全性设计”、把“软件系统安全性”改为“软件安全性”，把“安全性培训”改为“系统安全培训”等，并将系统安全培训纳入系统安全管理的内容中。2012 年颁布的 GJB 900A—2012 对原 GJB 900—1990 的标准名称由《系统安全性通用大纲》改为《装备安全性工作通用要求》，并做了进一步完善。

可以看出，我国“系统安全”的概念由 GJB/Z 99—1997 正式提出。

1.6.2 主要问题

我国系统安全技术主要存在以下 3 个问题：

1) 系统安全工作欠系统化，研制差错多。

2) 相关标准及规章欠系统化，可操作性差。

3) 技术培训不到位。

1.6.2.1 系统安全工作欠系统化，研制差错多

我国的系统安全工作在装备的寿命期内进行过系统化规划的不多。研制阶段没有严格地自顶而下确定安全性需求，没有自下而上依次对所确定的要求进行验证；使用阶段基本没有维修大纲等影响装备使用安全性的顶层维修文件，或者没有对维修大纲中规定的维修工作项目实施动态管理。部分装备在研制阶段虽然开展了功能危险评估 (Function Hazard Assessment，FHA)、系统安全性评估 (System Safety Assessment，SSA)、区域安全性分析 (Zonal Safety Analysis，ZSA)、FTA、FMEA 等工作，但还欠全面；对使用阶段的安全性工作没有规划。个别型号甚至连安全性工作计划都没有编制。以可靠性为中心的维修 (Reliability Centered Maintenance，RCM) 工作是系统安全的一项重要工作，它贯穿于型号的研制与使用中，但在我国装备尤其是军用装备上的应用也相当有限。

例如，目前在部分装备的研制过程中，其安全性一般是通过实施设计规范来实现的。换句话说，凡是符合设计图样和技术规范规定的产品就是好产品。这本身没有错。

但问题就在于：从概念设计阶段开始，部分型号没有开展过系统化的安全性设计、试验与管理，致使系统安全思想无法贯彻到型号的全寿命周期中。我国现行的系统安全管理

很少将资源放在安全性需求的确定、实施与验证上，而是以实施相关标准、规范中有关安全性条款为主，其中绝大部分依据以往积累的经验与教训。这明显是对过去经验与教训的总结，是粗放型的“事后管理”或者“墓碑命令”。

这种粗放型管理方式对于简单且常规的装备系统而言不会有大的问题，但对于集成有大量复杂系统的现代装备（如三代机、四代机等），由于安全性工作欠系统化，使得装备的系统规范、研制规范很难包含完整的安全性需求，因而往往对确保新研型号的安全性水平贡献有限，事故的可预测性较差，进而使得诸如飞机这样的新型号，其安全性水平在很大程度上只好通过试车、试飞等方式予以验证，即采取“飞—停—飞”的研制过程。而试车、试飞的结果发现，新研装备各系统存在大量的设计需求差错，研制差错较多。于是，型号研制周期长，寿命期内隐藏着巨大的潜在事故风险，也就顺理成章。

1.6.2.2 相关标准及规章欠系统化，可操作性差

国外的标准及规章更新很快，而我国主要靠引进和消化国外已颁布的相关标准及规章来规划和开展自己的系统安全工作。规章、标准是在一定的历史条件和技术背景下形成的，需要随着各型号研制工作的深入及时代与技术的进步而不断地更新、充实与完善。我国由于既没有自己的全盘研究与应用计划，又因应用不广泛而不能及时发现标准和规章中存在的问题，而且国外的核心技术又往往无法获取，因此很难对国外标准及规章中存在的问题进行修正，从而很难形成真正属于自己的标准与规章。这致使我国的相关标准及规章存在如下主要问题：

1）欠系统化。

2）可操作性差。

3）一颁布就落后。

（1）欠系统化

目前，指导我国系统安全工作的主要标准及规章为 GJB 900A—2012、GJB/Z 99—1997 和 CCAR 23/25 等，这和西方国家相比明显欠系统化。因而，我国系统安全方面的这些主要标准及规章很难指导我国军民机及其他相关装备在组织、人为和技术 3 方面的危险识别、减缓、评估与管理。

（2）可操作性差

GJB 900A—2012 中 4.3.4 节规定：应依据历史事故分析与相似型号经验，采用相应的技术方法识别危险，如初步危险分析表、FMEA、FTA 等。这种方法一没条理，二可操作性极差。按 ARP 4754 和 ARP 4761，应该是通过 FHA 识别故障状态，并根据故障状态的严酷度识别与确定装备的安全性需求，按照初步系统安全性评估（Preliminary System Safety Assessment，PSSA）分配安全性需求，最后通过 SSA 评估安全性水平有没有达到 FHA 中所确定的安全性需求。

（3）一颁布就落后

GJB/Z 99—1997 显然落后于国外 1996 年颁布的 SAE ARP 4754，GJB/Z 142－2004 明显落后于国外 1992 年颁布的 DO－178B。

我国的安全性标准及规章目前只达到国外 20 世纪 80 年代的水平，但现在美国等发达国家系统安全技术发展很快，我国要将国外 20 世纪 90 年代以后颁发的这些先进标准为我所用，还有很多路要走。因此，在目前的这种氛围之下，为解决工作急需，只得通过引进和消化国外的先进标准和规范来开展系统安全工作。例如，我国的四代机、大运、大客及 ARJ21 飞机均是在参考 AC 25.1309 - 1B、ARP 4754A、ARP 4761、RTCA/DO - 178C、RTCA/DO - 254、DO - 160G 等标准与规范的基础上进行的。也正因如此，国内有关部门正在组织力量对这些标准与规范开展应用性研究。

1.6.2.3　技术培训不到位

将安全性这一质量特性固化到装备中的工作往往令人望而生畏。这主要是由于很多系统工程师没有接受过系统安全方面的专门培训，甚至连合适的教材都没有；装备研制的管理者甚至不知道在什么时机、采用何种方式去组织系统安全技术的应用。

1.7　为什么要研究系统安全

1.7.1　安全是永恒的主题

2007 年，美国制订的航空领域远景科学技术试验研究工作国家计划中，将“航空安全性”与“国家安全与国防”并列为未来发展的主要任务。国际上民用航空装备的优先发展方向一直将装备的安全性水平置于首位，见图 1 - 6。实际上，航空航天装备也不例外。

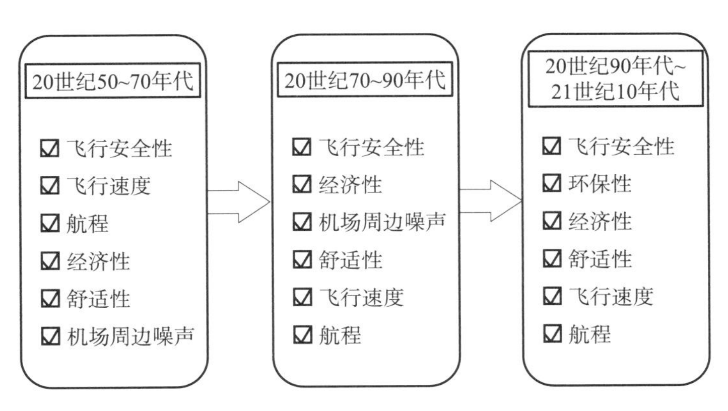

图 1 - 6　民用航空装备的优先发展方向

2011 年 3 月日本福岛核电站的事故再次警示我们：人类在革新科学技术、创造物质财富、推动社会进步、享受现代生活的同时，也往往在不断地制造着副产品——灾难。而灾难总是在人们惊慌、彷徨、绝望之余不期而至，“落井下石”，从而时常让社会变得不那么宁静与和谐。

如果技术革新不能给人们带来安全，那么人们宁愿不享受技术革新所带来的短暂幸福与快乐，也要追求安全！

在航天、航空等各种装备的首次发射或试飞之际，无论是设计人员、型号的总设计师还是项目的高层领导，最关心的或最不放心的就是自己负责的系统或装备其安全性水平到底如何，或者说完成首次发射或试飞的成功概率到底有多大。不管在什么情况下，所有人都希望多年心血的付出能得到回报，或至少能远离危险和伤害。

但是，世界上是不存在绝对的安全的。2009 年 2 月，在茫茫太空之中，两颗卫星还能够相撞；在浩瀚的海洋里，两艘潜艇也“冤家路窄”！更何况是新研的装备。

人们不希望发生的事情总会不期而至，而且最显著的特征是：在灾难发生之前，没有人能觉察到任何迹象。

危险是航空器、航天器运行环境的一个组成部分。在航空、航天业中，人们尽管做出了最大和最富成果的努力去避免这些差错，但故障和差错依旧难免，不可能保证人的活动或者人造系统绝对免于危险和差错。危险也不只是航空、航天装备的“专利”，煤矿、化工等工业领域也鲜有例外。

我们常听说安全是压倒一切的任务，或者说安全在我们的生产活动中具有绝对的优先权。人们总希望不惜一切代价保安全，而结果又往往保不了安全。当发生煤矿瓦斯爆炸或顶棚坍塌时，当发生特大火药爆炸或化学毒品泄漏时，当核电站发生爆炸或核泄漏时，有人往往认为是安全生产的责任制没有落到实处，或没有按操作规程办事，或领导不尽职。而事实往往又不完全是这样，至少绝大多数人工作是认真的，是一丝不苟和勤勤恳恳的，是事业心很强的。

这时，我们需要查出事故的根本原因，制定措施以杜绝类似事故的发生，或至少应降低其发生的频率。其关键是每当重大灾难性事故发生后，所查出来的原因往往诸如“挑战者”号航天飞机一样，令人啼笑皆非、大跌眼镜。

因此，面对大量的安全性事故或灾难，我们往往感觉到很茫然。为了保证装备的运行安全，我们还可以做点什么？

不妨从技术、制度和文化等方面审查我们的工作是不是做到了位，还有没有需进一步完善之处？

而更为重要的，装备的固有安全性水平 85％以上是在装备研制阶段的早期——方案论证与方案设计阶段决定的，因此，1.7.2 节我们重点介绍我国装备研制的短板——系统安全。

1.7.2 系统安全是我国装备研制的短板

装备在试验与初步使用过程中，人们常常遭遇到表 1 - 2 所示的诸多典型问题（示例）。

表1-2 装备试验与初步使用过程中遇到的典型问题（示例）

序号	典型问题	需要回答的相关问题
1	为什么FMEA分析出来的故障模式装备一般不太会出现，而出现的故障模式又总是一次次地没有分析到？	·有没有建立故障信息数据库？ ·有没有同类装备的故障信息？ ·产品的重要度分类、安全性评估、故障检测与隔离手册、FTA、测试性分析、以可靠性为中心的维修分析（Reliability Centered Maintenance Analysis，RCMA）等研制过程文件有没有用FMEA？ ·故障报告、分析与纠正措施系统（Failure Report Analysis and Corrective Action System，FRACAS）有没有用FMEA和FTA？
2	现代综合模块化航电（IMA）系统支持余度管理和故障检测的代码能满足系统的安全性需求吗？	·支持余度管理和故障检测的代码占系统源代码多少？ ·这些代码的编写要求是来源于系统的研制规范吗？规范的要求又来源于FHA、PSSA所分配的安全性需求吗？ ·系统检测的故障模式来源于FMEA报告及FTA的最小割集中吗？ ·系统检测的故障模式考虑了RCMA的需求吗？ ·执行了DO-297/DO-178标准吗？ ·明确了IMA系统的功能研制保证等级及软、硬件研制保证等级吗？
3	为什么试验和初步使用过程中出现的故障，其故障原因总是难以定位？	·FMEA有没有包括软件的故障模式？ ·FMEA有没有考虑系统的接口、人为因素与环境因素？ ·有没有开展FTA？有没有求出顶事件发生时的所有最小割集？ ·有没有多余功能？ ·有没有设计需求差错（研制差错）？ ·不同的软件有不同的研制保证等级吗？ ·软件是按DO-178或等效标准要求进行开发的吗？
4	装备的下一步试验会不会出现灾难性事故？可以进一步试验吗？我们的胜算在哪里？	·有没有装备的功能清单？ ·有没有开展FHA？ ·航空、航天等新研装备在科研试飞（射）前到底有多少个故障状态是影响安全的？ ·这些危险的、灾难性的故障状态发生的概率是多少（哪怕是基于定性的工程经验也行）？ ·在设计、制造及使用、维护中，针对这些故障状态采取了什么措施（如采取了哪些冗余设计或哪些功能可以重构）？ ·这些冗余或重构功能在需要时能履行其起码的职责（功能）吗？ ·执行典型的试验项目时，哪些设备的故障允许保留？ ·维修工作项目是按RCM确定的吗？ ·隐蔽故障的维修间隔是否合理？ ·针对灾难性的故障状态采取了哪些应急程序？
5	为什么我们做了那么多试验和分析，装备在初步使用过程中还会出现危及安全的灾难性事故或事故征候？	·装备系统的运行总是会按照所设计的套路进行吗？ ·我们能穷尽系统的所有状态吗？ ·现代装备系统软硬件综合过程中有多少接口关系、哪些接口相互交叉？能够详细列出吗？ ·研制中有没有差错？ ·针对左列问题，如有灾难性故障模式，有没有冗余或重构的设计？ ·冗余设计是独立的吗？ ·不同严酷度的故障状态有不同的研制保证等级吗？

续表

序号	典型问题	需要回答的相关问题
6	虽然装备研制费用少、进度紧、性能高，但我们仍如期完成了首台装备样机，可是为什么样机的定型时间大大地超出了首台样机的研制时间？	· 是按照 ARP 4754 规定的研制程序研制的吗？ · 全面开展了装备自顶而下的功能及安全性需求分配与确认和自下而上的功能及安全性需求的验证吗？ · 有没有开展基于风险的安全性分析？ · 所有风险都做到了 ALARP 吗？ · 针对不同的故障严酷度类别确定了相应的研制保证等级吗？ · 有减少研制差错的程序保证吗？ · 机载设备/系统供应商的产品规范是按装备 FHA、PSSA 等过程所得出的研制要求确定的吗？或者说产品的需求定得合理吗？
7	为什么装备的维修费用（不含使用费用）占装备全寿命周期费用的 50%以上？	· 有没有建立故障信息数据库？ · 开展了 RCM 吗？ · 有没有飞机领先使用的大纲？结构的维修项目是抽样确定的吗？ · 利用可靠性方案对维修大纲中规定的工作项目进行了监控吗？ · 维修的工作项目及间隔可否进一步优化？可否取消大修？ · 维修性、可达性好吗？ · 配置有故障诊断与健康管理（Prognostics and Health Management，PHM）系统吗？ · 备件、工具、人力资源等是基于使用与维修任务分析（Operation and Maintenance Task Analysis，O&MTA）和修理级别分析（Level of Repair Analysis，LORA）的吗？ · LRU 的设置合理吗（能将 SRU 尽量设计成 LRU 或 LRM 吗）？ · 发动机是采用单元体设计的吗？ · 现代装备（如飞机、发动机）还有规定的设计寿命限制吗？ · 有没有单机寿命监控？
8	为什么装备出勤率不够高？	· 航空装备有没有主最低设备清单？ · 定时检查是否过于频繁？ · 有没有维修时需要的备件？ · 可不可以降低大修的频率或取消大修？ · 有没有 PHM？ · 有寿机件项目是否太多？ · 发动机的寿命控制是否合理？

从对表 1-2 每一典型问题中所列出需要回答的相关问题来看，事实上不用回答，我们就知道问题主要出在：装备，特别是军用装备，并没有按 ARP 4754 的研制程序进行研制，致使装备的系统安全工作不管是在研制阶段还是在使用阶段均未系统化地策划过；即使开展了 FMEA 工作，FMEA 的结果也很少用于指导故障的诊断和装备的维修。其结果是：装备研制的差错太多，研制周期过长，维修与保障费用过高，装备定型后可能丧失了准入市场的良机。也许读者认为表 1-2 中需要回答的相关问题中并没有多少涉及研制差错，实际上，装备在外场使用中发生了设计时没有分析到的故障模式，装备维修工作项目、定检间隔及大修间隔等不合理事宜均属研制差错；如果飞机的领先使用大纲、老龄化维修大纲等又都没有，那是很严重的研制差错。

2007 年，F-22 飞机经过国际日期变更线时发生航电系统崩溃事故，其原因是软件的设计与验证过程中均未考虑到国际日期变更线经纬度的特殊情况。这就是一起明显的研制差错。事实上，国外非常注重系统综合与集成过程中的安全性需求，如波音757飞机其飞控计算机的源代码中，支持余度管理和故障检测的代码就占了55%。

为什么国外现代装备（包括发动机）一般无规定的使用寿命限制？为什么美国的F-15飞机在20世纪70年代就已取消大修？而我们的装备往往一进入使用的最佳状态就得进入定检或大修？事实上，我国是世界上各种装备的设计大国，在技术上（如航天技术）也有很多领先国际水平之处，装备的技术性能总体上不错，可就是为了保障安全，致使装备的使用寿命过短，维修与保障费用过高。也就是说，组成装备系统的某一产品发生故障时，可能给装备带来的危险没有把握，或者说系统安全工作没做到位。因此，系统安全是我国装备研制实实在在的一块短板。表1-2中的典型问题就是短板的部分表现形式。

我们必须对装备的使用安全怀有敬畏之心。只有经系统安全技术融合的产品才是全寿命周期内有生命力的产品，否则，其充其量只是高新技术的展览区。

飞机级功能系统通常少不了与飞机其他功能系统的重要接口。系统的重要单元一般由独立的个人、小组或部门完成。由于现代飞机系统的高度综合与复杂，因此急需从项目的顶层管理开始，全面推进系统安全工作的规划与实施。

如果从装备的方案论证阶段开始，按系统安全规定的技术开展安全性评估，按型号的功能确定安全性需求，并将之作为安全性目标分配到系统、子系统及设备中，并分别形成相应的系统规范、研制规范和产品规范，再按系统安全的技术方法验证产品实际达到的安全性水平是否满足规范中规定的要求，而不是采取目前国内部分新机在试飞前的那种"排故—排故—再排故"，在试飞阶段时的那种"飞—停—飞"的办法，那么新研型号在首次试用（如飞机首飞、火箭发射、"嫦娥"落月等）时，各级工程的研制人员将不再将心提到胸口上。

系统安全技术由航空领域发展起来，而今被广泛地用于航天、航空、核电、交通、化工、采矿等各个领域。事实上，装备的固有安全性是产品的性能设计人员设计出来的，是工艺、生产人员生产出来的，更是型号的行政总指挥、总设计师和安全性专业人员运用系统安全技术管理出来的。或者说，安全性同可靠性一样，是设计打好基础，制造保证质量，使用加以维持。

1.7.3 技术变革对系统安全提出新的要求

传统的飞机由许多功能系统联合构成，而每一系统则由许多具体功能硬件构成。各功能硬件履行各自功能，彼此相对独立。但是，随着计算机和软件技术的高速发展，从过去的机械模拟设计，到通过嵌入式软件来控制系统运行的微处理器之广泛使用，这一技术变革通过用微处理器设计替代电动机械式模拟或模拟混合系统，使得使用可靠性与安全性水平得以提高，于是诞生了向多个传统系统提供共用功能的全新系统，如IMA系统，见图1-7。

如今，许多新研制的飞机已经引入IMA设计理念。IMA系统由一系列通用化、综合化、模块化的计算机组成，这些计算机通过航电全双工以太网（Avionics Full Duplex

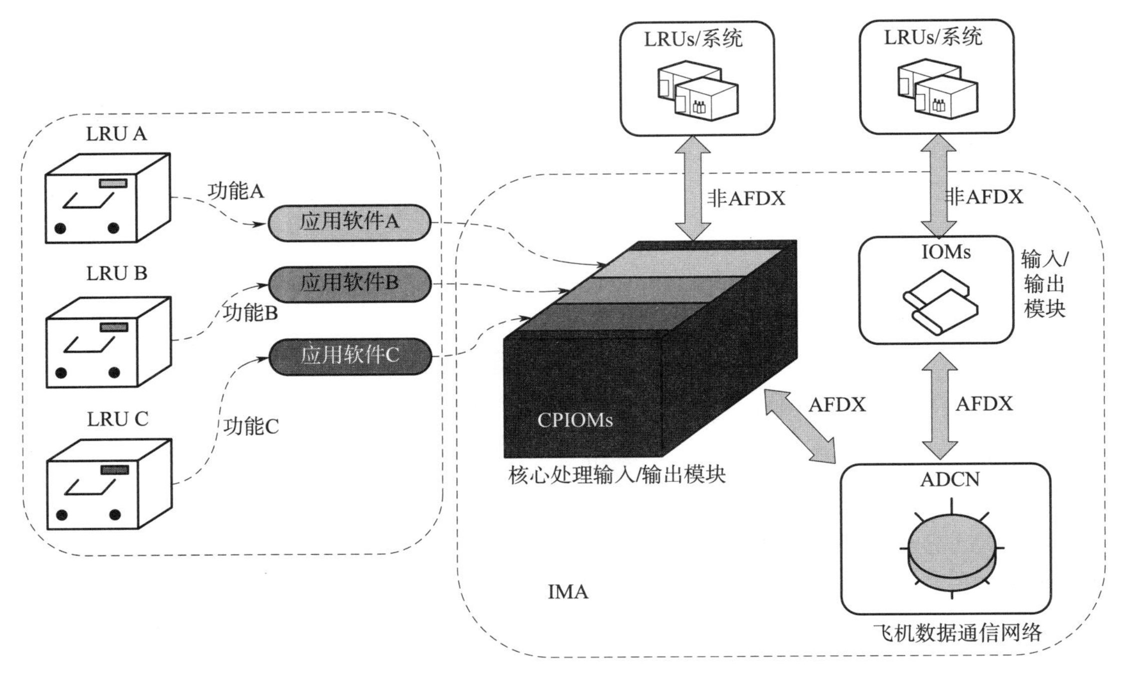

图 1-7　IMA 系统典型工作模型示例

Switched Ethernet，AFDX）接入飞机数据通信网络（Aircraft Data Communication Network，ADCN)，以遂行其功能。

像 B707、B727 这样的第一代飞机，其运用相对独立的系统设计，当时几乎没有也不需要系统间的集成，这类飞机的功能管理由机械员来完成；B737 飞机采用了模拟技术，实现了对燃油、发动机以及电气系统方面的管理需求；而 B757、B767 是率先使用数字化技术的机型，其系统架构基于早期模拟设计的数字化技术，并在设计中采用了适度的集成；B777、A380 飞机则是全面采用数字化设计的机型，它大量采用类似于 IMA 系统的架构，通过高度综合与集成的系统来实现整机功能。

新一代飞机的综合显示系统、机载信息系统及数字式电传操纵系统都是通过微处理器与软件结合来实现相应的功能需求，一套计算机往往执行多个系统的功能，甚至管理或实现整机的多个功能。因而，数字技术的应用带来了现代装备设计技术的变革，使得现代装备整体的集成程度大幅提高，产生了大量高度集成与综合的系统。由于这些系统的工作状态多、接口复杂（见 2.1.3 节），容易滋生大量的研制差错，进而对系统安全工作提出了全新挑战。

过去，FAA 对第一代和第二代飞机的合格审定是按单个系统进行的，这是由于大多整机的功能都是通过单一的系统来实现的，设计时无须考虑过多的接口，因此这种合格审定的方法也称为“分系统”法，即每一系统符合适航规章的要求，就能通过合格审定。而这种传统的合格审定方式对 B777、A380 等飞机的架构就表现出较大的局限性，并显得极为被动。

因此，近代飞机以高度综合与集成的系统实现整机功能，促使管理机构出台了相应的安全符合性标准，这就是 ARP 4754《高度集成或复杂飞机系统的合格审定考虑》、ARP 4761《民用机载系统和设备安全性评估过程指南与方法》。这两份标准作为 FAR/JAR/CS25.1309 符合性证明的指导性文件，并成为复杂飞机系统研制应遵循的程序。其核心思想就是通过结构化的研制保证过程，以可接受的置信水平将研制差错最小化，从而保证现代飞机固有安全性水平。

鉴于 ARP 4754/4761 的思想也适用于飞机之外的其他现代装备，所以本书尽量站在现代通用装备的角度研究系统安全。

1.7.4　以最经济的方式实现装备的安全性水平

如果说 MIL－STD－882E 将武器装备的系统安全定义为：在作战效能、时间和费用的约束下，在系统寿命周期的各阶段，应用工程和管理的原则、准则和技术，使灾难性风险达到可接受的水平；那么我们完全可以把工业领域的系统安全定义为：在效益、时间和费用的约束下，在系统寿命周期的各阶段，应用工程和管理的原则、准则和技术，使各方面的安全性水平达到最佳，或使灾难性风险达到可接受的水平。

绝对的安全是没有的，不惜一切代价保安全在工程上也是行不通的。因此，系统安全技术的任务就是：在寿命期内，在其可能经历的环境下，系统而合理地评估出可能发生的各种危险及危险的严重等级，在安全与效益之间进行折中，将影响安全的风险控制在人们可以接受的范围内。

或者说，我们应将现代装备的安全性技术作为一种国家战略，在今天的技术水平上，让新研的各种装备的风险 ALARP。

1.8　本书特点

1.8.1　基本理念

安全性需求引导着装备研制，决定了装备寿命期内如何使用与保障。从空间维上，系统安全的内容不仅涉及所研制的装备，还涉及装备的保障与使用系统；从时间维上，系统安全的工作始于装备的论证阶段，终于装备的退役与处置之后。

由于装备的固有安全性主要是装备初步设计阶段决定的，因此本书重点以飞机的研制过程与安全性评估技术为切入点，论述系统安全技术在装备研制阶段的实施办法，至于使用阶段则所花笔墨较少。全书的编写有机地将航空装备的适航要求与系统安全工作结合在一起，坚持了如下思想：

1）安全性需求引导装备研制。

2）在装备研制过程中控制研制差错到可接受的水平。

3）将与装备接口的人视为设备（“人件”）。

4）从系统工程的角度研究系统安全问题。

全书始终贯彻如上思想，并形成了如下理念：

1）大系统、大综保环境下统筹系统安全工作，全面夯实安全性的 3 条腿——设计与制造、使用、维修。

2）事故调查不能从根本上解决安全性问题。

3）有可能出错的地方一定会出错。

4）符合相关规章和标准不一定能满足安全性需求。

5）适航不等同于系统安全。

6）操作失误的后果不取决于人而取决于环境。

7）组织不当会造成事故。

8）事故的发生往往是组织、人为和技术 3 方面因素的相互作用。

9）装备的设计必须采用故障安全理念。

10）注重架构设计时的安全性增长。

11）系统架构力求 ALARP。

12）实施健康状态管理。

13）ARP 4754 为研制差错的最小化提供技术支撑。

14）通过研制保证过程控制研制差错。

上述诸多理念最终融为一条：安全性需求引导装备研制。以航空装备为例，其研制程序不是先确定装备的气动外形、系统架构与质量，而是先根据市场的需求确定其功能，再依据相关功能所对应的安全性需求依次确定飞机、系统的架构，之后才有飞机的质量与气动外形。

1.8.2　期望解决的问题

在航空装备研制过程中，安全性方面所遇到的问题主要有 4 个：

1）如何规避设计过程的研制差错。

2）如何在研制阶段通过设计规避使用与维修过程中的差错。

3）如何识别与管理危险。

4）如何满足适航符合性要求。

本书主要通过以下方式解决以上问题。

现代装备研制过程中的主要问题是研制差错，使用过程中的主要问题是使用、维修差错（含维修项目及间隔不当），而使用、维修差错说到底还是研制差错。ARP 4754 中介绍的飞机和系统的研制过程就是为了解决上述问题。因此，本书绝大多数内容围绕研制差错而展开，探讨了全寿命周期内的系统安全工作，其终极目标是帮助读者在较短的时间内完整而正确地理解 ARP 4754，并将 ARP 4754 的思想通过 ARP 4761 应用到包括航空装备在内的复杂装备中，将装备系统性故障降至最低，缩短装备的研制周期，确保装备使用时安全、可靠、经济。但因本书的重点是如何理解好和应用好 ARP 4754 与 APP 4761，因此对于 ARP 4754 框架之下的 DO－178C 和 DO－254 具体实施标准则不再做深入探讨。

实质上，适航只是安全性的最低要求。因此，从字义上看，不管是军机还是民机，满足适航的要求就是以最经济的方式，满足用户对安全性的基本要求，但不能说满足了飞机的安全性要求。这是因为适航要求只是装备研制需求八大类型的组成部分之一（见 5.9.2 节），而且，适航规章只是墓碑命令或事后诸葛（见 3.5 节）。

对民用航空装备而言，适航中最难且工作量最大的事就是适航规章中第 1309 条。如果能按航空装备型号的特点对 FAR 23/25 部的要求进行合理剪裁，并形成相应的审定基础，如果本书第 4～6 章的系统安全工作能落到实处，那么读者就会发现：不管是军机适航还是民机适航，其实真的不难。

本书所述内容虽以航空装备为主，但它同样适用于航天等领域现代复杂装备研制阶段系统安全工作的管理与实施。

1.8.3 全书架构

在系统安全工作中，如果基本概念有了，其基本理念清楚了，基本文化上去了，基本工作程序理解了，那么系统安全工作的开展就不再困难了。至于具体的技术实施方面，ARP 4761 中详细介绍了安全性评估的实例。但 ARP 4754 和 ARP 4761 不可能详细解释基本概念、基本理念和基本工作程序。至于基本文化则超出了上述两大规范的范围，且国内相关的文献很少涉及，而这恰恰又是系统安全工作开展所迫切需要的文化氛围。限于篇幅，本书将重点介绍安全性的基本概念、基本理念、基本文化以及装备研制阶段的系统安全管理、研制保证过程与安全性评估技术，至于研制阶段安全性评估的实例和使用阶段系统安全工作，本书将视情景适当介绍。

本书共分为 8 章：

第 1 章，主要论述了系统安全技术的国内外发展趋势及在现代装备中全面推广应用的必要性与迫切性。

第 2 章，简要介绍了系统安全技术的基本概念。

第 3 章，深入探讨了系统安全技术的基本理念。

第 4 章，从事故的特点出发，论述了装备的安全文化及研制阶段系统安全管理的要求。

第 5 章，重点论述了装备的研制程序及系统安全技术在研制阶段的应用，即如何通过双“V”过程自顶而下确定装备的安全性需求和自下而上验证所确定的需求均得到满足。

第 6 章，深入讨论了安全性评估技术，并简要介绍了安全性评估常用工具（集）。

第 7 章，简述了民机主最低设备清单的原理，并探讨了推广到军机的意义。

第 8 章，针对装备在使用过程中暴露出的电缆设计、安装和维修等方面的典型问题，讨论了电气线路互联系统安全性的结构化分析与评估技术。

第 2 章　基本概念

2.1　系统、装备系统与复杂系统

2.1.1　系统

2.1.1.1　定义

大家心目中的“系统”指的是什么？在讨论系统安全、开展系统研制与安全性评估之前，我们先来研究一下什么是系统。

系统是指相互关联元素的集合所构成的一个有机整体。按拉丁语和希腊语解释：系统就是组合、构建并融合在一起的意思。

DEF STAN 00－35 中将系统定义为：为实现某些特定功能或若干功能，而对产品或子系统所进行的组合。这些组成系统的子系统或产品具有如下特征：

1）子系统就是所设计的一组单元或组件的集合，以实现既定的某个特定功能或若干功能，并构成系统的重要部分。

2）单元或组件是小于子系统的任何部分，为子系统实现某个特定功能或若干功能而应独立承担作用。

3）元件或部件是单元或组件的组成元素，这些元素的功能只能通过单元或组件发挥出来。

图 2－1 为飞机典型系统构成示例，它完全符合 DEF STAN 00－35 的定义。

SAE ARP 4754/4761 和 WATOG 中将系统定义为：为执行特定功能而安排在一起的相互关联的产品组合。

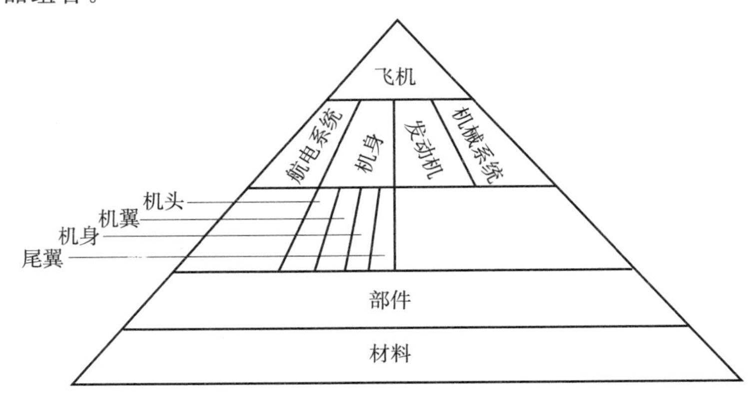

图 2－1　飞机典型系统构成示例

注：本图来源于英国 Technology Foresight 1996。

MIL-STD-882E 中将系统定义为：人、产品和程序的综合，以提供完成规定要求或目标的能力。

GJB 451A—2005 中将系统定义为：为执行一项规定功能所需的硬件、软件、器材、设施、人员、资料和服务等的有机组合；或者为执行一项使用功能或为满足某一要求，按功能配置的两个或两个以上相互关联单元的组合。

2.1.1.2　系统层次

Aircraft system safety（参考文献［61］）中第 8 章，按照南非空军（The South African Air Force，SAAF）相关标准要求，对系统层次做了分类，见图 2-2 和表 2-1。当进行安全性评估或开展保障性分析时，它有助于我们理解自己所定义的系统是什么层次。

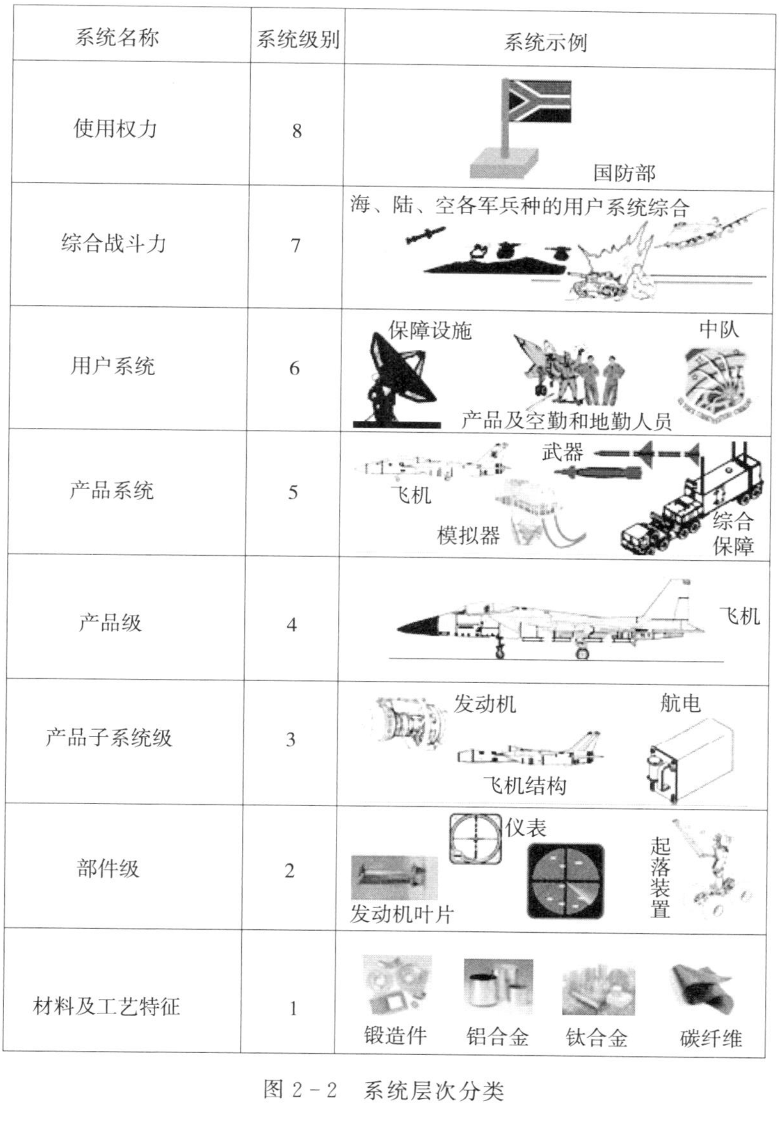

系统名称	系统级别	系统示例
使用权力	8	国防部
综合战斗力	7	海、陆、空各军兵种的用户系统综合
用户系统	6	保障设施　中队　产品及空勤和地勤人员
产品系统	5	武器　飞机　模拟器　综合保障
产品级	4	飞机
产品子系统级	3	发动机　航电　飞机结构
部件级	2	仪表　起落装置　发动机叶片
材料及工艺特征	1	锻造件　铝合金　钛合金　碳纤维

图 2-2　系统层次分类

表 2-1　系统层次分类

系统级别	系统示例
1	零件级：主要说明所用材料及工艺的特征。例如，铝合金、钛合金或碳纤维成形，所用的表面处理等
2	部件级：主要说明部件由哪些零件构成。其典型的部件有仪表、发动机叶片、前起落架等
3	产品子系统级：典型的子系统有发动机、机身结构、航电、液压、起落系统等
4	产品级：典型的产品有飞机、汽车、坦克、核潜艇等
5	产品系统：为发挥特定的功能，和产品的配套设备一起构成。例如，军用飞机和模拟器、保障设备、导弹一起构成军用飞机系统
6	用户系统：产品系统和产品的使用与维修人员、附属设施、管理人员等一起构成。例如，军用飞机系统和空勤及地勤人员、地面雷达、机场、机库等一起构成了用户系统。它可简单地描述为产品与综合保障系统的综合
7	综合战斗力：海、陆、空各军兵种的用户系统综合
8	使用权力：国防部

2.1.1.3　常规系统与简单系统

如果系统的用途、功能以及实现其功能的技术方法与目前普遍使用的系统相同或非常相似，那么这种系统就是常规系统。

对航空装备而言，按 AC23.1309-1E/AC25.1309-1B，那些有足够的服役历史、其安全性验证符合性方法得以认可且不包含软件和复杂硬件的系统可称为常规系统。

简单系统是指那些不包含软件和复杂硬件且功能特性能通过试验和分析方法确定的常规系统。

通常，常规与简单系统，且系统与安装和以前的相似，则只需通过 FHA、FMEA、ZSA（区域安全性分析）等常规分析、试验、检查与验证等方式，就可表明对 CCAR/FAR/CS 25.1309 条的符合性（见图 6-4）。

2.1.2　装备系统

装备系统是指装备与其综合保障系统所构成的一个系统，如表 2-1 中的 5、6、7、8 级系统。

相关规范也认为，一个航空系统可以包括一架航空器，加上该航空器的训练和保障系统，以及在该航空器上所运用的任何武器。

现代装备的设计一般非常注重装备系统的两个综合：

1）全系统综合。

2）大系统综合。

与 F-22 战斗机相比，F-35 在采办和技术方面都明确体现出“全系统综合”的思想。例如，在采办的同时提出了对“飞机系统”和“自主式后勤系统”的需求，要求两者同步研制，并且要求后者在飞机系统达到初始作战能力时就能够投入使用，这在 F-35 之前的航空装备采办史上没有先例。此外，F-35 航空电子系统的架构最初就是由美国国防部和美军提出的，且在航空电子系统、机电系统等方面的综合程度都高于 F-22。

F-35在“大系统综合”的设计方面也取得了突破。美、英提出对JSF（Joint Strike Fighter）的性能要求时，就把它与将来要配合作战的各种装备视为一个大系统，通过建模与仿真来研究和验证飞机在这个大系统中：

1）需要怎样的能力？

2）如何发挥其能力？

在此基础上，美、英对JSF与外部进行信息交换提出了很具体的需求。

2.1.3 复杂性与复杂系统

按SAE ARP 4754和SAE ARP 4761定义，复杂性是系统或组件的一种特性，这种特性使得系统的接口逻辑难以理解。系统复杂性的增加，往往是各种复杂的设备及其多重接口关系所致。

按AC23.1309-1E的定义，如果没有分析手段或结构化的评估方法帮助，系统的使用方法、故障模式或故障影响是难以理解的，则认为该系统是“复杂”的。FMEA和FTA是这类结构化评估方法的有效工具。

现代装备越来越多地使用功能增强和接口复杂的系统，如航空装备中驾驶舱综合显示、飞行控制、飞行管理、空中交通控制、通信管理等系统。现代复杂系统/子系统/设备/软件/硬件，其输入的参数变量很多，系统间的逻辑关系相互交叉。图2-3给出了一个示例，帮助我们认识和理解复杂系统。

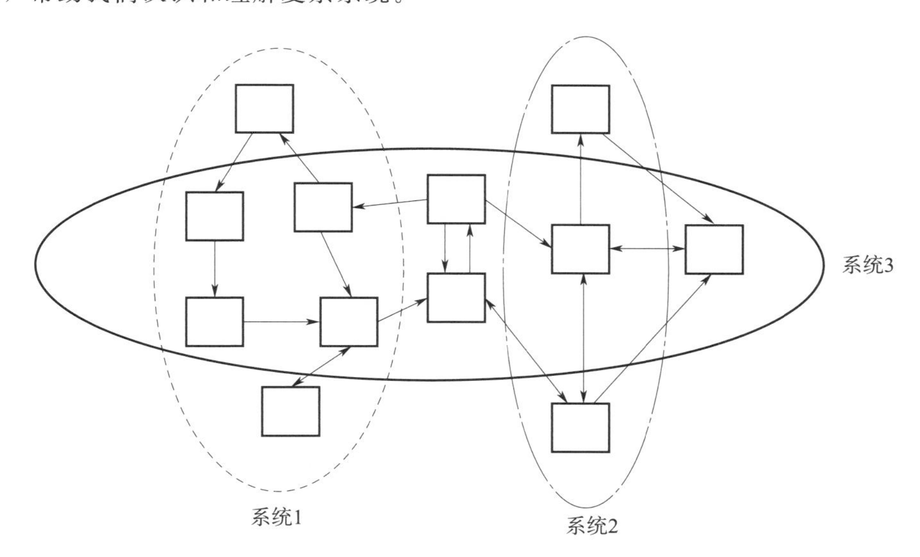

图2-3 复杂系统示例

由图2-3不难得出复杂系统具有以下属性：

1）系统接口逻辑如果没有分析手段帮助，则难以理解。

2）难以用试验和分析手段穷尽系统的所有状态。

3）需要采用结构化的研制保证程序和严格的过程控制方法，来保证系统的安全性水平。

具有上述复杂特性的系统即复杂系统。表 2－1 中的 4、5、6、7、8 级系统显然是复杂系统。

因此，对于现代复杂装备，我们无法证明试验做多少或做到什么程度才叫充分，故而无法仅依靠试验和分析手段来保证装备使用时的安全性水平。此时，需要按 ARP 4754 体系，依据 PSSA 过程分配研制保证等级（Development Assurance Level，DAL），对具体的复杂硬件或软件采用 DO－254 或 DO－178 过程来表明研制保证过程的符合性（见 5.2.1 节）。

2.1.4 系统架构

系统架构（System Architecture）是按已确定的需求运用相关技术，构思系统需求的实现方式，并搭出实现既定需求的框架。

在安全性的相关译文中，有将“System Architecture”译为“架构”的，也有译为“构架”的，更有“架构”与“构架”两者混用的。作者更倾向于将其译为“架构”，因为先有需求，再去构架系统；有了架构，才能构架。实质上，构架是按既定的方式（架构）去建造初步的（实物）系统。构架的过程是一个动态的过程，构架的输出即为架构，这样就完全符合 ARP 4754A 的全文背景。例如，在初步系统安全性评估时，我们需要按既定的需求提出一个系统的框架，然后通过反复的迭代过程对这一框架进行动态的修改，当所构架的系统通过进一步的设计与分析、试验与试制之后，我们会见到一个初步的实物，这一初步的实物即架构。或者说构架是一个思想过程，而架构则是建造的成果。

2.2 安全、安全性与可靠性

2.2.1 安全

在美国军用标准 MIL－STD－882E 和 GJB/Z 99 — 1997 中将安全定义为：没有引起死亡、伤害、职业病或财产、设备的损坏或损失和环境危害的状态。SAE ARP 4754 将安全定义为：风险低于边界风险的状态。此处，边界风险是指可接受风险的上限。边界风险实质上是特定的技术过程或状态。

按 ICAO DOC 9859，安全是指通过持续的危险识别和风险管理过程，将对人员或资产的危害降低到不高于可接受的风险水平这一状态。例如，商用飞机运营时的损失概率低于 10^{-6}/飞行小时时，公众是可以接受的，因此公众乘机前也就认为是安全的。但尽管如此，乘客可根据情况适量购买保险，以防这一可接受的风险以小概率事件发生而化为灾难。

从安全与危险的辩证关系角度可以将安全定义为客观事物的危险程度能够为人们普遍所接受的状态，即此种状况下的危险在人们可以接受的范围之内。这里明确地指出了安全的相对性，即安全与危险是相对的。当系统危险的发生概率降低到了某种程度时，系统就是安全的，否则就是危险的。因此，世界上不存在“绝对的安全”。

2.2.2　安全性与可靠性

按 GJB 451A—2005，安全性是指产品所具有的不导致人员伤亡、系统毁坏、重大财产损失或不危及人员健康和环境的能力。按 GJB/Z 99—1997，安全性是指产品的固有特性，它与可靠性和维修性一样都是可以通过设计赋予的，是各种（军用）系统必须满足的设计要求。它表示产品在规定的条件下，以可接受的风险执行规定功能的能力。

恰如产品的可靠性、维修性一样，安全性作为系统所具备的一种性能，还可以定义为系统在最小事故损失条件下发挥其功能的一种特性；安全性也可以理解为不发生事故的能力。

可靠性是指产品在规定的条件下、规定的时间内完成规定任务的能力。

当安全性水平以概率表示时，绝大多数情况下可视为安全可靠性水平。安全性与可靠性的分析技术相似，如 FTA、FMEA、CCA 等。两者的差别主要表现在如下两个方面。

（1）研究对象不一样

安全性研究的对象是危险，而可靠性研究的对象是故障。灾难性事故的发生并不都与故障有关，有时也会发生在没有故障的地方。这主要表现如下：

1）未按使用维护规程操作，如人员被吸入飞机进气道、弹射座椅地面维护时意外弹射（保险销未插上）、飞机清洗前堵上的静压端口在起飞前没有恢复常态。

2）设计疏忽，如设计时未考虑到航炮吊舱射击时产生的废气对发动机的影响。

3）其他原因，如飞机遭遇鸟撞、雷击等。

（2）工作重点不一样

安全性工作的重点在于识别导致灾难性事故发生的危险，并通过设计、管理、监控、跟踪等工程方法将其发生的风险控制在社会可承受的水平之内（ALARP）；而（广义）可靠性工作的重点则在于保证完成规定的任务，并使得产品的全寿命周期费用最低。

2.3　安全性、系统安全与系统安全性

2.3.1　安全性是系统属性

安全性是系统属性。南非空军从综合保障的角度，利用图 2-2 对系统的不同层次进行了图解。该图告诉我们在研究系统安全、开展安全性评估时所定义的系统是什么，系统所处的环境与层次是什么。安全性作为一个属性，其属于一定系统层次、一定环境条件下的产品系统（如飞机、系统、子系统和软硬件）的质量特性，故只有将安全性这一质量特性置于一定层次的系统下，才有理论与实际意义。例如：

1）装备级层次系统的安全性定性与定量指标需求。

2）对构成装备各系统级层次的安全性定性与定量指标的需求、安装与维修需求、功能研制保证等级需求。

3）对构成系统各子系统级层次的硬件与软件的安全性定性与定量指标的需求、安装与维修需求、设备（项目）研制保证等级需求。

4）下一级系统的安全性需求直接来源于其上一级系统，最终来源为产品级（图 2－2 中第 4 层次系统）及以上层次系统。

所以，安全性是系统属性。

正因如此，需立足于系统的角度讨论安全性问题。抛开系统及其使用环境，单纯地讨论组成系统的每个元器件、组件或设备的安全性没有意义。在讨论系统安全、开展系统研制与安全性评估之前，首先必须明白：此时我们所定义的系统到底是什么？是在哪一级系统上开展安全性评估？安全性的目标是什么？相应的评估范围又是什么？

但系统的安全性水平基本上由系统、子系统及设备的架构主宰。在大多数情况下，安全性水平是通过对许多系统/子系统或部件进行集成而获得的。而这种集成需利用各种技术，如机械、液压、气动、电子、电气、可编程电子器件等。集成后的系统须在所设计的环境中安全运行。

系统、子系统各组成部分的成品，其可靠性水平对装备系统而言主要是经济性影响。这是因为在进行系统、子系统及设备的架构时，如果认为系统或子系统的安全可靠性水平较低且不能满足装备级所分配的安全性需求，可采取表决、并联、旁联、重构等很多方式以提高子系统或系统的相关安全可靠性水平，最终保证装备能得到满意的安全性水平。只有当部分系统或子系统中成品可靠性水平较低，需要采取表决等方式提高其安全可靠性水平时，才可能会对测试性及备件、维修等相关保障资源提出较高的需求，并且使得装备级的质量增加、空间变挤，效费比较低，经济性较差。

而装备研制及使用人员往往将装备的安全性水平同基本可靠性水平、设备及元件的基本可靠性水平混合在一起，总认为系统基本可靠性水平、设备及元件的基本可靠性水平差，则装备的安全性水平就差。

工程部门必须明白，所有的组件及子系统都是因产品（图 2－2 中第 4 层次系统）或产品系统（图 2－2 中第 5 层次系统）的存在而存在的。因此，系统安全工作的对象就是围绕产品或产品系统而展开的。就商用飞机而言（图 2－2 中第 4 层次系统），我们需通过安全性评估向适航当局表明：所设计的系统是如何满足适航规章要求的，如符合 CCAR25.1309 条等；但对于军用航空装备，还应按 MIL－HDBK－516C 等要求，考虑飞机平台与其武器系统接口等（产品系统及以上层级系统）安全性需求。

2.3.2 系统安全与系统安全性

MIL－STD－882E 中将武器装备的系统安全定义为：在作战效能、时间和费用的约束下，在系统寿命周期的各阶段，应用工程和管理的原则、准则和技术，使灾难性风险达到可接受的水平。按 GJB/Z 99—1997 定义，系统安全是指：在作战效能、时间和费用的约束下，在系统寿命周期的各阶段，应用工程和管理的原则、准则和技术，使各方面的安全达到最佳。

因此，我们完全也可以把工业领域的系统安全定义为：在效益、时间和费用的约束下，在系统寿命周期的各阶段，应用工程和管理的原则、准则和技术，使各方面的安全达到最佳，或使灾难性风险达到可接受的水平。

系统安全是 20 世纪 60 年代提出的一种新概念、新思路。它改变了系统研制中通过“试验—改进—试验”的“试错”法获得可接受的安全性水平这一传统观念；要求在系统整个寿命周期中都应识别、分析和控制危险；强调在系统设计阶段应把安全性要求设计到系统中，以保证系统在以后的制造、试验、使用、保障以及退役处置中都是安全的。

作为一门学科，系统安全包括系统安全工程和系统安全管理。其中，前者为识别和减缓危险或降低有关风险提供各种工程原理、准则和技术，后者为确定和实施系统安全工作要求提供各种管理程序和方法。依靠这些管理程序和方法，保证系统安全各工作项目和活动的实施计划，与整个工程项目的要求相协调，即通过系统安全管理，保证系统安全工程各种技术活动的实施。

值得注意的是，系统安全中的“系统”既不是 2.1 节中所定义的“广义”的系统，更不是飞机或舰船上诸如液压、燃油等“狭义”的系统，而是指“采用系统工程的技术”。因此，系统安全可以理解为应用系统工程技术来保证装备安全性要求的实施。

系统安全性是指用户系统、产品系统、产品子系统及软硬件等安全性这一质量特性。

2.4　故障与故障安全

2.4.1　故障

故障，通常也称为功能故障或功能失效，即产品不能执行规定功能的状态，但因等待预防性维修或缺乏外部资源所造成不能执行规定功能的情况除外。

故障应包括功能失效、性能输出超出规定的上下限要求、功能紊乱、多余功能所致的系统异常或其他系统异常等。

2.4.2　故障安全

2003 年版的柯林斯词典（Collins Dictionary）将故障安全定义为：当发生故障或失灵的事件时，能回到安全的状态。

按 GJB/Z 99—97，故障安全就是产品在出现故障时能保持安全或恢复到不会发生事故状态的一种设计特性。故障安全理念告诉我们：很少有系统的元件或程序其可靠性足够高，以至于无须备份或故障保护。在装备研制过程中，一般可通过设置安全性定性与定量要求、采用故障安全设计理念的系统架构等方式来减少事故发生的频度和（或）降低故障发生后的后果，以保证装备使用时的安全与可靠。

2.5　系统性故障

2.5.1　系统性故障与系统故障

按 GJB 451A—2005 的定义，系统性故障是由某一固有因素引起，以特定形式出现的故障。它只能通过修改设计、制造工艺、操作程序或其他关联因素（如管理程序）来消除。

系统故障即系统不能执行其规定功能的状态。显然，系统性故障只是系统故障的一种表现形式，但也是最难解决的一种故障。

2.5.2 系统性故障产生的原因

系统性故障通常由系统所采用的标准、规范错误及设计、制造、使用或维修中的人为差错所致。人为差错包括过失、需求理解差错、沟通差错、疏忽等。所制定的标准不完善，表面上是人类的知识受到一定的局限，深层次上可归结于人的技术过失、理解与认知能力受限、考虑不周等原因。因此，其从根本上说还是研制差错。系统性故障产生的原因可具体描述如下：

1）错误的理念。如人只要责任心强就不会犯低级错误之类的理念。

2）不完善的标准。如：1996 年 TWA 航空公司 Flight 800 航班的一架波音 747 飞机的失事是因为区域分析程序的不完善所致；1954 年，英国的“彗星”号飞机由于疲劳裂纹扩展，致使机身增压舱破裂。这两起飞行事故主要是因为当时受技术所限，采用的是安全寿命设计理念，破损-安全或损伤容限的技术原理还未诞生。

3）设计差错。如“挑战者”号航天飞机密封圈不能适应其使用的环境温度。

4）制造差错。如飞机的电缆与所接触的结构之间没有按设计规定包扎耐磨材料、部件之间的强迫装配等。

5）使用与维修差错。如：飞机起飞滑跑达到决断速度后，发现单发停车而紧急制动，致使飞机高速冲出跑道而发生爆炸；切尔诺贝利核电站事故是由目前普遍存在的预防性维修问题而直接引起的。

2.5.3 系统性故障的特点

系统性故障的主要特点如下：

1）系统寿命周期的任何时间都可能引入人为差错，如设计、制造、安装、维修、使用等。

2）不仅硬件会发生系统性故障，软件同样也难以避免，而且系统性故障往往只在特定的条件下发生，并具有连错特性。例如，舰载机遭遇高强度辐射场（High Intensity Radiated Fields，HIRF）的环境时，需考虑而实际又未考虑抗 HIRF 功能的所有机载设备，此时都可能出现故障；再如，某型飞机环境控制系统的温控盒，其内部电缆接线错误未被发现就出厂，当飞机一用到温控盒的相关功能时，系统就会出现故障（即在特定的条件下发生），而且这一批温控盒都存在同样的问题。

3）系统性故障通常是最不应该发生的，也是最不可原谅的，并且也难以预防，如飞机油箱中的一块抹布、图样更改时的不协调、标准或规范的不完善等。任何系统都会遭遇人为差错的攻击而产生系统性故障。

4）随着系统复杂性的增加，系统性故障的比例也在不断地增加。

5）系统性故障的故障率同样也很难量化，如飞机油箱中出现抹布这一故障模式，其故障率是多少？

2.5.4　系统性故障的控制办法

系统性故障的表现形式千奇百怪。要杜绝设计缺陷所造成的故障模式是不可能的，更不要说要杜绝寿命周期内各种环境下各种系统性故障的故障模式。但是，我们也并非毫无办法，系统性故障通常只能通过加强对设计（包括对设计规范的不断完善）或制造过程的控制予以解决，或者说，通过结构化的研制保证方法和严格的过程控制方法予以解决。这也是 ARP 4754 及本书的精髓所在。例如：

1）按 ARP 4754 规定的研制程序要求：

①自顶而下确定产品的相关规范并不断完善之。

②自下而上验证所确定的规范已得到满足。

2）对功能故障状态严酷度不同的复杂系统或设备，按系统安全技术采用各自恰当的研制保证等级予以控制。

3）狠抓顶层文件的质量要求。顶层文件的要求有时就是确定装备或产品规范的规范，如：

①装备功能清单。

②装备环境要求确定的指导性文件。

③装备成品技术协议书模板。

④装备 FHA/PSSA/SSA 指导性文件。

⑤维修大纲政策制定与程序手册。

顶层文件的要求，有时是从制造上保证装备固有安全性水平。例如：

1）标准件手册。

2）元器件优先目录。

3）常用材料手册。

4）标准化手册等。

2.6　差错与工作失误

2.6.1　差错

按 APR 4574/4761，装备的使用、维修人员所产生的疏忽或不正确的行为，装备研制时需求的确定以及设计、实施过程中的所有疏忽或错误统称为差错。差错可能引起故障，但差错本身不应作为故障。

按 AMC 25.1309，差错可引起故障，但不能视为故障。可能导致故障发生的系统或子系统的差错称为缺陷。

SAE ARP 5150 中第 254 页告诉我们：对差错的零容忍（Zero tolerance for errors）是一种不切实际的管理态度。一种好的管理态度就是：通过 ARP 4754 中规定的过程尽量减少研制差错。

2.6.2 工作失误

工作失误，系会立即产生负面影响的作为或者不作为，包括差错和违规。一般借助于事后的认识，将它们视为不安全行为。工作失误一般与参与装备型号寿命周期内每一项工作的人员（组织者、设计人员、工艺制造人员、使用维修人员等）相关，可以导致破坏性后果。

工作失误可以是正常差错的结果，也可以源自对各种规定程序和做法的偏差。Reason 模型认为，在装备的任何运行环境中均有许多差错和违规的诱发条件，可以影响到个人或者团队的工作。

工作失误可以被视为差错或违规。差错和违规的差别在于意图。一个人尽最大可能努力去完成一项任务，根据所接受的培训去遵守规则和程序，但仍没有完成任务的目标，视为差错；一个人在完成一项任务时有意偏离规则、程序或者所接受的培训，却没有完成任务的目标，则构成违规。

因此，差错和违规的基本差别在于意图。

一般来说，差错是很难避免的；而违规则往往不是技术问题，不是设计问题，不是经验问题，不是投入问题，而是人的责任心问题，是一个单位、一级组织的责任心问题（详见 3.8.3 节）。

2.6.3 差错的概率

从 20 世纪 70 年代中期到 90 年代中期，航空装备人为因素所造成的安全性事故达 80%左右。当我们以不期望发生的事件为顶事件进行故障树分析时，人的差错往往会列入底事件或故障树的最小割集中。此时，我们总希望能得到特定条件下人的差错对顶事件的贡献。但是，人为差错的定量概率到底如何确定呢?

事实上，FAR 25 部第 41 号修正案认为：任何对机组差错概率进行量化的企图是不现实的。正因如此，该修正案取消了对机组差错概率进行量化的要求，并将当时 FAR25.1309（c）的内容“……机组差错是不大可能的”改为“……机组差错降至最小”。

虽然我们对包括研制过程中的疏忽或差错在内的任何人为差错不便具体量化，但并不是说就可以不考虑人为差错了。我们还应通过设计和过程控制将人为差错降至最少，具体方法如下：

1）当进行安全性定性评估或用 FTA 进行顶事件的定性分析时，应按工程实际情况考虑人为差错对装备安全性的影响。

2）当进行安全性定量评估时，如果人为差错底事件与另一底事件构成中间事件或顶事件的与门，则不考虑人的有效性，即发生的概率取 1，相当于安全性定量指标分配时给了一定的安全系数；如果人为差错底事件与另一底事件构成中间事件或顶事件的或门，则通过较高的研制保证等级来控制人为差错，并将人为差错概率置“零”（见 ARP 4761 第 218 页图 4.2.1-2），即发生的概率取 0，相当于安全性定量指标分配时假设或门的人为差错在所分配的研制保证等级下能够排除而且必须排除。

因此，上述人为差错的概率处置也侧面诠释了人为差错与研制过程的关系，突出了装备研制中过程保证的重要性。

2.7　多重故障、潜伏故障与潜在故障

2.7.1　多重故障与潜伏故障

多重故障是由两个或两个以上的独立故障所组成的故障组合，它可能造成其中任一故障不能单独引起的后果。例如，飞机着陆正常制动系统功能故障的同时，应急制动系统功能也故障。

潜伏故障是系统中已经发生而又未被发现的故障，即正常使用装备的人员不能发现的功能故障。其功能的中断不易被正常使用装备的人员发现，或一般情况下不工作的产品在需要使用时是否良好不易被正常使用装备的人员发现。潜伏故障也称为隐蔽故障。

当装备已有潜伏故障时，一般还能完成既定的功能，这主要是由于：

1）发生潜伏故障的设备，其功能正由另一作为主工作模式功能的产品（系统）所替代。例如，应急放起落架功能失效，但正常放起落架功能正常。

2）其功能只有在装备出现主功能丧失时才需要。例如，正常放起落架功能失效后，才需要启用应急放起落架功能。

3）其功能只有在装备出现应急情况时才需要。例如，应急救生系统、灭火系统等装备的保护装置等功能。

正因如此，当这些潜伏故障遭遇主工作模式功能产品故障或装备出现应急情况时，多重故障发生了，并往往同时给装备带来严重的事故或灾难。

这些潜伏故障自第一次发生后，一直潜伏在装备的系统中，没有被人发觉，并处于休眠状态，因而使用人员也就不知道其危害，除非到规定的维修间隔时执行预防性维修任务或发生了灾难性事故。

潜伏故障可以通过预防性维修予以解决，也可以通过 BIT 或采用健康状态管理等系统对其进行监控并及时转化为明显故障予以解决，从而避免多重故障的发生。

某种程度上，BIT 或健康状态管理是一种自动化的预防性维修手段。

2.7.2　潜在故障

潜在故障通常被定义为：指示产品（或结构项目）将不能完成规定功能的可鉴别的状态。它表示故障处在一种“将要发生或正在发生”的状态之中。因此，潜在故障也可描述为：一种可鉴别的状态，能显示功能故障即将发生或正在发生。如果能探测到某种故障模

式所处的这种状态，就可以采取措施防止这种故障模式的发生，或避免其引发的故障后果。

图 2-4 说明了故障形成过程的最后阶段所发生的情况，这也是在视情维修中人们常说的 $P-F$ 曲线。该图告诉我们：一个故障如何开始并退化到一个可以探测的点 P，然后，如果在该点没有探测到致使无法采取修复措施，那么它通常会加速退化到 F 点。F 点就表示产品的某种故障模式已经发生了，即发生了功能故障，或者说由潜在故障转变为功能故障；而 P 点可认为是潜在故障的发生点，它表示设备处于“将要发生或正在发生”故障的这一种状态。

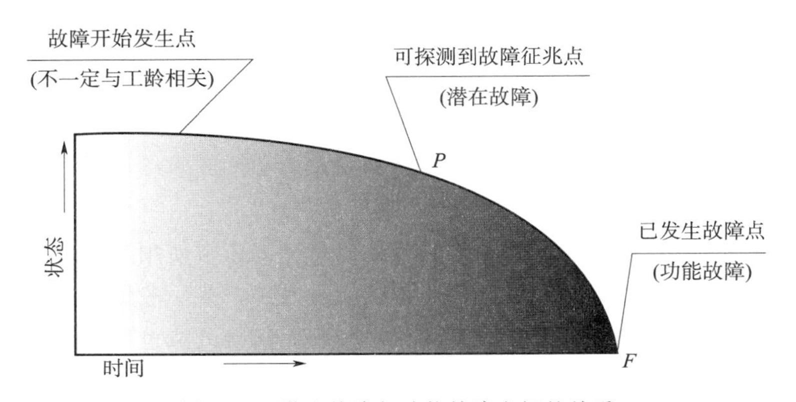

图 2-4　潜在故障与功能故障之间的关系

如果某种潜在故障在图 2-4 中的 P 点和 F 点之间能探测到，就可以采取措施防止功能故障的发生，以避免其引发的故障后果。能不能采取有意义的措施，完全取决于潜在故障发展为功能故障的实际速度。现代装备的健康状态管理系统对系统或结构的监控很大一部分采用的就是图 2-4 中所描述的 $P-F$ 曲线原理。

因此，潜伏故障与潜在故障的区别在于：潜伏故障是已经发生了而且未被发现的功能故障；而潜在故障是产品发生功能故障前的一种状态，或者说是将要发生故障而还没有发生故障的一种状态。

2.8　潜在状况

潜在状况指在经历破坏性结果之前一直存在于组织系统中，并由局部触发因素使之显现的各种状况，如由于设备或任务设计不妥、目标冲突（如按时完成科研生产任务与任务的工作质量）、组织缺陷（如缺乏内部沟通）或者管理决定（如“挑战者”号航天飞机的发射）造成的潜在状况。

潜在状况的后果可以在很长时间一直处于休眠状态。这些潜在状况通常不为人们所察觉，因而也就不知道其危害性。潜在状况实际上并没有被视为故障，它就是组织故障的表现形式。人为差错或工作失误往往发生在一个包含潜在状况的装备研制、使用与维修的环境之中。

一旦系统安全防御机制（系统安全组织管理体系）遭到破坏，潜在状况就会显现。这些状况通常是由时间上和空间上远离事件的人们所造成的，并由一线人员继承。基于组织事故的观点，旨在在整个组织系统的基础上，查明和减少这些潜在状况，而不是通过个人的局部努力使工作失误最小化。工作失误仅为安全问题的症状表现，而非原因（见图3-3～图3-5）。

即使是在运行最佳的组织中，大多数潜在状况也起始于决策者。决策者们容易受到正常人的偏见和能力限制，还容易受到时间、费用和政见的影响。人们很难阻止管理层的决策，也很难采取措施对管理层的决策进行跟踪，以减少决策的不利影响。例如，同是新冠病毒处置方案的决策，不同国家管理层就会有不同的结果；而作为人的每一个体（群众），对新冠病毒的全局性扩散顶多只能够"关心"一下，至于如何处置则显得无能为力。

管理者所做的决定，可能导致培训不充分、时间安排冲突（如飞机的首飞节点与首飞前须完成的试验、分析等巨大工作量之间的矛盾）或者工作场所疏于预防；管理者所做的决定，还可能导致知识和技能的不足，或者装备研制控制程序、生产质量控制程序、使用控制程序的不当。管理者与整个组织履行其功能的好坏直接决定着人为差错或者违规的概率。例如，在制定可达到的工作目标、安排任务与资源、管理日常事务和进行内部与外部沟通方面，管理的效果如何？公司管理层和管理当局的决定往往是在资源不足的情况下产生的，如果系统安全工作方面的决策也遭遇了资源不足的情况，则会为组织事故的发生大开方便之门。

2.9　故障状态

2.9.1　定义

SAE ARP 4754/4761将故障状态定义为：当考虑相关联的外部事件、不利使用或环境条件时，由一个或多个故障或差错所导致或诱发的，对飞机、乘员及机组的直接或间接影响程度。

例如，当飞机放起落架功能由正常放起落架系统和应急放起落架系统之一实现，且正常放起落架和应急放起落架两套系统各自独立时，则当正常放起落架功能故障且应急放起落架功能也故障时，"起落架放不下"这一故障状态就会发生。如果该故障状态发生在飞机着陆阶段，对飞机及其乘员的影响程度就可能是机毁人亡之惨剧；当正常放起落架功能故障但应急放起落架功能正常时，此时对应的故障状态可描述为"正常放起落架功能故障，但应急放起落架功能正常"。如果该故障状态发生在飞机着陆阶段，则对机组的影响是工作负荷明显增加，对乘员无安全性影响，对飞机的影响是安全裕度或性能明显降低。

"故障状态"这一术语来源于英语中的"Failure Condition"，在我国适航方面的文献中也将之译为"失效条件"。一个故障状态可能由一个或多个故障或差错引起。

由于故障本来就包括功能失效、性能输出超出规定的性能要求上下限、功能紊乱以及多余功能所致的系统本身或其他系统之异常等，因此故障的内涵比失效要广。所以，本书将“Failure Condition”译为“故障状态”。

2.9.2 故障状态严酷度分类及定性与定量要求

不是所有的故障状态都影响装备安全，也不是所有的故障都影响装备安全。影响装备安全的故障只占故障总数比例极少的一部分，见图 2-5。为确保装备达到规定的安全性、可靠性和经济性水平，需对故障状态进行分类，以达到下述目的：

1）按故障状态的类别合理地分配安全性定量或定性概率要求。

2）确定合理的研制保证等级，以保证将有限的人力、费用与时间用在装备研制最需要的地方。

3）在研制阶段和使用阶段，实现对“灾难性的”“危险的”“（影响）大的”3 类故障状态的全程跟踪与监控。

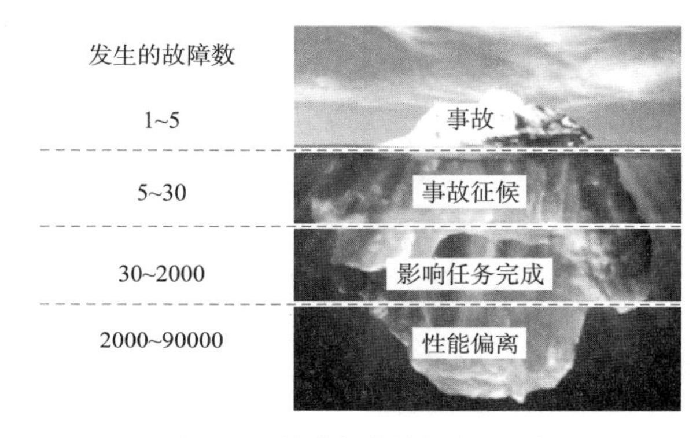

图 2-5 故障与事故的关系示例

只有这样，才能确保装备固有安全性目标的实现和使用安全性水平满足用户要求。正因如此，AC 25.1309-1B 及 AC 23.1309-1E 将飞机故障状态按其影响的严酷程度分为 5 类。符合 CCRA25 部规章的运输类飞机，其故障状态严酷度分类及定性与定量要求见表 2-2。

表 2-2 故障状态严酷度分类及定性与定量要求

故障状态严酷度分类	无安全性影响的	（影响）小的	（影响）大的	危险的	灾难性的
严酷度等级	Ⅴ	Ⅳ	Ⅲ	Ⅱ	Ⅰ
定量概率要求（1/FH）	无要求	$10^{-5}<p\leqslant 10^{-3}$	$10^{-7}<p\leqslant 10^{-5}$	$10^{-9}<p\leqslant 10^{-7}$	$p\leqslant 10^{-9}$
定性概率要求	经常的	可能的	微小的	极小的	极不可能的
软硬件研制保证等级	E 级	D 级	C 级	B 级	A 级

续表

故障状态严酷度分类	无安全性影响的	(影响)小的	(影响)大的	危险的	灾难性的
故障频次	故障状态预计会发生很多次	在每架飞机全寿命周期内,故障状态预计会发生一次或多次	在每架飞机全寿命周期内,故障状态预计不会发生,但在机队的全寿命周期内,故障状态预计会发生多次	在所有该型飞机的全寿命周期内,故障状态似乎不可能发生,但无论如何必须考虑其发生的可能性	在所有该型飞机的全寿命周期内,故障状态似乎不可能发生
对飞机的影响	不影响性能或安全	安全裕度或性能轻微降低	安全裕度或性能明显降低	安全裕度或性能大大降低	损失飞机
对乘员的影响	不方便	身体感觉有些不适	身体感觉痛苦甚至受伤	少数乘客严重受伤或致命	大量伤亡
对机组的影响	对飞行机组没有影响	工作负荷轻微增加	工作负荷明显增加或工作效率明显降低	机组人员承受身体痛苦或很大的工作负荷,不能准确或完整地执行任务	伤亡或失去能力

注:1. 本表定量概率要求仅以符合CCAR25部的运输类飞机作为示例,故障状态严酷度分类术语也按CCAR25确定。

2. 表中 p 表示该型号的所有飞机在预期的平均飞行时间内每飞行小时发生的概率。

需要说明的是,ARP 4754中规定的故障状态严酷度分类(Failure Condition Severity Classification)也可以简称为"故障状态分类"(Failure Condition Classification)。这一概念在其他相关的文献中也有称为"故障状态危险严酷度分类""故障危险严酷度分类""危险严酷度分类""事故严酷度分类"或"失效条件严酷度分类"的。

2.10 危险、后果、风险与ALARP

2.10.1 危险与后果

安全即没有事故,事故即由危险导致。正因为危险的存在,使得事故不可避免。

SAE ARP 4754将危险定义为:由故障、外部事件、差错或它们的组合而影响安全性的一种状态。

AC23.1309-1E将危险定义为:危及飞机所有安全或明显降低飞行机组应付不利状态能力的任何状态。这种状态可以是灾难性的、危险的、(影响)大的、(影响)小的或无安全性影响的。

为更好地理解危险,可进一步将危险理解为:在实现目标的过程中,通过一系列的故障、事件、差错酿成事故的先决条件。

因此,危险不一定是一个系统的破坏性或者负面的构成要素。只有当危险以特定的方式与装备的使用环境相互作用时,其破坏潜力才可能变成一个安全问题。例如,将风视为自然环境的一个正常构成要素。风是一种危险,它是一种可能导致人员受伤、结构被毁、设备/材料损失，或者使执行一项指定功能的能力降低的一种情况。十五级的风，其本身并不一定在航空器运行期间带来破坏。实际上，十五级的风如果直接沿着跑道逆着飞机航向而刮，会有助于在离场期间提升航空器的性能。但是，如果十五级风的风向与预定的起降跑道呈 90°，则变成了侧风。只有当危险与目的在与提供服务（需要按时运输乘客或者货物往返特定机场）的系统运行（飞机起降）相互作用时，风的破坏潜力才成为一个安全问题（横向跑道偏离，因为飞行员可能由于侧风而不能控制飞机）。

危险是整个系统的属性，并可在系统层次上定义，如双发飞机失去全部推力的危险、应急制动系统失灵的危险等。

后果被界定为某一次危险的潜在后果（一个或者多个）。危险的破坏性潜力通过一种或者多重后果显现出来。

2.10.2 事故、危险与原因的关系

事故（后果）、危险与原因的关系见图 2-6。正因如此，在进行功能危险评估时，往往将事故严酷度分类的描述基本等同于危险严酷度分类的描述。

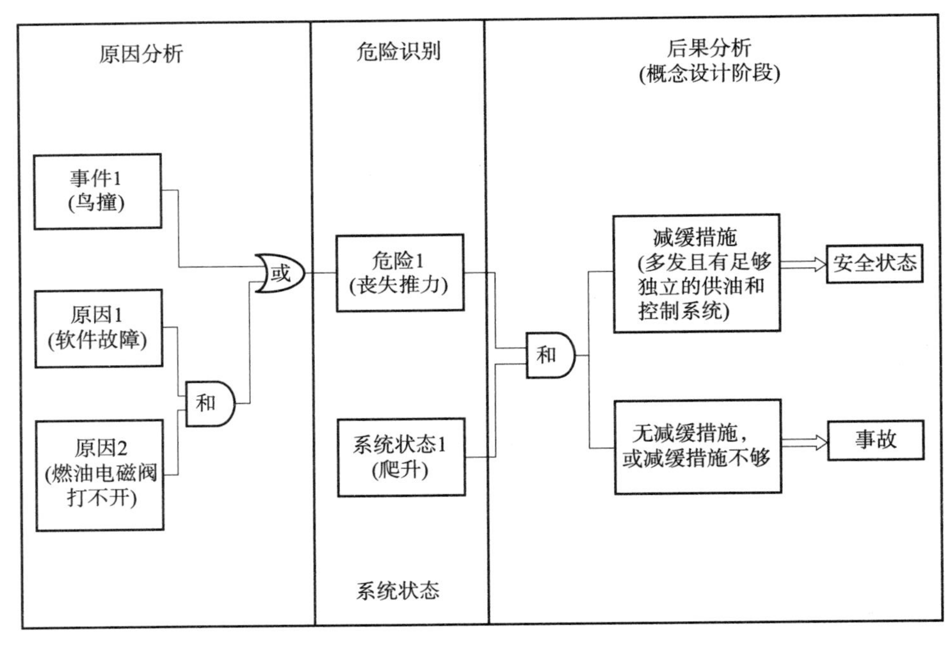

图 2-6 事故、危险与原因的关系

论述危险后果时，要牢记两个关键点。

1）危险处于现在。大多数情况下，危险是装备使用环境的一部分，危险与装备同在，如鸟撞、闪电、发动机空中停车、飞机起落架不能放下、制动功能失效等。因此，从装备的概念设计阶段起，就应将装备的危险识别出来，并通过相关等级的设计审查保证危险识别的正确性、完整性和可追溯性。

2）后果属于未来。在危险未以特定的方式与装备的使用环境相互作用之前，后果并

不会显现。正是由于这种在特定方式下与装备的相互作用，危险才可能释放其破坏性潜力。这就形成了一条重要的安全管理原则：系统安全工作的目的应该在于积极主动地遏制危险的破坏性潜力，而非等到危险的后果发生才被动地处理此类后果。

如图2-6所示，发动机丧失推力且处于飞机爬升状态，对航空装备而言是一种危险。而丧失推力的原因有可能是飞机爬升过程中遇到鸟撞之类的外部事件，也有可能是控制发动机工作的软件与控制燃油供应的燃油电磁阀（打不开）同时故障。其后果是：如果飞机是单发设计，则飞机必定坠毁；如果在飞机的概念设计阶段全面开展了系统安全工作，识别到了这一危险并确定其发生的概率不可接受，那么就会设计多发且提供各自独立的供油与控制系统，则在图2-6假定的状态与原因（先决条件）下，后果一般就可以避免。

或者说，危险是时刻存在的，只有当危险发生时才会有后果。所以，危险处于现在，而后果则属于未来。

2.10.3 风险

当同安全（危险）做比较时，风险有许多不同的解释。例如：

1）风险是不能获得某种结果的概率。

2）风险等同于危险。

3）风险是故障的后果。

4）风险就是碰运气。

风险的概念是假设除简单的系统之外，针对完美的安全是很难获得的这一前提而得出的。按照1999年颁布的ISO/IEC指南51，风险就是危险发生的概率与危险严酷度的组合。ARP 4754将风险定义为：危险发生的频率（概率）与相应的危险严酷度等级的组合。所以，对飞机等装备而言，风险可描述为故障状态的严酷程度与其发生的概率之积。风险问题的解决方案就是在经济可行性、技术可行性与公众要求（危险可接受程度）之间寻找平衡，见图2-7。

但在装备研制与使用过程中，潜在的故障状态没有得到有效的识别、考虑与跟踪的风险才是最大的风险，即所谓的“无备才有患”。

2.10.4 ALARP

ALARP是英文“As low as reasonably practicable”的缩写，可译为“最低合理可行”。

合理，即在费用、进度及风险之间达到了平衡；低到合理可行，即风险与降低风险所需克服的技术难点而耗费的资金、产生效益所需等待的时间等方面达到了平衡。一般来说，风险越高，越需要下大力气去降低，才是合理的。

ALARP是衡量经济性的唯一标准，它反映了工程上人们对风险控制的基本目标。这是由于：

1）绝对的安全是没有的，现实世界中也不存在绝对的安全。

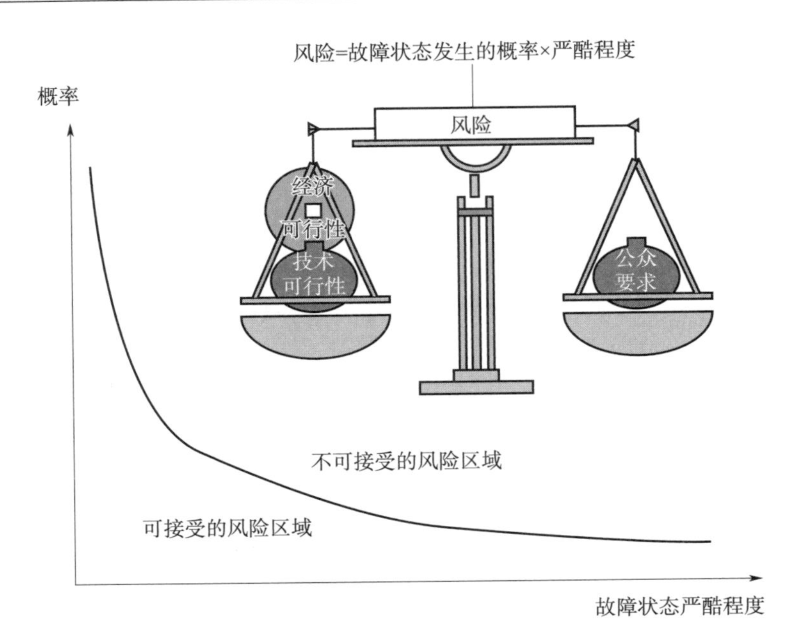

图 2－7 风险与故障状态严酷程度的关系

2）风险的管理不是简单地降低风险，而是降低风险所获得的利益与所需费用的平衡。

3）经济能力不是无限的，人们的认识及技术总是在循序渐进而并非一蹴而就的。有时在一定的时间内经济能力再强，也不一定所梦想的技术就能立即付诸工程实践之中。

所以，ALARP 就是为了告诉我们如何做到安全性与经济性、技术可行性辩证的统一。

这种辩证的统一在图 2－7 中得到了很好的诠释：装备全寿命周期内的经济可承受性（经济可行性）、技术可行性与公众要求（适航的条例、法规）之间的权衡。

图 2－7 也告诉我们：为提升系统安全工作的效果，提高型号全寿命周期内的经济可承受性，危险的后果应该从装备的使用角度考虑现行的技术可行性，结合具体的使用状态加以描述；否则，会从以前不注重系统安全工作的极端，走向系统安全工作“过度”而经济或技术上无法实施的另一极端。

2.11 安全性评估

2.11.1 评估与安全性评估

2.11.1.1 评估

评估，即基于工程判断的评价。这种工程判断一般是有边界条件和假设条件的，它是一种逻辑化、程序化的定性评价，也可以是基于一定物理模型或数学模型的定量评价。评估一般用于装备全寿命周期内的任何阶段。装备的方案设计阶段一般决定了装备 80％以上的性能与全寿命周期费用，因此该阶段更应认真开展包括安全性评估在内的相关评估工作。

2.11.1.2　安全性评估

安全性评估包括安全性需求的产生、确认和验证过程，并对装备的研发工作构成技术支撑。ARP 4754中所描述的评估过程为评估飞机功能及履行这些功能的系统提供了具体的评估方法，从而保证相关危险已得到恰当处置。安全性评估过程可以是定性的，也可以是定量的。安全性评估的主要工具及其作用见表2-3。

表2-3　安全性评估的主要工具及其作用

工具		作用
功能危险评估(FHA)		分析飞机或系统功能，识别潜在功能故障，对与特定故障状态相关的危险进行分类，确定整机或系统的安全性需求
初步系统安全性评估(PSSA)		确定具体系统和子系统的安全性需求，提供系统架构能够满足这些安全性需求的预先分析信息，如系统级FTA
系统安全性评估(SSA)		收集分析并记录所集成的子系统、系统及整机的相关信息，证实所实现的子系统、系统及整机的架构能满足FHA和PSSA所确定的安全性需求，如系统级FMEA、系统级定量FTA
共因故障分析(CCA)		确定、验证系统间物理安装和功能上的分离、隔离与独立性需求，并证实各系统均满足FHA和PSSA所确定的安全性需求
	区域安全性分析(ZSA)	分析设备安装、设备故障对邻近系统或结构的影响，维护失误对系统的影响，保证系统达到安全性需求
	特定风险分析(PRA)	分析系统外部的事件或因素对飞机或系统的影响，如火灾、泄漏的流体、飞禽撞击、雷电/高强度辐射、高能设备等
	共模故障分析(CMA)	用于确认故障树或马尔可夫分析中与门下的事件是相互独立的

实际上，装备的研制是一个反复迭代的过程，而安全性评估显然不仅是装备研制中一个不可分割的过程，还是装备使用过程的一个重要组成部分。

研制阶段的安全性评估过程见图2-8。

必须通过严谨的计划对安全性评估过程进行管理，确保所有故障状态及故障状态的组合均已考虑并得到恰当的评估。

对系统集成时的安全性评估过程应充分考虑其集成时可能引起的复杂性和关联性。对包括复杂系统在内的所有系统，安全性评估过程对确立恰当的安全性目标以及满足这一目标的措施是非常重要的。图2-8在飞机的研制周期内从安全性评估过程的总体层面详解了功能危险评估、初步系统安全性评估、系统安全性评估的过程，并对每一评估过程给出了相关的方法（如FTA、FMEA及CCA等）。由于研制过程本身是一个反复迭代的过程，而安全性评估过程又是研制过程中的一个固有部分，因此安全性评估过程始于概念设计阶段，并衍生出该过程的安全性需求。随着设计的深入以及系统/子系统架构的变化，必须对设计所引起的更改重新进行评估。而重新评估的结果又会衍生出新的设计需求，这些新的需求又将导致设计的更改，以满足变化后的安全性需求。只有经验证当设计满足安全性需求之后，研制阶段的安全性评估过程才会结束。图2-8的顶部显示了典型的研制周期节拍，给出了研制过程中安全性评估过程按时间顺序的排列关系。对应于设计过程的安全

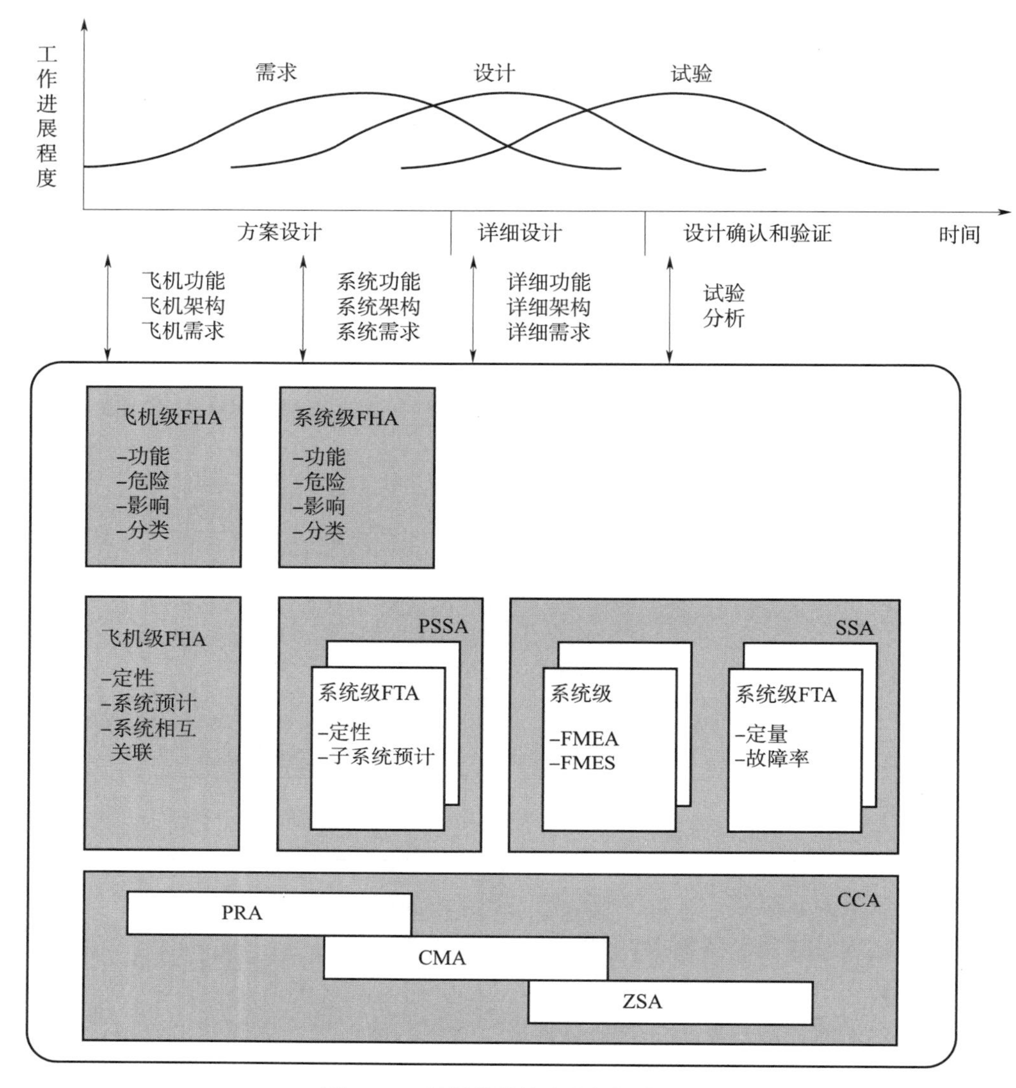

图 2－8　研制阶段的安全性评估过程

性评估过程，通过方框分组的方式强调安全性评估过程与典型研制周期不同研制阶段之间的关系。

2.11.2　功能危险评估

按 AC23.1309－1E 和 AC25.1309－1B，功能危险评估（Functional Hazard Assessment，FHA）定义为：系统而全面地分析飞机和系统功能，并确定由功能失效或故障可能导致（影响）小的、（影响）大的、危险的和灾难性的故障状态。

这里需要说明的是，目前我国部分文献将 Functional Hazard Assessment 译为“功能危险分析”。此处，特按 AC25.1309－1B（草案）对“分析”与“评估”加以区别。“分析”

(Analysis) 指的是更为具体、更为详细的评估 (Evaluation),而"评估"(Assessment) 指的是更为全面、更为广泛的评估 (Evaluation)。后者包括一种或多种分析类型。实际上,"分析"与"评估"应按具体实例而定,如故障树分析、马尔可夫分析、初步系统的安全性评估等。

功能危险评估又分为:飞机级功能危险评估 (Aircraft Functional Hazard Assessment, AFHA) 和系统级功能危险评估 (System Functional Hazard Assessment, SFHA)。前者就是确定飞机整机的安全性需求;后者则是将 AFHA 所确定的飞机级各故障状态的安全性目标分配到系统,并确定系统级的安全性需求。AFHA 的输出是安全性需求产生和分配的起始点。

2.11.3 初步系统安全性评估

按 ARP 4754/4761,初步系统安全性评估 (Preliminary System Safety Assessment, PSSA) 定义为:在功能危险评估和故障状态分类的基础上,对拟提出的系统架构及其实施方案进行系统性评价,以确定架构内所有组件的安全性需求。

按 2.1.1 节系统的定义,构成飞机的系统是"系统",由诸多系统组成的飞机还是"系统"。为避免混淆,在航空装备的初步系统安全性评估过程中,按 ARP 4754/4761 标准,初步系统安全性评估,既包括初步飞机安全性评估 (Preliminary Aircraft Safety Assessment, PASA),还包括初步飞机系统安全性评估 (PSSA)。简洁起见,ARP 4754/4761 仍将"初步飞机系统安全性评估"称为"初步系统安全性评估"。

PASA、PSSA 和 FHA 一起用于确定一套完整的飞机、系统、子系统的安全性需求,PSSA 还用于确定硬件与软件的安全性需求。其中,PASA 用于完善飞机级的安全性需求,并将飞机级的安全性需求分配到系统,形成系统的安全性需求;PSSA 则用于确立系统级的安全性需求,将系统/子系统级的安全性需求分配到子系统/硬件与软件,并将形成子系统/硬件与软件的安全性需求。

2.11.4 系统安全性评估

按 ARP 4754/4761,系统安全性评估 (System Safety Assessment, SSA) 定义为:系统而综合地评估所实施的系统,以表明其满足相关的安全性需求。

系统安全性评估就是为了证明所实施的系统满足 FHA 和 PSSA 所确定的安全性需求。

与"初步系统安全性评估"这一术语的道理类似,系统安全性评估也分为飞机安全性评估 (Aircraft Safety Assessment, ASA) 和飞机系统安全性评估 (SSA) 两类。前者是针对飞机整机的安全性评估,而后者则是针对构成飞机的系统的安全性评估。

2.11.5 共因分析

共因,即导致系统的独立性或冗余无效的事件或故障。共因分析 (Common Cause Analysis, CCA) 就是找出导致系统的独立性或冗余无效的事件或故障的过程。它包括共模分析（Common Mode Analysis，CMA）、特定风险分析（Particular Risk Analysis，PRA）和区域安全性分析（ZSA）3种方法。

该项工作用于确立与验证装备系统及子系统物理及功能之间的分离、隔离与独立性需求。

2.12 系统安全工作目的与目标

2.12.1 系统安全工作目的

MIL-STD-882E及GJB/Z 99—1997中将系统安全工作目的确定如下：

1）设计。将安全性需求以经济而有效的方式及时设计到系统中。

2）评估。在系统的寿命周期内，识别、跟踪、评价、减缓或消除系统中的危险，或将相关风险降低到一个可接受的水平。

3）历史数据。考虑并应用历史上的安全性数据，包括来自其他（在役型号类似）系统的经验与教训。

4）创新。在采用新技术、新材料、新设计、新工艺、新产品、新试验和新的使用技巧时，应寻求最低的风险。

5）措施。应在文件中规定减缓、消除危险或将风险降低到可接受的水平所采取的具体措施。

6）改装。在系统的论证、研制和采购过程中，应及时综合考虑各种安全特性，以确保在今后的使用过程中，为改善安全性所实施的改装最少。

7）更改。在完成设计、技术状态或任务要求的变更时，应保证风险在可接受的水平之内。

8）假设。应通过工作的程序化等方式证明安全性设计时所做的各种假设和判断是合理的。

9）设计准则。当设计准则的要求高于或低于安全性需求时应通过评审，并采用已得到研究、分析或试验数据支持的新准则。

10）复杂性。应避免为了创新而创新所导致的系统复杂性。

2.12.2 系统安全工作目标

系统安全工作目标就是系统可在其设计的环境下，能确保制造、维修与使用安全。

所设计的环境包括系统在全寿命周期内可能经历的振动、温度、盐雾、压力、雷击、结冰等力学、热力、化学、气象等各种极限环境。

系统安全工作目标还可具体地描述为：系统而合理地评估出产品在寿命期内、在其可能经历的环境下，可能发生的各种危险及危险的严重等级，并在安全与效益之间进行折中，将影响安全的风险控制在人们可以接受的风险范围内。

安全性分析与评估的结果一是体现在对现有设计方案的更改之中；二是体现在对现有

的维修、使用与管理策略的优化之中，并对相应的维修工作、使用程序及管理制度做相应更改。

2.13 系统安全设计要求

安全性是设计出来的，也是制造和管理出来的。装备的安全性指标要求不是说在研制总要求及研制总结报告中添加一个就行了，而是必须融合到装备的整个研制周期之中。按MIL-STD-882E及AC25.1309，装备系统安全设计的通用要求一般如下：

1）单个部件故障或单个故障同一潜伏故障的组合不应导致装备灾难性事件的发生。

2）对于会导致装备系统损失的单个部件故障，其故障特征如与寿命相关，则部件寿命的测算必须以经认可的工程数学模型及其计算方法为基础，或以相关试验结果、类似装备的使用经验为基础。

3）需通过设计的方式实现风险的减少或消除，如材料的选择与替代、设计原理的更改等。

4）设备在装备中所处的位置在其使用、保养、维护、修理、调整期间，应保证相关人员尽量最低程度地暴露于危险的环境中，如燃烧、噪声、电击、电磁辐射、锐边、尖点或有毒环境。

5）必须通过设计保证由诸如温度、压力、加速度、振动等极端环境所导致的故障概率及故障严酷度类别最低。

6）必须针对系统不安全的使用状态向使用人员提供警告，如注意的标识、显示告警、声音告警等。

7）对于具有多功能、自检测功能、自保护功能、告警功能等集成系统，必须通过设计保证其在使用与保障的过程中由人为差错所导致的故障概率及故障严酷度类别最低。

8）对于不能够完全消除的风险，必须选择风险最低的方案。这些方案包括互锁、冗余、故障安全设计、系统保护、防护罩、防护装置及防护程序等。

9）冗余系统的动力源、控制与关键部件必须通过物理、电子隔离或屏蔽加以保护。

10）在发生事故时，设备对人员的伤害程度必须最低。

11）控制软件或监控功能所导致的安全性事故或事件的概率必须最低。

但是，以上要求只是一些在装备安全性设计过程中必须遵守的基本通用原则。装备的研制人员及相关组织还应结合装备各系统的特点，参考CCAR等适航规章或规范，汲取类似装备系统的相关经验与教训，按照ARP 4754的研制程序，制定装备级、系统级、子系统级的安全性设计规范（含设计准则）。至于安全性设计规范（要求）如何制定，将在第5章进行讨论。

2.14 系统安全与相关专业的关系

安全性是产品性能的设计人员设计出来的，是工艺、生产人员生产出来的，更是型号的行政总指挥、总设计师和安全性专业人员运用系统安全技术管理出来的。或者说安全性同可靠性一样，是设计打好基础，制造保证质量，使用加以维持。

系统安全涉及装备设计、制造、使用和保障等各个方面。系统安全不仅和装备设计与制造的硬件、软件有关，还和装备的使用环境、使用操作规程以及设计、制造、维修与使用中发生的各种人为差错等有着密切关系。

按 MIL-STD-882E，系统安全涉及的相关专业见图 2-9，主要有设计工程、人素工程、可靠性工程、维修性工程、试验工程、制造工程、质量检验和控制、工业卫生和保健、使用和维修保障、人员培训以及包装、装卸、储存和运输等。

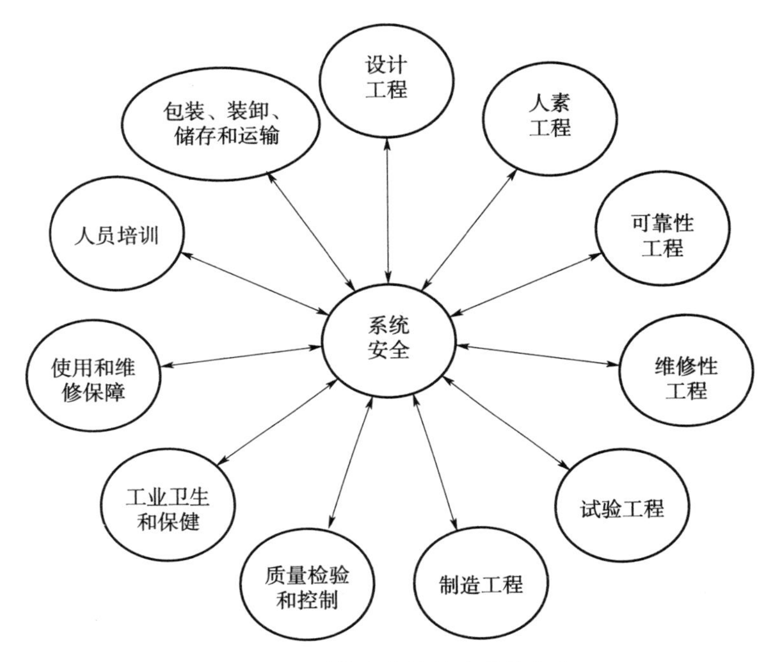

图 2-9　系统安全涉及的相关专业

2.14.1　设计工程

对系统安全影响最大的是设计工程。产品设计的不完善或缺陷将造成人员伤亡、职业病、设备损坏或财产损失等事件发生，或不便于对已知危险进行有效控制。设计方案本身可能引入较严重的潜在危险，如内燃机采用汽油还是柴油，前者发生火灾的概率比后者大。设计安装或计算错误会使产品发生灾难性的危险，如某型飞机发动机温度控制计算器因所设计的安装方式不利于排水，致使一架飞机坠毁。产品上没有防差错的设计会导致安装时发生错误或使用时发生事故的案例也不在少数。

设计人员如果重视安全性设计，通过贯彻安全性设计准则，进行系统化的安全性分析，开展安全性设计审查，分析产品设计中的潜在危险并采取相应策略，则可大幅度减少安全性设计中的差错和疏漏，从而显著提高产品设计的安全性水平。

2.14.2　人素工程

人素工程对系统安全的贡献主要在于：该门学科是研究系统与人的接口，防止由于人在心理上、生理上以及人体外形上的原因所造成的事故，消除由于使用或维修人员对装备的不适应而造成的职业病、伤亡。

人素工程方面的技术工作就是通过分析产品的人素工程设计，以尽量减少导致事故的人为差错；从人素工程的角度鉴别设计图样中的缺陷，提出更改建议；通过制定保证安全的操作规程，以尽量减少可能产生偏离规定的操作程序。

影响装备安全的人为因素涉及人、装备和环境 3 个要素。在这 3 个要素中，人的可靠性最低，因此人为差错成为导致装备发生事故的重要因素。以飞机为例，在飞机整个使用过程中，人为因素主要包括机组人员、机务维修人员和空中交通管制人员。

据统计，目前民航事故中，人为因素占 60%～80%。因此，在装备的设计阶段，就要充分考虑到如何减少和避免由于人为因素导致的安全事故。产生人为差错的原因是多方面的，探讨起来比较复杂。鉴于人为因素在系统安全中所占的比例太大，故以下特对人为差错的主要原因进行分析。人为差错大致分为以下几类：

1）生理原因。

2）心理原因。

3）管理原因。

2.14.2.1　生理原因

人体各功能系统（呼吸系统、循环系统、消化系统、神经系统等）、各功能器官、生理节奏等生物活动规律、人体本身的疲劳特性等都可能成为导致人为差错的生理方面原因。

除此之外，人脑的生理活动规律，特别是大脑意识的活动水平，对人体的行为和人为差错影响是不可忽视的。

2.14.2.2　心理原因

心理原因主要有以下几种：

1）不注意。人们在工作时经常由于不注意而出现人为差错或劳动事故。大量事实表明，不注意是人体特性的本质表现之一。应该说，任何正常人都不愿意在危险场合下不注意。但是，人脑意识水平并不能永远保持在同一水平或最佳水平状态，身不由己或心不由己地在注意与不注意之间来回切换，并且不注意也是常常发生的现象。

2）臆测判断。臆测判断是指个人按无根据的推测所做的随意性判断。虽然臆测完全是主观臆断随意性的产物，但人们依然常常做这种主观的臆测判断。以臆测作为指令，是发生人为差错的重要原因。

3）工作者个人特性。

4）其他心理因素。例如，过度紧张和过分松弛、焦躁反应和单调作业等，这些无疑都会导致发生人为差错。

2.14.2.3 管理原因

管理原因主要有以下几个方面：

（1）组织领导方面

企业领导对人为差错重视不够，具体的管理措施、程序没有落实；负责人为差错的组织机构不健全、目标不明确、责任不清楚、检查不落实等。

（2）工作计划与工作团队方面

作业时间安排不合理，违反人体特性；缺乏均衡的、稳定的作业计划；联合作业意识低；工作时常有无原则的纠纷和争论。

（3）工作特性及工作环境方面

作业者承担连续作业，作业动作和作业姿势不安全、不合理，工作要求力量过大、精度极高等，难以把握的状况和难以预测的局面，难以确认结果的作业操作，不适宜的物理环境因素（噪声、温度、湿度、照明、振动、粉尘、高空、气味等）。

（4）人机工程设计中的问题

信号的形态和含义难以区分；操作工具的形态难以识别；相关参数的显示被分散布置；显示的指针方向与操作方向不一样、不相对应；操作力不当；作业范围不当；设备布置缺乏充裕空间等。

2.14.3 可靠性工程

可靠性研究的对象是如何降低故障发生的频度，而系统安全研究的对象是如何将危险降到一个可接受的水平。

故障和危险有时是等同的，如系统的致命性故障也是一种危险。但并非所有的故障均与危险有关，反过来危险也不一定是由故障造成的。例如，在使用危险材料时，即使系统没有任何故障，也存在危险。所以，可靠性工程与系统安全是密切相关但又有所区别的两门学科。

可靠性工程通过工程技术措施尽量减少系统的故障。各种故障并非都与安全性有关，但当故障后果会导致事故发生时，可靠性问题也可以说就是安全性问题。然而，可靠性有时会同安全性有矛盾：对某一功能来说冗余设计可以显著地提高任务可靠性，然而有时增加的部分会产生不安全因素。例如，某内燃机设有电起动与高压气体起动两套起动装置，保证了起动的可靠性，但增加了一种危险源（高压气体），这可能会降低安全性。

在研究安全性时，要运用系统安全的方法全力找出产品可能出现的各种故障状态，分析各故障状态的严酷程度等级，并据此确定包括研制保证等级在内的安全性需求。

2.14.4 维修性工程

维修性工程与系统安全有两个接口：一是在产品设计中保证硬件的结构和材料或工艺的设计，不会由于保养和修理不当、装配的差错而引起事故；二是保证所设计的硬件不会因正常的维修作业而伤害维修人员。

2.14.5 试验工程

2.14.5.1 试验安全

系统安全技术对装备研制和生产中的各项试验过程应进行安全性分析，并鉴别试验中可能出现的各种危险。试验工程人员根据安全性分析的结果制定适当的防护措施，以防止试验时发生事故；或改变试验程序，以保证试验时试验对象与人员的安全。

2.14.5.2 产品安全性需求的验证

试验工程人员除了通过试验确定产品的有关性能要求是否合格外，还要验证硬件、软件和规程在规定的环境中是否有潜在危险，研究对已有的危险控制是否完善，是否可能有未预见的危险；还应评价使用和维护的操作规程是否满足产品的安全性需求；对诸如双发飞机实施单发起飞等危险科目的飞行试验必须有充分的预案，确保不发生事故。

2.14.6 制造工程

制造工程是以最少的费用和完善的制造计划生产出符合设计要求的产品为目的的。制造计划主要包括工艺设计及工艺规程的编制、工艺装置设计、生产设备（机床、试验设备、自动生产线）的选用和设计、调试和检验过程及其程序与标准、生产制造技术文件，人员培训与考核等。这些问题均对安全性有直接的影响。

设计人员和系统安全技术人员都应考虑产品制造过程中的有关安全性问题。产品制造工程技术人员除了考虑制造工艺本身的安全性外（如焊接安全、机床操作安全），还必须了解与安全性有关的零部件（包括安全性关键件要素，产品、材料、工艺和环境对安全性关键件要素的影响）状况，听取设计与系统安全部门的意见，防止因制造上的差错导致在维修和使用过程中发生事故。

2.14.7 质量检验和控制

质量部门应按研制保证等级的要求加强研制程序和研制过程的控制，监督相应研制等级上的研制文档是否齐全，安全性需求是否已按自顶而下的流程得到确认和自下而上的过程得到验证（见5.2.1节）。

质量部门还应防止有安全性缺陷的产品流入下道工序并完成生产与交付。设计与系统安全技术人员必须将安全性关键要素或重要要素的主要要求在图样或其他文件上做出专门的标注与说明，以便质检人员制定出详细的检查方法，并明确质检时应特别注意的问题，以防止生产出有安全性缺陷的产品。

2.14.8 工业卫生和保健

工业卫生和保健技术人员应熟悉设备、材料和环境（包括工业毒物、不良气象条件、生物环境及不合理的劳动组织等）对人员健康的有害影响，收集现场已发生过的对人员健康有影响的示例，向设计人员提出消除或控制这些影响的建议。对装备上必须使用的肼燃料等危险材料，应有危险的识别过程和相应的设计保护措施。

2.14.9 使用和维修保障

使用和维修保障技术人员应保证所制定的使用和维修保障计划贯彻了以可靠性为中心的维修思想，执行了基于状态的维修理念。当装备安全性水平恶化时，能保证将其恢复到固有安全性水平。预防性维修计划中所确定的预防性维修工作类型和维修间隔期要通过可靠性监控的手段予以动态调整，对维修大纲中规定的审定维修要求和适航性限制章节的任何更改必须事先得到适航当局的批准，所制定的使用和维修保障程序要有防止发生事故的措施及发生事故后的应急处置程序。

2.14.10 人员培训

装备只有按规定的操作程序和要求进行使用与保障，才能保证使用安全。装备设计人员所确定的符合安全性需求的操作规程，使用和保障人员还需懂得这些要求的含义，并按要求操作，因此需要对使用与保障人员进行安全操作培训。设计和系统安全技术人员应提出安全性培训的内容与基本要求，包括装备的安全特性、安全操作规程、安全警告标志的识别与操作要求、发生事故后的应急处置程序等。这些要求应准确、不含糊、不复杂并易于让操作者接受，使受训者能熟练掌握要领，以防止事故的发生或减少事故发生后的损失。

2.14.11 包装、装卸、储存和运输

设计和系统安全技术人员应将产品包装、装卸、储存和运输中有关的安全问题，如大型设备起吊和搬运安全要求、化工品储存安全规定、包装及容器安全要求等，拟定详细的规程，并按此规程对储存运输工作人员开展培训，同时考虑工作现场的实际情况和工作人员的经验和意见，修改安全规程，以防止储存和运输中发生事故。

系统安全工作的实施是一项复杂的系统工程，它需要各方面的协调与合作，要求各有关专业都参与安全性工作，才能保证装备获得经济而有效的安全性水平。

2.15 安全性保证过程、研制保证过程与系统安全过程

2.15.1 安全性保证过程与研制保证过程

安全性保证过程就是为保证产品或其研制过程满足给定的安全性水平而必须开展的工作项目和贯彻的工作计划。这些工作必须与装备的研制过程相协调，与装备的其他研制工作同步开展。航空装备安全性保证过程与研制过程的关系见图 2-10。

安全性保证过程旨在通过贯彻严格的工作计划以确保：在概念设计和初步设计阶段，通过安全性评估所确定的系统安全性需求是合理的；在工程研制阶段，将所确定的安全性需求融入设计、制造、使用与维修之中，并通过安全性评估证明事先所确定的安全需求在研制时已固化到产品中。

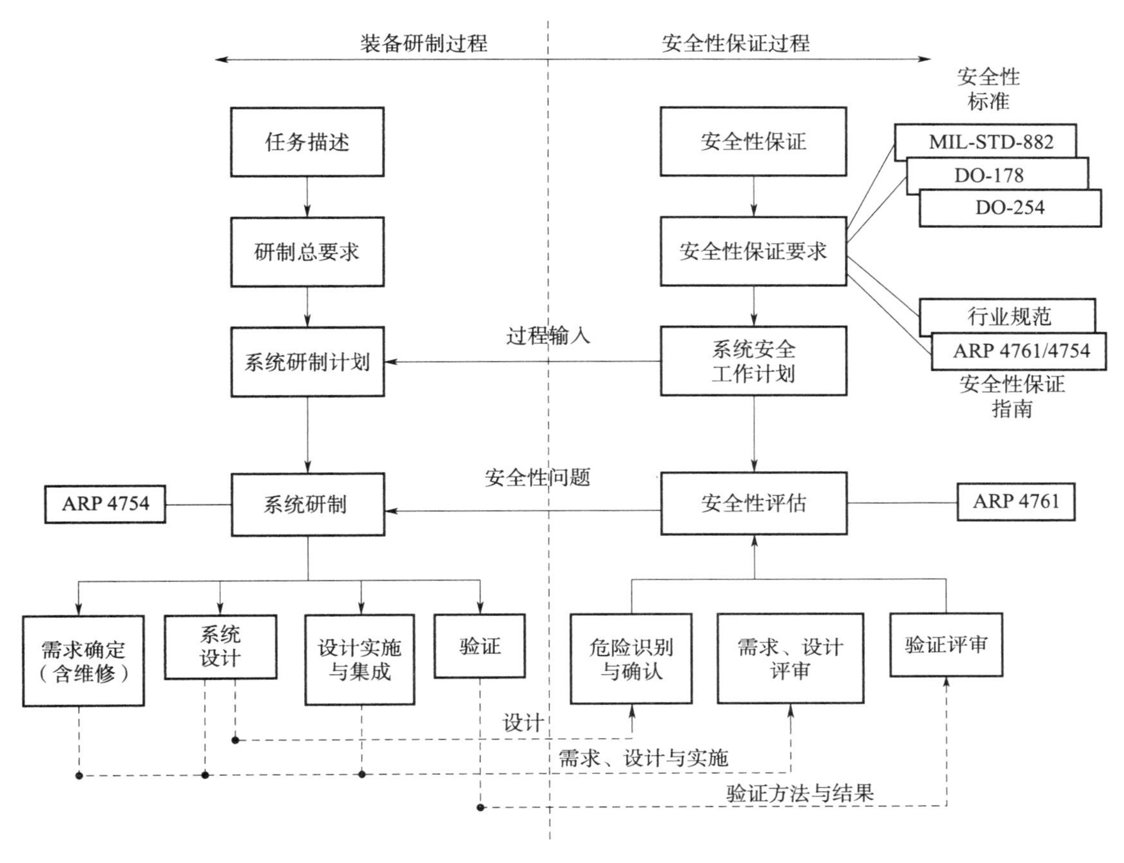

图 2－10　航空装备安全性保证过程与研制过程的关系

图 2－10 所示的安全性保证过程提供了一种结构化的过程保证手段：按照 ARP 4754 程序开展以安全性需求引导装备的研制并执行安全性保证过程，通过 ARP 4761 提供的方法完成安全性需求的评估，从而最大限度地减少研制差错。

根据图 2－10，研制保证过程是指装备的研制过程与安全性保证过程相融合，边进行装备架构边开展安全性评估的过程，具体见 5.2.1 节～5.3.1 节。

2.15.2　系统安全过程

系统安全过程是一种通过系统安全管理实现装备安全性目标的工程迭代的闭环过程。这种闭环过程虽然适用于装备寿命周期内的任何阶段，但如能应用于概念设计或方案论证阶段，则能获得更好的效费比。

系统安全过程将伴随着装备研制与使用过程中识别出的安全性问题而不断反复迭代进行，直到达到满意的安全性目标为止。该过程的关键要素如下：

1）系统安全管理。

2）故障状态定义与安全性目标（装备）。

3）安全性分析与工程经验判断。

4）纠正措施。

5）试验与实际运行。

2.16 系统规范、研制规范与产品规范

2.16.1 系统规范

系统规范描述系统的功能特性、接口要求和验证要求；属系统规范范畴的软件规范，描述软件系统的需求和合格性规定。系统规范一般从论证阶段开始编制，随研制工作的进展逐步完善，到方案结束前批准，它体现技术状态管理的功能基线。

以航空装备为例，需要编制系统规范的系统如下（示例）：

1）航空器系统。

2）航空器。

3）训练系统。

4）保障系统。

5）武器系统。

6）航空电子系统。

7）航空器结构。

8）航空器涡轮发动机。

9）航空器控制与管理系统。

10）航空器子系统。

11）乘员系统。

系统规范安全性要求的主要依据如下：

1）研制总要求。

2）FHA 提出及 PASA、PSSA 分配的安全性需求。

3）技术协议书。

4）CCAR25 部等相关适航规章、指南与军用标准。

5）型号研制经验等。

系统规范的安全性要求在装备研制方案结束前应根据 FHA、PASA、PSSA 的结果不断完善。

2.16.2 研制规范

研制规范描述系统级之下技术状态项目的功能特性、接口要求、验证要求；属研制规范范畴的软件规范，描述软件配置项的需求和合格性规定。研制规范是依据系统规范对各分系统提出的详细设计要求，一般从初步设计阶段开始编制，随研制工作的进展逐步完善，到工程研制阶段详细设计前批准，它体现技术状态管理的分配基线。

以某型飞机电源分系统为例，该系统的组成包括恒频交流主电源子系统、变频交流主

电源子系统、交流二次电源子系统、直流二次电源子系统、APU 电源子系统、外部电源子系统等。该分系统及各子系统均应编制研制规范。

研制规范安全性要求的主要依据如下：

1）研制总要求。

2）上一级系统的专用规范。

3）SFHA 提出、PSSA 分配的安全性需求。

4）技术协议书。

5）CCAR25 部等相关适航规章、指南与军用标准。

6）型号研制经验等。

2.16.3　产品规范

产品规范描述产品的功能特性、物理特性及验证要求。它主要规定产品的性能要求、验证要求以及包装储存要求，是产品研制和验收的主要依据文件，也是产品定型或鉴定的重要文件。

以下产品需要编制专用的产品规范：

1）需要单独验收、单独交付的产品。

2）外场可更换单元（Line Replaceable Unit，LRU）。

3）技术协议书中要求的产品。

但货架产品无须编写产品规范，符合相关国军标要求即可。

产品规范安全性要求的主要依据如下：

1）技术协议书。

2）相关军用标准。

3）上一级系统研制规范。

4）来自 PSSA 的安全性需求。

5）型号研制经验等。

第3章　基本理念

3.1　概述

3.1.1　现代装备的特点

现代装备越来越多地使用功能增强和接口复杂的系统。以飞机为例，这些功能增强和接口复杂的系统主要有驾驶舱综合显示系统，飞行控制系统，发动机全权限数字式控制系统，飞行管理、空中交通控制、数据链、通信管理系统，机电任务管理系统等。事实上这些系统在设计逻辑上又相互交叉，见图2-3。例如，对一个与门逻辑器件，如果有2个输出端，而每端参量有“1”和“0”2种结果，则其输出共有4种可能；如果有n个输出端，则输出共有2^n种可能。因此，现代复杂系统/子系统/设备/软件/硬件的输入量很多（n可能达到几十万甚至上百万），仅用试验、分析的方法就想确定系统所有的状态并分析其存在的问题几乎不可能，或者即使可能，也会因所需完成的试验数量太大而不切实际。

现代装备大量的因素和固有危险影响着可接受的安全性风险水平，对航空、航天类军事装备更是如此。航空、航天类装备往往具有如下特点：

1）技术更新换代快。从装备的研制初期到其生产定型或适航取证，部分标准、规范、设计与制造技术、元器件等可能有跨时代的飞跃。

2）大多数现代装备是非常复杂和高度集成的，并且拥有许多关键系统。以飞机为例，诸如起落架收放系统、电传操纵系统、发动机系统、电气系统等，往往是关键系统。这些关键系统内及关键系统之间又往往存在着硬件、软件及使用与维护人员之间的接口关系（见3.9.2节）。而这种接口关系总是不断地发展和变化的，系统集成后装备的多余功能难以仅通过试验、分析来避免。

3）在装备的技术鉴定或定型试验与验证期间会发现大量的需求差错，即研制差错。对航空装备而言，这类研制差错主要表现在：

①设计需求不完整，设计需求指标不合理。例如，部分控制软件设计时，一是需采集的参数不完整，二是部分参数采集频率不合理。

②顶层需求的自上而下分配过程出错。

③顶层需求的自下而上验证过程出错。

这就使得装备在技术鉴定或定型试验与验证期间，还需要针对已发现的需求差错更改设计方案，从而出现了诸如航空装备之类的边鉴定试飞、边研制系统的现象。

4）试验室内的环境很难模拟真实的使用环境。现代装备，尤其是战斗类飞机，要求全天候使用。

5）对装备寿命期内的使用维修工作项目及间隔需进行动态监控。

6）现代装备无规定的使用寿命限制。

7）在装备服役期间，其使用方式又往往不同于原始设计和维修计划确定时的假设。

8）为追求性能、效费比，在设计时对质量的限制较为严格，致使所采用的优化设计安全裕度较小。

9）不太可能采取经济上难以承受的余度设计。

10）为保证使用安全，往往施加了各种设计限制。

11）尽管通过了试验，但还存在技术上诸如颤振等不可预测和设计分析难以精准等因素、管理上诸如过程控制等因无经验而不到位的情况。

12）为尽早完成装备的研制任务，有限的人、财、物资源的约束往往又使得最终的设计与相关的适航规章或标准相矛盾。

近年来，针对现代装备的上述特点，系统安全性评估方法的内涵有了新的拓展，除了考虑传统的以故障模式影响分析、故障树等方式评估外，开始着重考虑面向高度综合或复杂系统、软件、复杂电子硬件等所引入的新问题，寻找新的安全性保证过程与安全性评估方法。

3.1.2　安全性基本理念

针对装备的上述特点，结合第2章介绍的基本概念，如复杂系统、工作失误等，我们怎样来保证现代新研装备的安全性水平呢？目前国内主要理念及存在的相应问题如下：

1）运行FRACAS。以航空装备为例，主要是针对设计审查、试验、试飞中出现的问题进行整改，希望达到既定的安全性水平。其结果就是我们所看到的目前国内部分新机在试飞前的那种“排故—排故—再排故”、在试飞阶段时的那种“飞—停—飞”的状态，这就严重地影响了飞机的研制进度。事实上出现的问题越多，飞机的安全性越没底，总感觉就像人走在钢丝上一样，而相关参研人员总有如履薄冰的心理阴影。

2）发现影响安全的事件后进行调查。其结果是对从下到上的各级责任人进行处理（责任心不强），让人很茫然。

3）按GJB 900A—2012和GJB/Z 99—1997开展安全性工作。其结果是安全性需求的分配与验证时，标准可操作性差（连最基本的CCA工作项目都没有），工程适用性不强，让人很无助。

4）按可靠性系统工程开展FMEA、FTA、RCMA等工作。其结果是安全性工作不能自成体系，分析到的故障模式外场从来不会发生，外场发生的故障有的连原因都找不到。

5）严格开展地面试验。其结果是试飞中系统发生的部分问题在试验室中从未发生过。

6）严格执行相关的国家标准和适航规章。其结果是只能按墓碑命令指导设计、制造、使用与维修，很难规避系统性故障，事实上也保证不了安全。

7）在经费不足的情况下，与分承制商一起自筹资金，共担商务风险。其结果是分承制商因经费等原因，所提交的部分产品很难达到同类产品的质量与可靠性水平。

8）先开展各系统方案设计，结合方案进行安全性分析。其表现形式为各专业系统按各自的经验实现或照搬传统的系统设计技术，飞机到底有多少个灾难性故障状态、有多少个可能造成事故征候的故障状态？这些灾难性故障状态，其具体应对策略是什么？系统安全工程师不知道，型号总设计师更不知道，于是也很难通过设计、试验、制造、使用与维修来保证装备安全性目标的实现。其结果是装备研制期间，哪儿冒泡堵哪儿，研制的进度自然一拖再拖，研制过程失控。

以上的结果，事实上是因为装备的研制理念已经很落后。

理念的落后是最大的落后。如果我国的装备要赶上世界的先进水平，那么我们的理念必须先达到世界的先进水平。核心的技术虽然不可能买到，但外国的先进理念是可以通过学习、研究后为我所用的。目前系统安全方面国际上主要先进理念如下：

1）大系统、大综保环境下统筹系统安全工作，全面夯实安全性的 3 条腿——设计与制造、使用、维修。

2）事故调查不能从根本上解决安全性问题。

3）有可能出错的地方一定会出错。

4）符合相关规章和标准不一定能满足安全性需求。

5）适航不等同于系统安全。

6）人为差错的后果取决于环境而不取决于人。

7）组织不当会造成事故。

8）事故的发生往往是组织、人为和技术 3 方面因素的相互作用。

9）装备的设计必须采用故障安全理念。

10）注重架构设计时的安全性增长。

11）系统架构力求 ALARP。

12）实施健康状态管理。

13）ARP 4754 为研制差错的最小化提供技术支撑。

14）通过研制保证过程控制研制差错。

3.1.3 现代商用飞机安全性评估文件体系简介

正如 3.1.1 节所述，由于高度综合或复杂系统其所有可能的状态不能确定，也无法通过系统化的分析和试验发现所有影响安全的潜在问题，对这类系统必须通过严格的过程保证技术来控制研制差错，实现其安全性水平。对于拥有高度综合或复杂系统的商用飞机，为满足 CCAR/FAR/CS 25.1309 条的安全性要求，需要考虑如下 4 方面的内容：

1）隐蔽于系统内部的研制差错对安全性的潜在影响。

2）系统间的功能和外部干扰。

3）安全性需求识别与确认的详细过程。

4）安全性需求符合性验证方案。

于是，现代商用飞机研制与使用阶段安全性评估文件体系就诞生了，见图1-5。这一文件体系实质上就是CCAR/FAR/CS 25.1309条的实施指南，而且其指导思想还基本适用于其他航空、航天装备及高度复杂与综合的工业装备。为此，下面特对图1-5中所示的文件体系内容做简略介绍。

3.1.3.1　SAE ARP 4754

《高度综合或复杂系统的合格审定考虑》（ARP 4754）源于包含了“高度综合或复杂系统”架构的B777这类飞机的合格审定需求，并作为FAR/JAR25.1309及MIL-HDBK-516C符合性验证的指导性文件。

FAR/JAR25.1309本身就是对运输类飞行器安全性的最低要求，而ARP 4754A的名称改为《民用飞机和系统研制指南》，更有意思的是，该标准中图1又将ARP 4754命名为《飞机/系统研制过程》（参见图1-5）。这一名字的更改进一步体现了ARP 4754“安全性需求引导（航空）装备研制”的思想，并通过规范化的研制过程保证最大限度地控制研制差错。

在系统集成与研制过程保证方面，ARP 4754主要考虑如下问题：

1）需求识别。

2）需求分配。

3）系统架构。

4）系统集成。

5）安全性评估。

6）研制等级保证。

7）需求验证。

8）合格审定考虑。

ARP 4754A与ARP 4754的主要差别如下：

1）理念方面。ARP 4754A以ARP 4754为基础，进一步强调了“安全性需求引导装备研制”的思想；进一步阐明了飞机和系统的研制过程中如何实现系统集成；进一步明确了研制计划的内容应包括研制计划、系统安全项目计划、需求管理计划、需求确认计划、需求验证计划、构型管理计划、过程保证计划和合格审定计划，通过这些计划将“安全性需求引导装备研制”的思想贯彻到飞机研制的日常工作之中。

2）适用范围方面。ARP 4754A以ARP 4754为基础，一是将适用范围的深度拓展至飞机和执行飞机级功能系统的研制，二是将适用范围的广度拓展至飞机的使用阶段。而ARP 4754适用范围的对象针对高度综合复杂的电子系统，即执行或影响多个飞机级功能、且无法通过试验来表明安全性水平的系统；适用范围的阶段则局限于研制期间。

3）适用标准方面。ARP 4754A以ARP 4754为基础，针对综合模块化航电提出了应符合RTCA DO-297的要求，同时补充了飞机在使用阶段应按ARP 5150/5151的要求开展安全性评估。

4）研制过程方面。ARP 4754A以ARP 4754为基础，飞机功能自顶而下的研制顺序依次为：飞机功能研制、系统研制、子系统研制（见 5.3.1 节）；而 ARP 4754 则为飞机功能研制、系统研制、组件研制。

3.1.3.2 SAE ARP 4761

《民用飞机机载系统和设备安全性评估过程的指南与方法》（ARP 4761）全面贯彻了 ARP 4754 关于“安全性需求引导装备研制”的思想，清晰地叙述了民用飞机机载系统和设备的安全性评估过程，详细示例了在民用飞机研制过程中，如何采用基于风险与基于目标相结合的安全性评估方法开展安全性评估，才能满足 FAR/JAR25.1309 条的要求。它克服了 SAE ARP926A/1384 没有完整的自上而下安全性需求分配过程和自下而上安全性需求的验证过程，也克服了 SAE ARP 926A/1384 没有强调飞机级安全性评估、没有充分覆盖共模分析等问题。为适应现代飞机高度综合和复杂系统的安全性评估要求，ARP 4754 义无反顾地取代了 SAE ARP926A/1384。

3.1.3.3 RTCA DO－160

《机载设备环境考虑与试验程序》（DO－160G）定义了机载设备环境试验条件的最低标准及相应的试验程序，为机载设备的环境适应性设计中需求的确定以及需求符合性的实验室验证提供了依据。该标准考虑了机载设备的热力、机械、化学、气候、流体、电磁等相关环境要求与试验程序。

DO－160G 是国际通用成熟规范，是适航部门指定标准。自 DO－160 原版及其前身 DO－138 从 1958 年作为环境试验规范以来，经过了原版到 G 版的升级和国际上 60 多年的使用考核。

3.1.3.4 RTCA DO－178

《机载系统和设备合格审定中的软件考虑》（DO－178B）规定了软件开发过程中应遵循的准则，适用于现代飞机机载系统和设备中软件的开发与合格审定。

现代飞机的很多功能是通过软件或软件与硬件的恰当组合实现的。实践表明，由于现代飞机机载系统与设备的软件规模越来越大、数量越来越多、复杂性越来越高，其研制差错也就越来越多。

DO－178B 的贡献就是通过规范化的软件开发过程保证全面控制软件的研制差错。它主要讨论软件的使用周期、开发计划、开发过程、研制保证等级、需求验证、配置管理、质量保证、合格审定协调、软件文档等内容。

2011 年颁布的 DO－178C 修改了 DO－178B 中措辞不清、描述矛盾之处，进一步增强了标准的可读性，尽量保持了 DO－178B 的结构与内容。

3.1.3.5 RTCA DO－254

《机载电子硬件设计保证指南》（RTCA DO－254）为高度综合或复杂的电子设备硬件（如可编程逻辑器件或由其综合而成的硬件设备）提供了设计过程保证指南，以确保能够有效而可靠地排除电子硬件设计的潜在差错，从而减少系统的研制风险。其主要特点如下：

1）定义了电子硬件的研制保证等级。

2）针对不同的研制保证等级给出了不同的设计保证工作。这些设计保证工作实质上是必须履行的设计程序，因此比硬件的具体细节设计更为重要。

3）以系统或子系统功能为基础，自上而下选择参与架构的电子硬件，而不是按照具体硬件的功能自下而上架构子系统或系统。

4）电子硬件的设计保证过程始于系统设计，它与系统的功能分配及系统级的研制保证等级存在一一对应的关系。

3.1.3.6　RTCA DO-297

《综合模块化航空电子系统研制指南与合格审定考虑》（RTCA DO-297）规范了综合模块化航空电子系统研制与审定程序。

综合模块化航空电子（Integrated Modular Architecture，IMA）系统是由一系列灵活的、可重构、并可操作的硬件与软件等资源构成的共享平台，向驻留其中的飞机级功能提供必要的资源与服务。它与传统联合式系统架构相比，具有资源共享、强健分区、软硬件高度综合集成等特性。而正是这些特性，使得现代航电系统的架构较为复杂，系统安全及适航方面的工作实施起来难度较大。正因如此，DO-297：

1）在系统研发方面为综合航电系统的承制商提供了研制指南，规定了包括研制保证、故障管理、健康监控、机组通告、维修信息和动态重构、配置管理等方面的要求。

2）在系统安全方面，除了根据ARP 4754和ARP 4761针对综合模块化航空电子系统进行FHA、PSSA、SSA和常规的CCA外，还要求进行分区分析、网络保障性分析等特殊类型的CCA分析。

3）在适航审定方面，针对综合模块化航空电子系统提出了模块平台验收、应用程序验收、IMA系统验收、航空器系统综合验收、模块或应用程序的更改验收等任务。验收，实质上是获请民航当局批准。只有当上一层的工作报请验收之后，才能展开下一层次的工作。验收的内容包括研制计划等过程保证文件，以便于适航当局对研制保证置信度的认可。

3.1.3.7　SAE ARP 5150/5151

SAE ARP 5150/5151描述了运输类/通用飞机运营阶段安全性评估的指南、方法与工具，为商用飞机使用阶段的安全性评估及安全性管理提供技术支持。它不涉及安全管理中与经济性决策相关的部分，也不涉及组织架构的确定，仅关注评估过程需要完成的工作。

SAE ARP 5150/5151为评估、监控和最大限度地完善服役期间航空装备的安全性水平提供了一套系统化的过程。目前航空装备的制造商、用户、设备供应商、适航当局等部门对使用阶段的安全性评估方法各有各的套路，该标准就是为了给出一套不同部门之间统一的安全性评估方法。

SAE ARP 5150/5151认为，仅在航空装备的设计阶段开展安全性评估是不够的，需在装备的寿命期内开展安全性评估。由于装备设计时所使用的各种假设不一定与使用阶段真实的使用与维修场景相一致，因此除了通过安全性评估监控其使用安全性水平之外，还应对使用与维修程序进行监控与评估，将发现的问题及时反馈到设计部门实施安全性改进。

3.2　大系统、大综保环境下统筹系统安全工作

装备与其外挂武器及综合保障系统所构成的系统即为装备系统。该系统等级及以上层次（如综合作战系统）的系统可称为大系统，可靠性、维修性、测试性、保障性、安全性、环境适应性、适航（性）、经济可承受性的质量特性集成又统称为大综保。

安全性这一属性本身是针对装备及装备系统而言的。而构成装备的系统、构成系统的子系统、构成子系统的设备，其安全性需求实质上是应装备及装备系统的安全性需求分配而来的，且这些需求的具体表现形式一般为可靠性（含耐久性与寿命）、维修性、测试性、保障性、研制保证等级要求等内容。

正因如此，才说装备使用时的安全性这一质量特性是体现在大系统与大综保环境下的特性。一般航空装备的安全性指标有飞机损失概率。为了保证飞机的损失概率低于一定的量值，装备才对飞控这类系统提出相应的可靠性、维修性、测试性、保障性、研制保证等级等指标需求，飞控这类系统再将自身承担的来自装备级安全性需求分配给各子系统，各子系统再将可靠性、维修性、测试性、保障性、研制保证等级等需求以合理的形式分配给硬件与软件，如飞控计算机。如果飞控计算机可靠性水平不太高且是飞控系统安全性设计的薄弱环节，以至于不能满足装备对飞控系统的安全性需求，则完全可以采用飞控计算机的余度设计或系统重构等方式予以满足。所以，针对飞控这类系统所承担的装备级安全性需求，具体到飞控计算机这样的设备，就是其基本可靠性与安全可靠性水平、研制保证等级、故障检测与隔离的水平（维修性与测试性）、相关备件及修理级别等需求，即大综保能力的需求；而飞控计算机这类属于子系统的设备，其安全可靠性指标需求只不过是针对具体故障模式所提出的故障概率定量需求以及隔离与分离的定性需求而已，所对应的研制保证等级也只不过是产品鉴定或定型时对其研制过程控制的严酷程度而已。

因此，必须在大系统、大综保环境下统筹系统安全工作。事实上，构成装备使用安全性水平的 3 条腿（图 1－4）的设计与制造、使用、维修充分反映了装备应考虑的大系统、大综保环境。安全性 3 条腿中如有一条是软体，则装备的使用安全性水平无法保证。由于前面所述的可靠性、维修性、测试性、保障性、研制保证等级等需求必须通过设计予以保证，通过制造予以实现，通过使用、维修与管理予以保持，因此全面夯实安全性的 3 条腿——设计与制造、使用、维修，就是系统安全工作的抓手。对商用飞机而言，就是要将设计与制造、运营、培训与空管、维修等因素综合考虑。显然，运营、培训与空管就属于使用保障方面，而维修则无疑属于维修保障方面。只有这样，才能保障商用飞机的运营安全。

3.3　事故调查不能从根本上解决安全性问题

人们认为，通过事故调查，找出危险发生的原因，能从根本上解决问题。其实不然。

3.3.1　事故调查的起源

商用飞机的早期阶段，航空技术较为落后，规章很少；缺乏合适的管理组织；技术（机械）故障较多，人为差错相对不多；对航空器使用潜在的危险理解不多；为满足航空器产品的安全性需求，当时可得到的资源与可采用的方法同产品的安全性需求之间极不相称。

早期航空器中对各系统确定了很高的安全性目标，但没有必需的可利用手段与资源去实现它，以至于事故频发。于是，早期的商用航空器以高频事故为特征也就不以为奇了，并由此产生了“安全压倒一切”的思想以预防重大事故发生，从而使得事故的调查成了事故预防的主要方法。但当时由于缺乏基础技术支撑，事故调查也就成了令人望而生畏的艰巨工作。

3.3.2　事故调查的作用

反过来思考：在航空装备的科研试飞期间，当部分故障发生且未造成相关系统损坏时，换下故障件让飞机继续执行任务，直到经历若干次飞行导致此类故障重复发生多次后，才能找到故障的根本原因。因此，可以想象当航空器出现灾难性事故且连残骸都找不到时，想通过事故调查来发现故障的根本原因是多么的困难。

事故的调查往往让人们去查找突发安全事件链中的某一点或某些点，这种调查方式迫使人们去做一些并不期望做的事。由于技术手段所限，在查不到技术原因时，人们往往会查使用者的一些不安全做法，即根据事件的结果调查航空器的使用者做错了什么或应该做什么而又没有做。于是，这种对安全事故实施调查的典型方法，因查不到技术原因，其调查结果就很难同实际发生的故障状态相关联，势必造成：

1）对安全事故而言可能是后见之明。

2）对当事者而言，可能受到无谓的指责或不同程度地感到“内疚”，并且无法逃避因没有“履行安全的责任”而受到处罚。

3）对所采取的措施而言，当未查到故障的真正原因时，很可能是加强质量控制和处罚“责任人”或“张冠李戴”。

4）对后续航空器而言，这种危险的故障状态依然存在，甚至仍将继续对不同使用情况下的同类航空器构成安全性威胁。

5）调查结果的可信度不高。

事故的调查虽然在确定发生了“什么”、是“谁”干的、发生在“什么时候”等方面比较高效（图 3－1）且发挥了重要作用，自然而然也就成了查明“为什么”和“怎么样”

发生的重要手段，但在披露事故“为什么”和“怎么样”发生时，总是被表象所迷惑，很难找到事故发生的实质，又显得力不从心。

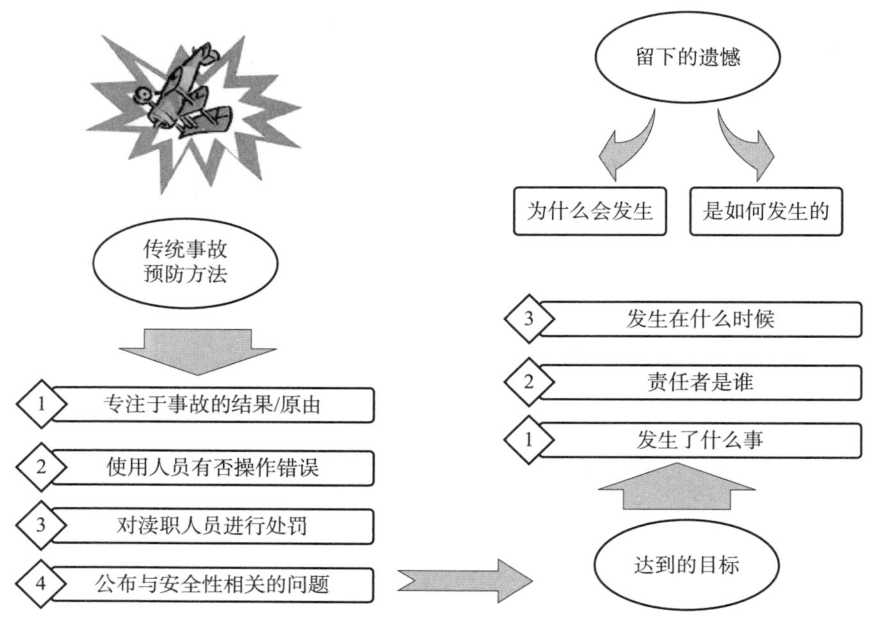

图 3-1　传统事故预防方法

3.3.3　事故调查的收获

即使一旦弄清事故发生的真相，也往往令人啼笑皆非。

最后一架“协和”号飞机的爆炸，是因为跑道上杂物刺破了油箱？“挑战者”号航天飞机失事，是因为一个 O 型密封圈失效？部分飞机的失事是因为飞行员的疲劳驾驶或天气原因？等等，这些导致灾难并看似简单的故障模式，其背后真的不简单！

这就注定了：通过事故调查，很可能“头痛医头，脚痛医脚”，很难从根本上解决装备的安全性问题。

事故调查所带来的唯一收获就是对所发生的事故给出了结论。至于结论是否真实反映事故情况，笔者持保留意见。虽然可依照调查结果实现部分问题的 FRACAS 归零（双五归零），但有时想归零也不太现实。这是由于不少航空器发生灾难性事故后，其真正的失事原因可能永远也找不到，如 2014 年 3 月 8 日失事的 MH370 航班。因此，有时血的代价也不一定能换来技术上的教训。

所以，事故调查不能从根本上解决安全性问题，需要另辟蹊径。例如，采用类似于 SAE ARP 4754 规定的研制程序，从研制、生产与使用的源头上探索确保装备使用安全性水平的根本办法。

3.4　有可能出错的地方一定会出错

墨菲定律告诉我们：凡是有可能出错的地方，一定会有人出错，并且以最坏的方式发生在最不利的时机。

这句名言可以有两种理解方式：

1）曾经出过错的地方，如果从源头上采取的根本性措施没有继承下来，还会出错。例如，A 型号上曾经发生的问题，虽然经 FRACAS 从源头上采取了根本性措施，有效地杜绝了此类问题在 A 型号上的再现。但是，在后续 B 型号研制时，由于技术队伍的构成不一样，A 型号的 FRACAS 过程又没有进入知识库，导致继承不了 A 型号的成果，或根本不知道 A 型号还曾经出现过这样的问题，那么这类问题在 B 型号还可能会再现。

于是，人们便将以前好的经验与血的教训：

①形成规章，如 FAR/CS/CCAR 的相关规章等。

②给出规章的执行方法，如：AC 25.1329 - 1B 等。

③形成规范及标准，如：DO - 160G、GJB 450A、HB 7807 等。

2）如果对所设计的系统心中没底，那么这类系统就是有可能出错的地方。其结果就是不以人的意志为转移，最终会出错或铸成大错。由于现代系统的设计趋于高度复杂和综合，因此在装备研制过程中，应针对心中没底（可能出错）的地方有所应对：

①从设计源头上采取有效的安全防范措施，如提示、警告、防差错等。

②开展规范化、系统化的安全性评估工作。需求的输入是什么，输入来自哪里；所设计的输出是什么，输出是否满足事先的设计需求。这就要求自顶而下的安全性需求识别、确认与分配，以及自下而上的安全性需求验证，进而实现从心中没底到心中有底的切换，实现对各种可能出现的故障状态尽在掌握之中，并具有相应的应对策略。

①针对具体的设计输入与输出，通过必要的试验予以验证。

②对关键及重要参数输出的设备、子系统及其集成过程，参照 2.6.3 节，针对设计差错可能影响的功能或设备，赋予必要的研制保证等级（或门），按研制保证等级规定的程序实现过程化控制，从而最大限度地消灭人为的研制差错与疏漏；或不考虑其功能的有效性（与门）。

3.5　符合相关规章和标准不一定能满足安全性需求

3.5.1　规章和标准的局限

由于事故的调查不能从根本上解决航空装备的安全性问题，因此人们就寄希望于适航规章来解决它。从 20 世纪 20 年代开始，对航空器的每一系统逐渐形成了适航要求，以期望通过工程方式获得足够的可靠性。对于故障后会产生严重危险的系统，要求采用冗余设计。随着技术的不断进步、工业基础的不断改善、航空规章和标准的不断增多，航空装备的事故也的确在逐渐减少，以至于到20世纪50年代，航空活动便成为极为安全的工业活动之一，但航空工业也是规章和标准最多的行业之一。

于是，这就导致了一个颇为流行的理念：只要执行相关规章和标准，安全就有了保证，否则就会导致安全事故。

不可否认，尤其是当航空器的复杂性不断增加时，规章和标准的符合性对确保航空安全所起的作用日显巨大，并事实上成为确保装备使用安全的中流砥柱。但飞行事故还是在持续发生，如国内某型商用飞机仅2014年2月就出现了两起起落系统的故障，险些酿成灾难。

后来，人们发现，“只要满足规定的设计规章和标准，就能保证安全”是一个谬论。对航空领域这样开放而且动态的体系而言，想寄希望于规章和标准解决所有使用环节中的安全性问题是不可能的。例如，ATR－72飞机是符合相关适航规章和标准的，可就在2015年2月4日，中国台湾一架由松山飞往金门的该型飞机（GE235航班）失事了。

这主要是因为规章和标准：

1）常常是“墓碑命令”。规章和标准不能囊括系统的所有状态。它常常是对已有经验或教训的被动反应，它来源于适航当局、产品的设计者、试验人员以及事故调查者等人的历史经验与教训。也就是说，它们是对不希望发生而又已经发生事件的反应，即所谓的“墓碑命令”。

2）受时间和空间的制约。规章和标准是在一定时间（历史）和空间（具体的使用环境）下形成的，受时间和空间的制约，在时间维上总是落后于技术的发展，因而使得它常常不完全适用于正在研制的整个系统（整机），并且很难站在新型号研制时所处的时间与空间高度上考虑到全寿命周期的情况。

3）不能保证装备所有功能故障状态均已得到恰当考虑。规章和标准本身不能够包含一切，每一航空器规章和标准讨论的往往是通用架构下的子系统或部件，而这些子系统或部件的故障又不是装备发生事故的本质。事故的发生往往是不同故障的组合，甚至是不同系统间故障的相互作用。不同的航空装备，其功能及相应故障状态的安全性需求都不一样，这就决定了其各层次的架构也不尽相同。显然，规章和标准不针对具体的装备型号，也无法考虑在研装备的架构及其所有功能的故障状态，更无法考虑在研型号功能设备或系统的安装方式对安全性的影响。

因此，符合规章和标准并不能保证装备所有功能的故障状态均已得到恰当考虑。只有通过采用系统安全的方法才能保证所有功能故障状态均通过安全性评估的方式已得到充分考虑。如果未来诞生一种翼身融合的扁平式宽体客机，且常规的尾翼和垂尾都融合于机身之中，则需对现有的CCAR25部内容进行大量的增删和结构性调整，才能形成此类飞机的适航审定基础；至于其各种故障状态的考虑和各层次架构的确定，则还要通过安全性评估过程确定，并须通过类似于SAE ARP 4754规定的研制程序来保证。

4）鼓励的是满足最低安全性要求。规章和标准并未激励人们进一步考虑系统的安全。通常，规章和标准代表的是航空器通用架构下所应考虑的最低要求，反而让人们以为满足了规章和标准的要求，就是满足了装备的安全性要求。事实上，规章和标准并未指明人们设计时如何正确地识别可能出现的故障状态，如何回避故障状态的危险。例如，对飞机的襟翼操纵系统，FAR25 部要求有双余度，但没有说明这是为了防止襟翼功能突然失效致使飞机起飞或着陆时不能保持姿态或冲出跑道时而发生等级事故。

5）经济可承受性可能没有得到充分的考虑。人们往往认为，由于适航规章规定的是最低安全性要求，因此满足规章要求就是以一种最为经济的方式满足安全性要求。其实事实并非如此，这是因为衡量经济性的唯一标准是 ALARP。昨天认为要降低风险可能需要很大的成本，但随着技术的发展，今天可能并不需要太多的成本。

3.5.2　正确处理规章与标准

那么，为什么还要规章和标准呢？

1）产品的研制只有严格符合国家相关规章和标准的要求，才能有效地得到法律的保护。一个团体针对某一产品、工艺或系统所设计的一套标准或法规，经相关部门批准后，供同一行业使用或遵守。这些标准或法规可以为没有经验的产品研制方提供参考，并可为研制方给公众生产安全的产品提供一定保证。

2）规章和标准考虑了已代表行业和社会利益的过去经验，是对一定时期内使用（故障）信息的分析与处理。规章和标准来源于适航当局、产品的设计者、试验人员以及事故调查者等人的历史经验与教训。

3）规章和标准规定了产品框架。在产品或系统设计中，规章和标准告诉我们：什么是我们不必考虑的，什么是我们应该争取达到的，什么是我们必须达到的。按照这个框架，我们可以和使用部门签订项目的研制及交付合同，并简要地规定所要设计和交付的系统是什么。

4）规章和标准还可以为所设计的系统提供安全性的符合性证明。符合规章和标准，就意味着为我们的设计提供了有力的安全性论据。但是安全性论据是否完整，则取决于是否采用了系统安全技术对装备所有功能故障状态的安全性需求进行了识别与确认；安全性需求是否满足，则取决于是否对需求的满足程度进行了分析、验证与管理。

5）规章和标准有利于帮助人们减少产品研制时的系统性故障。但是，规章和标准必须不断地完善才能持续地减少系统性故障，如 MSG－3、DO－160 等标准的不断完善。

规章和标准完善的依据体现在如下 3 个方面：

①经验与教训，如 CCAR25 部关于闪电和高强度辐射场部分的完善，就是依据 1996 年 TWA 公司 Flight 800 航班的教训。

②新技术的发展，如电传/光传系统、数据链技术等。

③市场的需求，包括安全性需求、社会的期望等。

3.6 适航不等同于系统安全

在航空工业部门，系统安全往往成了适航的代名词，系统安全即适航。然而，适航关心的是适航取证期间业已批准的飞机构型，而且主要专注于飞机的持续安全飞行与着陆；而系统安全关注的不只是适航审定基础，它还取决于系统的等级层次，如图 2-2 中所示的第 5、第 6 层次系统。因此，适航当局关心的只是飞机及机载系统的安全性，而系统安全则还关心地面保障系统与飞机直接或间接的接口安全、职业健康及飞机对地面维护人员的安全等诸多问题。适航审定的工作随着审定过程的结束而结束，而系统安全工作则是从航空装备论证时开始，到退役时结束。适航审定与系统安全的区别见表 3-1。

表 3-1 适航审定与系统安全的区别

适航审定	系统安全
关注点：标准规章的符合性与产品功能的完整性按要求进行设计，按设计进行验证	关注点：产品全寿命周期内危险的识别、评估、消减、控制、跟踪与管理
系统化过程，即在飞机或机载系统的设计期间，针对适航当局认定的特定型号飞机所采用的证明符合一套具体适航规章（如 CCAR25）的系列方法	系统化过程，即判断功能的完整性，识别并解决装备寿命周期内可能遇到的各种危险
由适航规章、标准驱动，如 CCAR25、CCAR23、MIL-HDBK-516C、STANAG 4671 等，以满足适航规章、标准的最低要求	由分析驱动。主要按照 ARP 4754 规定的体系而不是适航规章的要求开展面向产品设计与使用的安全性评估工作，并同时兼顾 FAR 25/23.1309 条和相关健康安全工作法规的要求
只要证明特定型号飞机符合所确定的相关适航规章、标准的要求，审定过程就符合要求	应按适航审定的要求证明功能的完整性。但是，故障状态危险的解决方案是无止境的，在全寿命周期内，需对故障状态设计与使用的安全性风险进行连续监控
适航当局颁发型号审定合格证或补充型号合格证后，审定过程结束。 如对业已审定的型号进行了大的改装/修理，或已不符合发证时的技术状态，需要重新协调或审定	当提交最终的安全性评估报告之后，1～4 级层次系统的安全性分析工作即可终结，但在产品的寿命周期内 5～6 级层次系统的安全性分析工作还将反复进行，并纳入某种安全性管理系统进行持续的工程管理

3.7 人为差错的后果取决于环境而不取决于人

如果不正确了解装备的使用环境和人为差错（含疏漏）所发生的特定环境，如果不正确了解人为差错发生的具体过程，就不能准确地理解和确定人为差错的原因及其对装备使用后果的影响，从而无法针对具体的危险给出恰当的措施以缓解后果的严重性，或杜绝后果的发生。在工程实践中，人们总认为小的差错无关紧要，尽量避免大的差错。例如，使用维护说明书中因排版原因一张插图反了是小差错，无所谓；因设计原因，发动机安装节与发动机本体不适配而安装不上是大问题。这就告诉我们，人们更倾向于人为差错的原因和所造成后果的对称性，而在工程实际中，这种对称性并不存在。

而航空史上的教训也告诉我们，一张插图的错误，有时足可以摔一架飞机；但发动机安装节与发动机本体不适配而安装不上，可能只是影响原定的研制进度。这是因为人为差错的后果不取决于人，而是取决于环境（见图 3-2）。

图 3-2　人为差错的原因和所造成后果的非对称性（来源：Dedale）

图 3-2 所描述的两个场景告诉我们，同一人为差错所造成的后果有着天壤之别。为了规避图 3-2 右侧人为差错可能造成的后果，可以采取如下策略：

1）当倚靠在（或还没有倚靠在）窗槛时，提醒要小心和将花盆推出窗外的危险（降低人为差错的概率）。

2）扩大窗槛或在窗台边上安装不锈钢护栏（降低人为差错的概率）。

3）使用易碎塑料型花盆，改变窗户下的交通线路（降低人为差错导致的后果程度）。

4）在极端情况下挡住窗户（杜绝人为差错发生的可能性）。

上述所有策略的宗旨就是：通过改变使用环境中引发差错的各种特征，降低人为差错的概率和后果的严重程度，而非改变人。这一宗旨也诠释了 3.3 节“事故调查不能从根本上解决安全性问题”的原因，并帮助人们更易了解图 3-1 的用意：一旦装备使用过程中出现了灾难性事故，我们首先要做的是分析故障状态发生时所处的环境，并针对环境的特点得出科学策略，采取得力措施，而不是去处理人。

人为差错的后果取决于环境而不取决于人。

3.8　组织不当会造成事故

3.8.1　Reason 模型

按照国际民航组织安全管理手册（D09859）定义：组织不当会造成事故，也称为组织事故。该理念现已被工业界普遍接受。这可以借用 James Reason 教授所提出的 Reason 模型予以解释，见图 3-3。该图“装备安全防御体系”，有时也称为“装备安全防护机制”，是指规章、培训与技术的综合。

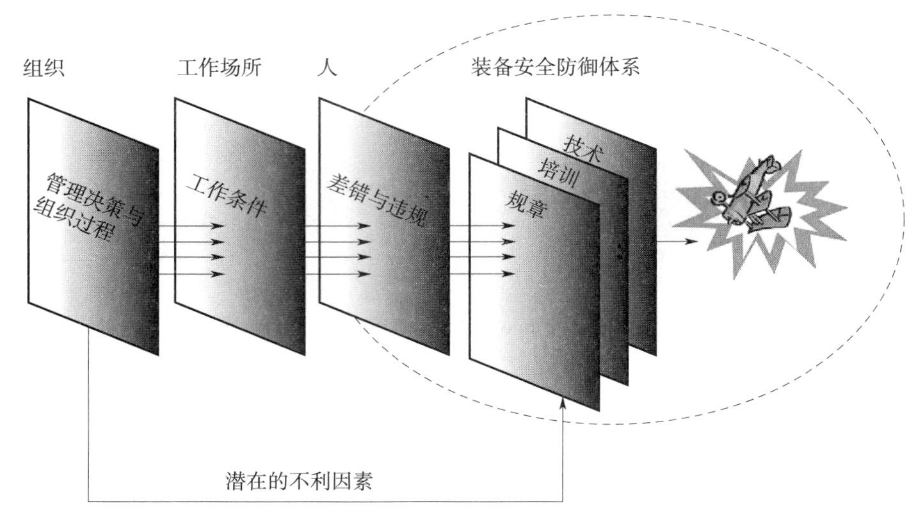

图 3-3 事故的因果关系——Reason 模型

该模型可以帮助人们理解装备或其他产品在使用中是如何完成既定任务或发生安全性事故的。它虽然是基于商用飞机使用阶段安全性问题而提出的，但同样可供现代装备研制阶段策划与实施系统安全工作时参考。

按照该模型，现代（商用）飞机事故的发生是很多因素共同作用的结果，但每一因素本身并不构成对装备安全防御体系致命的打击。通俗地说，就是“屋漏偏遭连夜雨”，只有在多因素综合的情况下，才会发生致命性事故。

反过来说，现代（商用）飞机单一故障的发生并不会导致飞机的损失。这是因为诸如航空装备这样复杂的系统，现今的设计，利用余度、容错、重构、健康状态管理、中央维修系统等技术，使得其安全防御体系得到了很好的保证；适航规章要求单一故障不得影响航空装备的安全。无法消除的单点故障是极少的，且要求证明其导致灾难性事故发生的概率是极不可能的，否则无法通过适航审定。

因此，除非有了其他因素，否则，单个设备故障或单个一般的人为差错是不会打破装备安全防御体系而发生安全性事故的。

装备安全防御体系的打破往往是组织系统相关层次的决策不当所致，即组织系统其潜在状况在特定的决策环境下引发了多重故障。设备故障或者研制与使用差错绝不会成为破坏安全防护机制的原因，而只是导火索。在装备发生灾难性事故之前，这些组织决策不当的因素一直存在于管理系统之中，它所造成的后果一直处于休眠状态。正是在这种特定的使用环境下，人为因素可构成打破装备固有安全防御体系的扳机，并触发安全性事故的发生。

按照 Reason 模型，所有事故的发生系潜伏在组织系统中的潜在状况与某个诱发因素的共同作用所致。这种诱发因素即人为因素。这就是说所有的事故均包括人为差错和潜在状况两种情况。

即使是在运行最佳的组织中，大多数潜在状况也起始于决策者。这些决策者受人的正常偏见和局限性，以及时间、预算、政治等实际限制因素的制约，不能够总是避开管理决策方面的消极面。因此，必须采取措施发现这些消极面，减少其不利后果，优化系统安全管理。

图3-3对Reason模型的描述有助于我们了解组织和管理因素（组织系统因素）在事故因果关系之间的相互影响。需在装备组织系统深层建立各种不同的防护机制，以避免人为能力或人的决策水平在装备各类系统的研制、制造、使用与维修过程中波动，如一线的工作条件、监督管理水平等级等。安全防御体系就是通过组织系统提供的各种资源以抵御安全性风险，这些资源必须由与科研、生产活动相关的组织部门提供并加以控制。

Reason模型还告诉我们：包括管理决策在内的组织因素所导致的潜在状况可能会使安全防御体系瓦解；但是，通过监测组织过程以查明并解决潜在状况，反过来可加强系统安全防护机制，为构建坚强的安全防御体系提供强有力的后盾。

3.8.2　组织事故发生的时机

管理者所做的决定可能导致培训不充分、时间安排冲突或者工作场所疏于预防；还可能导致资源、知识和技能的不足，或者装备的研制控制程序、生产质量控制程序、使用控制程序的不当。管理者与整个组织履行其功能的好坏，直接决定着研制差错或使用与维修差错、违规等情况发生的概率。例如，在制定可达到的工作目标、安排任务和资源、管理日常事务和进行内部和外部沟通等方面，管理的效果如何？公司管理层和管理当局的决定往往是在资源不足的情况下产生的，如果系统安全方面的决策也遭遇了资源不足的情况，则会为组织事故的发生大开方便之门。

这种情况在型号研制阶段较为普遍。型号的部分承研方为了多出型号、快出型号，往往导致装备的研制时间过于仓促、研制经费过于短缺、研制人力过于不够，致使很多与系统安全相关的危险识别与减缓工作没有做或没有做到位，从而导致新型号试飞或试用过程中事故征候情况频发。

3.8.3　组织事故发生的根源

图3-4中的组织过程即参与装备研制、制造、使用与维修的任何组织（部门）的正常活动。其典型活动包括决策、规划、沟通、分配资源、工作监督等。毫无疑问，就系统安全工作而言，两个基本的组织过程就是分配资源和沟通。这些组织过程中的消极面或者缺陷就是组织事故发生的根源。该根源的产生有两条路径：

1）潜在状况路径；

2）工作条件路径。

3.8.3.1　*潜在状况路径*

潜在状况可以包括装备系统的设计需求差错、设计缺陷、不完全/不正确的标准运行程序，以及培训缺陷。通俗来讲，潜在状况可以分为两大类：

1）不充分的危险识别和安全风险管理。

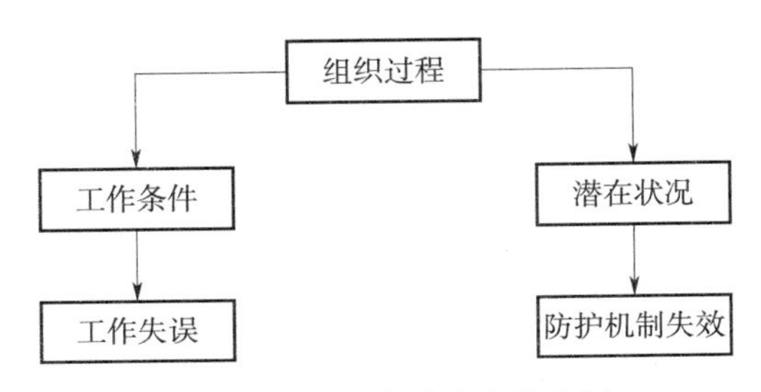

图 3-4 组织事故发生的根源

2）将装备研制、制造、使用与维修中资源不足的异常情况常态化。

（1）不充分的危险识别和安全风险管理

在装备研制阶段未开展故障状态危险识别工作，就不能够充分说明对灾难性和危险性的故障状态在设计上已采取了足够的应对措施，就不能从设计源头上保证其发生的概率在可接受的水平之内，至于从型号研制阶段起直至退役为止全寿命周期内系统化的安全风险管理更是无从下手。这就使得具有危险后果的故障状态其安全风险不受控，并在装备的系统中自由游走，最终由装备研制差错或使用差错所激发，从而导致事故的发生。

（2）将装备研制、制造、使用与维修中资源不足的异常情况常态化

这种情况是资源分配存在着极端的缺陷。例如，装备研制时人力资源偏向于装备型号的实体系统，而一定时期内的存在与否看不见、摸不着、感觉不到的系统安全工作则往往遭遇资源缺乏；再如，在装备维修时，决策者们更易直接将资源向装备实体系统的故障恢复倾斜，而装备各系统的可靠性监控、维修大纲工作项目及维修间隔的调整等往往资源匮乏。

一旦资源不足的异常情况常态化之后，就决定了装备型号研制、制造、使用与维修的直接负责人员采用各种不断违反规则和程序的捷径，以保证相关工作能够按计划节点完成，从而为装备研制、制造、使用与维修过程中的人为差错埋下了隐患。显然，导致这些人为差错的实质就是组织的决策不当。

潜在状况完全有可能破坏装备安全防御体系。该安全防御体系通常是控制潜在状况以及人的行为能力过失后果的最后一道安全网。具有危险后果的安全性风险防范、缓解策略大多基于强化现有防护机制（装备安全防御体系）或者建立新的防护机制。

3.8.3.2 工作条件路径

源自组织过程的另外一条路径是工作条件路径。工作条件是指直接影响工作场所人员效率的各种因素。工作条件大都凭直觉可感知，因为所有那些具有工作经验的人员均都不同程度地经历过各种各样的工作条件，它们包括职工人数的稳定性、资质和经验、精神面貌、管理可信度，以及传统的人类工程学因素，如照明、供暖和制冷等。

次于最佳工作条件可使人员出现工作失误。工作失误可以被视为差错或违规。从组织事故的角度来看，系统安全不仅要监督组织过程，以查明潜在状况，并借此强化防护机制；还要改进工作条件，从而控制工作失误。这是由于工作失误和潜在状况一起，击穿防

护机制（装备安全防御系统），进而导致安全事故发生，见图 3－3 和图 3－5。

此处也解释了为什么有时灾难性事件的发生往往不是技术问题，不是设计问题，不是经验问题，不是投入问题，而是人的责任心问题，是一个单位、一级组织的责任心问题。

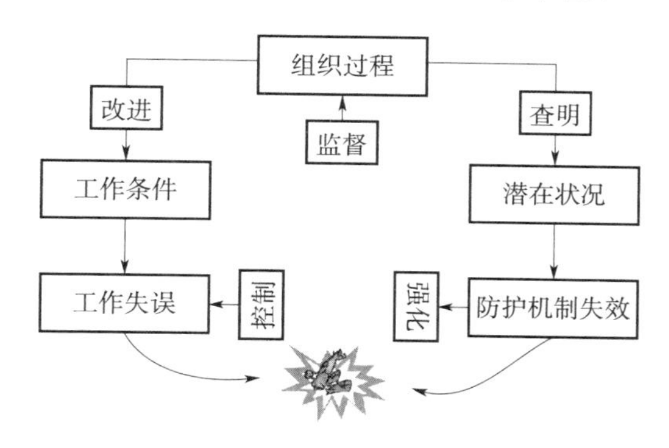

图 3－5　组织事故透视图

3.9　事故的发生往往是组织、人为和技术 3 方面因素的相互作用

3.9.1　SHEL 模型的提出

事实上，第 1 章中“挑战者”号航天飞机失事的原因是组织、人为和技术 3 方面因素的综合。近 20 年来，诸多民用飞机的失事也有异曲同工之处。3.8 节“组织不当会造成事故”的观点也从不同角度诠释了组织、人为和技术 3 方面的关系。例如，2010 年 5 月印度一架飞机失事就与跑道的长度有关，这显然是一起与组织、人为和技术三者都脱不了干系的典型事故。

早在 1972 年由 Edwards 提出的 SHEL 模型就主要描述了软件（Software）、硬件（Hardware）、环境（Environment）、人件（Liveware）之间的关系，见图 1－3。该模型 1984 年由 Hawkins 发扬光大。其中，环境是指安全文化、培训及物件环境（如飞行器寿命期内所经历的力学、热力学和化学、气候等环境），人件又细分为管理人件和使用人件。人件主要靠严密的组织来管理，以确保其工作时的可靠性。“组织不当会造成事故”这一理念现已被工业界所普遍接受。

3.9.2　SHEL 模型的主要思想

SHEL 模型主要反映了组织、人为和技术 3 方面因素的相互作用。它揭示了今天全新的安全性理念，即系统地识别和管理组织、人为与技术 3 方面的危险，并将危险发生的风险降低到用户（社会）可接受的水平内。

图 1－3 中的 SHEL 模型提供了 4 个接口关系供人们理解，它们分别是人一硬件、人一软件、人一环境、人一人。接口关系是否正常，则直接决定了装备或其他产品在使用中是完成既定任务还是发生安全事故。

图 3-6 从四大接口的衔接角度对图 1-3 的模型重新进行了描述，重点明确了 SHEL 模型中软件、硬件、环境、人件各自功能和相互之间的关系，但图 1-3 中 SHEL 模型的边界关系图 3-6 无可替代。

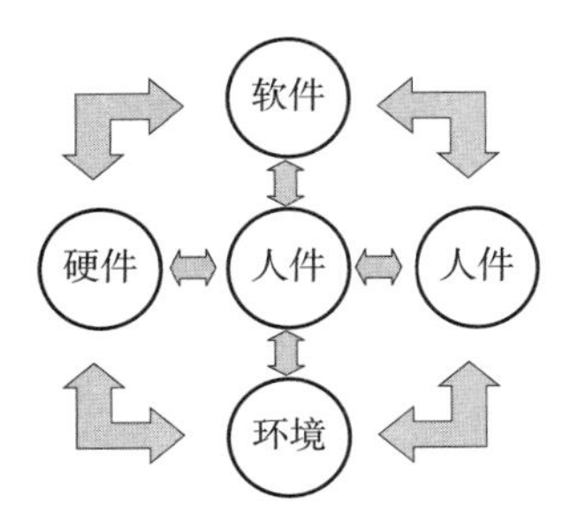

图 3-6　人件、硬件、软件及环境之间的接口关系

系统安全技术的发展过程中，SHEL 模型清楚地表达了人、使用环境、系统硬件与软件对安全性的影响。从该模型中可以看到，人是系统中各个环节联系的纽带，其他部分必须以人为中心、靠人的配合来保障系统安全。SHEL 模型还告诉我们，人和其他部分的联系边界是不规则的（见图 1-3)。这是因为：

1）尽管人的适应力很强，但是也会受到工作中大量变数的制约。

2）人的标准化程度并没有硬件那样高，所以图 1-3 中方块的边缘不是简单的直线。

3）人与其工作环境中各种因素之间的界面并不完美。

如果要避免人在行为能力方面的压力，则必须了解各种 SHEL 方块与处于中心地位的人件方块之间界面的不规则效应；如果要避免系统中的应力，则必须实现系统中其他组成部分与人的配合最优。

影响个人行为能力并使得人件方块具有粗糙边缘的几个较为重要的因素具体如下：

1）身体因素，包括执行任务的人的身体能力因素，如体力、身高、臂长、视力和听力。

2）生理因素，包括那些可以损害身体和感知能力的生理过程因素，如供氧量、健康状况、疾病、烟草、药物或酒精的使用、个人压力、疲劳和怀孕。

3）工作心理因素，包括那些可能出现各种情况的心理准备状态因素，如培训的充分性、知识与经历、工作负荷。

4）社会心理因素，包括社会系统给人在工作和非工作环境中带来压力的所有外部因素，如工作时被边缘化、与领导发生争论、劳资纠纷、失去亲人、个人财务问题或其他家庭问题。

在 SHEL 模型中，各部分间的相互接口可表示如下：

1）人和硬件（L-H）的接口。符合人体特征的座椅、符合人体感官和反应特性的参数显示装置与操作装备等硬件的细节设计决定了人工作时面对的环境。人会自然而然地适应这些硬件，并形成对硬件的依赖。这些硬件一旦失去功能，人将无法适应没有这些硬件功能的环境。

2）人和软件（L－S）的接口。规范、规章、手册、检查单和控制软件等必须与装备的技术状态相对应，且准确完整、格式清楚、表达明晰，做到“用户界面友好”。需要注意的是，此处的“软件”应包括技术资料等。一张插图的错误可能足可以损失一架飞机。

3）人和人（L－L）的接口。设计、制造、使用、维修等人员作为一个集体，共同保障装备的使用安全。近年来出现的机组资源管理（Crew Resources Management，CRM）、团队资源管理（Team Resources Managements，TRM）（将机组资源管理延伸到空管服务）和维修资源管理（Maintenance Resources Management，MRM）都是针对使用差错的管理。企业文化、企业环境、公司运营状况都会极大地影响人的工作表现。

4）人和环境（L－E）的接口。环境分为内部环境和外部环境。内部环境主要着重考虑身体影响，如温度、周围光线、噪声、振动、空气质量等；外部环境主要着重考虑精神影响，如上下级的关系、同事的关系、作息规律、生物钟状况、受政治和经济限制的企业环境（可影响企业氛围）、设备配置、金融状况、规章效力等。

此外，还存在扩充接口，如：

1）H－H接口：硬件之间的协调问题，如装备中不同的硬件之间使用具有相同频率的晶振，会产生电磁兼容性方面的问题；即插即用设备与系统之间的匹配问题等。

2）S－S接口：装备软件之间的相互通信及一致性问题等。

3）H－E接口：硬件及其物理、化学环境的适应性问题等。

3.9.3　人犯错误是必然的

装备从概念设计一直到退役，每一阶段都离不开人的活动，这期间人犯错误是必然的。可是，人一旦犯了错误，就有可能受到领导的指责，甚至是服刑。

事实上，人一般会尽职尽责地完成自己的工作。一旦装备使用中出现严重事件或事故，就要处理人、惩罚人，而并没有抓住制造装备事故的真正“元凶”，即导致Ⅰ、Ⅱ类严酷度故障状态根原因（Root Cause）。这会让人产生一种“冒着卖白粉的危险，拿着卖白菜的钱”的消极思想，从而让人对与系统安全有关的工作都敬而远之。

从20世纪70年代初期开始，随着系统冗余、自动驾驶、先进的机载与地面导航和通信设备、飞行导引等技术的广泛使用，以及空中和地面通信与导航能力的大幅提高，飞机安全性事故的发生概率大大降低，并且由技术因素造成的安全性事故在10%以下，而人为因素造成的安全性事故达80%左右，对人进行约束的规章和制度很难再显示其威力。于是管理层又开始迷惘。

传统思想将人为差错（包括研制差错）视为大多数航空事故的一个引发因素，并认为人为差错是基于心理层面的原因而引起的。按照基于心理层面的人为差错，其“源”在于人，是一种灵性的结果，应由心理学负责解释和研究，并从制度与规章上加以约束。这种观点将人的错误描述为人的行为的一种表现形式，这就好比空地勤人员是在“犯错还是不犯错”之间做了一个选择，并且乐于选择犯错，进而认为人为差错的发生是设计、使用与维修人员能力所限或素质过差的标志，如性格缺陷、职业道德差、缺乏纪律约束等。于是，人为能力的偏见就这样形成了。尽管这些特性方便描述事件，也方便责备人，但无助于解开人为差错这一死结，无助于规避现代装备的安全性风险，还对同行产生了巨大的心理压力。

而寄希望于从心理角度来预测和减缓人为差错是极其困难而且不现实的。虽然人的行为是可以通过规章予以约束、通过培训而使技术娴熟的，但不可能以一种系统化的方式预测人的弱点或保障人不犯错误，如精力分散、疲倦和健忘等。即使飞行员从 1 数到 500，也可能出错，更不要说普通的人。

现代观点认为，人为差错系人与技术系统的接口不当所致。这样，我们就可能得出另一种截然不同的结论：即使能力再强的人也会犯人为差错。如果将人与技术系统的接口当作系统的一个部件（人件），并置于 SHEL 模型界面之中，那么人为差错就意味着是一个“部件”的故障，并不再视为人的某种异常行为。其差错的源头即 SHEL 模型界面不协调，差错只不过是人和技术相互影响的一种自然而然的副产品。因此，如何控制人与技术系统接口这类“特种”设备的故障，才是解决人为错误的出发点。于是，对人为差错的新认识也就给系统安全管理工作带来了全新的理念：既然软、硬件都会出现故障，那么人件出现“故障”也就没有什么稀奇的了。

综上所述，我们不难理解：人犯错误是必然的。

将人为差错以人/技术系统的特性这一形式予以表述，则人件与硬件、软件、环境及人件等方面的接口不匹配就是人为差错（设计、制造、维修与使用）的根源，从而使得人为差错作为现实世界的一部分，就由以前的不可预见变得可以预见。于是，人们通过分析人件与装备系统作用的接口界面，让人件同硬件、软件一起参与装备功能需求的分配（见 5.4.3.2 和 5.4.3.3 节）与验证，就可使得人为差错易于预计、减缓与管理。

正因为“人犯错误是必然的”，所以在 PSSA 中进行安全性需求分配与验证时，必须考虑人件的故障概率，具体可参见 2.6.3 节。

3.9.4 组织、人为和技术 3 方面因素的相互作用

通常，单个的硬件、软件、人均能“各司其责”，环境的要求也能给予恰如其分的界定，但他们的组合（集成后的装备系统）未必能达到既定的安全性目标。

SHEL 模型从系统安全角度告诉我们：人为差错会从粗糙界面边缘的“缝隙处侵蚀进去”，而这种粗糙界面就是人与硬件、人与软件、人与环境、人与人 4 方面的接口。接口问题的本质就是“潜在状况”。图 3-5 告诉我们，潜在状况还得靠合理的组织过程予以解决。

工作失误仅仅是安全性问题的表现形式，并非影响装备使用安全性的根原因。为减少组织过程不当对装备安全性的影响，系统安全工作的重点应当如下：

1）在装备研制阶段，通过组织过程系统而全面地按照 FHA 中所识别出的顶事件故障状态严酷度，针对潜在状况对装备安全性的影响，分配合理的研制保证等级，再按照研制保证等级对产品的研制过程进行控制与管理，而不是将精力放在由人所引起的工作失误或

使工作失误发生的概率最小化上。

2）在装备使用阶段，通过组织过程系统而全面地按照国际民航组织安全管理手册要求，识别潜在状况对装备安全性的影响，针对潜在状况的影响提出相应的减缓措施，而不是将精力放在由人所引起的工作失误或使工作失误发生的概率最小化上。

因此，上述4个接口关系（界面）成为SHEL模型的关键点。该模型主要揭示了组织、人为和技术3个方面的相互联系和相互作用，表明了系统地识别和管理组织、人为和技术3方面的危险是当今系统安全技术的关键所在。

因此，不难得出：影响飞机安全的根（真正）原因是组织、人为和技术3方面因素的综合。

最明显的案例是2009年6月1日失事的法航AF447航班。直到3年后的2012年7月5日，法国民航安全调查分析局才公布最终结果，认定技术故障（空速管冻结、飞机除冰失效）和人为因素（飞行员应急处置不当）。由于右座副驾驶没有接受过“不可信速度读数”程序和手动操作训练，才导致在飞机处于失速状态时仍做出了使飞机爬升的拉杆操作；而此时的正驾驶却在驾驶舱外休息。因此，培训不到位、组织纪律松散是本次事故的显著特征。这次事故显然是组织、人为及技术因素三者的综合所致。

此外，AF447航班此次事故也将人件与硬件、软件、环境及人件之间的关系展现得淋漓尽致。AF447航班执行此次飞行任务时所使用的飞机型号为A330。该飞机的侧杆采用的是类似于计算机游戏的控制台，由计算机控制并依次向发动机和液压系统发送信号。因而这种侧杆很“聪明”，当一个左转10°的操纵命令通过遥控自动驾驶仪发出时，无须操纵侧杆，计算机便自动而完美地完成上述指令。这就使得当正驾驶发现问题返回座舱时，根本无法判断副驾驶正在做出什么样的操作指令。这就是为什么当A330客机出现致命的发动机熄火继发性故障时，副驾驶还在继续执行飞机的拉升爬高指令，而正驾驶却对此毫不知情。人们怎么也没想到，一个看似“聪明”的飞机设计，最终让228人葬身于大西洋。

事实上，按照2019年9月美国国会众议院发布的有关737MAX系列飞机的调查报告，先后于2018年10月、2019年3月共带走346条生命的两架737MAX飞机坠毁事故更是将组织、人为和技术3方面因素的相互作用解释得淋漓尽致。

1）组织方面。一是面临与空客A320neo飞机的竞争所产生的巨大财务压力，从而不得不付出巨大努力以削减成本；二是波音授权代表可以代表FAA行使对737MAX的适航审查监督，但波音授权代表既没有将错误的AOA（攻角）数据对MCAS（Maneuvering Characteristics Augmentation System，机动特性增强系统）的影响上报FAA，而该错误又未被波音公司解决；三是波音公司向737MAX飞行员及用户隐瞒了MCAS的存在。

2）人为与技术方面。一是没有将MCAS归类为安全性关键系统；二是违反了波音自定的内部设计准则：MCAS的运行不应妨碍飞机驾驶，并且不得干扰俯冲恢复。

3.10 装备的设计必须采用故障安全理念

3.10.1 单个故障理念

单个故障理念由美国政府部门与工业界于1945年提出，该理念的基本假设是：飞机每次飞行时至少会发生一个故障。实施该理念的1945～1950年中，最具代表性的飞机有洛克希德的“星座”和道格拉斯的DC-6。或者说，1945年后的商用飞机要求其单一故障不会导致飞机灾难性故障的发生。

事实上，很少有系统的元件或程序其可靠性足够高，以至于无须备份或故障保护设计。如果发生单个故障，系统因无备份、故障保护设计或可替代的工作程序而导致系统故障的发生，这类故障就是单点故障。因此，一般情况下，单点故障从原理上保证不了、也无法保证飞机的安全，除非我们针对影响安全的单点故障：

1）采用冗余等方式予以消灭。

2）将故障发生的概率控制在可接受的风险之内。

3）列入时控件清单，严格控制其使用期限，保证使用期内发生故障的概率在可接受的风险之内。

按AC23.1309-1E，单个故障的设计理念就是：当飞机在发生任何单个故障后能够持续安全飞行和着陆，而且当飞机正常营运期间无法检查到第一次故障或失效时，或者第一次故障或失效会不可避免地引起其他的故障或失效时，应该提供防止多重故障或失效影响的有效保护措施（如飞行前检查、冗余设计等），也能保证飞行安全。例如，当双发飞机的单发发生故障空中停车时，此时与停车发动机相连的发电机会无法工作，但剩余的电能和发动机推力能保证飞机可操纵并能就近机场着陆。

实施单个故障理念后，航空安全虽有很大改观，但安全性事故仍然发生。通过对大量的事故调查发现，发生事故的原因大多已经不是某单个故障的发生所致，而是一个以上的故障组合。例如，1955年美国航空公司一架康维尔（Convair）240飞机在伍德堡（Fort Leonard Wood）附近坠毁，这起事故发生的原因是发动机失火和燃油切断阀潜在故障的组合引起机翼的破损。

3.10.2 故障安全基本理念

康维尔240飞机坠毁之后，随之诞生了故障安全概念：任何一次飞行期间，单故障或可预知的故障组合不会阻止飞机的安全飞行和着陆。此概念系1955年提出，但在之后的60多年中概念本身没有变化，但其实施的方式不断地变得越来越科学、越来越系统。

FAA于2000年12月版的*System Safety Handbook*一书中将故障安全定义为：当影响系统安全的故障或异常发生时，系统的安全性仍能达到一种可接受的风险水平的特性。我们可以这样理解故障安全：任何单故障或可预知的故障组合所导致的灾难性风险是可接受的。按AC25.1309—1B和AMJ25.1309，CS/JAR/FAR/CCAR25要求，安全性设计时需考虑故障或多种故障综合所产生的影响，就是基于这一理念而制定的。适航规章中包含：

1）故障安全设计目标。

2）故障安全设计原理。

3.10.3　故障安全设计目标

按AC25.1309－1B和AMJ25.1309，故障安全的设计目标就是确保（影响）大的故障状态是微小的（$\leqslant 10^{-5}$/FH），危险的故障状态是极小的（$\leqslant 10^{-7}$/FH），灾难性故障状态是极不可能的（$\leqslant 10^{-9}$/FH）。

AC25.1309－1B中6b.（1）条，故障安全的设计目标实质上包含两部分：

1）故障后果的设计目标要求。

2）故障概率的设计目标要求。

（1）故障后果的设计目标要求

对于任何系统或子系统在任何一次飞行期间，任何单一元件、部件或线路故障不管其发生的概率如何，都是允许的，但这种单一故障不应导致灾难性故障状态的发生。

（2）故障概率的设计目标要求

如果故障或故障的组合，其安全性定量要求的概率不是极不可能的（10^{-9}/FH），则在同一次飞行期间先后发生各种故障，且有些故障并未被发现，这都是允许的。

换言之，在同一次飞行期间，先后发生各种故障，且有些故障并未被发现，如果故障或故障的组合不会导致灾难性故障状态的发生，那么这些都是允许的。

3.10.4　故障安全设计原理

故障安全设计理念使用下列设计原理或技术：

1）通过设计的完整性和质量，包括寿命限制，用以确保预定功能的实现，并预防故障。此处，设计的完整性是指统筹考虑了系统或组件设计的适当冗余、指示与警告、故障隔离、重构等故障安全的设计原理。例如，起落架支柱断裂等故障模式，一般属单点故障，并可能带来灾难性或危险的后果，并且无法采取冗余技术，只有选择安全寿命设计技术，并将其列入寿命控制件项目中，才能保证寿命期内导致灾难性事故发生的概率$\leqslant 10^{-9}$/FH。

2）当任何单个故障（或设计时预先定义的故障数量）发生后，冗余或备份系统还能够保证装备的功能得以实现。例如，两台以上（含两台）发动机，三余度液压系统，具有容错、重构能力的飞行控制系统等。

3）系统、部件和元件的隔离或分离目的，是当一种故障发生时不会引起其他故障的发生。

4）通过可靠性方法证明多重、独立的故障不可能在同一飞行期间发生，或在同一飞行期间发生的概率满足故障概率的设计目标要求。

5）对降低安全裕度的故障或需使用人员采取相应处置程序的故障，应有足够的故障警告或故障指示，以探测故障的发生。

6）探测到所发生的故障后，应为使用人员指明正确的处置程序。

7）检查（诊断）能力，检查部件的健康状态并诊断其故障的能力。

8）控制故障影响范围，使故障发生时不至于损坏系统、不至于严重影响飞机的安全性水平或不至于触发其他故障。

9）设计故障路径，使故障的发生能及时得到指示并受控，不对飞机的安全性水平构成严重影响。例如，结构的损伤容限设计允许结构发生裂纹并以设计所规定的方向扩展，在扩展到临界裂纹之前，至少能有两次的维修间隔来发现；止裂孔或多传力路径的设计；舵面控制系统失效时，让舵面固定于中立位置等。

10）安全性裕度或系数，用于允许任何未预见到的不利状态。例如，飞控系统4余度的数字操纵能满足灾难性故障状态下所要求的安全性设计目标，仍采用两模拟操纵备份系统。

11）应考虑飞机设计、试验、制造、使用和维修期间可预见的差错所引起的不利影响。

事实上，仅仅利用上述原理或技术中的一种是不够的。为保证飞机的固有安全性水平，达到故障安全的故障后果设计目标或故障概率设计目标的要求，在安全性设计时，往往需要将上述两个或两个以上的技术或原理结合在一起加以应用。

3.11 系统架构时的安全性增长

在架构设计时应开展安全性增长工作。架构设计时安全性增长的主要手段，一是加强对同类或相似装备安全性使用信息的收集，分析安全性故障的发生原因、纠正措施及实施效果，从设计原理（系统架构）或设备选型上规避类似故障在新研装备上重现；二是研究适航相关规章、标准要求。对航空装备而言，需特别研究STANAG 4671、MIL－HDBK－516C及CCAR等要求，还要重点研究近期的FAR修订案。

虽然历史总是会重演，但如果在开展装备的架构设计时就对用鲜血和生命换来的相关规章及其修订案、同类或相似装备的安全性使用信息进行收集并深入研究，则可以从原理上规避类似的故障在新研装备上重演，或至少可以减少其重演的概率，从而实现装备系统架构设计时的安全性增长。

3.11.1 同类或相似装备安全性使用信息的收集

国际上，商用飞机一旦发生安全性事故，在事故调查委员会查清原因并有相应措施之后，均会公布事故的调查报告（NTSB报告）。这些报告均可通过政府部门官方的适航网站查询和下载，并可供我们设计时参考。

此处以飞机为例。在其方案论证阶段，飞机应具有在强风中安全着陆的功能。根据飞机级FHA的结果并综合考虑适航规章的要求，飞机应满足机场90°侧风20～25 kN的着陆安全性功能要求。

2009年3月23日6时2分到6时46分，东京成田国际机场。在当时跑道上的最大瞬间风速18 m/s（34.99 kN）的情况下，共有9架飞机成功着陆（无MD-11型飞机）；但在6时50分，美国联邦快递的MD-11型飞机在同一跑道着陆时，却翻转起火并爆炸。

事故初步调查显示，这起飞行事故是由于机场周围的“风切变”造成的。美国联邦快递的这架MD-11型飞机着陆时，机轮在接触地面后二次弹起，随后机身仰翻脱离跑道并起火爆炸，造成两名飞行员死亡。

而事故的深层次原因是此型飞机操纵性能不好。一名曾经驾驶过此型飞机的日本国内航空公司的现役机长反映说：“与其他机型机比，MD-11型飞机操纵稳定性较差，有时就好像在玩杂技，而且着陆时很难调整跑道。”

事实上，在此次事故之前，同样是美国联邦快递的MD-11型飞机，于1997年7月在美国新泽西州的纽瓦克机场着陆时也翻转起火；1999年台湾中华航空公司的MD-11型飞机在中国香港国际机场降落时也发生同样的事故。

如果早在1997年就能根据事故的根本原因对飞机进行改进，那么至少就可以减少两次空难。

我们除了要研究同类或相似型号的历史教训之外，还应研究其教训之外的成功经验。例如，2014年3月4日，我国某直升机不幸坠毁，但其坠毁之后并没有爆炸起火且整机结构近似完好，飞行员的生命得以挽救。这件事告诉我们：该型号在抗坠毁安全性设计方面是有独到之处的。

3.11.2 适航规章近期修订案及新增内容

对航空装备而言，研究适航规章近期修订案及新增内容无疑是初步设计阶段实现安全性增长的重要途径。适航条例既然是“墓碑命令”，那么理所当然是航空装备系统安全工作务必研究的主题之一。合格的航空装备设计人员除了熟知原有规章之外，还应特别关注适航规章尤其是近期修订案修订的前、后背景，因为每一背景之后均谱写了血与泪的悲壮曲。从2001年1月至2021年2月，美国联邦航空局对FAR 25共发布了45项修正案，即修正案25-101～25-145。

本书列举了FAR 25部2001年之后生效的部分修正案，以引起读者的关注：

1）Amdt. 25-102燃油箱系统设计评估，抑制可燃性，维修和检查的要求。

2）Amdt. 25-107刹车系统适航标准。

3）Amdt. 25-113电气设备和装置，蓄电池装置，电子设备和电气系统部件的防火保护。

4）Amdt. 25-122航空器电子电气系统的HIRF防护。

5）Amdt. 25-123飞机系统的适航大纲/燃油箱安全。

6）Amdt. 25-125降低燃油箱爆炸的概率。

CCAR25 部 R4 版研究了从 2001 年 1 月至 2008 年 9 月间 FAR 25 的全部修订案，增加的内容部分列举如下：

1）第 25.735 条　刹车　增加了关于自动刹车系统、刹车磨损指示、压力释放装置和系统兼容性方面的内容。

2）第 25.1323 条　空速指示系统要求　增加了空速指示要求以对应范围更大和更小的速度；增加了起飞过程中从抬前轮到获得稳定爬升状态之间的空速指示，以减轻飞行员的工作负担；还增加了限制空速滞后效应的要求。

3）第 25.945 条　推力或功率增大系统　新增（b）（5），要求每一液箱必须具有不少于液箱容量 2%的膨胀空间。在飞机的正常地面姿态下，不可能由于疏忽装满膨胀空间。

4）第 25.973 条　油箱加油口接头　修订（d）款（新增要求），要求每一加油点均必须有使飞机与地面加油设备电气搭铁的设施。原条款中规定压力加油点不适用该电气搭铁的要求，此次修订要求每一加油点都适用该要求。

5）第 25.611 条　可达性措施　新增（b）款，要求电气线路互联系统（Electrical Wiring Interconnection System，EWIS）的可达性应满足第 25.1719 条要求。

6）第 25.899 条　电搭接和防静电保护　新增规定电搭接和防静电保护的设计要求及其符合性方法条款。

7）第 25.1203 条　火警探测系统　新增（h）款，规定火区内每个火警或过热探测系统的电气线路互联系统必须符合 25.1731 条要求，即导线应满足第 25.1731 条动力装置和 APU 火警探测系统 EWIS 的耐火要求。

8）第 25.1301 条　功能和安装　新增（b）款，规定电气线路互联系统必须符合 H 分部要求。

9）第 25.1309 条　设备、系统及安装　新增（f）款，要求对 EWIS 按照 25.1709 条要求进行系统化的安全性评估。

10）第 25.1353 条　电气设备及安装　新增（c）款，要求在具有接地电气系统的飞机上，其电气接地必须能够在正常和故障情况下提供足够的电气回路。

11）新增 H 分部　电气线路互联系统规定了 EWIS 的适航标准。

12）新增附录 M　燃油箱系统降低可燃性的措施　给出降低可燃性措施（Flammability Reduction Means，FRM）及符合性方法。

13）新增附录 N　燃油箱可燃性暴露和可靠性分析　给出蒙特卡罗（Monte - Carlo）分析方法。

关于 CCAR25 部 R4 版新增部分的详细项目说明，可参见该规章最后部分“关于《运输类飞机适航标准》的第四次修订说明”。

3.12　系统架构力求 ALARP

3.12.1　基本理念

系统架构应力求 ALARP。

不惜一切代价保证装备安全，本来就承认人的生命具有至高无上的价值。这无论是从社会、伦理还是道德上看，均无可挑剔。但是，如果从安全管理是一种组织过程这样一个视角来考虑，安全所传递的这种老一套观念与看法是站不住脚的。这是因为企业要生存、要发展，其研制的产品（装备）必须是ALARP的；否则，会因用户不满意而失去市场，因企业利润过低而失去生存与发展的空间。

装备只有满足客户的要求，并让客户满意，才有其继续发展的空间。在同等性能水平之下，采办价格和使用与保障费用则是客户决策的主要因素。

西方国家近20年来研发出的部分装备，虽然其性能水平高到让世界上许多国家在未来很长一段时间内望尘莫及，但由于其高昂的采办价格和使用与保障费用，致使其没有完成规定的生产数量而停产。

因此，装备的安全性水平（性能的重要指标之一）从论证阶段起，就应与进度、费用一起综合平衡。本节主要阐述了从论证阶段起，如何用最有效的方法既能保证装备使用时的安全性水平，又能获得较低的采办价格和使用与保障费用。

3.12.2　ALARP

英国健康与安全局（Health and Safety Executive，HSE）将风险分为不可容忍区域、可容忍区域和可接受区域3个层次，见图3-7。ALARP（见2.10.4节）是基于法定标准条件下（公众要求）的合理可行。

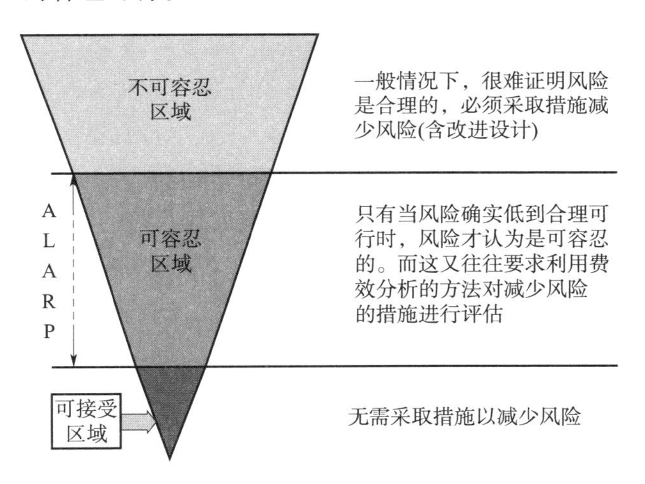

图3-7　ALARP三角形

例如，对某大型商用飞机在进行安全性评估时，其损失概率不高于10^{-7}/FH，则可以认为达到了适航规章要求，即达到了法定标准要求。这就是ALARP的上限，即图3-7中的可容忍区域的上限（安全性最低要求）。但是，飞机的系统安全工作并没有因此而达到目标，人们还必须采取措施，在由伤害或不利影响所造成的风险和由资金、时间与技术难度所构成的代价之间进行平衡，并利用费效分析的方法，证明该型飞机的风险确实是低到合理可行的。如果效费分析表明：当风险水平低到某一点时，进一步采取措施降低风险的费用超过了飞机损失所带来的费用，那么这一点就是 ALARP 的下限，即图 3-7 中的可容忍区域的下限。因此，在该风险以下就不用再采取措施以减少风险。

理论上，随着技术的不断进步，图 3-7 中 ALARP 的上下限总是在不断下移的。原因是为提高安全性水平，或者说降低危险或灾难性故障状态的发生概率，运用“昨天”的技术，经风险、进度及费用 3 方面的权衡之后，我们可能在经济上承受不了；但技术发展到了“今天”，我们可能只费“吹灯之力”就能实现目标。此处，ALARP 也告诉我们：在装备系统架构时如何做到安全性与经济性辩证的统一。

3.12.3 ALARP 的实现

安全性是装备设计的第一要务，将安全放在首位无可厚非，但是不切实际、不得要领地盲目追求安全性，每个故障状态都要求达到 10^{-9} 甚至更高，这样的飞机就适航吗？答案当然是否定的。适航标准被称为最低安全标准，“最低”有两层含义：一是表明该标准是基本的、起码的和强制性的；二是满足该标准的经济负担是最轻的。因此，经济可承受性设计是保证危险在最低可接受水平（适航）内的条件下，强调费用（经济可承受性）和风险（安全性、进度）同样重要，协调经济性要求与安全性目标的冲突。

而安全性、进度、适航与经济可承受性的有效统一，就是商用飞机的 ALARP。ALARP 的实施必须贯穿装备的整个寿命周期，简单地说，就是设计、制造、使用与维修的全过程。也可以说，将安全性、适航、进度等需求纳入优化参数后的经济可承受性一体化设计，就是 ALARP 的一体化设计。

经济可承受性的实施办法示例。空中客车（Airbus）、波音（Boeing）等公司在飞机的经济可承受性设计方面获得了卓越成就和巨大经济效益，主要如下：

1）设计制造方面。波音 777 飞机重点按 ARP 4754 确定装备的研制需求（含安全性需求），采用虚拟设计与制造技术，有效地缩短研制周期，降低制造成本。

2）使用维修方面。RCM 的核心思想就是：一切不带来经济效益的工作不做。需要说明的是，此处的经济效益包含安全性与使用可靠性。欧美国家对正在研制的飞机型号均要求按照最新的 MSG-3 版本进行 RCMA，以确定维修大纲；对用 MSG-3R2 版或更老版本确定的在役飞机维修大纲，则需要按 MSG-3R2003 及以后版本的要求重新修订。

3）一机多型方面。为满足市场对不同容量飞机的需求，波音、空客等公司推行飞机的系列化工作，如波音的 737NG 系列、空客的 320 系列，以一种成熟的飞机型号为平台延伸出多种型号，从而既保证了安全性关键件、重要件的质量稳定，又大大地降低了制造成本。

4）LCC 方面。LCC 的最优设计，就是综合考虑装备安全性的 3 条腿（设计与制造、使用、维修）费用。实际上，这就是 ALARP 设计。

也许有人会说，RCM 与一机多型、系统安全似乎没有太大关系。事实上，从事过飞机系统安全性评估的专家都知道，功能的安全可靠性与其运行的时间有很大关系。在装备全寿命周期内各功能免维修的条件下，要保持飞机的持续安全飞行和着陆，目前世界上即使不计代价也无法实现，而且从ALARP的角度而言，也没有这个必要。因为我们通过一定量和一定间隔下的预防性维修，就可以保证装备使用时的安全、可靠与经济；此外，一机多型是以一种飞机基本结构和基本系统作为平台，通过适当改型以实现不同客户的需求。这种一机多型的方式可以明显利用大量的共用而且成熟技术，缩短研制周期，减少航材储备，进而降低各型号LCC。

上述不同方面的经济可承受性实现方式在推行过程中已经升华为经济可承受性的基本理念，其核心内容如下：

1）强调全寿命周期费用支出的经济可承受性，把费用放在与性能（含安全性）、进度同等重要的地位。

2）鼓励承制商自主创新，在规定的费用下寻求创新的方案来达到性能目标，而不是依靠增加费用来满足客户需求或削减客户需求以控制费用超支。

3）抓好安全性3条腿。

经济可承受性设计改变了过去那种不计成本地一味追求“性能满足或超过需求”的理念，摒弃了“不惜一切代价保证装备安全”的思想，通过安全性3条“等长腿”力求ALARP。

3.13　健康状态管理

3.13.1　基本理念

健康状态管理的基本理念如下：

1）利用BIT资源代替人工实施对装备健康状态的检测，减少任务过程中故障引起的风险，以监控装备的使用安全性水平和使用任务可靠性水平。

2）当使用安全性水平或使用任务可靠性水平降低时，通过健康感知发现故障：

①按预定的相关程序采取应对措施，避免发生灾难性事故。

②按健康状态管理系统监控故障信息，对相关故障模式展开及时维修，将装备恢复到固有安全性水平和固有可靠性水平。

3）通过健康感知减少备件、保障设备、维修人力等保障资源需求，降低维修保障费用，提高其市场竞争力。

4）通过健康感知减少维修工作总量，尽量将非计划性维修转化为计划性维修，提高战备完好率减少维修差错。

3.13.2　健康状态管理技术简介

以航空装备为例。健康管理系统（Health Management System，HMS）是指能对装备重要部件、系统进行全面的健康状态监控（含故障检测、分析判断、给出处理建议等），以及在需要与可能时帮助系统进行重构、达到自我修复能力的系统。把安全性、可靠性、费用效益与故障管理等整合在一起的管理系统称为飞行器健康管理系统（Vehicle Health

Monitoring/Management System，VHMS）或飞行器综合健康管理系统（Integrated Vehicle Health Management System，IVMS）。

与健康管理系统有关的专门词语（术语）有多种，但实质内容相差不多。例如：

1）故障检测、隔离与重构（Fault Detection，Isolation and Reconfiguration，FDIR）。

2）飞行器健康管理（Vehicle Health Monitoring /Management，VHM）。

3）飞行器综合健康管理（Integrated Vehicle Health Management，IVHM）。

4）故障诊断与健康管理（Prognostics and Health Management，PHM）。

目前对于飞行器健康管理比较通行的提法是 VHM 与 IVHM，这两者有时也混用；而健康管理通常的提法是 PHM。

健康状态管理系统一般应具备故障检测、故障隔离、增强的诊断、性能检测、故障预测、健康管理、部件寿命追踪等能力，通过联合分布式信息系统（Joint Distribution Information System，JDIS）与自主保障系统交联。现代航空装备的 PHM 系统一般分为机上与地面两部分。机上部分包括推进系统、任务系统等若干个区域管理（AM），完成子系统、部件性能检测、增强的故障诊断，实现关键系统与部件的故障预测等任务。

随着智能材料、计算机及通信技术的快速发展，健康状态管理的技术与能力已得到大幅提升，监控对象由以前对重要系统的监控发展为对系统与结构重要项目的全面监控。目前，健康状态管理所能达到的监控能力如图 3-8 所示。

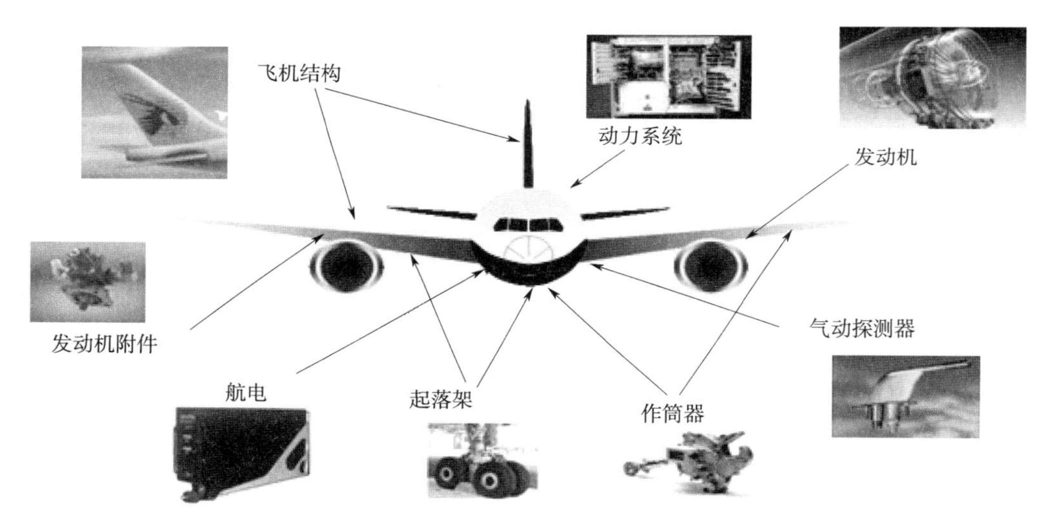

图 3-8　健康状态管理所能达到的监控能力

如今的健康状态管理技术由于大量利用了 BIT 资源代替人工实施对装备健康状态的检测，不仅可以为商用飞机飞行时提供实时的安全状态监控和必要的故障处置程序，还可以为其故障的排除安排合理的维修计划，故又称为新型维修的技术和方法（Technologies and Technique for New Maintenance，TATEM）技术。

图 3-9 给出了现代飞机 TATEM 健康管理系统解决方案。具体地说，就是使用 OSA-CBM（开放系统结构-基于状态的维修）处理层，通过数据采集、数据处理、状态探测、

健康评估、故障诊断、决策支持、问题表述、维修决策，在保证装备安全的基础上，将这些信息提供给执行维修任务的技师，在设备潜在故障发展为功能故障之前，将其修复。通过此类维修工作，尽量将非计划性维修转化为计划性维修，一般安排在两天飞行任务之间的晚上实行，最终达到精准维修、按需维修的目的，从而最大限度地保证装备的使用安全性水平和使用任务可靠性水平，并改善装备的使用可用度。

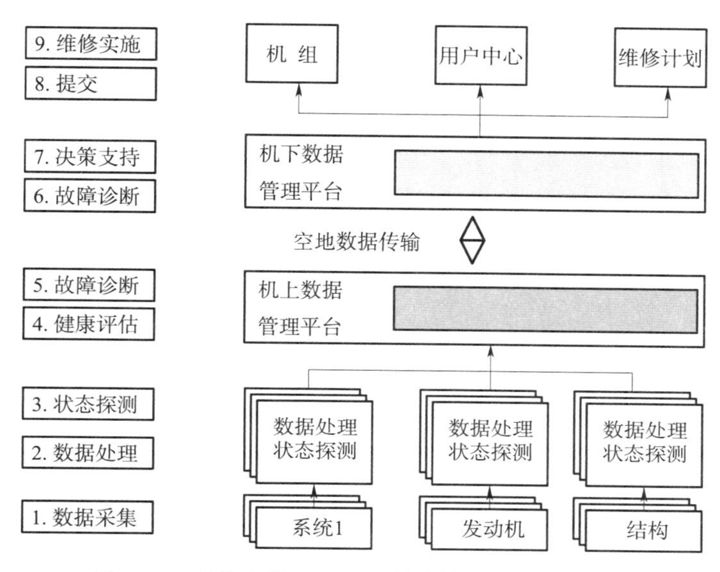

图 3－9　现代飞机 TATEM 健康管理系统解决方案

3.13.3　健康状态管理系统局限性

健康状态管理系统是为维修和便于排故，进而恢复飞机固有安全性与固有可靠性水平而设计的一套系统。它一般由机载系统和地面系统两部分组成。由于这类系统研制时一般没有考虑其本身检测功能故障对飞机功能系统的影响，进而所分配的研制保证等级不够高，致使其故障检测时对应的置信度不高。因此，该系统存在如下局限性：

1）不能作为判断飞机可适航/可签派的依据。

2）不能作为 RCMA 时明显故障的判断依据。即使空勤人员的正常职责包括对健康状态管理系统的周期性查询，但实施 RCMA 时绝对不能由于信任健康状态管理系统而排除了一个适用和有效的工作，即健康状态管理系统或其等效系统的周期性查询所发现的故障不能视为明显故障，并应对健康状态管理系统的数据来源对象实施 RCMA。

3.14　ARP 4754 为研制差错最小化提供技术支撑

由于现代飞机这类装备及其系统具有高度复杂综合的特性，因此装备研制过程中各种可能的潜在差错对故障状态的影响程度特别引人关注。减缓这类研制差错对装备安全性影响的基本对策就是：通过“双 V”（Validation & Verification）这一严格的研制保证过程，保证能研制出满足研制需求（含安全性需求）的装备，见图 3-10。

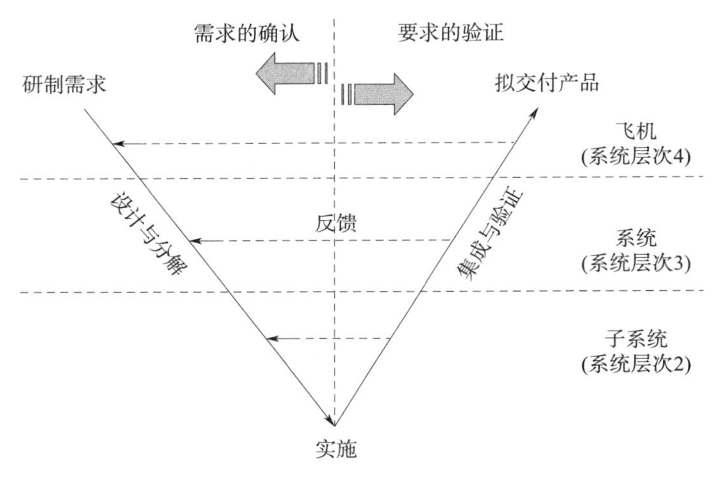

图 3-10　飞机研制保证过程简化模型

曾应用于具有确定风险的传统系统（如二代飞机系统）的安全性设计与分析方法不具有充分评估现代装备系统（如三代飞机及以上系统）安全性水平的能力，对基于软件和集成电路的复杂类系统的安全性评估工作更是如此。

而 ARP 4754 把基于过程的保证技术同基于准则与判据的装备研制需求的识别、确认与验证等技术结合，构成了现代装备的研制保证技术。它是一种结构化的分析与评估技术，现广泛用于装备级、构成装备的系统及子系统级这类相互交叉且高度集成的复杂系统，可保证研制需求的确定过程、设计过程、系统综合或集成过程中各种差错均以充分的置信水平得到识别与纠正。

AC 25.1309-1B 基于现代飞机（装备）及其系统、子系统的复杂的特点，在 AC 25.1309-1A 的基础上进行了全面的修订，在面向高度复杂和综合系统对 CCAR25.1309（b）条要求的符合性进行审定时，认可了 ARP 4754 通过研制保证过程规避研制差错的方法，具体见第 5 章“装备研制保证过程”。

ARP 4754 的目的就是：为确保复杂或综合系统的安全性和使用要求能得到实现，需在飞机研制阶段制定系统的设计约束（如准则）及设置研制组织机构，根据飞机功能故障状态的严酷程度，确定恰当的研制保证过程，为研制差错最小化提供技术支撑。

ARP 4754 是在 14CFR 第 25 部及欧空局 CS-25 部的基础上制订的。它也适用于其他规章，如 14CFR 第 23、27、29、33 和 35 部（CS-23、CS-27、CS-29、CS-E、CS-P），还适用于 STANAG 4671 等规范，更是 MIL-HDBK-516C 等军机适航规范的核心支撑标准。ARP 4754 描述了研制周期内如何实现飞机功能，如何满足规章、规范对飞机及系统的安全性要求。

ARP 4754 属最为纲领性的文件，它不包括具体软件或电子硬件的研制、飞机结构的研制、安全性评估过程、服役期间的安全性工作要求，也不包括 MMEL 及 CDL 的制订要求。

ARP 4754为研制差错最小化提供技术支撑的主要途径，就是规划了现代商用飞机安全性评估文件体系（图1-5），提出了飞机/系统研制过程中应遵循的研制保证过程与安全性评估程序，并通过文件体系规范了全寿命期内装备研制与使用过程中的安全性工作要求。例如：

1）ARP 4761明确了装备研制阶段安全性评估的过程与方法。

2）DO-160G定义了机载设备环境试验条件的最低标准及相应的试验与验证程序。

3）DO-178C/ED-12B叙述了软件的研制过程，阐明了机载系统和设备审定的软件考虑。

4）DO-254/ED-80明确了电子硬件的研制要求。

5）DO-297/ED-124给出了综合模块化航空电子系统/设备的设计指南和审定考虑。

6）ARP5150/5151规定了使用阶段安全性评估的详细方法。

ARP 4754虽然可为研制差错的最小化提供技术支撑，但具体的工程实施还得通过研制保证过程实现。

3.15　研制保证过程

3.15.1　差错

传统的可靠性思想认为，所有的坏结果均来源于“失效”，设备的可靠性等同于安全性，安全性水平可通过冗余得以提高。

而事实上，现代智能装备集成有大量的复杂系统，并拥有大量依靠现代计算机控制系统实现的规定功能，不一定只有“失效”才能导致灾难性事件的发生。即使这些系统通过各类BIT的功能检测后均正常，也保证不了其不引发灾难性事故。为什么？

因为，研制需求不合理、设计差错与疏漏（含软件“缺陷”）往往只有在一定的使用条件与环境下发生，从而导致系统功能异常（系统发“精神病”），并引发相关事故。例如，飞行控制系统软件若对飞机着陆时空地转换功能的传感信号判断程序出现错误（需求错误），则会在着陆后飞行控制系统计算机仍有可能判断飞机还在空中，于是飞机的操纵会出现失灵，导致灾难性事故发生。

现代装备设计的当前趋势，就是装备功能及实施这些功能的装备各系统其集成水平日益增加，与门很多。当系统与其他系统集成时，这种集成程度将更高。在功能方面需考虑人件、硬件、软件及环境接口，在技术方面需兼顾技术能力、人为因素及组织管理的形式与水平，从而使得现代装备接口关系极为复杂。这种复杂性日益增加的结果，就有可能带来各种差错，尤其是跨系统工作的功能接口差错。

装备研制过程中的差错主要包括研制需求的识别与确认错误以及设计差错，但其表现形式却五花八门，举不胜举。现简单列举部分差错如下：

1）子系统、系统及装备的接口差错。

2）装备的技术状态管理不当。

3）软件开发过程中需求不完整、部分需求多余（多余功能）、设计差错及配置管理不当等。

4）硬件研制过程中需求不完整、部分需求多余（多余功能）、设计差错及技术状态管理不当等。

5）试验任务书差错。

6）试验程序差错。

7）硬件设计所使用的软件工具差错，如强度计算软件的错误。

8）软件开发工具差错，如编辑器等。

9）装配错误。

10）有寿件项目遗漏。

11）维修工作任务该有的没有。

12）设计上未予考虑的各种使用与维修差错等。

各种差错归根到底是人的过失。正如 3.7 节中所述，人为差错的后果取决于环境而不取决于人。有的差错可能会给装备的使用带来灾难性事故，如 2018 年 10 月、2019 年 3 月共带走 346 条生命的两架 737MAX 飞机坠毁事故也诠释了这一点（见 3.9.4 节）。

那么在装备的研制过程中如何将差错所带来的损失最小化呢？那就是严格履行 ARP 4754 所规定的研制保证过程。

3.15.2　研制保证过程的必要性

高度综合或复杂系统为研制差错（包括需求和设计中的错误）的发生提供了温床，为研制差错所带来的并且不希望看到的非预定性影响的发生提供了机会。这主要是由于高度综合或复杂系统本身因存在大量的与门致使系统的状态很多，故而无法穷尽其所有状态，且人财物资源总是有限的，不可能针对系统的所有状态开展相应的试验。所以，无法证明试验做到多少或做到什么程度才叫充分，事实上，也不可能通过 FMEA 等方式穷尽其全部故障模式。于是，复杂系统是不可能仅通过试验和分析来验证其安全性需求是否满足装备的研制目标的。因此，必须结合研制保证体系以相应的研制保证等级合理地分配研制资源，并限制研制差错的发生，从而保证高度综合或复杂系统其安全性目标的实现。

研制保证就是通过有计划的系统性工作，证明装备研制需求的识别、确认、实施与验证过程中的所有差错均以充分的置信水平得以识别和纠正，使得所研制的装备与系统满足相关规章或用户的要求。例如，对大型商用飞机，必须满足 CCAR25 部的要求。

装备的故障由两种原因造成：

1）随机物理故障。

2）研制过程中的需求错误、设计等差错或疏漏（研发差错）。

其中，随机物理故障可通过可靠性设计的办法使之满足用户要求，但需求和设计的差错或疏漏只有通过研制保证过程予以解决。或者说，研制保证过程就是以系统化、规范化的程序（见第 5 章）开展装备研制，将技术、人为及组织等原因所产生的差错对装备可能的重大影响降到最低，从而保证装备安全性需求的实现。

因此，研制保证过程的必要性就是解决研制过程中的需求错误、设计等差错或疏漏。

3.15.3　研制保证过程的内容与核心

研制保证过程包括以下内容（见图 5－4）：

1）安全性评估。

2）研制保证等级分配。

3）研制需求捕获。

4）研制需求确认。

5）研制需求的实现与验证。

6）构型（技术状态）管理。

7）研制过程保证。

8）合格审定协调（航空装备）。

装备的系统和子系统研制保证等级按其在装备级所履行的功能故障状态的严酷程度来确定，故障状态严酷程度的高低决定了研制保证等级的高低，而研制保证等级的高低又决定了系统和子系统研制过程保证的严格程度及资源需求，即决定了研制费用的投入。

因此，研制保证过程的核心手段就是过程控制，核心思想是安全性需求引导装备研制。如果说“昨天”装备的研制只关注“结果”，那么说“今天”装备的研制还要关注“过程”。

3.15.4　研制保证过程的实施要点

对于大多数高度集成或复杂系统来说，研制保证过程应细化到整个研制周期之中。显而易见，适航审定过程本身以计划的形式列出的具体工作项目就是研制保证过程的一部分。在细化研制保证过程的具体工作时，应关注以下 4 个关键方面：

1）研制保证等级的适用对象为可能出现人为差错的复杂系统功能或构成复杂系统的硬件设备与软件（见 ARP 4761 第 218 页图 4.2.1－2）。

2）研制保证等级应融入研制的具体工作中，并通过质量控制程序予以保证。

3）研制保证过程工作的实施与其结果是可见的、具体的且可考核的，如安全性大纲与工作计划、FHA 报告、PSSA 报告、研制需求的确认或验证矩阵、系统或子系统的集成测试、SSA 报告等。

4）在研制程序的关键节点上应考虑安全性评估过程与其他研制保证过程工作之间的相互协调。

上述 4 个关键方面归纳为一个实施要点：当思考安全时，不仅要关注故障，更要关注差错。

实际上不难看出，3.1.2 节所介绍的 14 条理念是支撑研制保证过程 8 大内容的基本思想，也是全书的精神支柱。这 14 条理念均可纳入图 3－6 中，故不再安排专门章节详述，但读者仍可从后续章节的字里行间中细细品味。

第 4 章　系统安全管理

4.1　概述

限于篇幅，本书主要研究型号研制阶段的系统安全工作。本章将重点研究研制阶段的系统安全管理，对使用阶段的系统安全管理工作点到为止，以便于读者对装备全寿命周期内的管理工作有一个总体认识。实际上，不了解装备的使用场景，不知晓国内的安全文化，就不可能得出正确的装备安全性设计与管理方法，也就很难做好装备寿命期内的系统安全管理工作。因此，现从假想的使用案例开始，重点导出装备研制阶段系统安全管理工作。

4.1.1　安全性事故示例

一般来说，在 20 世纪 90 年代运输类飞机事故中，人的错误占 80%，系统故障占 10%。这里人的错误指的是使用与维修差错。以前在进行飞机安全性设计时，关注的是系统故障原因，并大大地依赖于飞行员和维护人员“良好”的培训及适当的反应。

为了简洁地说明装备事故的发展过程，图 4 - 1 参考国际民用航空组织 2009 年版的《安全管理手册》，给出了一个简单安全性事故的假想示例。图 4 - 1 展示了一种简单的飞机使用场景，仅用来解释飞机的使用差错及其后果之间的关系。

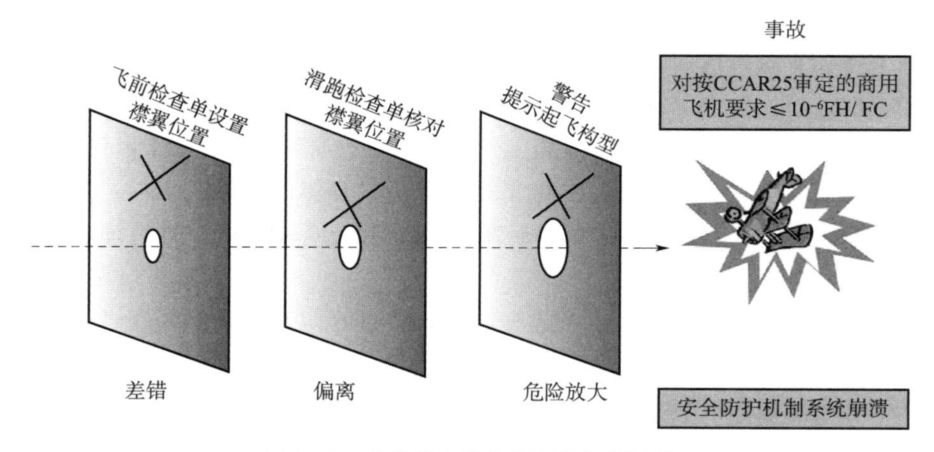

图 4 - 1　飞机发生安全性事故假想示例

图 4 - 1 的示例表示，在发动机启动之后，机组人员按飞前检查单，忘记了将襟翼放至标准操作程序中所要求的起飞位置（放下襟翼），犯下了一个使用差错，并使得这种差

错穿过了安全防护机制的第一层（标准操作程序，发动机启动之后飞行机组应将襟翼放至放下位置），该使用差错的破坏性潜力仍处于休眠状态。此时，飞机还不至于发生事故（没有造成直接后果），使用差错仅仅潜在地停留在安全防护机制的系统之中。

当飞行机组核对滑跑检查单时，又没有检查出错误的襟翼位置，飞机即将滑行离场。这样，就丧失了挽救使用差错后果的第二次机会，使得使用差错继续停留在安全防护机制的系统中。此时，飞机仍不至于发生事故，但安全防护机制系统此时处于偏离状态，即不期望的状态（襟翼处于错误的位置，飞机即将滑行离场）。

飞行机组开始操纵飞机起飞滑跑，起飞构型警告开始报警。飞行机组没有查明警告的原因，继续操纵飞机起飞滑跑，在襟翼位置状态不正确的情况下，飞机升空，飞机的起飞性能不断下降。此时，安全防护机制系统处于危险放大的状态（随时可能坠机）。

飞行机组在操纵飞机起飞离地后，如果此时能注意到报警信息或发现飞机爬升困难是因为没有放下襟翼所致，则仍有可能通过放下襟翼以提高升力来挽救这种危险被放大的状态。只可惜，飞行机组疏忽了报警的信息，丧失了处置这种使用差错的机会，最终造成安全性三层防护机制全部崩溃，于是导致坠机。

在图 4 - 1 所描述的场景中，至少有 3 个明显的情况能够激活防护机制，抑制最初的使用差错（在发动机启动后飞行机组检查过程中忘记选择起飞襟翼位置）的破坏性潜力：

1）按飞行前检查单，设置襟翼位置。

2）按飞机滑行（跑）检查单，核对襟翼位置。

3）飞机起飞构型警告。

此外，还有其他虽不太明显但仍可激活防护机制的方式，如停机坪人员发出的警告、空管人员发出的警告等。防护机制在任何这些情况下的有效运作，都可能控制住初始使用差错的后果，并使系统恢复正常状态。使用差错的破坏性潜力可能会在上述每一种防护机制的情况下消除，从而避免事故的发生，如图 4 - 2 所示。

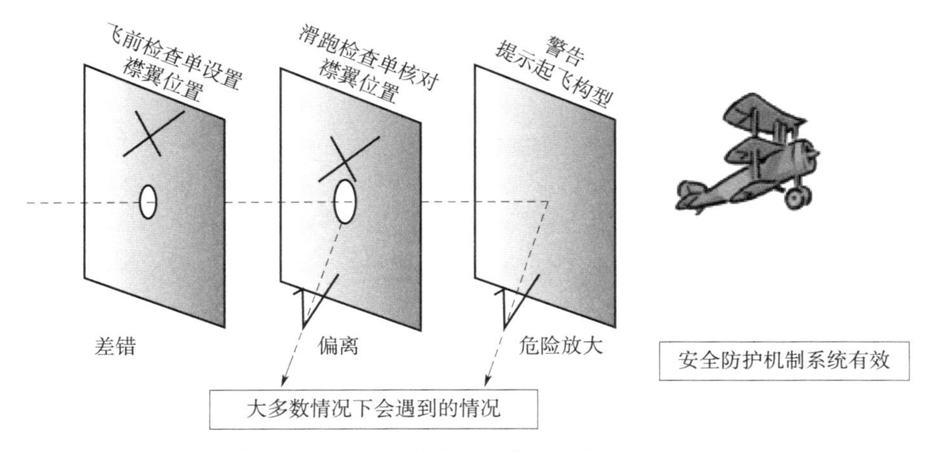

图 4 - 2　安全防护机制系统有效的假想示例

因此，只有在破坏了大量内置系统防护机制之后，使用差错才完全显示出其破坏性潜力，并引发重大后果或灾难性事故。图 4－1 和图 4－2 也说明了使用差错的发生与其所造成的直接后果之间的不对称性。

大家或许以为机组人员不会犯或不可能犯图 4－1 所示的一连串错误。事实上，2015 年 2 月 4 日 ATR72 飞机的失事案例就给了我们一记重重的耳光，完全是图 4－1 的翻版（见 1.3 节）。

4.1.2　事故示例启示

上述事故示例给了我们如下启示：

1）飞行机组犯下的使用差错与该差错造成无法挽救的破坏性后果之间有较大的时间跨度。在这段时间跨度内，还有大量机会可通过系统内部的防护机制挽救使用差错所造成的后果。该时间跨度就是规避安全性事故发生的时间跨度，它与系统防护机制的深度和有效性成适当比例。

2）系统包括的内置防护机制和控制层越多，其系统安全管理的性能越有效，控制使用差错后果的可能性就越大；反之亦然。

3）大多数情况下，装备的使用安全性与其说是一个无差错的使用状况问题，倒不如说是一个有效的使用差错管理问题。这一差错的有效管理还必须通过设计来实现。如果装备在研制期间，设计人员都未意识到这些可能的人为差错，或设计人员认为装备的使用人员不应该犯这类错误，那就无法通过设计来管理这类差错。

图 4－1 中所讨论的情景一般是大多数事故调查后都会发现的，即引发灾难性系统故障的情况多半是未经管理的使用差错。这是有关人和系统性故障的宝贵信息，即描述发生了什么故障、什么措施没有起作用、哪些防护机制没有按照所设计的意图发挥作用的信息。

4）使用差错引发灾难性故障的情形极为少见，而使用差错引发不期望状态（偏差/性能下降）的情形很常见，见图 4－2 和图 2－5。这些情况下，我们关注的是哪些安全防护机制没有按照设计意图去运作，而后续的安全防护机制又是如何发挥作用的。

4.1.3　使用与维修差错和需求与设计差错

而今对符合 CCAR25 部的商用飞机，每一故障状态造成飞机损失的概率要求 $\leqslant 10^{-9}$/FH。那么，还有没有必要进一步减少使用与维修差错？答案是肯定的。这是因为：

1）达到 CCAR25 部要求的商用飞机，按照民航的相关统计数据，灾难性事故中使用与维修差错占总事故的 80%，而系统故障（含研制差错）仅占 10%。

2）提高飞机的安全性水平是一项只有起点而没有终点的工作。随着人们认识水平的不断进步和技术能力的不断发展，“昨天”认为很难解决的使用与维修差错，在“今天”可能是小菜一碟。

尽管人们曾投入大量资源来减少使用与维修差错，但是截至 20 世纪 90 年代中期，人的行为能力仍为导致安全事故的主要因素，而设计安全性方面的主要改进也仅仅是解决10%的问题。这10%的问题包括飞机系统功能失效（失去可用性）、系统功能性异常、需求差错和设计差错。那么，是不是我们的重点应放在使用与维修差错而不是设计差错方面？答案是否定的。这又是因为：

1）导致飞机损失的设计错误不在乎大与小，飞机使用说明书中一张错误的插图有时足可以毁坏一架飞机。

2）使用与维修差错归根结底还是需求与设计差错，或者说最终是研制差错。飞机及其系统的设计可以规避大量的使用与维修差错，或至少为找出问题所在提供技术支撑。因此，这种使用与维修差错还应尽可能通过设计来解决。

每一次人为差错所造成的灾难性事故都会带来一个严肃的问题：我们到底该如何避免悲剧不再重演？例如：

1）配备防撞系统。空中防撞系统（Traffic Collision Avoidance System，TCAS）于20世纪90年代末期得到广泛应用之后，飞机空中相撞事故就已很少发生。

2）安装气象雷达。截至1993年，所有使用涡轮发动机的商用客机均已安装气象雷达，以帮助飞行员准确判断着陆时的气象条件。

3）注重手动训练。自2009年法航AF447航班坠落于大西洋后，空客和波音公司修改了操作规程，避免飞行员过度依赖自动飞行控制系统，而更加注重手动训练，以控制飞机的正确飞行状态。

4）实时获取飞行数据。继2009年法航AF447航班空难后，2014年3月马航MH370航班的失联再次彰显了通过无线宽带、云存储等技术组合实现飞机飞行数据实时下传的必要性。

除了上述典型的设计方式之外，我们对飞行员的操作错误还有其他很多设计的方法予以解决。例如，对着陆前放起落架、非标准构型的起飞状态等设计专门的警告及检查单；为避免发动机着火时机组关错发动机，可以在需关闭的发动机操作按钮上设计专门的灯光闪烁（见1.3.3节）；对机组人员操纵飞机超过允许的最大过载时设计专门的警告，或通过飞控计算机的限制保证飞机不可能超过允许的最大过载。

因此，通过飞机及其系统的设计，或者说通过飞机或系统的PASA/PSSA过程确定系统或子系统的安全性需求这一过程中，将人会犯错误视同于设备会出现故障一样，将人这一“特殊的设备——人件”纳入所设计的系统中，科学地评估人件的能力，合理地分配人件的工作，正确地规划人件的安全性设计输入与输出要求，才能较好地减少使用与维修差错，见图1-3、图3-6和5.4.3节。

这么一来，避免此类使用与维修差错的发生，就可被视为保证持续安全飞行与着陆时所产生的安全性设计需求。因此，从根本上说使用与维修差错在装备研制时未被充分识别，实质上就是产生了设计需求差错。人件设计的输入与输出需求确定得不对，就表明出现了研制差错。因此，将人件纳入装备系统一起开展系统化的安全性管理、设计与分析、试验与评估，就是顺理成章之事。

由 3.1.1 节我们也知道，现代装备拥有大量的集成系统，且系统之间接口复杂，很难通过认真细致的分析得到其完整、准确的功能需求；很多功能又是通过嵌入式软件来实现的，且软件数量及复杂程度较前一代装备而言，总是呈几何级数增长。所以，这使得现代装备的系统安全工作相对于 B737 之前的航空装备而言复杂得多，进而很难仅通过试验和分析的手段来保证装备的安全性水平（见 2.1.3 节）。

正因如此，如何规避使用与维修差错和需求与设计差错，就成了装备研制时系统安全工作的主要目标之一；没有意识到的设计需求才是装备研制时的最大技术风险。此处从装备设计、使用与维修的角度以及设计、使用与维修的关系，又一次诠释了 ARP 4754 的核心思想为什么就是：识别出装备功能故障时的各种风险，通过结构化的研制保证过程，以可接受的置信水平控制风险，并将研制差错最小化，从而保证现代所研装备的安全性水平。

于是，要经济合理地运行 ARP 4754 研制体系，装备的研制阶段系统安全管理工作便成了重中之重。

4.1.4 系统安全管理

系统安全管理，就是在效益、时间和费用的约束下，在系统寿命周期的各阶段，应用工程和管理的原则、准则和技术，使灾难性风险达到可接受水平的一系列工程活动。

系统安全管理工作，其实质是通过系统工程的方法与手段，从论证阶段（概念设计）开始，全面规划装备寿命期内的系统安全工作，从而系统地保证装备使用时的安全、可靠与经济。系统安全管理工作侧重于装备的安全性工作管理，兼顾并权衡装备研制时的进度风险、费用风险及装备使用时的可靠性与经济性水平。

装备研制阶段，系统安全管理的核心内容是制订研制计划和安全性工作计划并按研制保证过程严格实施，证明所研制出的装备满足研制总要求；装备使用阶段，系统安全管理的核心内容是装备安全性数据的跟踪、收集、分析与监控，并通过分析与监控找出影响装备潜在的安全性问题，实现安全性的持续改进，必要时为调整装备的维修大纲与维修方案、为装备的加改装等提供技术支撑。

实际上，不了解装备的研制与使用阶段系统安全的管理理念，也就不可能得出正确的装备安全性设计与管理方法。

4.2 安全管理理念的变革

4.2.1 传统安全管理理念

以前，在装备研制阶段，我们主要依靠设计与分析、试验与验证这套体系来保证装备研制时能满足规定的安全性使用要求；在装备使用阶段，则主要是按设计规定的使用与维修规程等相关文件来实现对装备的使用与维修。这样，对传统装备而言，也基本上能够满足并保证装备的使用安全性水平。

传统的安全管理模式立足于个体，着眼于结果。它建立在以下 6 个基本理念之上：

1）设计及使用维修的差错，一是可通过提高设计及使用维修人员的责任心与事业心来解决；二是可通过加强研制、生产、使用与维修的质量管理来杜绝。它不是装备使用安全性的主导原因（人是可靠的）。

2）影响飞机安全的主要因素是关键设备的故障（基于安全可靠性与寿命）。

3）大多数时间，装备系统按照设计的套路（基线性能）运行。

4）遵守规章以保证装备系统的基线性能，从而确保安全（基于遵守）。

5）因为遵守规章可确保装备系统的基线性能，所以日常使用（过程）期间所出现的小的偏差无关紧要，只有导致严重后果（结果）的重大偏差才要紧（以结果为导向）。

6）使用与维修文件关系到装备使用时的安全性，必须由设计人员来完成（设计最清楚系统原理）。

以上理念对一、二代飞机等航空装备之所以适用，是因为：

1）电子设备一般不会影响装备的安全，影响装备安全的多半是机械系统或设备，如航空装备中的起落架、液压、操纵及发动机系统等。

2）系统的设备多半为完成单独功能的机械式或电子设备。

3）设备间很少相互影响。

4）系统之间很少高度交叉与集成。

5）功能很少通过软件来实现。

6）故障模式产生的机理简单（人们想得明白）。

7）使用与维修文件的研制职能不属于客户服务部门。

4.2.2　现代安全管理理念

现代装备为满足智能化、综合化、数字化及日益提升的复杂使用与环境要求，越来越多地使用功能增强和接口复杂的系统。以前依靠硬件实现的部分功能，现代装备多半通过软件来实现，并采用了大量的软、硬件综合设计技术，实现了功能的高度集成与综合。例如，二代飞机在使用中发现的故障，使用与维修的空地勤人员一般根据自己的工作经验或借用通用工具就能判断故障原因所在；而今，随着三、四代飞机逐步投入使用，人们发现有些故障发生后，即使借用专门的检测设备，采用专门性试验，也分析不出造成故障的根本原因所在。这就使得传统的安全管理方法难以满足现代装备研制与使用需要，让装备研制与使用的管理者很茫然。

图 4-1 和图 4-2 为现代安全管理理念的变革奠定了基础。现代安全管理理念立足于系统工程、着眼于过程控制，即系统安全管理。它也建立在以下 7 个基本假设之上：

1）使用与维修差错及需求与设计差错是装备安全性的主要威胁（危险源）。

2）仅依赖装备的研制与使用人员的责任心，无法保证装备系统的安全性水平（人只不过是“有机设备”）。

3）装备的单一故障一般不会导致灾难性事故的发生，多重故障才是事故的元凶（关键功能有冗余设计）。

4）大多数时间，装备系统不按照设计套路（基线性能）运行，其运行性能可能导致实际偏离。

5）不是仅仅依靠遵守规章，而是不断地监控装备系统的实时运行状态（基于性能）。

6）不断跟踪和分析装备日常使用与维护期间出现的小的不重要的偏差，避免“小差酿大错”（以过程为导向）。

7）由于安全性水平的源头在研制阶段，安全性水平的保持在使用阶段，因此系统安全工作应基于战略规划，贯穿于全寿命周期，它并不是安全事故的救生队（基于 ARP 4754）。

参照国际民航组织颁布的《安全管理手册》，系统安全管理过程的基础一般有以下 9 个方面。

（1）必须设置专门的安全管理职能部门

高层管理者应全面掌控装备的系统安全工作，与任何其他管理活动一样，需设置专门的安全管理职能部门，合理地安排人、财、物、时等四维资源，为装备研制的各个环节，尤其是方案设计与试验环节，安排充裕的时间与经费；为装备使用和维修保障的规划与设计提供必需的资源。没有时间、没有钱，便没有装备的安全。

（2）人们不能对其不知晓的事、物进行有效管理

1）自装备的初步设计阶段开始，要针对其功能需求，充分识别功能故障状态发生时可能的潜在危险。各组织部门只有获取了与危险相关的故障状态及相应的安全性信息，才能知晓如何开展研制或使用阶段的系统安全管理，以保证装备的安全性水平。

2）装备的各类参研人员、使用及维护人员，只有得到了充分的培训，才能准确地提出减缓危险的有效措施，完整地报告安全性信息。

3）各级组织部门应为相关一线人员提供有效安全报告的良好氛围。这类安全性信息的报告还需要充分发挥装备的研制或使用与维护人员的主观能动性，让他们能自愿及时地报告工作中所发现的安全性问题。这种工作中发现的安全性问题即为有效的安全报告，它不一定是正常的工作计划所要求的。

4）各级组织部门需安排懂专业的人员管理本专业事项。

（3）建立安全性信息系统

安全性信息系统应包括以下几部分：

1）装备的方案与详细设计阶段故障状态的管理。应通过信息系统知道装备的灾难性故障状态有多少，危险的故障状态有多少，（影响）大的故障状态又有多少；是如何通过设计与试验并赋予什么样的研制保证等级，使得具有这些故障状态的功能能够满足研制总要求的；针对这些故障状态有什么样的设计或使用与维修补偿措施；针对灾难性和危险的故障状态有哪些应急处置程序等。

2）装备试验与使用阶段的使用安全性水平监控。以航空装备为例，应通过可靠性信息系统收集其在科研试飞、定型试飞、初步使用（领先试用）及批量使用（在役考核）阶

段的各种信息并进行及时的安全性分析，实施对装备试用或使用阶段的安全性水平的连续监控。如果所收集的相关信息没有流转到安全性管理部门的专职信息分析人员手中，则等同于没有信息，并无法实现对装备安全性水平的持续监控与改进。

3）相似在役装备安全性信息。

（4）调查安全突发事件

了解“突发事件发生的原因”要比查明“责任人”重要。调查安全性突发事件的目的，就是查明装备系统的安全性缺陷而非追究责任。这种系统的安全性缺陷有可能是装备系统本身设备的某些故障模式，还有可能是研制差错、组织管理不当、使用与维修不当等方面的问题。通过调查装备突发性事件从而进一步排除装备的系统性缺陷，比开除看上去“不宜再担任现任职务”的个人能够更有效地提升装备系统的抗风险能力。

（5）前车之鉴，后车之师

从别人的错误中汲取经验教训，在你的有生之年就不会犯同样的错误；或者说从相似的装备中汲取经验教训，可大大节省装备的研制时间，并保证不再因同样的原因而影响装备的使用安全性水平。那么，如何建立各装备型号的安全性信息系统，使之为在研型号提供前车之鉴、为在役型号实施安全性改进提供信息支持呢？就航空装备而言，不管是工业部门还是使用部门，整个航空业均应共享安全性信息，而且这种信息的共享应对所有的一线人员开放。

（6）全寿命周期内的安全性基础知识培训

应规划装备全寿命周期内的研制人员、使用与维护人员的安全性基础知识培训。

从概念设计阶段开始，就应着手对参与装备的研制人员进行安全性基础知识培训。这类培训的内容包括 ARP 4754 关于装备（飞机）研制过程的文件体系及思想、ARP 4761 安全性评估的基本方法、以可靠性为中心的维修思想等。以此为基础，进而对装备的系统规范、研制规范和产品规范的制定及验证过程开展培训。

在装备研制阶段的后期，就应着手对装备的使用与维护人员开展安全性基础知识培训。以飞机为例，这类培训大纲中应包括装备型号的安全管理基本知识，灾难性的、危险的故障状态及其安全性水平的设计保证方法，审定维修要求与主最低设备清单项目，维修大纲及其适航性限制项目，飞行检查单、应急处置程序内容等。这类培训大纲还应包括灾难性的和危险的故障状态、审定维修要求项目、主最低设备清单、维修大纲及其适航性限制项目、飞行检查单、应急处置程序产生的基本思想与理论依据等。

事实上，经验丰富的装备使用与维修人员是当之无愧的安全性方面的专家。利用培训的机会实现互动，充分听取他们对装备试验期间使用与维修方面的评价，也是装备承制商实现安全性水平增长的最佳机会。

（7）有效地实施标准操作程序

标准操作程序的有效地实施，离不开检查单和简况（技术说明书）介绍。以飞机为例：不管是在驾驶舱、空中交通管制室、维修车间、还是在机场停机坪，标准操作程序、检查单和简况介绍，均是使用与维修人员在履行其日常责任中最为有效的安全手段和操作依据。我们绝不应低估标准操作程序、检查单和简况介绍所具有的保障装备安全使用的价值，以及检查单和简况介绍对标准操作程序实施效果的影响。

(8) 持续改进、不断提高装备整体安全性水平

发现装备在使用与维修过程中的偏离或不正常情况，分析其对安全性的潜在影响，及时提供装备安全性改进的依据。安全管理不是干一天就了事的事务，它是一项只有通过不断改进才能成功的且只有起点没有终点的活动。

(9) 充分发挥客户服务部门的功能

维修大纲等顶层维修文件应由客服部门制定、跟踪与管理，设计部门为客服部门提供设计输入，如结构的损伤容限项目和裂纹扩展寿命、疲劳试验结果、检查间隔期的要求等。

4.2.3 系统安全管理的特点

装备系统安全管理有 3 个特点，即系统性、主动性和透明性。

(1) 系统安全管理体系是系统性的

系统安全管理活动必须在全寿命周期内规划，必须以统一的方式在整个组织体系内进行，以保证从概念设计阶段开始，尽可能地识别所有功能危险，并对所识别的危险采取有效的控制措施；在装备的使用阶段还需要通过系统安全管理体系，不断地针对装备使用时出现的各种偏离开展持续的改进，直到其退役。

系统安全管理体系注重的更是过程而不只是结果。系统安全的工作亮点是该组织体系能在装备研制与使用的日常工作（过程）中不断地识别危险，并将危险可能导致的后果消灭在萌芽之中（结果）。

系统安全管理体系还需主动作为：系统化地将被动型、主动型、预测型 3 种信息管理手段有效融合，用于装备的系统安全管理之中（见 4.3.2.4 节）。

(2) 系统安全管理体系是主动性的

系统安全管理体系是主动性的，它同安全性信息管理手段是不一样的维度。系统安全管理强调在装备安全性事件发生前就应采取危险识别和风险控制及缓解措施；而不是在安全性事件发生之后再采取补救措施，然后系统安全管理又转向“休眠模式”，直到再次经历安全性事件……

(3) 系统安全管理体系是透明性的

系统安全管理的所有工作都是以文件为支持的、可追溯的，如装备的安全性大纲及各阶段工作计划、装备研制期间的 FHA、PASA、SSA 报告，装备使用期间的危险跟踪及使用安全性分析报告、相关安全性信息库等。研制期间的上述相关报告可作为适航安全符合性的支撑文件；使用期间的上述相关报告和信息可作为装备安全性持续改进的依据，且所有的报告均可追溯、可查阅。不可想象的是，如果某装备的研制单位查阅不到其装备全寿命期内的安全性故障信息，那么又如何表明该单位的安全性工作是受控的、系统安全管理是到位的？

因此，系统安全管理体系必须是透明性的。

鉴于航空装备与其他装备的安全性信息系统特征差异较大，本章以下内容的安全性信息系统部分的探讨只针对航空装备。

4.3　航空装备安全性信息收集

4.3.1　安全性信息的认识

在型号研制阶段履行 FMEA、FTA、RCMA、CMR 等安全性分析工作时，或使用阶段进行安全性评估时，人们总说没有安全性信息，实在是“巧妇难为无米之炊”。

以大型飞机为例，其损失概率每飞行小时/起落一般在百万分之一以下。也许人们会说，这么低的安全性事故，能有几个安全性数据呢？这是 20 世纪 70 年代末之前的理念。这一认识基于以下两个方面：

1）安全性信息收集大多通过事故或事故征候调查来获取，而且随着航空装备固有安全性水平的不断提高，导致事故或事故征候的灾难性和危险性故障的数量逐年降低。

2）就获取安全性信息而言，事故和严重事故征候调查过程是被动性的，该过程需要一个触发因素（安全性故障），才能启动安全性信息的收集过程。

因此，随着现代装备安全性水平的提高，人们总感觉安全性信息的数量也越来越少。虽然按图 2－5 导致安全性事故发生的故障信息占故障总量很少，但同样是按图 2－5，日常发生的故障基本上是一些性能偏离之类的故障。其实，这种性能偏离之类的故障就是装备使用可靠性（安全性）监控的基础，需要分析其性能偏离（图 4－3）是否对装备安全性构成潜在威胁。如果系统安全性监控只限于导致人员严重受伤或者飞机极大损害的罕见事件所引发的后果，则这种管理显然是一种徒劳工作。

于是，20 世纪 70 年代以后，安全性信息的理念从信息类型和信息源两个方面得到拓展。作为对装备试验或使用时导致事故或事故征候的灾难性和危险性故障信息（安全性数据）的补充，其具体如下。

（1）信息类型方面

安全性信息不只包括通过装备试验（含飞行试验）、使用中的事故或事故征候调查所取得的信息，也包括装备使用过程中的性能偏离等信息，还包括研制过程中那些与装备固有安全性相关的可靠性、维修性、测试性、保障性及环境适应性信息，如起落架的安全寿命、关键设备的可达性与维修环境、关键故障模式的周期 BIT 检测时间间隔、隐蔽故障的检查间隔、重要子系统对装备使用时极限环境的适应性水平、灾难性或危险的故障状态其顶事件发生的最小割集及相应的应急处置程序等。

（2）信息来源方面

它不仅来源于装备试验（含飞行试验）与使用过程，还来源于设计、分析、验证与评估过程，甚至也来源于适航规章等标准与规范的要求。

例如，来源于设计方面的信息主要有结构的安全寿命项目与适航性限制项目，飞机或

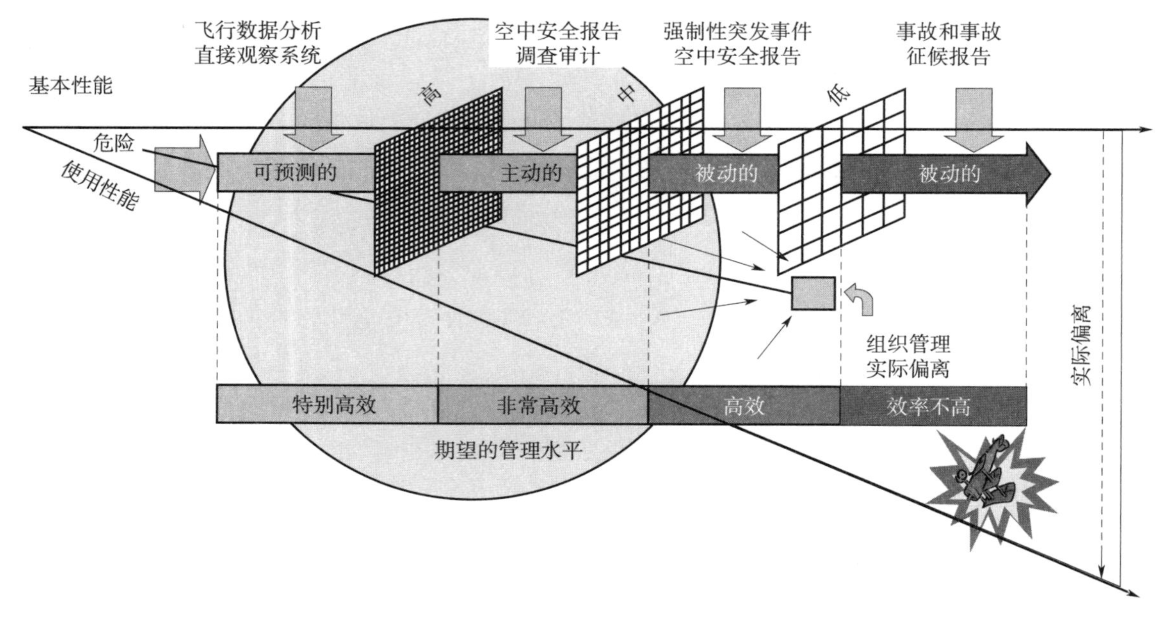

图 4-3　飞机使用阶段系统安全管理水平与安全性信息收集

系统的时控件项目、审定维修要求（Certification Maintenance Requirement，CMR）项目，FHA、PSSA、CCA、SSA 等安全性评估过程信息等；来源于相关标准、规范及适航规章的信息主要有结构完整性要求、系统及设备安装要求等；来源于使用过程的信息主要有各类告警信息、性能偏离信息、各种异常情况等。

概括起来，航空装备寿命期内安全性信息主要来源如下：

1）相似型号使用安全性信息。

2）相关适航规范与标准。

3）在研型号研制要求。

4）在研型号安全性评估过程信息。

5）在研型号可靠性、维修性、测试性、保障性、环境适应性设计与分析过程信息。

6）在研型号设计规范验证过程信息。

7）在研型号试验及领先使用过程信息。

8）在役型号使用安全性信息。

9）型号试飞或使用过程出现的偏离信息。

10）型号维修过程发现的影响安全的故障信息。

这些安全性信息有的隐含于设计、试验报告之中，靠专业人员去挖掘；有的则隐含于装备使用时系统可靠性的表现状态之中，靠使用、维护与可靠性监控人员去观察、分析与自愿报告。

由于装备的安全性水平至少 85％在其研制阶段就基本固化，因此装备研制阶段所收集的安全性信息，一是为安全性设计、分析与验证提供具体技术支撑；二是为装备使用阶段安全性监控与管理提供输入。装备使用阶段所收集的安全性信息，一是用于其安全性水平的持续改进；二是用于新研装备的安全性设计、分析与验证。

4.3.2　安全性信息的收集

事实上，安全性信息的收集反映了系统安全管理的 3 个层次，即被动型、主动型和预测型。装备使用过程中出现一些实际偏离是不可避免的，但重要的是如何保证实际偏离可控。系统安全的管理部门每天均存在着如何控制和把握这种实际偏离，寻求如何使得装备使用（运行）性能的偏离，尽可能离最大允许的偏离点最远，离实际偏离的起始点最近。飞机使用阶段系统安全管理水平与安全性信息收集的关系见图 4-3。

控制这种实际偏离的基础，就是安全性信息的收集与分析。因此，为了成功地控制这种实际偏离，就必须针对装备寿命周期内所处的研制或使用阶段收集具体的安全性信息，并依据所收集的信息：

1）在装备的方案、工程研制阶段，在系统规范、研制规范与产品规范的确认与验证过程中，发现潜在的设计问题。

2）在装备的使用阶段，通过对使用性能进行动态监控，及时分析性能的偏离及各类故障对安全性的影响程度，实施必要的安全性改进。

安全性信息的收集常见方式有以下 3 种：

1）被动信息收集。

2）主动信息收集。

3）预测信息收集。

需要说明的是，图 4-3 来源于国际民用航空组织 2009 年版的《安全管理手册》，其只研究商用飞机的使用安全管理问题，故只告诉我们如何收集航空装备使用阶段的安全性信息，并未给出研制阶段的相关信息，但它启示了我们应该如何考虑收集从研制到退役全寿命期内航空装备的安全性信息。

4.3.2.1　被动信息收集

对科研试飞、领先试用及使用阶段而言，如果安全性信息是通过空中安全报告、强制性突发事件报告、事故征候报告、事故报告以及事故和严重事故征候的调查过程而获得的，则称为被动信息收集，见图 4-3，但安全性信息收集过程需要一个触发因素（影响安全的故障）。此处的“空中安全报告”一般由飞行员报告，并由非常严重的故障触发，飞行员需采取应急处置程序，才能保证飞机的着陆或避免事故的发生。它最适合于包括技术故障、异常事件所造成的各类事故或事故征候的信息收集。被动信息收集基于这样一种概念：等到“事情发生之后再去处理”。

该阶段的特点如下：

1）被动。其是对已经发生的事件，如对事故征候或事故做出反应。

2）严重事故触发。其由导致事故或事故征候的灾难性和危险性故障触发，启动安全性信息的获取过程。

3）后果严重。信息的收集局限于发生严重受伤或者极大损害的罕见事件所引发的后果，后果在先，信息在后。这与立一个墓碑无异，顶多是亡羊补牢。

4）信息量少。因装备的安全性事故不可能太多，故所得到的安全性信息就很少，见图 2-5。

5）安全性改进成本高。装备多半处于批量使用阶段，依据这类信息改进安全性设计并使之达到安全性使用要求所需的成本很高，如 2018 年 10 月一架印尼狮航 737MAX 飞机的坠毁。

6）效率低下。被动信息收集对系统安全管理的作用取决于它们所生成信息的触发性故障原因以及责任的分配程度，而且还包括安全风险的连带因素和调查结论。

对科研试飞、领先试用及使用阶段而言，被动安全性信息收集系统、策略和方法在实际偏离的后两级（图 4-3）中发挥作用。其中，强制性突发事件报告系统在干预中级起作用。这是有效的一级，可避免事故的发生，但危险的破坏性潜力相对于主动信息收集系统、预测信息收集系统而言仍然是最高的。因此，由被动信息收集系统的该第一级所得出的缓解办法就变成了诸如经常可被危险穿透的质地疏松的遏制网或遏制过滤器，让人们有一种死里逃生的感觉；在被动安全性信息收集系统、策略和方法的最低一级，事故和严重事故征候调查以一种“亡羊补牢”的方式发挥作用。

需要说明的是，方案、工程研制阶段被动信息收集包括通过各种评审、检查、地面试验（试验目的范围外）所发现的严重问题，这类问题一般要求对设计进行重要更改，以保证安全性水平的实现。显然，这种信息收集机制虽然可以避免严重后果的发生，但可能延长型号的研制进度并增加研制费用，还可能存在将未发现的安全性设计缺陷带到试飞或使用阶段的风险。

因此，对于系统安全管理来说，以单纯被动的方式获取安全性信息是不够的，它很难保证装备使用时的安全性水平。

4.3.2.2 主动信息收集

对科研试飞、领先试用及使用阶段而言，如果安全性信息的收集是通过空中安全报告、强制和自愿报告系统、安全审计和安全调查过程而获得的，则称为主动信息收集，见图 4-3。它需要具有几乎可能不会带来或者根本不会带来破坏性后果的不那么特别严重的触发事件，以启动安全性信息收集过程。此处的“空中安全报告”一般由飞行员报告，并由严重的故障触发，降低了飞机的安全裕度，飞行员不一定要采取应急处置程序，并可保证飞机的安全着陆。它基于这样一种概念：通过在系统出现事故或事故征候之前查明系统内的安全风险，并且采取必要的措施以缓解此类安全性风险，能够最大限度地减少安全性事故或事故征候的发生。

该阶段的特点如下：

1）主动。积极寻找识别安全风险。

2）安全性缺陷触发。由导致后果较轻事件的安全性缺陷触发，启动安全性信息的获取过程。

3）通过强制和自愿报告方案实现。

4）启动安全性信息收集程序所需的触发性事件，一般只降低飞机的安全裕度，不会构成严重的事故征候或事故。

对科研试飞、领先试用及使用阶段而言，主动安全性信息收集系统、策略和方法在实际偏离的后两级和危险连续体的上游发挥作用，但与实际偏离的原点或者开始点的距离并不如预测信息收集系统、策略和方法那么近。这一级的介入水平也很高，是非常高效的一级，但是，危险有机会开始发挥其破坏性潜力。正因如此，由主动信息收集系统得出的缓解办法就变成了密度比较高的遏制网或遏制过滤器，不过难以完全阻止正在出现的危险进一步沿着实际偏离的连续体向下游蔓延，见图4-3。

需要说明的是，方案、工程研制阶段主动信息收集包括通过各种自查、地面试验（在试验目的范围内）后所发现的严重问题，这类问题同样要求对设计进行重要更改，以保证安全性水平的实现。这种信息收集机制能保证对所发现的问题及时更改，同被动信息收集相比，会大大减少将安全性设计缺陷带到试飞或使用阶段的风险。

4.3.2.3　预测信息收集

预测信息收集是通过信息收集系统和无危险自报方案，收集装备研制期间和正常使用两种情况下的安全性信息，而无须触发事件来启动安全性信息收集程序。它一是基于装备研制期间安全性方面基本设计信息的捕获、分析，地面研制试验结果的分析、飞行试验的监控、观察与分析；二是基于装备使用与维护人员在正常使用装备期间所进行的直接观察与分析；三是基于对所获取的装备使用信息的可靠性分析结果，找出可靠性水平波动的直接原因。

预测信息收集系统是对现有的主动和被动的安全性信息收集系统的补充。预测信息收集基于这样一种概念：通过努力分析寻找安全性缺陷，而不是等触发事件的发生来记录安全性缺陷。预测信息收集系统是实现装备系统安全管理的最理想方式。

对正常交付使用的装备而言，预测信息收集系统的本质是基于数理统计分析的一种信息系统（纳入可靠性方案中予以管理）。该系统通过将大量的单独来看基本上毫无意义的装备使用信息与来自被动和主动安全性信息收集系统的信息结合在一起，并对这种汇总融合后的信息进行数理统计分析，最终形成最为完整的安全性信息。

在科研试飞、领先试用及使用阶段，航空装备的危险报告系统、飞行信息分析和正常使用与维护监控是实现预测信息收集的3种重要手段。预测信息收集系统、策略和方法在离实际偏离的原点或者起始点不远的近处发挥作用。这既是非常高的干预层级，也是特别高效的干预层级，见图4-3。预测信息收集系统、策略和方法特别高效的原因，是它们所应对的危险尚处于萌芽期，还没有机会开始发挥其破坏性潜力，因而更容易控制。正因如此，由预测信息收集系统所得出的缓解办法就变成了密度非常高的遏制网或遏制过滤器，从而几乎可以完全阻止正在出现的危险进一步沿着实际偏离的连续体蔓延。

对正在研制的装备而言，同主动信息收集系统、被动信息收集系统相比，由于安全性设计的本质是装备自上而下安全性需求分解和自下而上安全性需求的验证过程，因此该阶段的安全性预测信息收集系统先通过安全性设计、分析与验证获取信息，然后利用研制过程保证程序及自愿报告系统实现安全性信息的上报，再采取相应的设计优化措施，可以较大的概率阻止将安全性设计缺陷带到试飞或使用阶段的风险。

因此，预测信息收集系统通过积极地挖掘安全性信息，可以规避将要出现或正在出现的来自多方面的安全性风险。

4.3.2.4 安全性信息收集系统基本理念

不管是预测信息收集系统还是主动信息收集系统，均无法发现所有的安全性缺陷。因此，现代装备安全性信息收集系统的基本理念是：实施被动、主动和预测型安全性信息的一体化收集，为安全性的持续改进提供信息支撑。

被动、主动和预测型安全性信息收集系统为等同的被动、主动和预测型安全管理策略提供安全性信息，其反过来又影响到被动、主动和预测型安全管理策略针对具体问题的缓解方法。被动信息收集方法对已经发生的事件，如地面试验失败、事故征候和事故做出反应，它主要用于航空装备的科研试飞、领先试用及使用阶段，也可用于装备的方案、工程研制阶段；主动信息收集方法则通过对可能存在的安全性缺陷进行分析，积极寻找、识别安全风险，它同被动信息收集方法一样适用于航空装备的研制、科研试飞、领先试用及使用阶段；预测信息收集方法通过捕获装备的研制差错和装备试验、试飞与正常使用时的系统实时运行的性能偏离，以查明潜在的未来问题。

成熟的安全管理策略要求被动、主动和预测型安全性信息收集系统一体化，将被动、主动和预测型安全管理策略有机融合起来，并针对具体问题制定恰当的缓解方法。但是，重要的是要记住：对科研试飞、领先试用及使用阶段而言，在制定缓解策略时，论述的这3种安全性信息收集系统中的每一种均在运行偏离的不同级别收集安全性信息；同样重要的是要记住：这3种缓解策略和方法中的每一种均在实际偏离的不同级别介入。

4.3.2.5 安全性数据库的信息要求

数据库管理系统不同的信息构成将具有不同的功能特性和属性。经验表明，所建设的安全性数据库应能完整地记录、跟踪并分析装备方案、工程研制、科研试飞、领先试用及使用等各阶段内危险与安全性特征，便于装备安全性水平的评估、持续改进及风险控制，便于保证科研试飞和领先试用期间航空装备的安全，并确保装备使用时的安全性水平。

要达到以上目标，安全性数据库应涵盖以下两方面的信息要求：

1）方案、工程研制阶段安全性数据信息要求。

2）科研试飞、领先试用和使用阶段安全性数据信息要求。

（1）方案、工程研制阶段安全性数据库信息要求

方案、工程研制阶段安全性数据库信息应包含如下信息：

1）影响安全和任务完成的故障状态。

2）型号系统规范对各故障状态的安全性水平要求与实际满足程度。

3）各故障状态为满足系统规范要求所采取的安全性设计原理。

4）安全性需求自顶而下的分配报告。

5）安全性需求自下而上的验证报告。

6）研制保证等级。

7）MMEL 清单。

8）飞行检查单。

9）维修大纲（含审定维修要求及适航性限制项目）。

10）试飞手册。

11）研制差错报告记录。

12）研制差错纠正措施及跟踪记录。

13）研制试验中影响安全和任务完成的故障报告、分析与纠正措施记录。

14）研制各阶段安全性分析报告。

15）RCMA、FMEA 等通用质量特性报告结果。

16）相似型号寿命期内安全性信息。

（2）科研试飞、领先试用和使用阶段安全性数据库信息要求

科研试飞、领先试用和使用阶段安全性数据库信息应包含如下信息：

1）分类记录的安全性事件。

2）事件与相关文件的链接（如故障分析报告和现场照片）。

3）可靠性趋势监控。

4）故障汇编分析、图表和报告。

5）历史检查记录。

6）与其他组织（用户、适航当局）共享的信息。

7）监控事件的调查报告。

8）标记延误的行动响应。

9）型号方案、工程研制阶段安全性数据库信息。

4.4 航空装备使用与维修差错管理

装备研制阶段如何考虑、抑制人为差错的技术原理已在4.1.3节中做了初步介绍，并将在第5章再进行深入讨论。本节主要讨论使用阶段使用与维修差错的管理。

虽然航空装备的使用与维修差错最有效的控制方式就是在其研制阶段应得到充分的考虑并有相应的设计对策，但是，人作为装备系统的一部分是必须承担装备系统部分功能的，且不是所有的使用与维修差错在研制阶段考虑后就万事大吉，这些差错在装备的使用阶段还必须予以管理与控制。

按工程经验，虽然装备使用与维修差错引发灾难性故障的情形从绝对值上看极为少见，但使用与维修差错引发不期望状态（偏离/性能下降）的情形却很常见，见图2-5、图4-2和图4-3。正是这些不期望状态才会导致灾难性事故的发生，且这些不期望状态的80%往往就由使用与维修差错引起。因此，使用阶段的安全性管理，其关键是如何对差

错实施有效的管理。

按图 3-3 事故的因果关系——Reason 模型，控制使用与维修差错的 3 种基本策略均基于装备系统 3 种基本防护机制：技术、培训和规章（包括程序）。这 3 种基本策略分别是减少差错策略、捕获差错策略、容忍差错策略。

（1）减少差错策略

减少差错策略是指通过减少或者去除导致使用与维修差错的各个因素，直接在装备使用与维修差错源头上进行干预。人机工效因素的改善和环境干扰的减少，就是减少差错策略的范例，如改善获得维修所需的航材渠道、改善执行任务所需的照明条件以及减少分散注意力的环境因素。其主要方法如下：

1）设计以人为本。

2）人机因素。

3）培训。

（2）捕获差错策略

捕获差错策略假设装备使用或维修差错总是会发生的，其目的是要在察觉到使用或维修差错可能带来任何不利后果之前“捕获”到差错信息。该策略与减少差错策略不同，它利用检查单和其他程序化的措施干预差错，而不是直接消除差错，以防止产生差错之后给装备带来严重的事故征候或灾难性事件，见图 4-1 和图 4-2。其主要方法如下：

1）检查单。

2）任务卡。

3）飞行进程记录条。

（3）容忍差错策略

容忍差错策略是指系统在没有出现严重后果的前提下承受差错的能力。举例来说，提升系统承受差错能力的一项措施，可以是在航空装备上设置多个液压和电气系统，以提供冗余；也可以对系统重要故障状态的故障模式进行及时诊断（上电自检测、周期自检测等），为系统隐蔽故障转变为明显故障以及系统的重构等提供手段；还可以安装结构健康监控传感器，以在疲劳裂纹达到临界长度之前提供多次发现该裂纹的机会。其主要方法如下：

1）系统冗余。

2）系统自诊断。

3）结构检测。

以上这些方法是装备研制时应设计进去的基本属性。使用与维修差错的管理策略主要是如何掌握这些差错属性的表现形式，并给予相应的管理对策，即如何考虑设计时赋予的人机工效等属性，充分利用相关资源组织好培训；如何正确使用好检查单与任务卡等；如何利用维修大纲和维修工卡在合理的时间（维修间隔）内做最恰当的检查工作；如何理解和执行好时控件与最低放行清单；如何在飞行中发现安全裕度下降时采取最为合适的处置措施等。

使用与维修差错管理不只限于使用与维修人员。按照SHEL模型的描述（图1-3），组织、管理和环境因素均会影响到使用与维修人员的行为能力。举例来说，组织过程，如通信设施不足、程序不清、时间安排不当、资源不足、预算不切实际，均可能导致使用与维修差错的发生。

正如以上所述，所有这些都是相关安全管理组织机构必须纳入管理的因素。

4.5　安全文化

人们经常会发现，装备发生灾难性事故后，所查到的原因往往令人啼笑皆非。例如，1986年美国“挑战者”号航天飞机失事的原因，就是O型密封圈的失效；还有国内近年的某起飞机失事，就是影响该飞机操纵极性的左右件互为错装所致，但该起错误安装事件（性质有点类似于图4-1的事件）为什么在检验、地面调试、飞行前检查等诸多环节中不能发现呢？

此时，人们自然会来一个盖棺定论：“不是技术问题，不是设计问题，不是经验问题，不是投入问题，而是人的责任心问题，是一个单位、一级组织的责任心问题。”人们想到的措施自然是：“质量意识必须更强，质量标准必须更高，质量措施必须更严，质量管控必须更紧。”紧跟着就是依法处理相关责任人。

这就是典型的安全文化问题，其措施自然是提升“安全文化水平”。接下来要做的是如何建设系统安全管理体系。在此之前，系统安全方面需要反思的是：

1）我们到底设计了什么？

2）我们到底管理了什么？

3）我们在系统安全方面的管理、设计与分析、试验与评估等目前的理论水平是不是能够支撑我们继续开展型号的研制？

4）为什么我们的飞机从方案论证到样机首飞总是那么快？而首飞后到设计定型或生产定型这段时间又总是那么漫长？

5）国外的军用装备到底是怎么做的？国外的民用装备又是如何要求的？

6）国外的安全文化就那么完美吗？他们遇到安全性问题时又做了些什么事？

7）我们的文化氛围到底有没有问题？

由于安全文化是安全管理体系有效运行的基础保证，而系统安全管理体系因涉及的点太多、面太广，本书暂不予研究。因此，本节重点探讨安全文化。

4.5.1　文化、组织文化与组织安全文化

可以用最为简短的短语“思想的集体编程”来描述文化。对文化最为形象的描述是“思想的软件”。文化影响着我们与其他各种社会团体成员所共享的价值观、信念和行为。文化将我们作为项目团队的组成成员捆绑在一起，并就正常和非正常情况下该如何行事提供指导。文化为所有人与人之间的相互影响设定游戏规则或框架，它是人们在特定社会环

境中行事方式的综合体现。就系统安全管理而言，理解文化与理解背景同等重要，因为文化是人的行为能力的重要决定因素。

组织文化由共同的信念、做法和态度构成。有效的、有生产能力的组织文化的基调往往由管理者的言行来确定和培养。例如，2019 年年底肆虐全球的新冠病毒，对发达国家而言，要技术有技术，要人才有人才，要设施有设施，可就是没有我国控制得好。其中与高层管理者对待病毒的基调与言行有一定关系。

好大喜功是组织文化的大忌。一级组织中，如果有部分好大喜功之人，这类人不管其在组织中所处的层次有多低，一旦拥有了对分管专业部门人财物等资源的管控权利，并养成了“宁愿烂在自己手上也决不让别人插手”的霸王习气，而且每次质量安全停产整顿又整顿不了这种陋习，那么这样的企业无论如何被整顿，也降低不了安全事故发生的频次。

组织安全文化是一种由各级管理者共同营造的氛围，用以塑造员工对安全的做法和其他方面所持的态度。

组织文化受到下列因素的影响：

1）政策和程序。

2）监督措施。

3）安全规划和目标。

4）对不安全行为做出的反应。

5）对雇员的培训和激励。

6）雇员的参与或“买账”。

组织文化对下列因素构成潜在影响：

1）团队中资历深和资历浅的人员互动。

2）业界和监管当局之间的互动。

3）信息资源的内部共享及与监管当局的共享程度。

4）在要求苛刻的运行条件下人员的反应能力。

5）特定技术的接受和使用。

6）承制商或监管当局对使用与维修差错及相关惩罚措施所持的态度。

4.5.2　安全文化的误区

各工业领域有一个长期以来形成的倾向，即依靠标语唤起公众对安全问题的意识，以强调“安全”这一属性的重要性，进而提升安全文化的氛围。本节主要通过前 3 章中讨论的系统安全理念来审查和质疑各工业领域最热衷的 5 个关于安全方面的标语：

1）安全第一。

2）安全是每个人的责任。

3）如果没有坏，为什么要修它？

4）如果你认为费事，那就让事故发生吧。

5）百分之七八十的事故是人为差错造成的。

这些标语的出发点是好的，但错就错在其把标语和原则混为一谈。

标语和原则之间有很大区别。原则明确阐述基于正确认识的精确指南，并提供关于如何进行某一特定活动的总括性说明；而标语则表达了一种含糊其词的间接标准，这些间接标准基于传统的和有时成问题的流行看法（民间认识），并常常是关于如何处理某一问题的误导说明。依靠使用这些标语呼唤人们对装备寿命期内的安全意识是不合常理的，然而这种情况在装备全寿命周期内确实又司空见惯。

（1）安全第一

企业，正像其名称所表明的那样，是为了追求某些生产目标，如制造汽车、飞机，或者就商业航空而言，就是空运人和货物。企业需要把赚取利润作为其活动的结果，以满足其生存、发展与壮大的需要。就企业产品的安全性水平而言，一般考虑的是如何将其控制在行业的整体水平之上或相当，不至于因产品的安全性水平影响企业的市场与声誉，以及企业的生存与发展。再者，绝对的安全是没有的。对企业而言，“安全性风险”总是可以折算为经济性指标，如何做到安全性与经济性、技术可行性辩证的统一，即 ALARP，才是企业的首选。因此，很难理解安全怎么可能成为企业的第一要务；人们宁愿认为金钱第一（见文献［40］）。

“安全第一”这一口号所体现的主次不分的观念有时会导致出现一些偏离常规的活动。实际上，“安全第一”往往是运行不正常的企业在遭遇安全性事件时所提出的最常见的歪理（尽管事实正好相反）。这种将“安全第一”的标语常挂主路边或主建筑最为显眼位置的企业，它们怎么也不能理解：挂了那么多标语，做了那么多宣传，为什么安全性事故还依然会频频光临它们企业？因为“在我们公司，安全是第一位的”。历史表明，如果企业未建立安全管理职能部门，或安全管理职能部门的相关职能未能很好地运行，不能实现对装备（产品）安全性风险的有效监控，而只是以“安全第一”这一口号装点门面，则所有的员工会对这类口号产生“免疫力”，或者说变得异常“麻木”，最终导致企业的生产现场或其所生产的产品（装备）出现安全性事故成为“常态”，也可以说这类企业往往是最可怕的社会安全破坏者。

（2）安全是每个人的责任

这一标语令人费解。当一个人生病时，他会去找医生；当一个人需要法律顾问时，他会去请教律师。当装备遇到安全性问题时，首先应站出来解决问题的就是装备的系统安全管理部门。然而，当遇到安全问题时，人人都会认为自己是处理专业事项的行家里手，尤其是具有一些年行业经验的总师或总工程师更是如此。然而事实是，只有训练有素的系统安全专家，才能根据具体情况，切实有效地处理当今的安全性问题。

在航空业大多数组织中，系统安全管理部门负责人是担负系统安全管理体系日常管理职责的直接责任人。其职责包括但不限于：

1）系统安全管理体系的实施计划。

2）危险识别和安全性风险分析。

3）监测纠正措施和评估纠正措施的结果。

4）提交有关组织安全绩效方面的定期报告。

5）保存安全性记录及与安全性相关的文件。

6）规划并组织员工的系统安全培训。

7）就系统安全事宜提出独立见解。

8）监测业内的安全关切，以及安全关切对企业运行所产生的明显影响。

9）就系统安全相关事宜与国家监督当局进行必要的协调和交流。

10）就系统安全相关事宜与国际机构进行协调和交流。

虽然每个人（每个专业系统）对自身的本职工作负有直接责任，不能因为自身工作失误导致装备的灾难性事故发生，但装备级的系统安全工作责任主体在系统安全管理部门，应由该部门对装备寿命期内的系统安全工作进行统一的策划、协调、评价、处置、归口与管理。

（3）如果没有坏，为什么要修它？

这一标语暗示：只要没有发生故障，就无需对安全性问题担心；只要人没有受伤，金属没有弯曲，组织没有受到批评和陷入窘境，系统便是安全的。换言之，该标语认为，有无事故是系统安全的可靠性指标。

事实上，等到系统发生故障后才试图弥补安全性缺陷，此时采取补救行动所造成的财力、人力损失必定是很大的。所以，对影响安全的装备功能在其潜在故障转变为功能故障之前就应对装备进行修理，或以合适的间隔对装备的隐蔽功能进行检查，以发现潜伏故障，才是最为恰当的。

（4）如果你认为费事，那就让事故发生吧

这一标语所反映的普遍信念是，遵从专业做法，执行纪律和坚守规则，按相关标准和适航条例办事，就可能防止系统中存在的最终可能导致事故的所有毛病。简单地说，遵章和“按规则办事”是装备安全性的可靠保证。

不幸的是，正如3.5节所讨论的那样，现实情况并非如此，严格按标准和规章办事，不一定能保证所研制的装备能达到用户期望的安全性水平。

不是说按相关标准、规范开展工作再费事我们也不怕，也不是说按规章开展工作就费事，而是要衡量我们所执行的相关规章是否符合在研装备的研制实际、有没有过时，有没有更好、更新的规章或所衍生出的新的需求，需要我们去遵循、满足。

一旦有了现代管理的结构化程序，事故就像疾病和死亡一样，最后成为一种统计中的偶发事件。虽然就像人去体检和参加健身活动一样，对系统性能进行积极主动的检查和采取积极主动的措施是较为明智的做法，但要消灭所有危险是不可能的。危险是复杂装备在其预期使用环境下的固有构成部分。尽管做了使事故和装备使用与维修差错最小化和卓有成效的努力，但事故和使用与维修差错还会发生。

一个配备有合格人员、拥有与其生产目标相适应的资源和设计程序合理的高效组织仍会有事故；而一个人员资质有问题，做法不规范和管理不善、资源严重不足的组织，却有可能会仅仅因为幸运而避开一场事故。显然，前者是不幸，而后者是侥幸。但大量信息将会告诉我们：后者能躲过“今天”却躲不过“明天”。

衡量我们所从事的工作费不费事，从本质上说还是要回到这一条上来：如何做到安全性与经济性、技术可行性辩证的统一，即 ALARP。所以，系统安全的管理者不能强行推动较为费事的工作，要向员工讲明工作的必要性和效费比。

（5）百分之七八十的事故是人为差错造成的

这一标语之所以被留到最后，是因为它集中说明了安全方面的标语是多么容易引起误导。以航空系统为例，首先由人构想系统蓝图，他们一旦对其构想的东西感到满意，便开始进行设计。然后，由人来建造系统，当系统可投入使用时，靠人使系统投入运行。为了展示实现系统目标所需的行为能力，由一部分人日复一日地对系统使用的另一部分人进行培训。就系统性能做出战略和战术决定的是人，当发现危险情况时，还是要由人策划并采取必要的对策，保护系统免受此种危险的危害。简单地说，系统设计、制造、培训、使用、管理和维护的全过程都离不开人的决策和行为。例如，飞机起落架收放系统，如果是软件问题，软件则是人设计的；如果是硬件问题，硬件也是人设计和制造的，如其维修间隔与使用寿命的确定、元器件与材料选型、工艺方法的制定等。

因此，如果将超过设计规定的使用环境（情况）除外（如超过设计规范规定的鸟撞），装备系统发生故障必然是人为差错造成的。从这一角度可以认为，几乎百分之百的事故是由人为差错造成的。

4.5.3　有效安全报告与文化

4.5.3.1　有效安全报告的来源与内容

（1）报告的来源

组织文化在安全管理方面最有影响力的一个方面，就是它形成了装备研制、使用与维护人员的安全报告程序和做法。识别危险是安全管理的一项基本活动。

在装备研制期间，从方案设计阶段时起，设计人员对装备存在的各类危险已进行识别，并采取了相应的设计方案保证所识别的各类风险均在可接受的水平之内。在装备的设计阶段，危险的识别总存在“漏网之鱼”，设计人员还需在其试验或初步试用期间对安全性水平继续监控，对所暴露的安全性缺陷及时报告与改进；再者，设计人员还可结合试验或初步试用期间的情况，自行复查自身的设计差错，并且在装备试验或试用期间的任何改进相对于批产后的装备而言，可行性强、经济性好；在装备的使用阶段，没有谁比每天必须忍受和面对危险的使用与维护人员更有资格报告危险的存在，以及什么样的措施可发挥预期的缓解作用。

所以，设计、使用与维护人员是有效安全报告的重要来源，不断鼓励和培训其报告危险是有效安全报告的必备条件。

（2）报告的内容

国际上最初于 20 世纪 70 年代末期形成了自愿报告系统的雏形，它仅侧重于报告现有状况所导致的装备运行差错。而今有效安全报告的内容在 20 世纪 70 年代末期的基础上，向深度与广度方面更进了一步，它除了要求报告现有状况所导致的装备运行差错之外，还要求从研制阶段开始，寻找并查明设计过程中可能出现的研制差错所致的危险、试验与试飞过程中已出现的危险征兆，以及这些危险或危险的征兆可能导致装备运行差错的根源，从而使危险在发生之前就可以被消灭在萌芽之中或者得到缓解。

4.5.3.2 有效安全报告的基本特征

有效安全报告建立于以下 6 个基本特征之上：

1）高层管理者非常重视危险识别，将其视为安全管理策略的一部分。因此，各级组织均意识到互通（共享）危险信息的重要性，并建立了安全管理体系，具有自愿和保密的危险/事件报告系统和相关安全报告程序。

2）高层管理者和研制、使用与维护人员在面对已发现的危险，尤其是在危险和潜在的破坏源方面，总是存在着与相关规章或技术要求、操纵程序等不相符之处。

3）为了保证能对各种已发现的危险得到及时和积极的报告，高层管理者规定了安全性信息系统的运行要求，确保关键安全性问题得到报告并记录在案，对研制、使用与维护人员报告的危险应表现出一种包容态度，能采取措施应对危险可能带来的后果，以及给出对现有和后续装备的改进办法。

4）高层管理者确保对关键安全性问题的报告者进行适当保护，并且推行一种制衡制度，让装备危险的报告者相信：危险报告仅会用于装备系统安全管理（初衷），不用于处罚报告者或相关责任人。

5）对研制、使用、维护人员进行正规培训，让其了解装备的事故征候，一二三等事故的定义、后果及相关知识，以正确地识别并报告危险。

6）装备危险一般发生的概率很低，要坚决杜绝少数人蒙混过关、不愿报告危险的思想。

4.5.3.3 积极的安全文化基本特征

积极的安全文化基本特征（图 4－4）共有 5 个，它与有效安全报告的 6 个基本特征大体呼应。

1）（愿意）报告。为了保证能对危险进行积极报告，由高层管理者刻意做出努力，规定安全性信息运行所必需的人文环境要求，使得研制、使用与维修人员愿意报告包括自身工作失误在内的任何可能给装备导致危险的问题，确保装备关键安全性问题得到报告并记录在案。

2）信息。通过接受有关危险识别和报告的正规培训，研制、使用与维护人员知晓影响装备安全性水平的因素有人为因素、技术因素、组织和管理因素。

3）灵活。由于现实的人文环境一般不鼓励对装备危险进行越级上报，因此应按既定模式（程序）报告。但相关人员在面临不寻常情况时，应允许调整危险报告的程序，从既定报告模式转换到一个直接模式，从而使装备的危险信息迅速达到主管决策层（越级上报）。

4）学习。以大型飞机为例，尽管在其研制阶段，研制（设计）人员通过功能危险评估得出了飞机级及系统级灾难性和危险性故障状态的清单，采取了相关的设计、使用

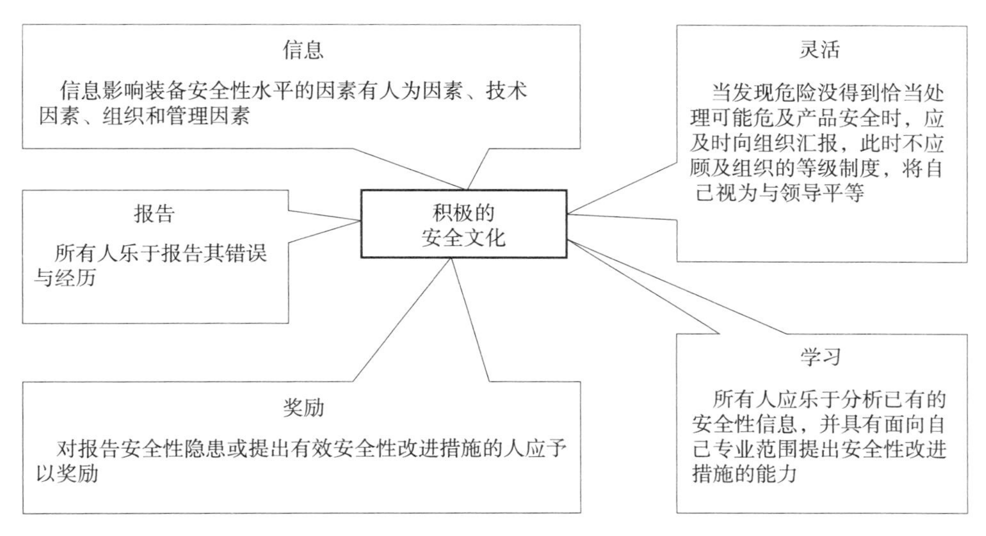

图 4－4　积极的安全文化

或维修的对策，使得这些故障状态发生的概率水平低于 CCAR25.1309 规定的最低要求，但这些可以说都是设计师们的“想定”。只有在飞机交付用户之前，通过过程保证、设计分析、地面试验、适航试飞等手段证明了能满足适航要求，才能取证。在取证期间，由于设计疏漏等研制差错造成飞机试飞期间的危险总是不可避免的，而这些危险信息就是安全性信息系统应该收集的信息；在飞机批量使用期间，还需要继续监控其使用可靠性水平，及时发现可能存在的危险。因此，飞机的研制、使用与维修人员应持续学习，并具有对自己专业范围内的安全性隐患进行识别的能力，具有提出相应的有效安全性改进措施的能力。

5）奖励。为鼓励人们提供重要的与安全相关的信息，对所报告的安全性信息（安全性隐患），经甄别后情况属实的应予奖励，对报告安全性隐患并同时提出安全性有效改进措施的人应予以重奖。

4.5.3.4　安全性信息管理的组织文化

有效的安全报告是安全管理的基石。与危险相关的信息一旦报告就变为安全性信息。因此，有效安全报告才是获取安全性信息之门。一旦获取，就必须对安全性信息进行管理。安全性信息管理基于以下 3 个步骤：

1）收集与危险相关的安全性信息。

2）分析安全性信息，并通过安全性数据库予以管理。

3）针对安全性信息分析结果，提出危险的缓解策略，落实实施方案，验证实施效果。

组织对安全性信息的应对方式从积极地缓解到完全地漠视，可能多种多样。安全性信息管理的组织文化表现形式，见表 4－1。

表 4-1 安全性信息管理的组织文化表现形式

评价项目	安全性信息管理的组织文化		
	不良的组织文化	官僚主义的组织文化	积极的组织文化
信息	被隐藏	被忽视	寻找
信息提供者	被吼斥	被容忍	得到培训
责任	逃避	推诿	共担
报告	阻扰	被允许	鼓励
故障	被掩盖	被宽大	细察
新想法	被压制	被质疑	欢迎
组织的最终状况	冲突的组织	官僚作风的组织	可靠的组织

以上参考：Ron Westrum。

4.5.3.5 有效安全报告与文化

有效安全报告包括差错（可能引起的危险）报告和危险报告。为使装备的运行更为安全，一般来说，需要加以处理的是危险，这比让旅客（大型客机）更为安全要切合实际、更具操作性，并且在很大程度上更为有效。

因此，与仅报告差错相比，系统地识别危险和其他安全性缺陷可能对系统安全管理更具价值。不过，系统地识别危险和其他安全性缺陷主要是装备的研制阶段尤其是概念设计阶段的工作。航空装备的科研试飞、领先试用与批量使用阶段主要是使用可靠性监控，针对该阶段新发现的研制差错和危险预测，为以前分析过程及结果的完善提供进一步的工程依据。

差错和危险报告之间有着本质的差别：危险报告是预测性的且应该是客观和中性的，而差错报告则是被动性的，并且可能会牵扯到报告者或被报告者，还可能导致责备与惩罚。

安全报告的有效性取决于人们针对差错及危险所做的自愿报告程度，或者说取决于安全文化的氛围。这些报告人一是参与装备设计并感觉到有设计缺陷的设计、试验、维修人员；二是与危险共存或者遭遇危险的使用与维修人员。所以，不应对谁可以报告和可以报告什么施加任何限制，更不应以任何方式阻扰报告。保护报告者和安全性信息的来源，曾经是、现在是、将来仍然是存在于建立差错和危险这两种类型报告系统方面的一个关键且经常备受争议的问题。如对差错或危险的报告者保护得不好，这可能演变为系统安全管理进步和成功的重大障碍。

应该积极鼓励有效的安全报告，并通过划清可接受的行为（非蓄意差错，如疏忽）和不可接受的行为（如渎职、鲁莽、违规或者妨碍）之间的界限，为报告者提供公平的保护。至于如何保护，则应取决于特定组织的运行环境与偏好、可能性与限制。

4.5.4　安全文化基础

4.5.4.1　上下一心，坦对安全

不论是装备的承制商、用户，还是一个经批准的维修机构，建立并遵守良好的安全行为准则的最终责任均落在组织的董事和管理者肩上。一个组织的安全特质，从一开始就取决于高层管理者在一定程度上为装备的研制与安全使用以及处理紧急安全关切问题承担多大责任。

系统安全的一线管理者如何处理日常活动，对营造一种有创造力的系统安全管理文化至关重要。例如，他们是否能从实际业务经验中吸取教训，并可以采取适当的行动；相关研制、使用与维修人员是否能建设性地参与这一过程，并不会感觉到自己是管理者单边行动的受害人。

一线管理者与管理当局代表的关系也象征着一种有创造力的组织文化。这种关系应以职业性的礼貌为基础，但要保持足够距离，以免影响责任义务的实行。与严格地强制执行规章相比，反而坦诚会使得安全性问题得到更好的交流。坦诚可以鼓励建设性对话，而强制执行规章则可能怂恿掩盖或忽视真正的安全性问题。这是因为符合规章和标准，不一定能满足装备的安全性水平需求（详见3.5节）。

为保证所研制装备达到规定的安全性水平，一个有效方法是确保承制商、用户或维修机构营造了一种融洽的安全文化环境。在此环境下，所有研制、使用与维修人员均应形成这样的一种思维定式：如何通过自身的本职工作为装备的安全性水平尽自己全身心的努力；所有的决策，不管是由董事会做出的，还是由普通工程师做出的，均已考虑其对装备使用安全性水平的影响。

这样一种系统安全的文化氛围必须是“自上而下”产生的，并依赖于员工和管理者之间的高度信任和尊重。员工必须相信，他们所做出的每项有利于安全的决策都会得到支持；他们还必须清楚，危及装备安全的任何消极怠工的行为是不可容忍的。

现代装备的成功是一级组织集体智慧的结晶，任何个人的成功必须寓于组织之中。装备的安全性水平达不到要求就是装备的失败、组织的失败、个人的失败。因此，现代装备的技术发展决定了任何组织和个人有且只有：上下一心，坦对安全。

4.5.4.2　技术面前，人人平等

在1.2节介绍的“挑战者”号航天飞机失事的事件中，人们还应汲取的教训之一，就是技术面前，应该人人平等。在该事件的调查过程中：

罗格斯调查团感到萨科尔公司的技术工程师与做出发射决策的NASA高级管理者们之间没有互相交流。这意味着有关推进器联接处的信息没有传递，而且不仅仅体现在做出发射决策的过程中，还体现在整个设计和研发过程中。

汉斯对于技术管理有着很敏锐的洞察力和经验，他说：“我对罗格斯调查团报告的唯一批评就是，他们对低层次的工程师们责备太多，而对高层管理者的责备却较少。调查团的大部分结论让底层人背了黑锅。调查团认为高层管理者不知道密封圈的问题，这让我感

到很难相信。我是指，在事故发生前两年我就知道了这件事，并为此写了备忘录。我真的是很难相信。”

萨科尔公司的保斯琼利、NASA的帕渥斯以及其他技术人员宣称他们已经尽力地使别人知道有关联接处的问题。保斯琼利告诉调查团：“我必须强调，我有自己的看法，但我在一个工程师的权限之外没有做过任何有关航天飞机的决定……因为我根本没有做任何决策的理由。”帕渥斯在一次接见中说：“你不能不理睬对你的命令。我的老板在那儿，我让他知道我的地位，他根本不会追究。在这一点上，对他来讲，他没有必要告诉我原因，他不是为我工作。这是他的特权。”在罗格斯调查团询问其他人，问及为什么不将所知道的问题告诉其上级以外的其他人时，他们的回答几乎异口同声：“那不是我报告的范围。”

服从一系列命令是管理者和组织理论家所推崇的，但能源意识委员会的哈诺德警告说：“你必须建立多渠道的沟通网络。你不可能处在一种只看汇报的限制状态。在我看来，这恰恰在这次的航天飞机事件中发生了。”

更进一步讲，甚至如果低层的管理者通过技术人员而得知一些情况，他们可能会提出关键性的修改建议。“事实是处于等级制度中的误解易于扩大。”纽约大学工商管理研究生院创新管理教授斯达布克说，“一个低层次的人害怕会发生一些事情并将它报告给高层次的人。但随着一级级的汇报，通常信息也会被扭曲成反映老板们的偏好。”

4.5.4.3　海纳百川

人们总是习惯于分享装备研制试验或首试成功的信息，而每次成功之前往往会经历若干次失败，还可能会出现大量的安全性问题。试验过程中暴露出可能影响装备安全的各种问题本就正常，而这些试验中存在的安全性问题本应由系统安全管理部门知晓或参与决策，并制定相应的安全性改进计划，但这些问题总是被遮遮盖盖，甚至于连与问题相关的底层专业人员也难知实情。这就缺少了一种“海纳百川”的安全文化之雅量。

根据波士顿大学勒宾格的说法，公司文化总是试图忽视不愉快的信息，并绞尽脑汁创造一种文化来鼓励人们忘掉那些令人不愉快的信息。勒宾格说：“一级组织若要使一项决策进行下去，你会发现那些持否定意见的人不受欢迎。所以经理必须鼓励人们多思考，消除不积极因素。”国家公共管理学会退休顾问克劳曼为NASA完成了6项管理专项研究。他说：“降低不确定性的途径是创造一个可以使坏消息也能为人知晓的环境。哪里有了这种环境，哪里就有信任和信心。”纽约大学斯达布克教授指出：封锁坏消息比惩罚做错的人更糟糕。

4.5.4.4　戒骄戒躁

人们本性上认为，成功繁衍成功。但在有些情况下成功直接导致失败，这些情况之一就是当组织中的高层管理者被胜利冲昏头脑时。纽约大学的斯达布克教授说：“当一个公司继续发展并获得成功时，它会认为成功是必然的。NASA拥有25年克服不可能事情的光辉历史……我推测是这样的历史使NASA形成两种看法：第一，由工程师们提出的风险通常比较夸大——实际的风险比提出的风险要小得多；第二，NASA工作人员能够神奇地克服风险。这也助长了骄傲的情绪。”

波士顿大学沟通学教授勒宾格描述这种感情就像“泰坦尼克症”一样，认为一切都会顺利。关于泰坦尼克，他认为每个人都相信它很安全。“人们甚至认为根本就不需要救生艇，因为船永远不会沉没。”这就是那种自满情形。

斯达布克、勒宾格和戴尼斯教授都提到这种骄傲的情绪可以给一级组织带来更大的潜在危险。斯达布克写道，NASA 派往评估承造商工作的视察人员减少了一部分，并且安全性、可靠性和质量保证方面的工作人员也减少了。这与 15 年之久的航天飞机项目其他专业人员的裁减不成比例。

这 3 位专家指出，NASA 改变了安全边际，增加了航天飞机上的弹药。斯达布克说：“你建了一座桥，很成功。所以你要建一座更好的，直到最后建的那座倒塌了。”对于航天飞机来讲，密封圈老化现象是很自然的事，也就像正常现象一样被接受了。

约翰是一位刚退休的 NASA 空间站行动助理指挥，他说：“主要问题是每个人都认为工程设计绝对安全、科学。如果越多的人相信它科学，它就越不科学。设计中经常会存在大量不切实际的地方，而且也包含了很多工程经验判断与假设。”

4.6　型号研制计划

由于现代装备安全性需求引导着装备研制的全过程，安全性需求的识别、确认与验证工作贯穿于装备研制过程的始终，寓于研制的每一环节，因此研制阶段系统安全的管理首先要研究并制订型号的研制计划。

4.6.1　研制计划的目的

制订航空装备型号研制计划的目的是：确定所研制的飞机或系统满足预定研制要求的方法，并以一定的置信度符合适航要求。制订研制计划的目的如下：

1）定义研制周期内完整的研制过程。通过该过程可以确定飞机/系统的需求、功能研制保证等级、子系统研制保证等级。

2）定义研制阶段，包括研制过程之间的接口关系、连锁关系、反馈机制及转研制阶段的准则。

3）确定研制环境，包括用于研制工作的一切方法与工具。

4）确定飞机/系统为满足安全性目标所应符合的研制标准。

5）制订符合每一研制过程目标的工作计划。

计划制订过程的输出，可以是完整的工作计划，也可以是正式颁布或其他各种形式的文件。计划的制订过程应考虑到设计过程中的迭代性质、各项计划之间的相互关系、计划应反馈的要素等，并对计划的实施情况进行合适的管理。

4.6.2　计划制订过程

计划制订过程包括适用于所有计划要素的通用目标。在制订计划之前，应考虑所有的计划要素（表 4 - 2）。实际上，计划要素的制订不是一下子就完成的。因此，在审查单个计划要素时，要牢记：计划要素必须与整个研制周期内其他的研制工作相协调。

表 4 - 2　研制计划要素

计划要素	飞机要素描述	4754A 描述章节	本书 描述章节
研制	建立用于飞机/系统架构研制、综合和实施的一体化方法与过程	3.2 和 4.0	5.1～5.7
安全性工作计划	确定飞机、系统研制相关的安全性工作内容与范围	5.1.5	4.7
需求管理	描述如何捕获与管理装备、系统、子系统的需求。有时，该工作项目与需求确认项目相重叠	5.3	5.9
需求确认	描述如何证明所产生的需求及所做的各项假设是正确的和完整的	5.4	5.10
实施与验证	为所实施的子系统、系统、飞机提供满足要求的证明过程与判据	5.5	5.11
构型管理	描述与飞机相关的关键技术状态项及其管理办法	5.6	5.12
过程保证	描述系统研制期间，为保证所制定的程序和方案得以实施所采取的方法	5.7	5.8、5.13、5.15
合格审定	描述为型号通过合格审定而采取的方法与过程	5.8	5.14

ARP 4754A 中具体描述了每一要素的每项计划工作。表 4 - 2 归纳了计划制订时应考虑的要素，该表说明了飞机、系统、子系统设计与审定过程中应完成的计划要素。

4.6.3　转阶段判据

制订计划的关键一环是确立研制周期内过程的检查点与评审点。这些检查点与评审点的设置须与型号研制阶段相一致。该计划应明确型号在设计、实施与合格审定期间应完成的具体工作和应达到的技术目标，而这些具体工作和应达到的技术目标的实现程度可作为转阶段判据。当型号的研制从一个阶段转入另一阶段时，应对遗留的开口问题进行跟踪、归零和管理。

型号的部分实际研制工作有时会偏离已制订的计划。因此，制订计划时，应有针对计划偏离实际情况时的应对措施。对计划的偏离应明确报告的方式、批准的程序及偏离情况记录。

4.7　安全性工作计划

本节以商用飞机为例，重点阐述研制阶段安全性工作计划的制订要求。其他装备可参照使用。

任何新研型号都必须制订一份安全性工作计划。该计划应确定型号安全性工作范围和内容，描述型号研制须完成的全部安全性工作；它还应描述什么单位或个人应对所完成的工作负责，所完成的工作如何评审和记录；它还应规定什么责任主体在什么时间内、完成什么样的任务。4.8.2～4.8.7节示例了典型安全性工作计划中的相关职责内容。

如果飞机的系统、子系统或构成子系统的硬件与软件由转承制方完成，则应对飞机级的安全性工作剪裁后，制订相应系统、子系统或构成子系统的硬件与软件的安全性工作计划。

飞机级安全性工作计划应包括如下方面内容：

1）确定安全性设计与分析中飞机级的输入要求。

2）确定可用的安全性标准。

3）确定安全性评估过程中相关的安全性工作机构及机构间的责任。

4）描述需开展的安全性工作项目及其输入与输出要求。

5）定义关键项目里程碑，明确各里程碑内应完成的安全性评估报告。

6）明确安全性需求的识别与确认、验证与管理的原则。

7）确定和其他相应计划间的衔接（如审定计划、确认和验证计划、过程保证计划）。

型号研制的安全性工作计划所规定的工作项目应纳入型号项目的主工作计划之中，安全性工作计划从方案设计阶段到飞机首架交付期间一直有效。

4.7.1　安全性工作计划内容剪裁

安全性工作计划中的工作项目应按ARP 4754等相关标准及规范的要求、型号的适航审定基础进行剪裁。剪裁时主要考虑以下因素：

1）系统构成的复杂程度。

2）系统采用新技术的复杂程度。

3）系统的故障模式对飞行安全的严酷度影响。

4）系统在相似型号上的使用经验。

4.7.2　安全性工作计划的作用

为证明所研制的型号满足研制总要求并符合适航规章、规范、标准的相关要求，必须制订安全性工作计划，将其纳入型号的研制计划统筹管理，从而保证安全性工作计划中规定的工作项目能系统化地开展，能得到有效实施，并达到以下目标：

1）所有相关的危险和故障状态能得到识别。

2）影响飞机安全的所有危险与故障组合能得到分析。

3）除安全性分析师之外，其他各类人员也能正确理解安全性评估的过程和结果。

4）安全性评估结果必须影响型号的管理和设计。

5）经安全性评估，必须明白影响安全的每一系统的关键因素是什么，并据此落实到制造工艺、质量检验、试验（含试飞）、机组培训和使用与维修等方方面面。

4.7.3　安全性工作计划的目的与范围

安全性工作计划的目的在于确定安全性工作范围、各项工作责任及相关工作输出。它同时明确了按研制计划里程碑在各研制阶段需完成的安全性评估与管理等工作。

研制阶段安全性工作计划包括型号研制中安全性的全部工作项目。通过设置合理的安全性工作项目，以保证飞机、系统的设计不会引起飞机的事故。

飞机级的安全性分析工作应由飞机级的安全性工作小组来完成。

安全性评估过程应与安全性评估的工业标准相一致。在型号的方案设计阶段，安全性评估工作就是自顶而下识别和确认设计需求，并将安全性需求转化为安全性要求；在型号的详细设计与试验阶段，安全性评估工作就是自下而上验证所开展的设计是否满足已制定的要求，即随着型号的研制进程，依次从子系统级、系统级到飞机级逐级验证。

研制阶段安全性工作计划按 ARP 4754 制定，并应涵盖维修大纲和 MMEL 的研制接口工作；使用阶段安全性工作计划则由 ARP5150/5151 另行规定。

4.8 安全性工作职责

安全性工作职责见表 4-3，以下将逐节予以叙述。

表 4-3　安全性工作职责

<table>
<tr><th>工作项目(示例)</th><th>职能部门</th><th>工作职责</th></tr>
<tr><td rowspan="3">1　安全性工作计划</td><td>飞机安全性小组</td><td>准备安全性工作项目计划文档,组织计划的评审,按收集的评审意见对计划进行修改,完成文件签署,分发文件到相关单位,并组织与监督计划的实施</td></tr>
<tr><td>其他设计部门</td><td>审查并参与计划的完善</td></tr>
<tr><td>总工程师</td><td>审查和批准计划</td></tr>
<tr><td rowspan="2">2　安全性相关需求</td><td>飞机安全性小组</td><td>主持安全性需求的制定、跟踪与迭代修改、存档与维护</td></tr>
<tr><td>设计部门</td><td>安全性需求的制定、跟踪与迭代修改</td></tr>
<tr><td>3　飞机级安全性评估专项</td><td></td><td></td></tr>
<tr><td rowspan="2">3.1　飞机返场评估</td><td>飞机安全性小组</td><td>主持返场评估工作</td></tr>
<tr><td>空气动力部门</td><td>履行评估工作</td></tr>
<tr><td rowspan="3">3.2　叶片飞出/发动机振动评估</td><td>飞机安全性小组</td><td>主持叶片飞出/发动机振动评估工作</td></tr>
<tr><td>设计部门</td><td>履行评估工作</td></tr>
<tr><td>项目工程</td><td>审查并批准评估结果</td></tr>
<tr><td>4　安全性合格审定计划</td><td></td><td></td></tr>
<tr><td rowspan="2">4.1　飞机级安全性合格审定计划</td><td>飞机安全性小组</td><td>编写飞机级合格审定计划</td></tr>
<tr><td>项目工程</td><td>审查并批准合格审定计划</td></tr>
<tr><td rowspan="2">4.2　飞机级安全性评估文件</td><td>飞机安全性小组</td><td>编写飞机级安全性评估文件</td></tr>
<tr><td>设计部门</td><td>提供资料、审查并批准飞机级安全性评估文件</td></tr>
<tr><td>5　安全性评估</td><td></td><td></td></tr>
<tr><td>5.1　AFHA 和 PASA</td><td></td><td></td></tr>
</table>

续表

工作项目(示例)	职能部门	工作职责
5.1.1　AFHA和PASA报告	飞机安全性小组	完成AFHA报告及基于AFHA的PASA报告
	设计部门	提供AFHA的输入资料及PASA的FTA、FMEA、CCA支撑文件,并参与FHA、PASA审查
5.1.2　持续安全飞行与着陆清单	飞机安全性小组	确定飞机持续安全飞行与着陆清单
	设计部门	参与功能清单的审查与完善工作,确定飞机的架构与能力
5.2　SFHA		
5.2.1　SFHA手册	飞机安全性小组	制订FHA手册(指导性文件),确保SFHA符合FHA手册的要求
	设计部门	完成SFHA报告
5.2.2　FHA的符合性验证与闭环	飞机安全性小组	制订与协调FHA需求的验证计划,并实施闭环管理
	项目工程	审查和批准FHA需求的验证与闭环管理工作
5.3　PSSA	飞机安全性小组	将SFHA的结果作为PSSA过程的输入
	设计部门	执行PSSA,确定需求,实施需求的设计更改
5.4　SSA	设计部门	完成SSA报告
	飞机安全性小组	参与SSA工作
	项目工程	审查和批准SSA报告
5.5　系统级FTA与FMEA	飞机安全性小组	标准化、规范化FTA和FMEA工作,并参与其中
	设计部门	完成FTA和FMEA报告
	项目工程	审查和批准FTA及FMEA报告
5.6　CCA		
5.6.1　系统分离		
5.6.1.1　系统分离需求确定与实施	飞机安全性小组	主持制定功能和物理分离需求,并入安全性需求数据库中
	设计部门	审查、批准和实施分离需求
5.6.1.2　系统分离要求符合性验证	飞机综合团队	督促分离要求已在飞机设计与制造过程中实施并得到满足
	设计部门	审查、批准分离需求的验证
5.6.2　飞机生存性	飞机安全性小组	主持特定风险审查过程
	相关设计部门	参与PRA过程
	项目工程	审查、批准PRRT文件,实施更改要求
5.6.3　ZSA	区域主管	主持各自区域ZSA工作
	飞机安全性小组	参与ZSA
	项目工程	审查、批准ZSA文件,实施更改要求

续表

工作项目(示例)	职能部门	工作职责
5.6.4 CMA	飞机安全性小组	主持 CMA 工作
	相关设计部门	参与 CMA 工作
	项目工程	审查、批准 CMA 结果,实施更改要求
6 设计审查		
6.1 方案设计审查	飞机安全性小组	参与方案设计(初步设计)审查,以确保所有的安全性需求、危险和相关型号的教训均已列出,并在方案设计中均得到解决
	设计部门	开展方案设计审查
6.2 详细设计审查	飞机安全性小组	参与详细设计审查,以确保所有的安全性需求、危险和相关型号的教训均已列出,并在详细设计中均得到解决
	设计部门	开展详细设计审查
6.3 首飞审查	工程使用部门	首飞审查的计划与协调
	制造部门	准备好飞机,并使之达到可首飞审查状态
	飞机安全性小组	参与首飞审查,确保飞机按设计要求制造

4.8.1 安全性小组

为更好地完成安全性工作，应建立安全性工作小组。飞机安全性小组对型号的安全性工作全面负责，其主要职责是计划、协调和管理型号安全性的相关工作，保证安全性工作受控；其目标是确保型号的安全性水平满足规定的使用要求。其主要任务示例如下：

1）制订安全性工作计划。

2）收集以前相关型号的经验教训，以资为鉴。

3）主持并完成飞机级功能危险评估。

4）完成系统级功能危险评估指导性文件，主持并指导完成系统级功能危险评估。

5）确定飞机持续飞行与着陆所必需的飞机及其系统功能（清单）。

6）完成研制保证等级的分配，对实施情况实时督促与检查。

7）督促和检查 PSSA 工作，以确保安全性需求的建立、确认和归档。

8）完成飞机生存性评估等其他安全性评估工作。

9）保持安全性需求的分析方法（假设）与验证方式的一致性，如执行任务的时间及曝露时间等。

10）同试验部门协调，对 FMEA 和 FTA 中确立的关键故障模式进行适当的测试。

11）请资深飞行员参与安全性审查，确保不存在因飞行机组操纵差错导致事故或事故征候的设计问题。

12）请维修保障人员参与安全性审查，确保不存在因维修差错导致事故或事故征候的设计问题。

13）主持 CMR 的编写与审查。

14）参与 MRBR 的研制与审查，以保证预防性维修工作项目的分析程序符合 MSG－3，相关安全性问题得到妥善处置。

15）参与 MMEL 的研制与审查，并应特别注意 MMEL 对空勤机组操作程序的要求。

16）协调型号安全性合格审定工作。

17）研制过程中发现的安全性问题应闭环管理等。

飞机安全性小组需提交的主要文件示例如下：

1）安全性工作计划。

2）安全性工作进度计划。

3）飞机级 FHA 报告。

4）飞机级 PASA/ASA 报告。

5）飞机级安全性需求与目标。

6）系统级安全性需求。

7）危险的识别、评估和减缓措施。

8）危险索引。

9）按安全性工作计划要求，完成需求的确认与要求的验证过程报告。

10）按安全性工作计划要求，完成飞机级安全性的专项评估报告（见 4.8.4 节）。

11）典型的安全性工作案例。

12）CMR 等。

为保证计划的实施，必要时可临时设立专门的 IPT 团队，如 PRA 团队、AFHA 团队、CMR 团队等。

4.8.2　安全性工作计划

由飞机安全性小组制订安全性工作计划，必要时对其进行修订。该计划应经总工程师及该项目的相关领导讨论、审查并一致通过。

安全性工作计划应描述与飞机安全相关的项目，并集成于型号研制的工作计划之中。安全性工作项目实施的有效性离不开设计部门及其他相关部门的支持。

4.8.3　安全性相关要求

安全性评估团队，除由飞机、系统级安全性设计人员组成外，还应邀请资深的飞行员、使用与保障人员加盟，共同参与飞机、系统级安全性需求的制定与验证。每一与安全性相关的飞机级及系统级设计要求，应与相应故障状态的安全性需求相对应。设计部门的主要任务是识别与安全性相关的所有需求，并得到恰当实施。这些需求包括联邦航空条例（FARs）、审定规范（CSs）、适航部门的补充要求与承制方自己的要求（如专用技术条件）等，具体如下：

（1）适航部门的安全性相关要求

设计师及相关设计支持部门应掌握来自适航部门的所有适航要求及相关修订案，应根据飞机的技术基线确定相关豁免条款。适航部门的要求包括适航标准、以文件的形式颁布的安全性相关要求、专用条件和审定要求项目。当安全性工作计划更新时，应与适航部门协调，以保证所有的适航要求是适用的。

（2）来自需求数据库中的安全性相关需求

安全性机构、设计部门及设计支持部门应负责为需求数据库提供信息。系统工程部门应负责数据库的管理及相关信息的发布。设计部门负责安全性相关需求审查、解决相关问题、批准需求数据库中安全性方面的信息。

（3）来自 FHA 结果的需求

总工程师应负责将来自 FHA 结果的安全性目标（含概率需求）恰当地分配到系统中。

（4）MSG-3 分析

飞机安全性小组应参与 MSG-3 的分析过程，并确保在维修大纲制定过程中设计的安全性需求没有打折。

（5）MMEL

飞机安全性小组应主持 MMEL 的制定，并确保相关设计需求在 MMML 中得到恰当的处置，MMEL 中的使用限制是恰当和完整的，且能满足飞机继续持续安全飞行与着陆的要求。

（6）飞行试验

安全性部门应参与飞行试验计划的制订和实施，以确保设计的安全性问题已得到考虑。安全性飞行试验项目应列入飞行试验项目计划中。试验项目及所采取的方法能够充分证明是满足还是不能满足飞机级的安全性验证要求。试验部门应参与飞行试验准备工作的评审（含首飞审查）。飞行试验中的安全性问题应按飞行试验计划处置。

4.8.4 飞机级安全性评估专项

飞机级安全性评估专项是适航审定要求的飞机级安全性评估项目，而不是飞机级的生存性评估、FHA、FTA 或其他的飞机级功能分离的评估。飞机级安全性评估专项包括：返场评估和叶片飞出/发动机振动评估。

（1）返场评估

按飞机返场评估的要求，何飞机在任何可签派构型的情况下，只要所发生的故障或故障组合的概率要求不是极不可能的，就应能返回到其起飞时的机场。

（2）叶片飞出/发动机振动评估

应对单个叶片飞掉后所引起的发动机振动情况进行评估，以确保在发动机振动的情况下仍能保持安全飞行和着陆的能力。其评估重点在于：在发动机引起的强振动情况下，机组人员能否履行其职责并具有对飞机足够的控制能力。

4.8.5　安全性合格审定计划

（1）飞机级安全性合格审定计划

飞机级安全性合格审定计划就是列出相关工作计划，以证明所设计的飞机及其系统的接口符合 CCAR25 部 1309 条的规定。飞机级合格审定计划通常无须描述具体系统的审定计划内容，而是由飞机安全性小组针对 FHA 中所识别的危险，给出能证明符合 CCAR25 部 1309 条的分析方法。

（2）飞机级安全性评估文件

应针对安全性工作计划中所规定的工作项目，结合已开展的工作逐条形成安全性评估文件，并给出飞机级安全性评估工作总结。该工作总结将作为适航部门的适航工作审定摘要，以表明对飞机级合格审定计划的符合性。

4.8.6　安全性评估

安全性评估过程包括需求的产生、确认和验证，并可对飞机的研发工作构成技术支撑。该过程为功能系统的设计与评估提供了方法，从而保证相关的危险已得到恰当的处置。

安全性评估过程可以是定性的，也可以是定量的，还可以是定性与定量相结合的。

4.8.6.1　飞机级功能危险评估与初步飞机安全性评估

（1）AFHA 和 PASA 报告

飞机级功能危险评估（AFHA）和初步飞机安全性评估（PASA）始于飞机研制的方案设计阶段。

安全性小组主导 AFHA 工作，并保证所有系统级功能危险评估（SFHA）之间、SFHA 同 AFHA 之间的一致性。该小组还应提交基于 AFHA 的 PASA 报告，并在型号整个研制过程中不断完善 AFHA 和 PASA；还应评估系统的单个故障或故障的组合对飞机功能的影响。为保证系统故障的组合不至于影响飞机的持续飞行与着陆功能，需通过 AFHA 和 PASA 过程，将产生的诸如系统分离之类的全部安全性需求纳入需求数据库中。AFHA 和 PASA 团队应对功能故障状态开展危险的识别、评估，给出相应的减缓措施，形成危险索引，并持续跟踪。只有当所有的功能危险通过连续的 PASA、SFHA、PSSA、SSA、ASA 过程，用文件证明每一故障状态所导出的安全性需求的符合性验证闭环，即所有需求均得到满足，才表明 AFHA 工作完成。AFHA 各故障状态安全性需求的闭环状态需定期向飞机型号研制的项目管理部门报告。

（2）持续安全飞行与着陆清单

安全性小组应提供飞机持续安全飞行与着陆所必需的功能清单。该清单用于确定飞机的架构与布局。

（3）飞机级的安全性要求

安全性小组应督促 AFHA 和 PASA 的输出结果（安全性需求）纳入系统规范之中，形成飞机级的安全性要求。

4.8.6.2 系统级功能危险评估

SFHA始于飞机研制的初步设计阶段早期（见5.12.2节），它以AFHA和PASA为基础，对与飞机功能相关的系统级功能所有的故障状态均进行识别与分类。飞机安全性小组应对SFHA进行审查与协调，以保证所有SFHA之间、SFHA同AFHA之间的一致性。FHA审查的结果包括每一系统功能的定量安全性概率要求等指标。SFHA为分析并评估系统故障的组合对飞机级安全性水平的影响提供技术支持。开展SFHA时，应注意以下几点：

（1）FHA指导性文件

安全性小组应制定SFHA指导性文件，以规范各专业系统的SFHA工作，使得同一型号的所有SFHA之间、SFHA同AFHA之间在故障状态严酷度定义、飞行阶段定义、对飞机及机组人员的影响判据、安全性验证深度要求等方面应保持一致性，并制定相关模板，规范SFHA的工作质量。

（2）FHA的符合性验证与闭环

FHA的符合性验证就是证明FHA所导出的安全性需求是否通过设计架构及安全性评估得到满足的过程。

为提高安全性工作管理的监督水平，飞机安全性小组在对各专业SFHA的故障状态持续跟踪的基础上，通过连续的PSSA、SSA过程，用文件证明SFHA的每一故障状态所导出的安全性需求均得到满足。SFHA各故障状态安全性需求的闭环状态需定期向飞机型号研制的项目管理部门报告。

（3）系统级的安全性要求

安全性小组应督促SFHA和PSSA的输出结果（安全性需求）纳入系统规范或研制规范之中，形成系统级的安全性要求。

4.8.6.3 初步系统安全性评估

当PASA和SFHA完成之后，就应着手PSSA。它始于飞机研制的初步设计阶段，是对所提出的系统架构进行系统性检查，以确定故障如何导致由SFHA所识别的危险。PSSA的目标是确立系统级的安全性需求，确定系统的架构能否合理地满足由SFHA所确立的安全性目标。此处的架构包括PSSA确定的功能保护措施需求，如隔离、机内测试、状态监控、冗余独立性和安全性维修任务的间隔等需求等。PSSA也是一个同设计定义交互的过程，它应用于系统、子系统、硬件/软件的设计定义过程。

安全性小组在各专业系统开展PSSA的过程中，应审查PSSA的输入与输出。系统级PSSA输出的安全性需求应纳入系统规范、研制规范或产品规范，形成系统、子系统或产品的安全性设计要求。

4.8.6.4 系统安全性评估

当PSSA完成之后，就应着手SSA。它始于飞机研制的详细设计阶段，是对所实施的系统进行系统性、综合化的评估，以证明下列安全性需求均得到满足：

1）来自FHA的。

2）来自研制总要求的。

3）由PSSA衍生而来的。

通常采用基于PSSA的FTA工具或其他经批准的DD、MA等工具开展SSA工作。SSA采用的定量分析数据可来源于FMES的定量数据，SSA也可对已实施的研制保证等级开展定性方面的验证。通过SSA过程表明，FMES中确定的重要故障模式影响已作为FTA的顶事件得到考虑。FMES就是对FMEA中所确立的故障模式，按故障影响分组后所形成的故障模式和影响摘要。SSA还应包括相关的共因分析结果。

安全性小组在各专业系统开展SSA的过程中，应审查SSA的输入与输出，特别是FTA所用底事件安全性数据的来源是否有据可查、设备研制保证等级是否在研制过程中得到贯彻等；项目工程部门负责对SSA报告的工程符合性、协调性与完整性进行审查。

4.8.6.5　系统级FTA与FMEA

安全性小组同设计部门一起，一是要开展系统级的FTA和FMEA，以保证飞机各系统的FMEA与FTA过程的一致性；二是要对FMEA与FTA的进程进行跟踪，以确保FHA中识别的故障状态得到充分的分析。

由于在系统级，对飞机灾难性的、危险的和（影响）大的故障状态进行分析比较合适，因此设计部门应收集所有系统级的FTA和FMEA结果，交安全性小组并由之纳入飞机级的安全性评估（Aircraft Safety Assessment，ASA）文件之中。

基本事件命名是为了方便故障树分析时底事件及其最小割集的描述。它是多功能系统FTA、FMEA时的基本工具之一，可为设计团队提供标准化、规范化的底事件名字，确保各专业系统FTA、FMEA等相关设计文件对底事件描述的统一、规范。安全性小组应对基本事件命名进行规划，并颁发相关的指导性文件，以保证基本事件命名满足FTA、FMEA等工作的需求。

4.8.6.6　系统分离

安全性小组应组织制定系统分离需求的指导性文件，指导各系统专业确定功能分离需求。分离需求这项工作也可列入安全性分析的基本工作之中。

由安全性小组领导下的分离工作小组应确定系统的物理和功能分离需求。该项工作的目的是通过充分的功能分离确保飞机在遭遇诸如PRA中不利使用状态时，仍具有安全飞行的能力。设计部门负责审查、批准和实施功能分离需求。

系统分离工作组应提交如下文件：

1）建立和确认系统分离需求，合并入需求数据库中，并提交分离设计需求文件。

2）参与系统设计与安装的分析，并验证要求的符合性，提交符合性验证报告。

（1）系统分离需求并入需求数据库

飞机安全性小组和相关的设计部门应当对所定义系统的功能及其物理分离需求负责，并将系统分离需求纳入需求数据库和系统规范或研制规范之中，与其他要求一起实施。

（2）系统分离要求符合性验证

一旦制定了分离需求文件，并纳入系统规范或研制规范之中，这就标志着确立了系统的分离要求，于是就应开展分离要求的符合性验证工作，以确保所制定的分离要求已在飞机的设计与制造过程中得到实施。

飞机综合团队督促该项工作的实施。该团队一般应由系统工程、设计、安全性等部门人员构成。设计部门应给出完成此项工作最有效的方法，这些方法有电子样机审查、实物样机审查和设计制造符合性审查。

为提高工作效率，系统分离要求符合性验证可结合 ZSA 工作进行。

4.8.6.7 飞机生存性

飞机安全性小组主持特定风险审查过程，相关设计部门参与 PRA 过程。飞机安全性小组在开展此项工作之前，应先建立特定风险审查团队（Particular Risk Review Team，PRRT）。

飞机生存性评估是利用 FHA 的评估结果，对飞机可能存在的部分外部因素所导致的特定风险进行分析，以评估飞机的生存性。这些外部因素有鸟撞、冰雹、轮胎爆破、L/HIRF（Lightning/High Intensity Radiated Field）、发动机脉冲对液压系统的影响等。

特定风险审查团队的工作，就是评估设计是否考虑到这些因素。

特定风险审查团队应组织开展的工作包括：

1）识别影响飞行安全的外部因素。

2）提出在外部因素影响下的安全性需求，并列入需求数据库中。

3）针对拟采取的物理及功能系统的分离或防护要求，评估飞机受到外部因素影响的安全性水平。

4）确认飞机及系统生存性方面的安全性需求能够得到满足。

5）对已识别的影响飞行安全的外部因素设计解决方案，予以验证。

PRRT 团队不仅应对类似在役飞机的生存性水平进行研究，还应对飞机使用新技术后带来的可能影响安全的新因素进行分析。只要是影响到飞行安全的外部因素，均应得到识别，并列入需求数据库中。其中，故障状态严酷度等级为Ⅰ、Ⅱ类的外部影响因素，还应有分析文件备考。

PRRT 团队接受安全性小组领导。

4.8.6.8 区域安全性分析

安全性小组应组织制定 ZSA 的指导性文件，区域主管主持各自区域的 ZSA 工作。ZSA 就是确定、分析飞机各区域内系统与系统之间，或设备与设备之间的相互影响，判明 PASA、PSSA 中所确定的冗余独立性要求是否会受到设备与系统在飞机上安装位置的影响。当设备按设计要求在飞机（含电子样机）上安装好后，应开展 ZSA 工作。

对飞机的每一区域，应委任相应的负责人，由各区域负责人牵头、由相关功能系统的设计人员参加，共同完成区域的安全性分析工作。ZSA 的结论应作为 PSSA/SSA 及 SFHA 的输入，还应作为 AFHA/PASA 的输入或在更新迭代时的输入。对 ZSA 中发现的不符合项，要么改进设计，要么通过相关文件证明设计差异的合理性或经相关人员签署允许其存在。

各区域负责人由安全性小组指派。

4.8.6.9 共模分析

安全性小组应组织制定共模分析（Common Mode Analysis，CMA）的指导性文件并主持CMA工作。CMA就是为了验证FTA/MA/DD中的“与”事件是否真正相互独立。那些可能导致设计冗余无效的因素如下：

1）设计、制造、维修差错。

2）系统部件的故障。

CMA过程及常见的共模故障见6.7.4节。

CMA过程就是分析设计中所要求的功能独立性或冗余是否在飞机上真正实现。CMA过程的实质是分析这些可能导致冗余失效的差错和故障。

各系统专业应通过CMA验证飞机或系统必须采用独立性设计的“与”事件已经采用了独立性设计；功能及功能监控的独立性设计，已得到考虑；已采用相同部件的硬件或软件，虽然会在多个系统中出现共同的故障模式，但这一结果不应导致飞机安全性水平的降低。例如，对全电系统，就应特别分析某一类型的电源失效时，飞机的其他功能系统是否会发生严酷度等级为Ⅰ、Ⅱ类的故障状态。

4.8.7 设计审查

民用航空装备设计审查职责可参考SAE ARP 4754A，其他装备设计审查职责可参考GJB 3273A—2017。本节仅讨论民用航空装备的设计审查职责，以下审查阶段的划分考虑了我国装备研制的工程实际情况。

4.8.7.1 方案设计审查

方案设计审查：

1）确保设计需求的完整性和正确性；

2）确保设计方法与需求的一致性。

飞机安全性小组应参与审查，以确保所有的安全性需求均已得到考虑，并通过PSSA过程得到确认。方案设计审查在ARP 4754A中称为初步设计审查。

4.8.7.2 详细设计审查

详细设计审查：

1）确保设计需求的完整性和正确性。

2）确保设计的实施过程与需求的一致性。

3）方案设计审查意见已归零。

飞机安全性小组应参与审查，以确保所有的安全性需求均已得到考虑，并通过SSA过程得到满足。详细设计审查在ARP 4754A中称为关键设计审查。

4.8.7.3 首飞审查

首飞审查应在飞机首飞前完成。通过该项审查证明：

1）整机及系统的配置状态是正确的。

2）已发现的问题在首飞前均已解决。

3）不存在影响飞行安全的任何缺陷或差错。

4）方案设计审查和详细设计审查意见已归零。

该项审查，除审查相关设计、制造及质量报告外，还要打开飞机的口盖，对飞机实施尽可能全面的、彻底的检查；并按照文件审查及飞机检查结果，确定飞机是否可以首飞。

飞机项目办公室应在主网络计划中列出首飞审查计划的节点，确保本计划与安全性工作计划中规定的工作相协调，并在飞机首飞前准备好相关审查资料及审查备查资料。飞机安全性小组负责组织该项审查，并收集相关审查意见。

工程使用部门应安排并主持首飞审查的会议。飞机制造商对审查中发现的问题予以跟踪和归零，以确保首飞前型号所有的安全性需求均已得到满足。飞机安全性小组应按要求全面支持首飞审查工作。首飞审查在 ARP 4754A 中称为工程安全性审查。

4.9 安全性评估策略与过程管理

4.9.1 安全性评估策略

安全性评估策略就是为保证飞机的安全性水平拟采用的一系列方法。为便于安全性工作计划的实施，须事先确定安全性评估策略。该策略不仅能有助于解决上述讨论中所遇到的问题，还有助于与第三方（如用户、适航审定当局）交流。安全性评估策略应包括如下内容：

（1）建立安全性评估的组织机构

安全性评估的组织机构需由参与安全性评估的核心人员组成。这些人员包括项目经理、客户方、军民机适航当局以及供应商和内部工作团队等。只有安全性评估参与人员之间团结协作，才能保证安全性评估工作的成功。

（2）定义系统层次

在进行安全性评估之前，首先要开展的工作就是定义系统所处的层次。这一点的重要性在第 2 章中已做介绍。不同层次的系统（如飞机级、系统级、子系统级），在评估的范围和所采取的方法上是极不相同的。

（3）描述系统

系统需要按其物理组成及其使用功能与接口关系进行定义。系统的描述包括：

1）系统组成。

2）系统功能（含各种使用模式下的功能）。

3）使用环境和飞行包线（以飞机为例）。

4）系统之间的接口以及各系统的功能和物理边界。

5）系统的改装和对现存系统的简化。

如果在安全性评估中系统边界的定义每个人理解不一样，可能一些关键的环节易被忽略。系统只有划分了清晰的边界，才有助于责任的分配。将转承制方的产品集成到一个复杂的系统之中，更是如此。

为使安全性评估要求一目了然，最好以各种图表描述，如电路图、功能模块图、系统功能清单、故障模式表等。

(4) 制定安全性/风险标准

安全性/风险标准即所确立的顶层系统安全性要求或目标。适航当局可能对不同方面的危险或事故有不同的定义或要求。为了能够客观地区别和评估可能发生的各种风险，需按 CCAR/FAR/CS 规章 1309 条中的“不可能的”“极不可能的”“灾难性的”“危险的”等标准术语准确定义系统的故障状态严酷程度及定性与定量要求。安全性评估工作的任务就是评估系统的安全性水平是否达到了所确定的安全性定性和定量需求。

(5) 阐明安全性评估结果的论据

安全性评估结果的论据，即如何证明系统达到了可接受的安全性水平。在研制阶段，安全性评估是一个反复迭代的过程，只有经 SSA 表明系统达到了可接受的安全性水平，且通过了适航审定或用户的鉴定，安全性评估过程才算结束。因此，在飞机各转阶段审查中，应按安全性工作计划提供审查节点前需完成的各类安全性评估报告，以作为阐明安全性评估结果的论据。

(6) 明确安全性工作计划的责任人与进度

各种安全性工作计划必须纳入项目的研制计划中，并予以定期检查与考核。也只有这样，才能保证安全性评估结果能用于确定安全性需求并验证所确定的需求是否得到满足，进而通过评估结果影响设计，避免“两张皮”现象产生。

安全性工作计划中，必须明确责任人和完成时间。安全性工作至关重要的是工作节点，即最合适的工作在最合适的时间由最合适的人员完成。如果错过了这一时机，可能会产生两种意想不到的后果：

1) 极大的安全性风险。系统投入使用时将达不到安全性的目标。

2) 极大的项目风险。当安全性问题后来发现时，工程的进度将受到影响，工程的项目有可能取消，或者相关费用将超支。

4.9.2　安全性评估过程管理

安全性评估过程不只局限于飞机的研制阶段，而是必须贯穿全寿命周期过程。为了使安全性评估过程达到所期望的工作效果，需事先制订安全性工作计划，对安全性评估过程开展恰当的管理，以保证：

1) 所有的故障状态在飞机研制过程中均能得到有效识别与确认。

2) 所识别与确认的故障状态在飞机研制及使用的全寿命周期内均能得到有效的考虑。

3) 所考虑的故障状态在飞机研制及使用的全寿命周期内均能得到有效的跟踪。

4) 所跟踪的结果表明，针对 FHA 中所识别的故障状态，在飞机研制的过程中所实施的设计方案均能满足相关安全性设计目标或规范的要求，在飞机使用过程中所实施的使用与维修保障（产品支援）方案均能满足飞机持续适航的要求。

第5章　装备研制保证过程

5.1　概述

如果说“昨天”的装备研制关注的是结果，即能不能拿出符合研制总要求的装备，那么：“今天”的装备研制关注的是实现结果的具体过程，即为符合研制总要求，装备研制的每一步是怎么做的。

以前，我们在研制新型装备时往往只注重其功能实现，注重总体性能设计，注重装备实现（结果）。至于安全性，则更多依赖的是历史设计经验、国家相关标准及规章要求。以飞机为例，过去，我们先关注设计一个达到什么性能的飞机，根据有效载荷、飞行速度与高度、使用环境等，开始发动机选型与气动外形设计工作，飞机结构空间确定之后就是方案设计、详细设计。在方案设计、详细设计过程中，往往按传统的经验开展系统的架构与设计，而没有按型号对功能安全性的需求自顶而下将其依次分解到系统、子系统和设备（含软件），也没有自下而上依次验证相关的安全性需求是否得到满足；部分影响任务完成或安全性的关键设备往往还受空间结构所限，致使其维修性、可达性、维修保障等方面总难达到期望的效果；系统安全方面关注的，则往往是安全性设计准则、相关标准及规章之类的符合性检查。其结果是首架样机的研制进度往往还令人满意，但达到飞机设计定型所必须的研制要求则是一个漫长的过程，这一过程可能远超出型号研制从方案论证到首飞的时间。

为什么会这样呢？因为我们传统的研制方式，从立项论证、方案设计、详细设计到科研试飞阶段，几乎没有系统地开展过安全性工作，致使大量的问题在试飞过程中暴露。例如，主液压刹车系统功能失效，飞行员采用应急刹车系统将飞机控制了下来，避免了三等事故的发生。但是，故障到底发生在哪里？按常理，查阅故障检测与隔离手册或FTA报告就应该知道，但实际情况是需要进行多次地面试验之后才能“故障定位”，当“故障定位”并实现双五归零之后，在后续的领先使用中，又发生主液压刹车系统功能失效的情况，于是再次“故障定位”……由于该系统与其他系统有交联接口，还有一定量的硬件与软件集成，按现代标准，算得上是一个中等复杂与集成的子系统。“刹车（地面减速）功能失效”这一故障状态，严格来说属灾难性故障状态，对大型商用飞机而言，其发生概率（安全性要求）应不大于10^{-9}/FH。可就是这样一种极为关键的故障状态，在故障分析时，要求承研单位拿出FTA报告以帮助查找故障原因，而此时承研单位往往还拿不出来，虽经多次反复的地面试验与试飞试验，但故障机理依然不清。于是，这样的一种试飞过程，实质上就是一种边试飞、边摸索、边设计、边调试的过程。

其补充试验之多、试飞过程之长、研制风险之高、研制周期之长，就不足以为奇了。

因此，仅就进度与费用风险而言，传统装备的研制思路并不适用于现代装备的研制。

3.15节告诉我们：研制保证过程的必要性就是解决研制过程中的需求错误、设计等差错或疏漏，研制保证过程的核心手段就是实施过程控制，研制保证过程的核心思想则为"安全性需求引导装备研制"。该节还简述了如何将安全性需求纳入装备的研制保证过程中，通过严格的过程保证手段，来确保装备安全性目标的实现。

而今，装备的研制思路就是：装备级安全性需求主宰装备研制需求的识别与验证，装备的安全性评估主宰装备物理系统的研制过程。对飞机而言，就是根据市场需求确定飞机功能需求；根据功能需求确定功能安全性需求；根据功能安全性需求确定飞机及系统架构需求，估算飞机质量；根据飞机质量、性能、维修性及气动要求确定飞机结构空间及相应的气动外型；之后是飞机空气动力学模型的吹风……

以上所有的一切工作均应在装备研制的过程控制之中。没有严格的过程控制，便没有所期望的结果——装备寿命期内的安全、可靠、经济。而装备研制保证过程本身就是在ARP 4754所提供的研制过程框架体系内进行的。更有意思的是，装备的集成过程本身就是研制保证过程的核心内容，且此章主要以航空装备为例介绍装备的研制与集成过程，故取名为"装备研制保证过程"。本章所介绍的研制保证过程内容是系统安全技术的重要组成内容，它主要体现在以下两个方面：

1）研制保证过程的内容。研制保证过程包括安全性评估、研制保证等级分配、研制需求捕获、研制需求确认、研制需求实施与验证、构型（技术状态）管理、研制过程保证、合格审定协调（航空装备）等装备研制与集成的基本工作。如果在装备研制过程中这些基本工作都无法受控，那又如何能保证所研制的装备能满足规定的安全性要求或期望的安全性目标呢?

2）系统安全工作与装备全寿命周期融为一体。不仅安全性目标的实现与使用安全性水平的保持需要与装备的各项研制工作同步进行，需要在研制过程中考虑装备的使用与维护，而且安全性水平的持续改进也离不开装备使用过程中的功能、性能与可靠性监控，而这些监控工作的依据就是装备研制阶段所考虑与确定的最终构型及安全性评估结果。

5.2 安全性与装备研制过程

5.2.1 安全性需求引导装备研制

3.15节中论述了安全性需求引导装备的研制，本节重点讨论安全性如何引导装备的研制。图5-1以飞机为例，勾画了安全性需求如何引导现代装备研制的过程，它是对图3-10飞机研制保证过程简化模型的具体化。

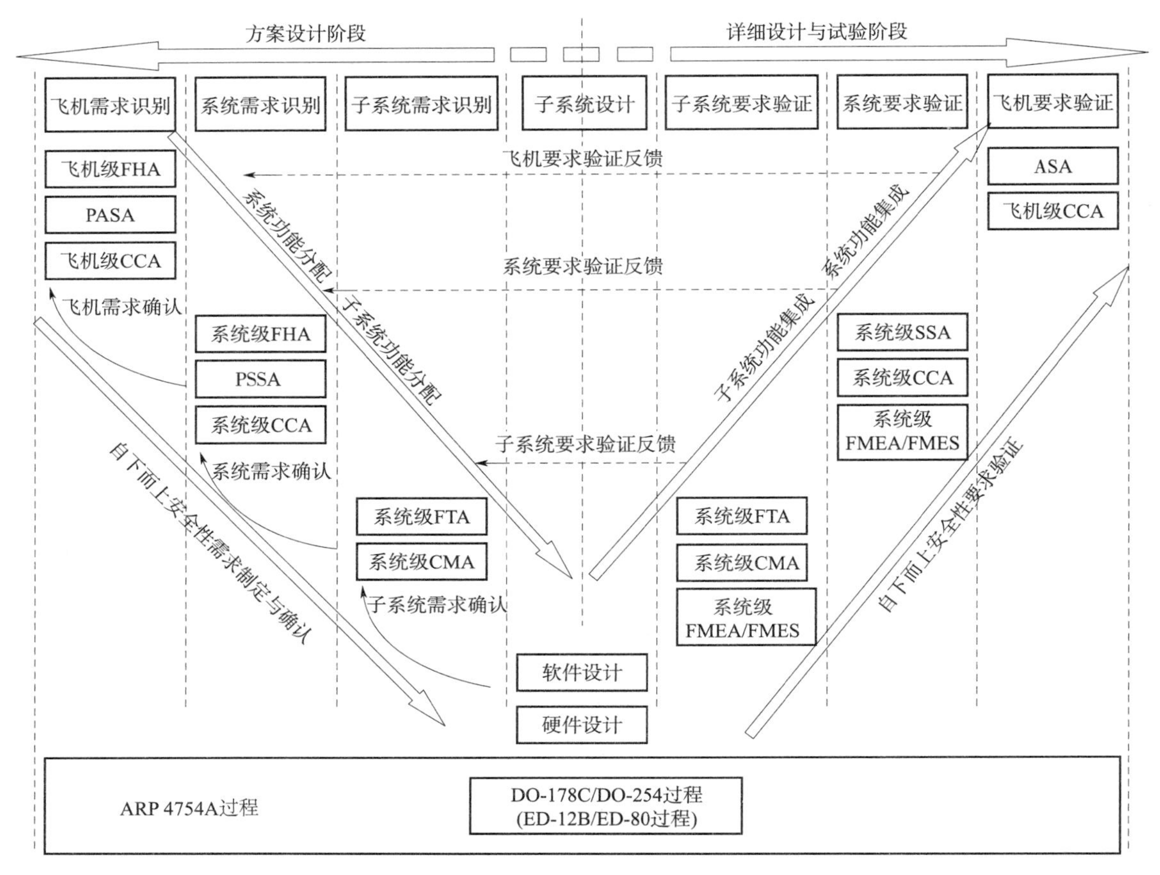

图 5-1　现代飞机安全性要求与研制过程相互关系

注：图 5-1 中的子系统是指有边界或明确接口定义的硬件或软件（所构成的功能系统），在本书其他章节有时也称为设备（如在讨论 IDAL 时）。ARP 4754 称该子系统为 ITEM，而国内外业内专家更倾向于将 ITEM 称为子系统。

图 5-1 图解了如何将系统安全工作融入装备的研制过程之中：左侧的两粗线条解析了如何识别整机的功能，如何通过安全性评估确定整机的安全性需求，并自上而下将整机功能安全性需求依次分配到系统、子系统；右侧的两粗线条则诠释了如何自下而上依次实现子系统、系统及整机的功能集成，如何通过安全性评估验证所分配的安全性要求（需求）自下而上逐级得到满足。

通过这两组粗线条的组合，在方案设计阶段，自上而下依次确定装备级、系统级、子系统级的研制需求，并形成相应级别的系统规范、研制规范或产品规范（见 2.16 节），该规范应包括功能需求和安全性需求；在详细设计与试验阶段，自下而上依次验证规范中所规定的要求是否得到实现和满足，并将分析与试验的结果及时反馈到相应级别的规范中（图 5-1 中自右向左的三根虚横线，此处参考了文献［61］中的图 8-3，与 ARP 4754A 中的图 5 不同）。如果规范中规定的要求得不到满足，要么自下而上修改设计并重新进行安全性评估，保证规范中规定的要求得到满足；要么自上而下迭代修改安全性评估的结果，得出新的需求，进而修订规范，使得产品达到相应级别规范所规定的要求，并最终满足AFHA需求和用户需求(研制总要求)。

从图5-1中不难看出:

1)图5-1描述的双V过程使得安全性工作与装备的其他研制工作融为一体,从而可实现装备各层次系统安全性需求和其功能与性能需求同步分析、同步设计、同步验证。

2)不管是自上而下的功能需求分解还是自下而上的功能集成与验证,自始至终离不开安全性评估工作,如FHA、PASA、PSSA、CCA、FTA、FMEA、SSA、ASA等。图5-1再次展现了"安全性需求引导装备研制"的理念,即装备及各级产品架构、规范内容、研制工作深度、研制保证等级高低均以安全性需求为导向。

5.2.2 装备及其系统研制过程与研制差错

由复杂系统所集成的装备级功能,往往会因为研制差错、不期望的结果或影响给装备的研制带来较大的技术、进度和费用风险。与此同时,对高度集成和复杂系统,人们总想通过有限的试验或分析方法证明所有的研制差错均得到纠正,或将研制差错控制到最小化。而这基本上是不现实或完全不可能的事,具体见3.15.2节。此外,从数学角度上讲,所有的研制差错均是不确定的,目前没有合适的数学方法来表征它们,因而也不存在合适的数学函数来表征功能研制保证等级(Function Development Assurance Level,FDAL)与研制差错的数字概率之间的关系。

虽然试验或分析的方法不能实现研制差错最小化,但研制保证过程可以。研制保证过程实现研制差错最小化的前提就是对于由装备级自上而下的研制需求确定过程和自下自上的研制需求验证过程(图5-1),必须得到严格执行。

图5-1参照ARP 4754A所勾画的研制保证过程,能作为复杂装备的装备级、系统及子系统级产品的研制指南。该研制保证过程包括研制需求的识别与确定、研制要求的验证、相应的构型(技术状态)管理和过程保证等工作。研制保证过程是通过研制保证等级来约束的,而研制保证等级则是对研制过程的严格程度进行度量而划分的等级。研制保证等级划分的依据是故障状态严酷度类别,即不同的故障状态严酷度类别基本对应着不同的研制保证等级需求;研制保证等级的应用对象是具有高度复杂与综合特征的系统、子系统、硬件与软件;研制保证等级的目标是以一定的置信度将研制差错最小化。

对于严酷度类别相同的故障状态,其安全性目标值分配有两种方法可以实现:

1)分配合适的功能研制保证等级(定性)。

2)分配合适的故障状态概率要求(定量)。

需要特别注意的是,这两种方法不能互为补充或替代。

由于研制保证等级的分配主要取决于故障状态的分类,因此安全性分析过程应结合所定义的研制保证等级进行,而所确定的故障状态及相应的严酷度分类可用于导出合适的研制保证等级。

总之,按照ARP 4754,通过研制保证等级对研制保证过程实施恰当的控制,能最大限度地减少装备及其系统的研制差错。为减少研制差错而开展的工作,其置信水平则取决于图 5－1 所示的结构化、系统化的过程保证程度。图 5－1 部分内容将详解于后续相关章节之中。

5.2.3 软硬件研制过程与研制差错

图 5－1 底部所示的 DO－178C/ED－12B 和 DO－254/ED－80 过程可用于确定各类软硬件的设计需求和研制保证等级，可经济而有效地控制软、硬件研制时的人为差错，并达到可接受的置信水平。这一点已被工业部门及各国适航当局普遍认可。

当装备级的功能与安全性需求自上而下逐级分配至硬件与软件后，装备及系统架构、冗余管理和需求分解已经完成。虽然对于构成装备子系统的软、硬件项目实施原则上超出了 ARP 4754 的范畴，同样也超过了本书的研究范围，但是 DO－178C/ED－12B 和 DO－254/ED－80 过程如果没有融入图 5－1 所示的自装备级到子系统级的研制保证过程，则不能将硬件与软件的研制差错降到可接受的置信水平，更不能说系统级/装备级的研制保证过程受控。

5.2.4 安全性评估与装备研制过程接口

图 5－2 以现代商用飞机的研制过程为例，给出了装备安全性评估与其研制过程的接口模型。图 5－2 右侧描述的是飞机系统研制过程，左侧则图解了安全性评估过程。对于装备级功能，研制过程从顶层定义（如需求论证报告）开始。如果装备的功能需要增减，则切入点可能发生在对某个特定子系统实施更改的前后关系上。但是，不管切入点如何，必须评估所更改的功能对装备级其他功能及其保障需求的影响。

实际上，图 5－2 所示的许多研制工作是同时发生且相互关联的。衍生需求则可能发生在装备的任何层面，并可能改变或限制与较高层面相关的接口及设计决策。这就导致了按 FHA 所确定的和按 PASA/PSSA 所分配的安全性需求需按相关层面系统（广义系统）功能架构的实际情况，在权衡用户需求、安全性需求、进度要求、费用要求、技术成熟度要求等相关因素的基础上进行修改。这一过程也就是图 5－1 所示的自上而下的研制需求（含安全性需求）的识别与确认过程，这种研制需求的识别与确认过程实质上也是装备上、下各层次系统间需求的反复迭代过程。

按图 5－2 所示模型，装备研制的主要过程如下：

1）装备功能确定。

2）装备功能分配。

3）系统架构确定。

4）系统级需求（要求）分配。

5）系统实现。

6）装备功能的集成与验证。

对于构成飞机的功能系统，如飞行控制系统、发动机系统、液压系统等，其研制过程模型可参考图 5－3。

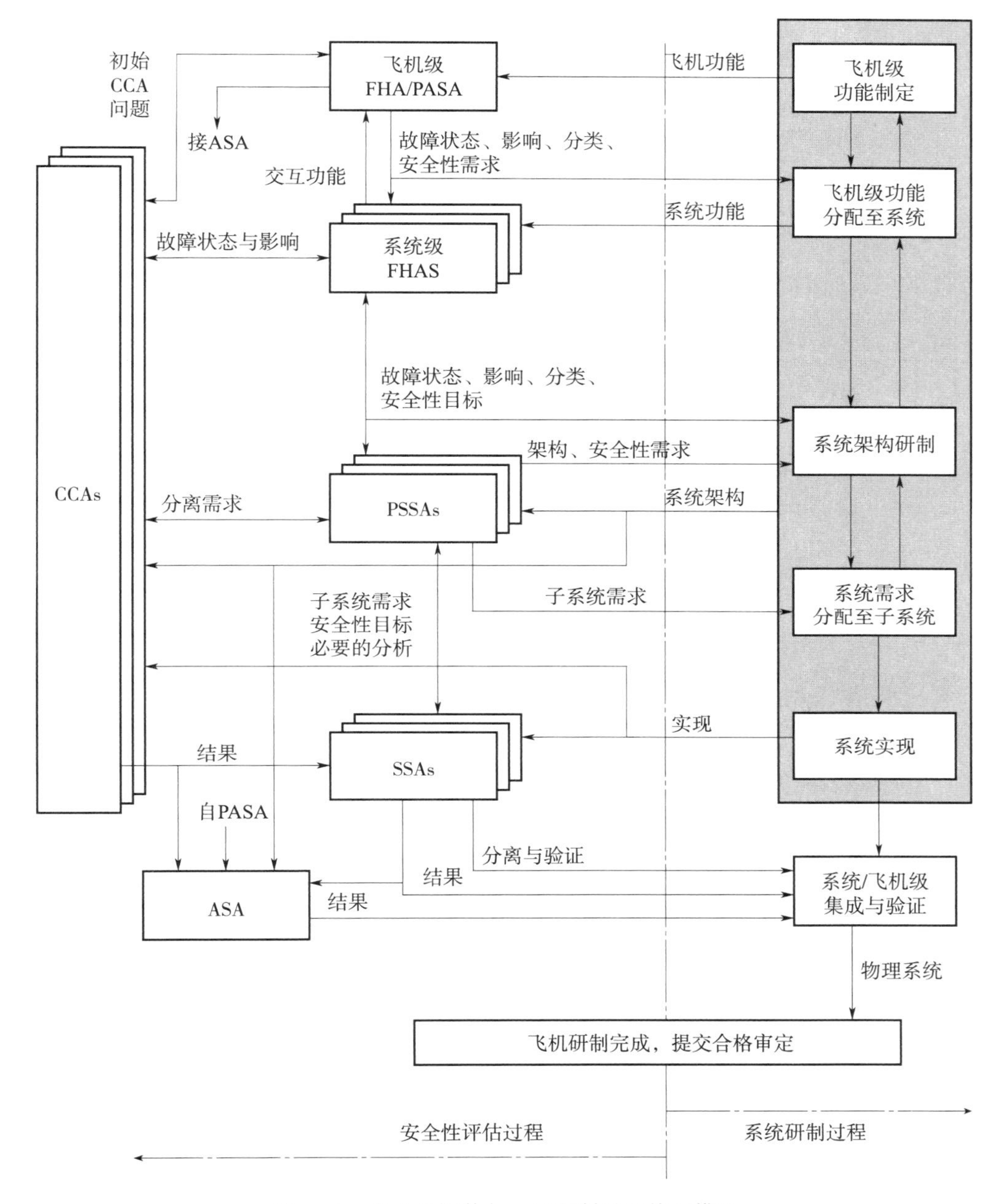

图 5－2　安全性评估与飞机研制过程接口模型

图 5－3 实质上是对图 5－2 所示模型进行了模块化（抽象化），以便在系统方案设计之初，对系统的研制过程与安全性评估过程有一个初步宏观了解。但这并不是说现代飞机的适航审定，只要单个系统的合格审定逐一通过了，整机的合格审定就可以通过。这是因为现代装备存在许多接口相互交叉且高度复杂、集成的系统。正因如此，前面章节多次提到，现代装备各系统的安全性工作必须置于装备整机的层面之上；必须置于装备大系统、大综保的环境下，综合考虑组织、人为与技术因素及相关的接口；必须与装备的研制工作

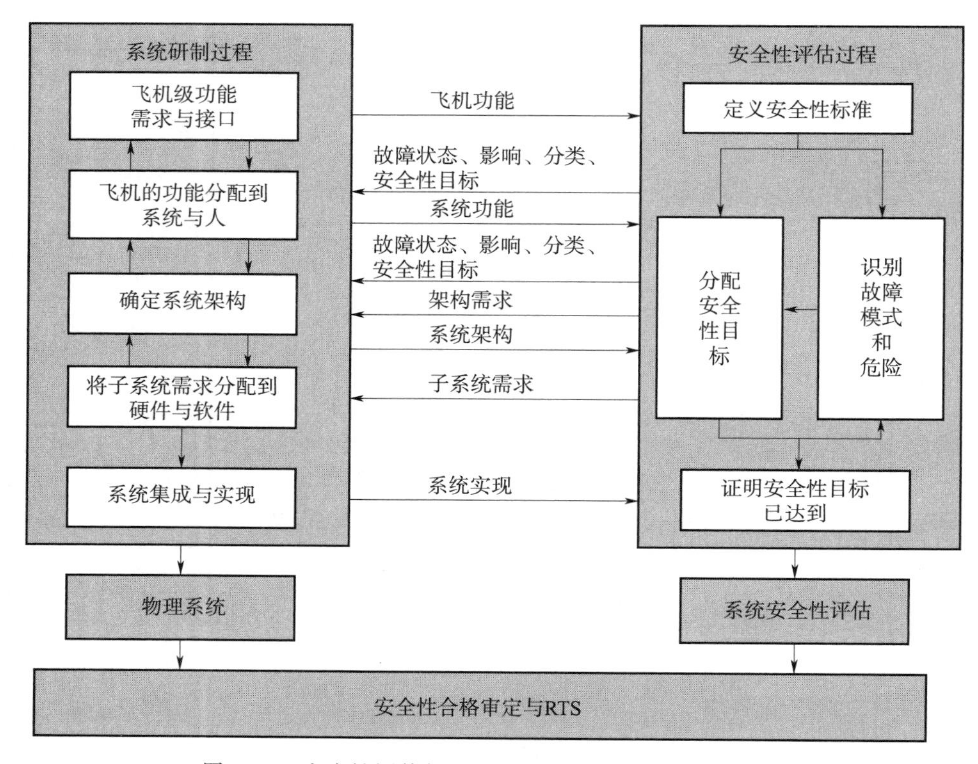

图 5-3　安全性评估与飞机功能系统研制过程接口模型

并行、交叉进行。其合格审定必须通过研制保证过程表明：高度集成与复杂系统研制差错控制程度达到了相应的置信水平。这一置信水平就靠图 5-1 所示的基于 ARP 4754A 研制过程来保证。

按图 5-3，飞机功能系统研制的主要工作如下：

1）确定飞机级功能、功能需求和功能接口。

2）确定功能故障时故障状态的相关影响与后果。

3）将飞机的功能分配到系统与人。

4）进行系统架构设计和将所识别的需求分配到子系统。

5）将子系统需求分配到硬件和软件。

6）硬件与软件的设计与制造。

7）硬件/软件综合。

8）系统综合。

5.2.5　安全性评估简介

安全性评估包括需求的识别、确认和验证过程，并对装备的研发工作构成技术支撑。该过程为评估装备的功能及履行这些功能的系统提供了方法，从而保证相关的危险均能得到恰当的处置。图 5-2 简要地给出了安全性评估过程与飞机研制过程的接口模型。在按照既定的安全性工作计划开展安全性评估工作时，其过程远比图5-2要复杂。

各类安全性评估工作所开展的深度取决于装备级故障状态的严酷度分类、所实施系统的复杂性与集成程度、相似系统的设计与在役使用经验及技术成熟度。因本章牵涉大量的安全性评估基本概念，故此处特对安全性评估进行简介。其详细评估技术要求见第6章。

5.2.5.1 安全性评估过程

商用飞机安全性评估过程主要包括以下4类工作：

1）功能危险评估（FHA）。

2）初步系统安全性评估（PSSA）。

3）系统安全性评估（SSA）。

4）共因分析（CCA）。

安全性评估过程可以是定性的，也可以是定量的，还可以是定量与定性相结合的，如研制保证等级的确定、HIRF与抗雷击要求等。安全性评估的许多定性分析工作还往往体现在CCA之中。只有当SSA及ASA的结果表明由SFHA及AFHA所确定的安全性目标达到时，研制阶段的安全性评估过程才算完成。

对民用航空装备而言，安全性评估过程用来评估对CCAR23/25/27/29等规章中1309条的符合性及1309条之外相关安全性标准的符合性；对军用航空装备而言，安全性评估过程用来评估对MIL-HDBK-516的符合性；对航空装备之外的其他装备而言，安全性评估过程用来评估装备对相关安全性标准的符合性。安全性评估过程在装备研制过程中开展并通过反复迭代而完成，它涉及装备及其系统研制过程的许多接口。这里以商用飞机的研制过程为例，仅简略介绍如下。

（1）功能危险评估

功能危险评估用于对飞机及系统的功能进行核查，以识别潜在的功能故障状态并对所识别的故障状态逐一进行故障状态严酷度分类。该项工作在航空装备研制的方案设计阶段就应进行，并根据后续研制过程中功能调整情况进行动态更新。其结果将作为飞机级/系统级安全性要求（需求）的确定与分配依据以及整机、系统、子系统的功能架构依据。

（2）初步系统安全性评估

初步系统安全性评估分为初步飞机安全性评估和初步（飞机）系统安全性评估（详见2.11.3节）。初步飞机安全性评估用于确立飞机的安全性需求，并初步表明所采用的架构方案能满足飞机级安全性设计目标；初步（飞机）系统安全性评估用于确立系统及子系统的安全性需求，并初步表明系统及子系统所采用的架构方案能满足系统级的安全性设计目标。在系统研制过程中，需按照系统安全性评估或飞机安全性评估的结果，并通过反复的迭代过程对PASA/PSSA结果进行动态更新。

（3）系统安全性评估

系统安全性评估分为飞机安全性评估和（飞机）系统安全性评估，（飞机）系统安全性评估，通过收集飞机系统设计方案实施过程中的相关信息（如系统架构）并加以分析，以报告的形式表明所实施的设计方案能满足飞机系统的安全性设计目标；飞机安全性评估收集飞机设计方案实施过程中的相关信息（如飞机架构）并加以分析，以报告的形式表明所实施的设计方案能满足飞机的安全性设计目标。

（4）共因分析

共因分析用于确立飞机系统、子系统物理及功能之间的分离、隔离及独立性要求，并证明所实施的设计方案能满足系统或子系统预先所确立的分离、隔离需求。

5.2.5.2 货架产品的系统集成与安全性评估难点

很多飞机研制人员认为，我们正在研制的型号，某个系统完全是照搬在役型号的成熟系统，或某些成品已在很多在役型号上经过长时间的考核，其安全性水平无须再进行评估，或评估起来较为容易。非也。

实际上，各种零部件或子系统集成为一个可使用的系统（含装备层次）时，绝不是简单地对货架产品进行技术性打包。这种货架产品所集成的系统，其安全性评估的难点在于：

1）“化整为零，各个击破”的思想不适用于货架产品所集成的系统。货架产品实质上是以前为满足特定条件下相关需求而研制，并经过设计定型和生产定型，在一定批次的装备上使用过的产品。当它用于新研装备时，安全性评估人员必须考虑到所选用的货架产品与系统/子系统之间的接口及使用环境；必须考虑货架产品所在的现役装备与新研装备之间的差别。针对这类货架产品所集成的系统开展安全性评估时，需考虑的因素远大于其组成部分各因素之和。很明显，在特定的情况下，这种由货架产品集成的系统，其遭遇的许多问题可能是我们以前未曾见过的，如振动、温度、盐雾等使用环境的变化，维修环境与监控要求的变化，或输出与输入参数的变化等，以至于不得不考虑对货架产品的改型。

2）非一致性的安全性判据。虽然故障模式发生的概率什么是“极不可能的”“极小的”“微小的”“可能的”，故障状态的严酷程度什么是“灾难性的”“危险的”“（影响）大的”“（影响）小的”，这些在商用飞机领域均已有明确的定性与定量定义，但在军用航空装备领域不同用途的装备定性定义不一样，大多装备类型甚至没有较为明确的定量定义。这就使得工程上人们开展安全性评估时较为困难，工作量较大，且争议较多。

3）子系统的安全性评估接口考虑不够充分。因货架产品用于新研装备子系统时，其承担的安全性需求与目标可能发生较大的变化，相关的安全性评估接口（图 5-3）可能考虑不够充分，从而导致型号研制期间整个系统的安全性评估工作要么需承担的安全性需求不能胜任，要么安全性评估的工作量分配不成比例，要么会产生许多重复的、无效的劳动。

产生以上问题深层次的原因就是没有很好地理解安全性评估的结构。解决这一问题最好的办法如下：

1）定义好子系统的安全性评估范围与边界条件，而这就需要产品的承制方与转承制方、适航当局之间具有良好的合作关系。

2）利用自顶而下的目标驱动型方式，即利用可度量的安全性目标对系统的架构重新评估，将有助于使各个子系统的安全性评估工作以较为成比例的方式展开。

3）在装备研制周期的早期阶段制订清晰的安全性工作计划。

如果装备的安全性评估工作没有自顶而下到所有的硬件与软件，没有自下而上回归到装备级，则上述难点很难解决。

5.2.6　设计描述

在装备研制过程中，各层次级别系统的设计描述贯穿于研制周期内方方面面的设计文档之中。一般要求设计简明扼要、直奔主题、无歧义，且参与装备研制的不同专业人员能相互理解。设计描述通常包括如下内容：

1）本层次系统所支持的上一层次系统的期望功能。

2）本层次系统的使用环境。

3）本层次系统应达到的能力。

4）本层次系统故障或使用与维修差错的检查方法。

5）本层次系统容错和重构方法。

6）本层次系统新设计与沿用设计内容。

7）本层次系统（拟）采用的新技术及新技术的成熟度。

8）为保证装备级安全性水平，本层次系统所采取的架构特征和设计原理。

以上 8 条为常规内容，但可视报告的主题，酌情增减。

5.3　装备功能确定

5.3.1　功能确定与实现过程模型

图 5－4 以飞机为例，论述了装备功能的确定与实现过程模型。图 5－4 描述的模型包括（航空）装备各层次系统功能的研制过程，即展示了飞机的多种功能、实现这些功能的多个系统、支撑每一系统的多个子系统、构成每一子系统的多种硬件与软件等各层次功能的研制过程及研制周期内的相关工作。该模型不同于图 5－1～图 5－3 所示的模型，它从功能研制的角度描述了功能的确定与实现方式，阐明了装备及系统、子系统研制过程的复杂性，即各项研制工作的高度交叉与反复迭代，且周期性过程似乎比连续性过程还要多。该模型进一步佐证了装备的研制过程重于结果，即没有严格的结构化设计保证和严谨的过程控制，很难保证在实现其功能及安全性目标的同时，控制住进度、费用等风险。该模型还揭示了装备功能研制时所必需的系统而完整的研制保证过程，即

1）安全性评估。

2）研制保证等级分配。

3）研制需求捕获。

4）研制需求确认。

5）研制需求的实现与验证；

6）构型（技术状态）管理。

7）研制过程保证。

8）合格审定协调（航空装备）。

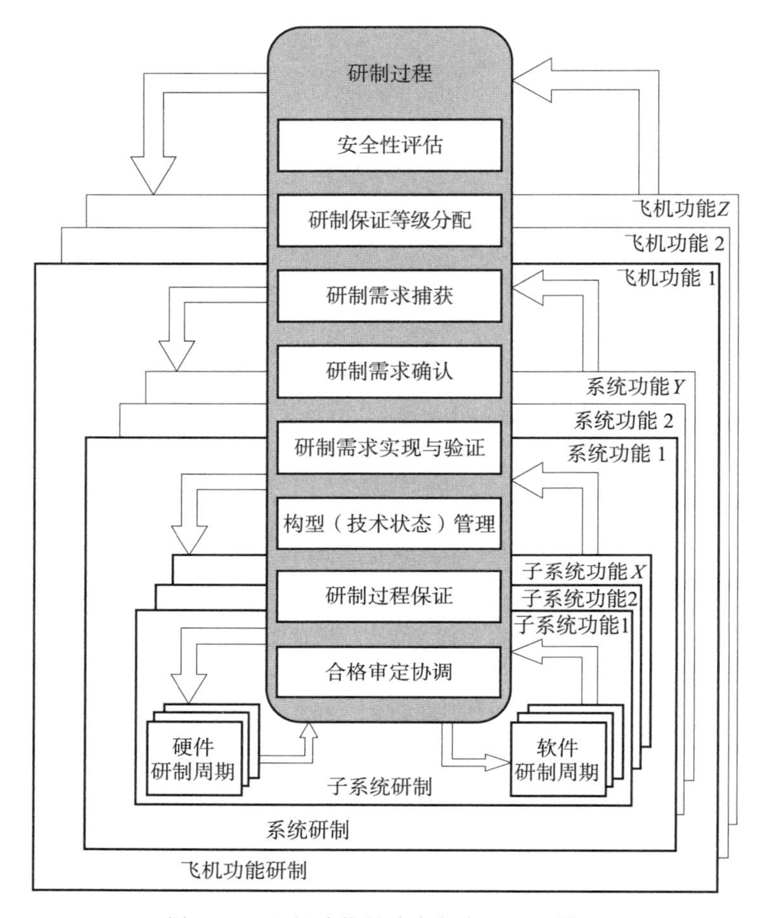

图 5-4　飞机功能的确定与实现过程模型

由图 5-2～图 5-4 不难得出：装备的研制需求的识别、确认与分配，通过装备、系统架构逐步分配到硬件与软件的过程，由 ARP 4754 和 ARP 4761 来实现，或者说通过安全性评估过程来实现；反之，由软、硬件到子系统、系统及装备级的集成过程亦然。因此，装备功能的确定与集成过程，实质上就是通过安全性需求引导装备研制的研制保证过程。该研制保证过程可以保证装备功能的确定与实现，并提交满足客户期望需求的装备。

5.3.2　装备功能的确定过程

5.3.2.1　装备功能示例

此处仅以飞机为例，论述装备功能的确定过程。典型飞机级功能示例如下：

1）推力控制；

2）升力/阻力控制。

3）飞行航迹控制。

4）偏航/横滚/俯仰控制。

5）座舱环境控制。

6）空间定位。

7）地面减速控制。

8）地面转弯控制。

9）通信功能。

10）导航功能。

11）指引功能。

12）防火功能。

13）健康状态管理或中央维修功能。

14）防撞功能。

15）应急逃生功能等。

确定装备级功能，应包括装备级功能及接口要求。开展此项工作主要考虑如下3方面：

1）装备功能与物理系统的关系。

2）装备功能确定的工作输入。

3）装备功能确定的工作输出。

5.3.2.2　装备功能与物理系统的关系

装备级功能未必只与单一的物理系统相关。一个功能可以由多个物理系统各自独立或联合提供。就飞机的减速功能而言，空中减速或地面高速减速时，可由减速板、襟翼、发动机反推、阻力伞（地面）等系统各自独立或联合提供；地面低速减速时，可由正常刹车系统、应急刹车系统各自独立提供。

一个物理系统也可能提供多个飞机级功能。例如，飞机的发动机系统除了提供推力控制功能之外，还提供飞机减速功能（发动机反推）、供电功能、座舱供气功能等。

5.3.2.3　装备功能确定的工作输入

装备功能确定的工作输入就是用户的需求与装备的研制总要求。该项工作是装备设计的顶层工作，需考虑既定装备的基本性能和使用需求，以及具体的外部物理和使用环境的功能接口。

5.3.2.4 装备功能确定的工作输出

装备功能确定的工作输出就是装备的功能清单及相应的功能与接口要求（表 5-1）、FHA/PASA 报告（图 5-2）。而 FHA/PASA 结果则为装备系统规范的直接输入，并作为各系统集成时的验证依据。

表 5-1 飞机级功能清单示例

第一层功能	第二层功能（含接口）
推力控制	提供推力
	推力调节
减速	空中减速
	地面高速减速
	地面低速减速
升力/阻力控制	提供升力
	提供阻力
	升力/阻力调节
姿态控制	俯仰控制
	偏航控制
	横滚控制
……	……
	……

功能确定是 FHA 的基本输入，功能确定的详细方法见 6.4.2.1 节。对商用飞机，其功能确定可参考 ATA2200 或 S1000D 建议的架构；对军用航空装备，其功能确定可参考其任务使能要求、研制总要求及在役装备的实际履行功能。

5.4 装备功能分配

在装备级功能确定之后，装备功能的分配实质上就是功能及其研制需求（见 5.9.2 节）的分配。在将功能分配到系统之前，应先进行功能分组。

5.4.1 功能分组

功能分组在某种程度上就是为装备级的初步架构打下基础，即装备预想应配备哪些系统。功能分组工作较为复杂，一般没有具体的推荐方法，需要工程的经验与技术的发展相结合。有时一个功能可分为多组，以便于通过不同的功能模块去实现，并保证各功能模块的独立性，如商用飞机的减速功能；有时多个功能可合并为一组，以便于通过一个功能系统去实现，并保证功能的工程可实现性和经济可承受性，如商用飞机的空间定位功能、导航功能、姿态显示功能可并为一组。但开展这一工作时，需参照图 5-2 和图 5-3 在物理架构与安全性评估方面进行反复协调。

物理架构方面，需关注每一功能组同装备架构的接口，这种接口也是确定系统架构的基础。在确定较为合适的功能组这一过程中，无须详细知道所假设的系统是如何实施并完成这些功能组中所规定的具体功能的，但必须了解功能实施的约束条件、故障影响及寿命周期内的综合保障需求。例如，就飞机的减速功能而言，该功能可分为两组：

1）空中减速或地面高速减速，由减速板、襟翼、发动机反推、阻力伞（地面）等各功能模块实施。

2）地面低速减速，由正常刹车、应急刹车两个功能模块实施。

安全性评估方面，根据装备级的功能分组结果及 FHA 给出的相关功能故障状态的后果，结合 PSSA，进一步确定功能组中每一功能项的具体安全性需求及目标。例如，就飞机的减速功能而言，空中减速或地面高速减速时，减速板、襟翼、发动机反推、阻力伞（地面）等各功能项的具体安全性需求及目标的确定；地面低速减速时，正常刹车、应急刹车各功能项的具体安全性需求及目标的确定。

5.4.2　装备级功能分配到系统

在将装备功能分配到系统的过程中，需定义相关输入与输出、功能实施的过程，并考虑使用与保障等方面的需求。功能分配过程中所做的各种假设，将是以后确定系统需求工作时的重要输入。

将一组或几组功能分配到一个系统中时，需要考虑其衍生需求及相关假设，而这些需求与假设反过来又可能影响到装备级的功能需求，因此必要时还须对装备级功能需求进行修订。

有时，一组功能也可以分配到多个系统之中，见表 5-2。

表 5-2　飞机地面减速功能分配（示例）

功能	某型飞机	刹车系统	反推	扰流板
飞机地面减速	√	√	√	√
• 主减速		√		
• 次减速			√	
• 减少升力，增加阻力				√

5.4.3　装备功能分配的输入与输出

5.4.3.1　装备功能分配的输入与输出要素

将装备级功能分配到系统这一项工作的输出，就是兼顾装备各种接口关系后的每一系统的研制需求，即：系统级 FHA；工作的输入就是装备级 FHA/PSSA 所确定的功能需求、相关功能与接口需求、安全性需求。或者说，装备级 PSSA 报告（含 CCA，以下同）确定了装备的初步架构，和装备级 FHA 一起构成了系统级 FHA 的输入（见 5.4.3.4 节）。

这类接口需求的输入就是确定系统需求时的相关假设与衍生需求，其输出就是确定系统对人或其他系统（含综合保障系统）所要求的目标功能。

5.4.3.2 装备功能分配应考虑的因素

每一组功能由一个或多个独立的系统完成，并牵涉诸多接口需求。例如，将飞机的功能分配到系统与人，应考虑人和飞机系统、系统与系统之间的接口需求，以及接口的输入与输出。

除此之外，还应考虑如下因素：

1）功能分配和相关的功能故障影响。

2）将人视为“人件”。

3）大综保需求。

4）以装备及系统的架构为基础，兼顾大综保的接口及全系统的综合需求。

5）系统的初步安装与布局需求。

5.4.3.3 装备功能分配与 SHEL 模型

在装备级功能分配到系统与人的过程中，确定系统级每组目标功能时需要建立 SHEL 模型，通过该模型明确人与硬件、人与软件、人与环境、人与人之间的接口功能需求，从而得到完整的系统级功能清单，最大限度地减少系统功能识别过程中在设计方面的遗漏，最终将设计的疏忽减少至最低程度，进而实现对研制差错的有效控制。建立 SHEL 模型时需考虑如下内容：

1）功能分配和相关功能故障影响。

从功能分配和相关功能故障影响角度确定系统应达到的安全性目标（由装备级分配而来）及进一步确定所需的安全性需求。它包括衍生需求和相关假设，并据此将需求（要求）配到系统与人，见图 5-3。这一功能分配过程又反过来为装备级 FHA 及安全性设计需求的修改提供依据。

2）将人视为“人件”。

将装备功能和相关需求分配到人时，应参考图 1-3、图 3-6 和图 5-3，将人视为“人件”，将人等同于系统（或硬件）。只有这样，才能做到人与系统的有机统一。由人完成的功能，须充分考虑“人件”的承受能力和人的可靠性，考虑人与系统功能分配的合理性。

3）大综保需求。

大综保需求中，很大一部分是如何考虑“人件”在使用与维修保障过程中所扮演的角色，或将本可由“人件”完成的任务需求交给硬件来完成是否更为合适，如功能的检查需求等。因此，还须按图 5-3 的模型，将装备级功能从大综保（使用与保障两个方面）所在层面进行分配。在进行功能分配工作时，应规定输入、执行过程、输出以及相应的衍生需求，如商用飞机飞行控制系统、数字式全权限发动机控制系统的加电 BIT、周期 BIT 与维修 BIT 的功能检测需求，起落架支柱的寿命控制需求，各类保护系统的检查间隔需求等。功能分配过程中衍生出的功能可靠性、维修性、测试性、保障性、安全性及综合保障需求即为大综保需求，并将成为后续规范中产品的大综保要求。

4）以装备及系统的架构为基础，兼顾大综保的接口及全系统的综合需求。

需考虑装备和系统的架构，并将装备架构作为系统架构的基础。装备及系统的架构除了考虑安全性需求之外，还应顾及大综保的需求，并琢磨全系统的综合方案，还需权衡全系统综合时功能的独立性与经济可承受性。例如，中央维修系统或健康状态管理系统对装备及系统的架构与接口需求（见图3-8），便携式维修设备、自动检测设备对装备或系统架构的接口需求，航空电子系统多功能综合需求等。

5）系统的初步安装与布局需求。

系统的初步安装与布局需求主要考虑的是SHEL模型中扩充接口（H-E）的要求（见3.9.2节）。应根据装备及系统初步架构考虑系统的初步安装与布局形式，通过CCA确定系统可能的共因故障形式，并据此确定系统履行所分配功能的衍生需求。例如，构成飞控系统控制部分4余度的两台飞控计算机应分舱布局、为飞机提供液压源的互为冗余的第一液压系统与第二液压系统同样应分别布置于飞机的两侧、机头设备舱设备的布局应考虑鸟撞后对设备功能造成失效的影响等。

5.4.3.4 装备功能分配及架构输出

装备功能的分配融于装备的架构设计之中，并将装备级功能的需求分配到系统，这一工作的输出就是装备级PSSA报告及系统级FHA报告。该报告包括装备级架构、装备各组成系统级的需求（含衍生需求），具体如下：

1）装备的架构：装备由哪些系统组成。

2）装备功能初步分配：装备各组成系统如何分担装备的功能。

3）装备安全性需求分配：装备各组成系统如何分担装备级的安全性需求。

5.5 系统架构确定

系统架构的确定，就是确立系统的结构和边界。在该边界限制下，要求具体系统的设计应满足所分配的装备级功能、性能与安全性需求。此处，需要强调的是系统架构的确定与装备功能的分配是一个反复迭代的过程。所以，5.4节在讨论装备功能分配时就离不开装备级的架构，本节讨论系统级架构时也离不开装备级功能。

在系统的架构设计和将功能分配到子系统时，应按图3-7、图5-2～图5-4，以系统级PSSA、FHA所确定的安全性需求为输入，兼顾大综保、系统综合及经济可承受性要求，通过PSSA完成系统架构候选，确定系统的边界以及系统与其他系统、系统与人的接口，并将相关要求分配到子系统。

此处简要说明如下。

（1）边界约束条件

系统架构设计时，应考虑研制进度（设计实施进度、工艺与工装准备进度、制造能力）、技术成熟程度、经济可承受性、安全性目标、行业的先进水平等综合影响。需特别注意的是，不考虑经济可承受性的任何系统架构将失去价值。

（2）架构的候选与优化

通过PSSA对系统的候选架构进行优化，确定合理的系统研制保证等级和子系统安全性需求。子系统的安全性需求包括：

1）安全性定性需求。

2）安全性定量目标值。

3）研制保证等级。

（3）PSSA的衍生需求

PSSA后，会产生由系统架构、系统和子系统接口、工艺实施等方面导致的衍生需求。这些衍生需求可能反过来要求修改较高层次系统架构及需求，并产生新的工作迭代，如PASA、AFHA报告及相应需求的修改，研制规范和系统规范的修改等。

（4）大综保需求

所采用的系统架构应考虑装备功能对大综保的需求。应有专门部门负责对综保系统进行架构，并融合到装备其他功能系统之中。如TATEM、PHM、CMS等保障系统的架构与机载系统的融合。

（5）系统架构的输出

系统架构设计并将需求分配到子系统，这一工作的输出就是PSSA报告。该报告包括系统架构、子系统级需求（含衍生需求），具体如下：

1）系统架构，即系统由哪些子系统组成。

2）系统功能初步分配，即子系统如何分担系统的功能。典型的系统级功能分配示例如下（机轮刹车系统）：

①地面减速机轮。

②差动刹车时方向调整。

③停机时防止飞机滑动。

④起落架收上时机轮减速等。

3）系统安全性需求分配，即子系统如何分担系统的安全性需求。

5.6 系统级需求分配

系统级需求的分配过程，就是以装备级FHA、PSSA为输入，通过系统架构，将系统级FHA所确定的系统级需求，通过系统级PSSA分配给子系统及其硬件与软件的过程，见图5-2。该项工作的输入主要包括如下内容：

1）研制总要求。

2）装备级FHA与PSSA。

3）系统级FHA。

4）CCA。

实际上，将系统需求分配到子系统的过程和系统架构的确定过程这两者之间是紧密联系、互为迭代的过程，见图5-2和图5-3。通过每一轮迭代，所导出的子系统衍生需求会得到进一步的确认和更为透彻的理解，将系统的需求通过子系统分配到硬件与软件的原理与依据会变得更加清楚明白。

当系统所有的需求分配给子系统并落实到软件与硬件中，且得到有效实施，所实施的最终系统架构与产生子系统需求的架构相协调时，就意味着系统需求分配这一复杂过程已完成。

系统级需求分配所产生的衍生需求一般与系统相关或与子系统的软件和硬件相关，因此系统级所分配的需求，其实现与验证过程也可以在子系统级或系统级开展。

系统级需求分配这一工作的输出主要包括如下内容：

1）系统级 PSSA 报告。

2）子系统研制规范或产品规范，包括安全性目标和研制保证等级。

3）硬件需求，包括安全性目标和研制保证等级。

4）软件需求，包括研制保证等级。

5）系统或子系统的大综保要求等。

系统级需求分配的结果可用于更新装备级 PSSA 及 FHA。

需要说明的是，对于研制过程流程中自上而下的第4个方块，图5-2和图5-3的描述略有差异，此处的细微差异读者可自己领会。

5.7 装备集成

当自上而下将装备级需求逐级分配到硬件与软件之后，研制需求的分解与确认过程就基本结束，紧接着就是从硬件与软件的架构开始，按自下而上的过程，依次完成子系统、系统及装备的集成与实现。

典型装备（如商用飞机）的集成过程中有4个基本要点：

1）装备与硬件和软件的信息流。

2）硬件和软件的设计与开发。

3）软硬件集成。

4）系统/整机集成。

5.7.1 装备与硬件和软件的信息流

装备与硬件和软件的信息流互动包括以下3个方面：

1）从装备到硬件与软件过程的信息流。

2）从硬件与软件再到装备过程的信息流。

3）硬件与软件两者之间的信息流。

(1) 从装备到硬件与软件过程的信息流

通过装备的架构，将装备的需求依次分配到系统、子系统，并最终分配给硬件与软件。这一过程中会产生大量的从装备到硬件与软件过程的信息流，具体如下：

1) 装备需求和相关故障状态说明。

2) 系统、子系统需求及研制保证等级。

3) 软件及硬件需求。

4) 硬件、软件研制保证等级。

5) 影响任务或安全的硬件故障率与暴露时间间隔。

6) 装备各系统描述，包括设计约束、功能隔离、分离、分割及独立性需求，以及其他外部接口需求。

这些信息证据主要用于装备及其系统架构时，与安全性评估（FHA、PSSA）所分配的数据（包括衍生需求）进行比对，以确定是否需要修改装备及各系统的需求或规范，或是否需要重新对 FHA、PSSA 进行迭代。

装备的研制需求通过装备、系统架构逐步分配到硬件与软件的过程由 ARP 4754 和 ARP 4761 来实现，或者说通过安全性评估过程来实现。但当硬件与软件已分配到具体的需求后，它们的架构执行的是 DO－178C/ED－12B（软件）、DO－254/ED－80（电子硬件）标准，并按该标准开展有关架构、研制保证等级和冗余管理等功能需求的分解与集成。该需求已超出本书讨论的范畴，此处不再详述。

因此，当硬件与软件已分配到具体需求后，就意味着装备自顶而下研制需求的分配过程基本结束。

(2) 从硬件与软件再到装备过程的信息流

从硬件与软件到装备过程的信息流应包括如下内容：

1) 利用安全性评估、系统或子系统导出并分配给硬件与软件的衍生需求。

2) 硬件与软件架构实施的详细说明，以表明其具有足够的独立性和缺陷的抑制能力（如硬件隔离、软件的模块化分割）。

3) 软件或硬件对应的研制保证等级下子系统或系统需求的验证工作。

4) 拟并入 SSA 中的硬件故障率、缺陷检测范围、潜伏故障间隔及共因分析结果。

5) 基于现有架构的硬件和软件技术状态，按照规范中规定的子系统或系统要求进行评估（含安全性评估），对不满足项，要么修改现有架构，要么修改硬件与软件、子系统或系统对应的产品规范、研制规范或系统规范。

6) 任何使用限制、技术状态约束、性能特性包线。

7) 硬件、软件集成到子系统或系统的相关信息，如相关图、表及零件清单。

8) 系统级验证期间需实施的硬件与软件功能验证项目明细。

9) 硬件、软件研制保证等级实施的有效证据。

(3) 硬件与软件两者之间的信息流

硬件与软件两者之间的信息流应通过系统化的过程传递。这些信息包括：

1）软硬件集成所必需的衍生需求，如技术协议、软硬件间接口方案说明、进度要求等。

2）软硬件验证工作需求协调。

3）关于软硬件间的不兼容等问题的报告、分析、纠正与实施的过程。

5.7.2 硬件和软件设计与开发

硬件和软件设计与开发过程应对其所分配的需求来源具有可追溯性。如果硬件和软件实施过程与需求的分配和架构的定义同步进行，那么应保证所有的衍生需求与功能需求均能在硬件和软件的实施过程中得到满足。

本阶段的输出包括电子软硬件的集成程序、硬件设计图样、软件源代码和相关的开发文档、研制保证情况、电路板试验件、物理样机或装机件。软硬件的具体开发过程遵照DO－178C/ED－12B（软件）、DO－254/ED－80（电子硬件）标准执行。

5.7.3 软硬件集成

根据系统及其研制过程的特征，初始子系统其电子硬件与软件的集成往往通过计算机仿真完成，或通过电路板试验、物理样机演示、地面试验、飞行试验（航空装备）完成。软件集成只有在其最低层次上开展验证工作，才能保证其最佳效费比。软硬件集成的结果就是确保研制出的设备：

1）技术状态受控。

2）研制保证过程受控。

3）满足来自子系统/系统分配的需求。

4）技术文件齐套。

其中，齐套的技术文件包括产品规范，产品规范符合性验证报告，软硬件集成过程的接口文件，研制等级保证程序，各类设计、工艺图样，“六性”设计报告等。其具体要求可参考GJB/Z 170—2013军工产品设计定型文件编制指南的规定。

5.7.4 系统/整机集成

系统/整机集成同设备集成过程一样，是一个边集成、边验证、边修改设计的过程。整机的集成，又称为装备集成。装备集成是按照从软硬件到子系统、系统再到装备的这一自下而上的过程逐步完成的。对系统级的集成过程而言，不同的系统其集成程序和难度可能千差万别，系统集成的大部分工作可通过分析、试验、仿真解决。但由于难以完全模拟装备的真实使用环境，因此仍有少部分工作需要在装备级上完成。对装备级的集成过程而言，最具效费比的仍是通过分析、试验、仿真的方式完成相关集成工作，不排除仍有部分集成工作需在装备的试用阶段完成。就飞机装备而言，大部分飞机级集成与验证工作可在实体样机、试验环境下完成，也可通过设计分析完成，如各冗余功能的独立性检查、系统之间的干涉检查、各维修项目的可达性、机载设备的互换性、再次出动准备时间的预计与验证等；还有为数不少的飞机级验证工作需通过科研试飞或地面试验与试飞相结合的办法来解决，如航炮系统的工作对发动机系统的影响验证、防尾旋验证、空地通信验证，MMEL、飞行手册所定义的飞机运行与环境条件和飞机真实运行环境的一致性等；甚至还有极少数验证工作需结合飞机一段时间的使用才能得到验证，如维修大纲。

对集成过程中发现的问题，应参考图 5-1～图 5-4 的流程及时反馈到相关的研制程序中（如需求捕获、分配、确认、实施、验证等），并启动相关过程迭代程序。对构成装备的系统而言，当所有迭代过程完成时，系统集成的输出结果就是完成了一套经集成的系统，且该系统经试验和安全性评估证明能满足来自装备级要求的所有功能和安全性需求，且不存在多余功能；对成套装备而言，由系统到装备的集成，就是要保证安装于装备上的每一系统功能和跨系统的关联功能均能满足装备级所确定的功能与安全性需求，且不存在多余功能。

5.7.5 输入与输出

装备集成工作的输入主要包括如下内容：

1）装备研制总要求。

2）系统规范。

3）子系统研制规范。

4）产品规范。

5）装备级 FHA/PSSA。

6）系统级 FHA/PSSA。

该项工作的输出主要包括如下内容：

1）FMEA。

2）FTA。

3）CCA。

4）SSA。

5）功能研制保证等级实施的有效证据。

6）软件源代码及相关文档。

7）软硬件（设备）研制保证等级实施的有效证据。

8）软硬件到子系统、系统、装备的集成程序。

9）软硬件到子系统、系统、装备的图样及相关技术条件。

10）软硬件到子系统、系统、装备的厂内试验任务书、试验大纲及试验报告等。

5.8 研制保证等级分配

5.8.1 研制保证等级简介

5.8.1.1 研制保证等级与研制过程关系

研制保证等级是对研制过程的严格程度进行度量而划分的等级，用于描述装备/系统功能和设备在研制过程中为减少研制差错而采取的措施和方法。等级的划分应考虑装备、系统、设备（子系统）研制过程中发生差错的可能性及相关差错给装备使用过程中可能带来的影响程度等因素。装备/系统功能或设备的研制保证等级不仅适用于其功能研制过程，还适用于其与其他功能或设备接口的研制过程。研制保证等级的分配既依赖于研制差错所引起的故障状态严酷程度分类，还依赖于研制过程中限制研制差错的独立性程度，这种独立性能够限制由研制差错带来的后果。故障状态严酷度分类等级越高，则用于减缓故障状态的研制保证等级就应越高；研制保证等级越高，其对应的研制资源（费用）需求也就越多。

研制保证过程是通过研制保证等级来约束的。通过分析功能故障对装备的影响，为功能确定合适的研制保证等级，保证功能系统能满足装备所分配的目标与要求。

5.8.1.2　功能研制保证等级和设备研制保证等级

在装备功能的研制阶段，应依次确定装备、系统的功能需求，并将其分配到各设备。为确保功能的完整性和正确性，只有当装备整套功能需求确定好了，才能说装备及其系统的每一具体功能需求确定完毕，并往下将功能需求分配到各设备。因此，装备的功能研制过程可分为装备及系统功能研制和设备研制两个阶段，为与装备功能研制阶段相对应，研制保证等级也分为两类：

1）装备/系统功能研制保证等级，对应于功能研制阶段。

2）设备研制保证等级，对应于设备研制阶段。

对商用飞机而言：

1）功能研制过程的严格程度按 AC 25.1309－1B 中规定的故障状态严酷程度结合 ARP 4754A 的要求或 AC 23.1309－1E 的要求确定，并给出相应的 FDAL，具体可参见 ARP 4754A 中 5.2 节及附录 C 的要求。

2）机电设备研制过程的严格程度按装备总体单位或项目单位的技术协议书规定执行。

3）电子设备研制过程的严格程度按装备总体单位或项目单位的技术协议书规定执行。但电子设备软件开发、硬件研制及软硬件集成过程中 IDAL 的进一步分配，应执行 DO－254/ED－80 和 DO－178C/ED－12B 的要求。

这里需要注意的是，系统和设备之间的界限并不一定与装备的总体单位和供应商或供应商和子供应商间的界限一致。因此，总体单位或项目单位将设备交由供应商研制时，需要在技术协议中明确设备研制保证等级的定义及其要求。

5.8.1.3　研制保证等级分配原则

研制保证等级的分配原则按故障状态严酷程度类别（见表 2－2）确定，具体如下：

1）“灾难性的”故障状态研制保证等级分配原则。

2）“危险的”故障状态研制保证等级分配原则。

3）“（影响）大的”故障状态研制保证等级分配原则。

4）“（影响）小的”故障状态研制保证等级分配原则。

现以大型商用飞机为例，叙述装备研制保证等级分配原则，其他装备可参照执行。

(1)“灾难性的”故障状态研制保证等级分配原则

1) 如果“灾难性的”故障状态可能由飞机/系统功能或设备的某个研制差错导致，则相应的研制保证过程应分配为A级。

2) 如果“灾难性的”故障状态源自两个或多个独立研制的飞机/系统功能或设备间的研制差错组合，那么：

①其中的一个研制保证过程应分配为A级，其他独立研制的功能或设备的研制保证过程不应低于C级。

②或者，其中的两个研制保证过程至少应分配为B级，其他独立研制的功能或设备的研制保证过程不应低于C级。

此时，用于确立功能或设备间独立性的研制保证过程事实上仍为A级。

(2)“危险的”故障状态研制保证等级分配原则

1) 如果“危险的”故障状态由飞机/系统功能或设备的某个研制差错导致，则相应的研制保证过程不应低于B级。

2) 如果“危险的”故障状态源自两个或多个独立研制的飞机/系统功能或设备间的研制差错组合，那么：

①其中的一个研制保证过程不低于B级，其他独立研制的功能或设备的研制保证过程不应低于D级。

②或者，其中的两个研制保证过程至少分配为C级，其他独立研制的功能或设备的研制保证过程不应低于D级。

此时，用于确立功能或设备间独立性的研制保证过程事实上仍为B级。

(3)“(影响)大的”故障状态研制保证等级分配原则

1) 如果“(影响)大的”故障状态由飞机/系统功能或设备的某个研制差错导致，则相应的研制保证过程可分配为C级。

2) 如果“(影响)大的”故障状态源自两个或多个独立研制的飞机/系统功能或设备间的研制差错组合，那么：

①其中的一个研制保证过程不应低于C级。

②或者，其中的两个研制保证过程等级至少分配为D级。

此时，用于确立功能或设备间独立性的研制保证过程事实上仍为C级。

(4)“(影响)小的”故障状态研制保证等级分配原则

1) 如果“(影响)小的”故障状态由飞机/系统功能或设备的某个研制差错导致，则相应的研制保证过程可分配为D级。

2) 如果“(影响)小的”故障状态源自两个或多个独立研制的飞机/系统功能或设备间的研制差错组合，那么其中的一个研制保证过程应不低于D级。

5.8.2　FDAL 和 IDAL 分配

5.8.2.1　FDAL 和 IDAL 分配过程

在系统研制阶段早期，可利用 ARP 4761 中推荐的安全性评估工具（如 AFHA、PASA、SFHA、PSSA、CMA）系统化地识别装备及系统级的故障状态。图 5－5 概括了商用飞机研制保证等级分配过程同安全性评估（功能、使用要求、故障状态分类）、系统和设备的架构及需求之间的关系。一般来说，ZSA 与 PRA 不作为研制保证等级分配的输入。

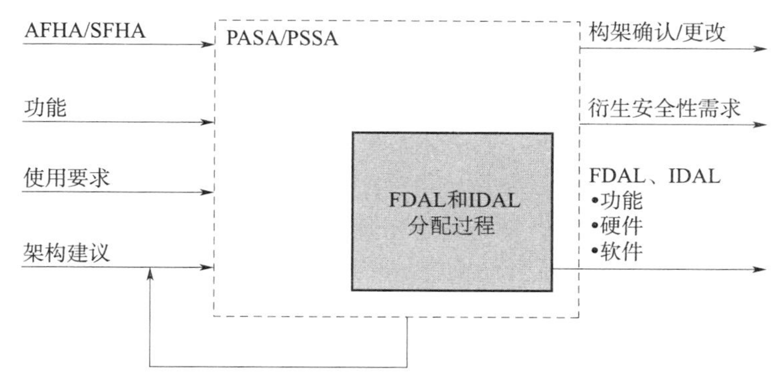

图 5－5　商用飞机 FDAL 和 IDAL 分配过程

将研制保证等级分配到飞机/系统的功能和设备，由此通过恰当的确认和验证过程，以最为经济的方式实现研制差错的最小化。需要注意的是，所分配的研制保证等级不是特定硬件的随机故障概率。此言有两层含义：

1）当需要对装备或系统安全性需求符合性进行证明时，还要给出针对故障状态的概率分析结果。

2）研制保证等级是对装备研制中系统安全管理的一种严格程度。研制保证等级越高，则相应的研制费用就越大。

我们应充分认识到，飞机/系统功能或设备的研制保证严格程度是由研制保证等级的分配来确定的。图 5－5 中，FDAL 对应于功能的研制保证等级，IDAL 则对应于设备的研制保证等级。

5.8.2.2　顶层功能研制保证等级分配

对大型商用飞机，如果得到 AFHA 及 SFHA 报告，则可按飞机或系统中包含有 FHA 故障状态的功能开展研制保证等级的分配过程。一般将飞机或系统中 FHA 的故障状态称为顶层故障状态，这些故障状态所对应的功能则称为顶层功能。对适用于 CCAR25 部的飞机，可按表 5－3 顶层故障状态最为严重的类别，对其相应的顶层功能分配 FDAL；对其他类飞机，应按相应的规章要求分配 FDAL，如适用于 STANAG 4671 适航要求的飞机按 STANAG 4671 执行。

表 5-3 顶层功能 FDAL 分配

顶层故障状态类别	相应顶层功能 FDAL 分配
灾难性的	A
危险的	B
(影响)大的	C
(影响)小的	D
无安全性影响的	E

对相互交联构成飞机功能的多个系统功能，需要在飞机功能的 FDAL 上评估；而对相互交联构成系统功能的多个设备功能，则需要在飞机功能和系统功能的 FDAL 中较高的层级上评估。

表 5-3 中 FDAL 层级的高低，在一定程度上也是与门功能独立性要求的高低。此处需要提醒的是，研制保证等级的分配是针对存在研制差错的装备/系统功能或设备而言的。如果功能或设备不存在研制差错，则无须分配研制保证等级。

5.8.2.3 不考虑系统架构的 DAL 分配

表 5-3 既可用来直接对支持顶层功能的所有功能进行 FDAL 分配，也可用来直接对与顶层功能在同一级别的系统架构中的设备进行 IDAL 分配。

需要强调的是，对于可能引起灾难性故障状态的系统性差错，其减缓的方案仅只有一个 A 级研制保证过程时，应能证明该研制保证过程是充分独立的，并有其确认与验证的过程、方法与准则，以确保能够消除或减轻所有灾难性影响的潜在研制差错。在这种情况下，需要通过研制保证过程确保研制过程中发生的研制差错均能够及时发现并得到有效纠正，而不是依靠架构中的独立性。

5.8.2.4 考虑系统架构的 DAL 分配

按照顶层故障状态严酷度分类给顶层功能分配 FDAL 后，需对顶层功能中系统功能间的架构进行检查，以确定这些系统功能的研制保证等级。在考虑架构的影响时，主要考虑其独立性问题。

在将顶层功能分配给两个或更多个独立的子功能过程中，至少一个或两个子功能其 FDAL 低于顶层功能的 FDAL。所谓独立的子功能，就是指两个或更多个独立的子功能中任意一个子功能的故障不会导致顶层故障状态的发生。

当采用系统架构时，一般采用功能故障集（Functional Failure Set，FFS）作为分配研制保证等级的系统性方法。FTA 或 DD 方法可用于确定导致顶层故障状态的所有 FFS 和每个 FFS 的成员。FTA 以故障状态为顶事件，分析导致故障状态发生的所有研制差错，而这些研制差错即为底事件。FTA 的每一最小割集构成了一个 FFS，最小割集的所有底事件构成了 FFS 的全部成员；FTA 的全部最小割集构成了一组 FFS。FFS 成员代表的是 FTA 中潜在的研制差错而非故障。FFS 用于确定导致每一故障状态的成员（研制差错）组合。一个故障状态可以有一个或多个 FFS，每个 FFS 可以有一个或多个成员。

FDAL 和 IDAL 的分配，就是将 PSSA 所确定的功能研制保证等级或设备研制保证等级分配到 FFS 的每个成员之中，以确定研制保证过程的严格程度，实现对研制差错的有效控制。以下从独立性和 DAL 分配过程两个方面予以详细介绍。

（1）独立性

装备/系统功能或设备间的独立性不仅能够防止潜在的共模差错发生，而且还是分配研制保证等级时应考虑的基本属性。

独立性的目的，就是以足够的置信度保证两个或多个成员间发生共模差错的概率减少到与故障状态严酷度类别相对应的水平。

FDAL 和 IDAL 的分配应考虑两种类型的独立性，即功能独立性和设备研制独立性。

1）功能独立性。

功能独立性是指通过不同的技术原理（途径）各自独立地履行装备级功能，保证共同需求差错发生的概率最小化。例如，为实现地面刹车这一飞机级功能，可以采取液压刹车和冷气刹车两种不同的刹车原理。于是，这两种不同的刹车原理能对应两组不同的研制需求，而且由于这两种功能实现的原理不一样，进而保证了其共同差错发生的概率自然是最小化的，且各功能容易做到相互独立。

对每组功能需求与其相应的故障状态严酷度可能存在的共同研制需求差错需进行充分核查与分析，并最终表明不存在导致故障状态发生的共同研制差错。例如，液压刹车和氮气刹车两种不同的刹车功能，其共同点是轮刹，此时只需表明轮刹的研制过程中不可能存在导致“刹车失效”这一研制差错即可。

功能独立性就是为了将下述两类共源差错减至最小：共同需求错误和共同需求解释（理解）差错。

通过采用不同原理（设计需求）子功能的组合实现装备或系统级功能，可实现各子功能的独立性，从而从源头上减少研制差错。现以航空装备为例示意如下：

①放起落架，采用液压放、冷气放等子功能的组合方式实现。

②起落架放到位后指示，采用电子显示、机械杆指示等子功能的组合方式实现。

③地面减速，采用液压刹车、冷气刹车、发动机反推、襟翼和减速板、阻力伞等子功能的组合方式实现。

④地面方向控制，采用前轮操纵、差动刹车、高速下的方向舵控制等子功能的组合方式实现。

⑤导航，通过北斗系统、惯性导航系统、磁罗盘导航等子功能的组合方式实现。

⑥油量指示，通过发动机燃油消耗量和油箱测量传感器等子功能的组合方式实现。

⑦空中飞行控制，采用飞行操纵面和矢量推力等子功能的组合方式实现。

⑧空中定位，采用通信系统和导航系统等子功能的组合方式实现。

……

对于必须保持功能独立性的需求，应在型号的整个研制周期中纳入有效管理，并作为设备研制时的约束条件输入。

只有当所有子功能需求的研制保证过程，其严格程度与其顶层功能故障状态严酷度类别所要求的严格程度相一致且得到有效实施时，才能说这些子功能需求的共源差错达到了最小化程度，而且子功能所对应的顶层功能的独立性需求已得到实现；如果该顶层功能的子功能需求间共源差错发生概率是不确定的，则就不能说明该顶层功能的子功能间是相互独立的。功能独立性的实现程度应在功能需求分解或总结报告中予以说明。

2）设备研制独立性。

设备研制独立性是指在实现装备功能的过程中，通过不同的设备，保证各自独立研制的设备间其共模差错发生概率最小化。依靠设备研制独立性可减缓的研制差错示例如下：

① 软件设计差错（包括软件需求、软件架构等）。

②软件开发差错（包括软件开发过程、软件配置控制等）。

③硬件研制差错（包括硬件需求、架构、技术状态控制等）。

④电子硬件开发工具差错（VHDL 编译器、架构工具等）。

⑤ 软件开发工具差错（编译器、连接器等）。

实现设备研制独立性的方法示例：

①不同的微处理器。

②不同的操作系统。

③不同的编程语言，如 C 语言、汇编语言、Fortran 语言。

④不同的研制团队与研制过程。

⑤同的技术原理，如动力源可选取电动、液压或气动的方式。

⑥不同的软、硬件开发工具。

只有设备研制过程的严格程度与其相应的顶层功能故障状态严酷度类别的要求相一致，并且相关研制过程的保证程序完全得到实施，其功能的架构与实施又得到了同类设备的使用佐证或经充分的相关试验和分析表明：能满足自上而下所分配的需求、符合产品规范的规定，才能表明该设备研制独立性的需求得到实现，设备间的共源差错已经达到最小化水平。如果设备间的共源差错发生的概率是不确定的，则就不能说明执行该顶层功能的各设备间是相互独立的。设备研制独立性的设计应尽量参考相似设备在同类型号上的使用经验，并由装备或装备组成系统的功能分配而来。其独立性的实现程度同功能独立性一样，应在相关的研制总结报告或安全性评估报告中予以说明。

功能独立性与设备研制独立性的根本区别在于：前者从装备/系统的架构角度确保功能需求的确认与验证过程不受共源研制差错影响，而后者从系统或装备功能的实现与集成方面确保设备研制过程不受共源差错影响。

（2）FDAL 和 IDAL 分配过程

FDAL 和 IDAL 分配是一个自上而下的过程，始于 FHA 的故障状态严酷度分类。

首先，FDAL 和 IDAL 分配是在 PSSA 过程中，依据 FHA 的故障状态严酷度类别，对顶层功能分配 FDAL；然后，将顶层功能分解成若干子功能，并赋予子功能恰当的 FDAL；继而通过装备组成系统的架构进一步将子功能分配给相应的设备，再赋予设备恰当的 IDAL。

根据顶层故障状态严酷度类别对顶层的功能分配FDAL后，需对顶层故障状态涉及的系统功能架构进行检查。如果检查结果表明装备或系统的架构能够通过两个或多个独立成员包容研制差错可能造成的危险影响，则应结合具有容错措施的架构确定研制保证等级。

安全性评估技术用来确定导致顶层故障状态的功能故障集成员。为充分考虑FFS各成员的独立性，FFS应由PSSA和CMA联合确定。一个顶层故障状态可能有不止一个FFS，一个FFS可能不止一个FSS成员。

FFS成员间独立性证明的严格程度与表5-3中顶层故障状态的FDAL相同。对于FFS的成员，在满足功能独立性的前提下，各成员可以按5.8.1.3节的要求，分配到低于顶层故障状态严酷度类别的FDAL。对于构成装备功能的各组成系统之间的交联功能，则需要以装备级功能的FDAL进行评估，并应在相应的文件中给出交联功能独立性的实现方式，必要时还应给出与功能独立性相关的试验结果。

表5-4给出了FFS成员研制保证等级的分配原则，其适用于每个顶层功能以及由顶层功能分配而来的各子功能。

表5-4　FFS成员研制保证等级的分配原则

顶层故障状态分类	研制保证等级②		
	单一成员功能故障集	多成员功能故障集	
		选项1③	选项2
灾难性的	FDAL A①	对于所有适用的顶层故障状态，一个成员的FDAL设为A；其他对顶层故障状态有贡献的成员，其等级根据单个研制差错对顶层故障状态影响的最严重程度确定，但不应低于C级	对于所有适用的顶层故障状态，导致顶层故障状态两个成员的FDAL设为B；其他对顶层故障状态有贡献的成员，其等级根据单个研制差错对顶层故障状态影响的最严重程度确定，但不应低于C级
危险的	FDAL B	对于所有适用的顶层故障状态，一个成员的FDAL设为B；其他对顶层故障状态有贡献的成员，其等级根据单个研制差错对顶层故障状态影响的最严重程度确定，但不应低于D级	对于所有适用的顶层故障状态，导致顶层故障状态两个成员的FDAL设为C；其他对顶层故障状态有贡献的成员，其等级根据单个研制差错对顶层故障状态影响的最严重程度确定，但不应低于D级
(影响)大的	FDAL C	对于所有适用的顶层故障状态，一个成员的FDAL设为C；其他对顶层故障状态有贡献的成员，其等级根据单个研制差错对顶层故障状态影响的最严重程度确定	对于所有适用的顶层故障状态，导致顶层故障状态两个成员的FDAL设为D；其他对顶层故障状态有贡献的成员，其等级根据单个研制差错对顶层故障状态影响的最严重程度确定
(影响)小的	FDAL D	对于所有适用的顶层故障状态，一个成员的FDAL设为D；其他对顶层故障状态有贡献的成员，其等级根据单个研制差错对顶层故障状态影响的最严重程度确定	
无安全性影响的	FDAL E	FDAL E	

①当FFS只有一个成员，并且针对系统性差错的减缓方案仅为FDAL A时，应能证明该成员的研制过程有充分独立的确认与验证过程、方法与准则，以确保能够消除或减轻所有灾难性影响的潜在研制差错。

②执行CCAR/CS/FAR 23部的飞机、执行STANAG 4671规范的无人机等，其FDAL的等级低于表5-4的要求(参见AC 23.1309-1E、相应的EASA标准及STANAG 4671规范)。

③如果在功能故障集各成员数值可用性差异较大，那么通常对数值可用性差异较大的成员应分配较高的FADL。

每个 FFS 成员可能导致的最为严重的顶层功能故障状态应按表 5－4，分配相应的 FDAL。表 5－4 中“选项 1”和“选项 2”取决于针对 FFS 成员（研制差错）所对应的顶层故障状态拟采取的设计减缓方案（系统的架构）。由于系统的架构往往需要反复迭代，因此 FFS 成员的 FDAL 分配也是一个反复迭代的过程。

IDAL 的分配总是反映 FDAL 的过程。当系统的架构细化到设备层级时，就可按表 5－4 分配 FFS 各成员的 FDAL。FFS 各成员的 FDAL 此时就对应着系统架构下相关设备的 IDAL。该 IDAL 又用来作为 DO－178C/ED－12B 或 DO－254/ED－80 的设计输入。

无论顶层功能可以分解为多少子功能，这些功能的研制保证等级分配均应按表 5－4 中第 1 列中顶层功能故障状态严酷程度类别对应的一行进行，不能够到其他行中。

如果 FFS 具有设备研制的独立性，则可使用与顶层故障状态相关的“选项 1”或“选项 2”分配 FFS 各成员的 FDAL（对应具体设备的 IDAL）。但无论是选择“选项 1”还是“选项 2”，最终的 FDAL 和 IDAL 的组合均应和 5.8.1.3 节研制保证等级的分配原则相一致。

FDAL 和 IDAL 分配有如下 4 种情况：

1）功能不独立，设备研制不独立。

2）功能不独立，设备研制独立。

3）功能独立，设备研制不独立。

4）功能独立，设备研制独立。

上述 4 种情况的 FDAL 和 IDAL 分配实例参见 ARP 4754A 第 5.2.3.2.3 节及其附录 C。

5.8.2.5 IDAL 分配的其他考虑

当对给定系统架构的设备分配 IDAL 时，在以下情况下应对架构进行审查：

1）如果部件能够通过测试和分析完全保证消除研制差错，则可认为该部件具有与 IDAL A 等效的置信水平，如机械设备、机电设备、电子阀、伺服阀、继电器、简单逻辑设备等。

2）如果基于同样 COTS 设计的共同资源，如计算器、网络、接口等，其独立功能的故障状态为“灾难性的”或“危险性的”，则可能需要考虑其他因素，如技术状态控制、目标处理器上的软件测试等。

5.8.3 FDAL 分配与外部事件

有时，需设计专门的保护系统以防止外部事件对装备造成灾难性损伤，如针对飞机货舱着火的可能性需设计灭火或防火系统、针对结冰对飞机大气数据传感系统的影响需设计防冰系统等。这类防护系统的设计如果有专门的标准或规范，则可按相关的标准或规范要求设计。否则，以商用飞机为例，除了考虑防护功能的错误运行（或错误激发）所引起的相关故障状态之外，还需至少考虑以下两种故障状态：

1）丧失全部保护功能并发生外部事件时，FHA 必须考虑其故障状态的分类。外部事件保护功能的 FDAL 可根据图 5－6 进行分配。如所设计的保护功能丧失且发生的外部事件所造成的故障状态是“灾难性”或“危险的”，那么保护功能的 FDAL 至少是 C 级。

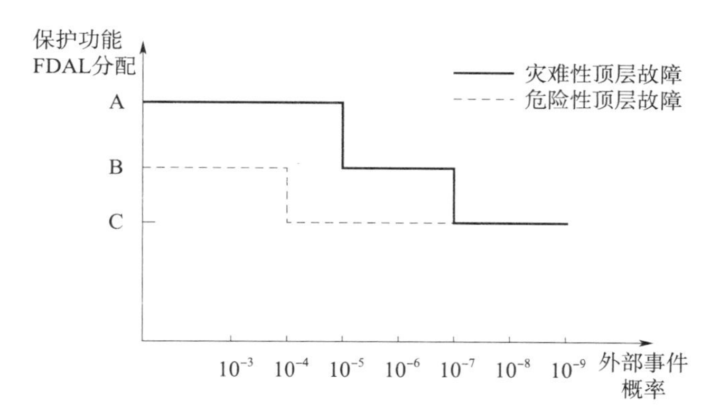

图 5－6　保护功能 FDAL 与外部事件概率

2）仅丧失保护功能时：①FHA 应考虑所丧失的保护功能对安全性裕度的影响情况和对机组人员工作负荷的影响，按表 2－2 进行故障状态严酷度分类，再按表 5－4 确定 FDAL。此处，安全裕度的影响按表 2－2 可分为无影响、轻微降低、明显降低和大大降低共 4 种情况。

②表 5－4 适用于多个功能保护飞机免受外部事件影响。当只有一个功能保护飞机免受外部事件影响时，表 5－4 不适用，应采用图 5－6。

③当仅丧失保护功能且不影响飞机的安全和机组人员完成任务的能力时，可根据所预计的外部事件发生概率对安全裕度的影响程度，参考表 5－4 的要求进行分配。其中，外部事件发生概率对安全裕度的影响程度按图 5－6 并结合表 2－2 确定。图 5－6 告诉我们，外部事件发生的概率越高，当丧失保护功能时，则安全裕度降低越大。

此处需要说明的是：

①图 5－6 适用于大型商用飞机，对其他类型的装备应按安全性目标要求对保护功能 FDAL 与外部事件概率的关系进行适当调整，如执行 CCAR/CS/FAR 23 部的飞机、执行 STANAG 4671 规范的无人机等。

②如果保护功能没有设置 BIT，则该类故障一般为隐蔽故障。

③如果保护功能设置有 BIT，则 BIT 本身的故障属隐蔽故障。

5.9　研制需求捕获

5.9.1　研制需求识别过程

装备研制周期顶层过程主要工作之一就是装备各层次系统功能及其相关需求的识别，即识别装备及各层次系统的研制需求。对给定功能的相关需求，应定义其实际使用环境及相应的接口。装备各层次系统的功能、各功能接口及其相应的安全性需求是确定装备及各层次系统架构的基础。在确定各层次系统架构时，应保证既定的研制总要求能够通过所选择的系统架构予以实现。

有些需求是基于经济性或商务方面的原因确定的，但这并不影响航空装备安全性或合格审定要求。与危险相关的需求为装备的集成提供了共同基础。由于危险有不同等级之分，这就使得通过系统架构所分配的需求应便于装备集成过程中的安全性验证及合格审定符合性检查。

在装备级、系统级及子系统级研制需求识别与分配的每一阶段，应充分考虑其现有需求和衍生需求。在架构实现过程中所遭遇的问题及所做的决策就是衍生需求的主要来源。这些衍生需求可作为装备各层次系统新的安全性要求（需求）。在详细设计过程中，总要不断地对装备各层次系统已确定的安全性需求进行修订、补充或反复迭代。这里需要强调的是，成熟系统、子系统应用于新装备时，也应采用上述同样的自上而下的方式进行功能与相关需求的识别，并给出相应的研制需求。

装备研制过程中衍生需求和新装备采用成熟系统、子系统的研制需求不太好理解，现做详细介绍。

（1）衍生需求的特点

1）衍生需求的直接可追溯性。

在研制过程的每个阶段，为满足既定的具体要求（或一组需求）所采取的策略将转化为下一系统层次的需求。这些需求来源于设计过程本身，它们不一定能直接追溯到上一系统层次的相关需求，故称为衍生需求。例如，在方案设计阶段，拟采用正常液压刹车和应急冷气刹车两套独立的系统来实现刹车系统的架构，以保证飞机着陆刹车时的安全性需求。正常使用时，飞机一般采用正常刹车系统，而不用应急刹车系统（不含驻停功能）。为保证当正常刹车系统故障时应急刹车系统可用，可根据 FTA 的结果确定应急刹车的功能检查间隔为“A 检”。那么“A 检”的这一需求就是衍生需求，且随子系统的方案设计过程产生，这一需求在其上一层次系统中不可以直接追溯到；此外，由于冷气在履行飞机的驻停功能时会有所消耗，因此往往需要在“飞行前一般目视检查冷气压力表”（确定是否需要补充冷气），而这种“飞行前一般目视检查冷气压力表”的需求在其上一层次系统中也不可以直接追溯到。

因此，有的衍生需求虽然可能影响到较高层次的需求，但也不一定可直接追溯到较高层次的需求。

2）衍生需求与功能所对应的故障状态严酷度。

对部分衍生需求，还应依据其所支持的装备级功能、该功能所对应的故障状态严酷度等级确定。例如，当飞机正常供电功能丧失时，为保证飞机安全，飞行控制系统、座舱显示系统的主要功能必须能正常履行，此时决定选择独立应急电源（蓄电池组）。应急电源的功能故障所导致的危险决定了必须的研制保证等级需求。

上例中，应急电源的需求就是衍生需求，该衍生需求除功能本身的需求之外，还包括以下安全性需求：

①独立性需求。

②研制保证等级需求。

③功能失效的概率需求。

④维修检查间隔需求等。

3）衍生需求与架构选择。

衍生需求也可以来自架构选择。例如以上两例，即应急刹车的功能检查间隔为“A 检”、应急电源（蓄电池组）独立性需求。

4）衍生需求与功能的隔离。

衍生需求还可以来自功能的隔离。这主要是指故障状态严酷度较高的系统与故障状态严酷度较低的系统之间应进行功能隔离。

5）衍生需求与软-硬件接口。

衍生需求也可以来自软-硬件接口。在研制的不同阶段所确定的衍生需求需与其他需求相协调。

衍生需求还来源于相关规范及标准，如 CCAR25 部、MIL－HDBK－516C 等。

（2）新装备采用成熟系统、子系统时的研制需求

此处，成熟系统、子系统指的是已经过在役装备的使用考核，证明技术上较为可靠和经典的系统。采用这类系统、子系统的好处，就是可以保证安全性、可靠性、经济性水平，并缩短研制周期。但这类系统、子系统如果用于新装备而没有提出新的需求或做适应性的更改，则可能会存在一些新的技术性问题。这主要是由于这类系统、子系统：

1）新装备的使用环境可能与原装备有所变化。

2）与新装备上其他系统、子系统的接口及新装备本身的接口需求可能有所变化。

3）新装备对这类系统、子系统的工作性能需求可能有所变化。

因此，必须基于以上 3 方面，按新研装备的需求重新确定拟采用的成熟系统、子系统的技术需求，并按新的技术需求对其进行适应性更改，履行与其他系统一样的研制程序，并参与装备级的集成与验证。

以商用飞机为例。这类成熟系统、子系统虽然未曾进行设计方法的改变，并结合原有的飞机型号也通过了合格审定，但用于新的飞机型号时，其设计需求应重新确认，对需求的满足程度必须通过验证，并重新提交合格审定。

5.9.2　研制需求类型

航空装备研制需求类型（图 5－7）分为两类，即安全性需求和功能需求。其中，功能需求包括用户需求、使用需求、性能需求、接口需求、物理和安装需求、维修性与维修需求、合格审定需求（航空装备）。

5.9.2.1　安全性需求

安全性需求通过安全性评估得到。安全性需求的类型有功能独立性需求、功能完整性需求、安全性定量需求、安全性定性需求、备用系统可用度需求、安全性项目状态监控需求、安全性项目集成需求、使用安全性需求、衍生安全性需求、维修安全性需求、安全性保护装置需求、单一故障不能导致灾难性事故发生的需求、功能研制保证等级需求、安全性需求的可追溯性等。

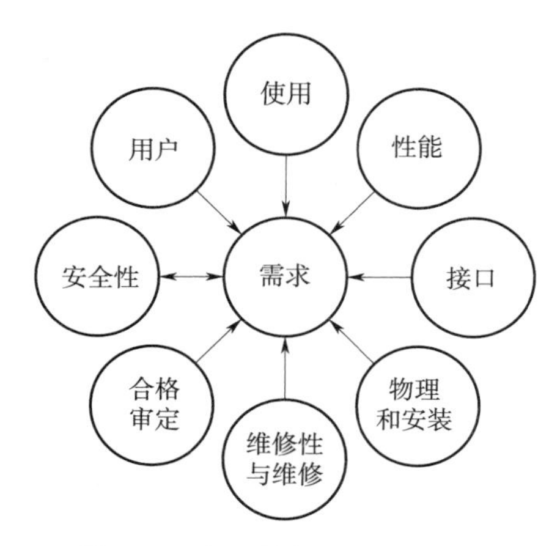

图 5-7 航空装备研制需求类型

安全性需求一般按功能从装备级自上而下依次分配到系统级、子系统级直至硬件与软件（设备）。装备级的安全性需求一般通过对装备级的功能开展功能危险评估得到。以商用飞机为例，通过 AFHA 确定每个功能故障时对飞机、机组、乘客的影响，并根据功能故障时的影响程度确定故障状态的严酷度等级及对应的安全性需求。

装备的系统级安全性需求是将装备级的安全性需求通过 PASA 分配到系统级后，再通过系统级 FHA 产生的需求。通过 PSSA，将系统级的安全性需求再分配到子系统级直至硬件与软件（设备），即得到子系统级直至硬件与软件（设备）的安全性需求。安全性需求还可能来自装备级、系统级的共因分析结果，具体见图 5-1 和图 5-2。

与安全性相关的功能故障模式对装备的安全性水平有直接的或或多或少的影响；与安全性无关的功能故障模式，即功能故障状态严酷度分类的结果对装备“无安全性影响的”故障模式，这些功能仍可能存在着对装备任务等其他方面的影响。

预防故障状态发生或提供相关安全性功能的需求，应通过研制保证等级唯一识别与跟踪。只有通过这种方式，才能明白顶层安全性需求在电子硬件与软件设计层次上的实现程度。

确定安全性需求时，还应重点关注以下两个方面：共源故障和同属功能故障。

（1）共源故障

共源故障即由共同的输入源失效所导致的多重故障，它隶属于共因故障。例如，当装备的电源系统不能供电时，全部用电设计的功能将同时丧失。此时，我们要考虑的是如何对电源系统采用足够的并具有各自独立的冗余设计方案。以飞机为例：

1）双发独立地为电源系统供电，即一发空中停车，另一发还能为电源系统供电，以保证重要设备和关键设备的供电容量需求。

2）应急（蓄电池）供电。只有这样才能保证故障状态严酷度为灾难性的功能设备不至于因采用共同的电源而丧失功能。

（2）同属功能故障

同属功能，即不同的子系统或系统完成相同的功能。这种同属功能的系统或子系统应采用独立性设计，以规避灾难性事故的发生。

例如，对飞机起落架收放系统，可以采用两套完全独立的子系统完成起落架收放这一同样的功能。经典的飞机起落架收放系统一般将液压收放起落架的功能作为起落架收放的主系统，氮气放起落架功能作为放起落架的备用系统，完成起落架收放功能的这两套子系统应相互独立。当仅液压收放起落架子系统不能放下起落架时，一般不会引发灾难性事故；当两套这样独立的子系统均不能完成起落架放下功能时，则飞机放起落架功能不能实现，该故障状态通常应定义为灾难性的。此处，液压放起落架功能和氮气放起落架功能为同属功能。

5.9.2.2　功能需求

功能需求是在规定条件下为了获得期望的装备系统性能而必须的需求。航空装备的功能需求由当时的技术发展水平、用户需求、使用约束、适航规章、研制进度与费用等特性构成。它涉及装备系统应兼顾的所有重要方面。不管需求的初始来源如何，都要对与功能相关的安全性特性进行评估。

（1）用户需求

用户需求随装备的类型、构成装备的系统类型及具体功能而异。用户需求包括运营商的商载、航路系统、使用经验、维修方案和期望的特性等方面。

（2）使用需求

在确定使用需求时，应兼顾装备使用时的正常环境与应急构型情况。航空装备的使用需求包括使用接口需求和使用过程需求。

应考虑的使用接口需求如下：

1）空勤机组与功能系统之间的接口。例如，空勤机组应知晓飞行中已发生的影响持续飞行安全和着陆或降低安全裕度的故障信息，为后续的（应急）处置提供输入。

2）地勤机组与功能系统之间的接口。例如，飞行前飞行任务的加载或飞行后飞参数据的下载。

3）飞机保障人员与功能系统及地面设备之间的接口，如液压系统油液污染度的测量。

应考虑的使用过程需求，主要是指用户的各种工作、决定（策）、信息及实时性需求。如：有人装备的飞行信息实时下传，无人装备的飞行信息实时上、下传等。

（3）性能需求

性能需求是装备或其系统功能所定义的使用特性。性能需求包括：精度、保真度、范围、分辨率、速度和响应时间等，如刹车距离、最大马赫数、最大航程、最大起飞重量等。

（4）接口需求

接口，即系统之间的接口、子系统之间的接口、子系统与系统的接口、地面保障设备（含测试设备）与装备的接口等。接口需求，即依靠特定信息传递的特性所确定的接口需求。确定接口需求，关键是要明确接口的输入需求是什么，输出需求又是什么，确定接口需求的依据是什么，符合什么样的标准与规范。例如，航空装备正常刹车转应急刹车时的转换开关需求即为子系统之间的接口需求。

(5) 物理和安装需求

物理和安装需求与系统或设备在装备上的物理环境特性相关，如三维尺寸、分割或隔离、电源输入、排水、污染源、接地与屏蔽、通风、冷却、环境限制、可视性、可达性、调整、搬运和存储等。在确定这些物理和安装需求时，还应考虑到设备本身的条件约束，如高热电子设备的冷却需求，其他系统故障（油、高温气体泄漏等）对设备安装需求的影响，鸟撞、轮胎爆破、L/HIRF 等对设备本身需求及安装需求的影响，周围运动件对设备安装需求的影响，周围电缆破损对设备安装需求的影响等。

(6) 维修性与维修需求

1）维修性需求。维修性需求包括装备维护和修理时的可达性需求、互换性需求、维修防差错需求、充填加挂的便利性需求、故障原位检测与隔离需求、外部测试设备的信号与接口需求等。

2）维修需求。维修需求即装备使用时的计划性和非计划性维修需求。现以航空装备为例，维修需求包括周期性维修需求、各维修级别检查需求及飞机或设备的中修与深修需求等。当飞机的安全性水平恶化时，可通过所预定的维修需求将使用安全性水平恢复到固有（设计）的安全性水平。对有关安全性的关键维修需求，需在持续适航文件中以明显的方式进行标识，以避免今后被误删或误改。这些安全性关键维修需求项目主要有机载系统与设备的审定维修要求及寿命限制要求、飞机结构的安全寿命限制要求及主要结构单元的检查要求。

一旦确定了飞机的研制需求，就可以确定飞机寿命期内的维修需求，并将其纳入持续适航文件中。

这里需要强调的是，在确定维修需求时，需充分考虑机组人员作为“人件”所履行的职责（人件功能），即飞行手册中的要求。或者说，维修大纲中规定的计划性维修要求应与飞行手册中的要求相协调，即人件与硬件（飞机）、人件与环境（使用与维修）、人件与人件（机组人员与飞机使用时所需的保障人员）、人件与软件等接口需求的协调。

计划性维修的需求一般应通过 MSG-3 的分析得出，并与 CMR 项目相协调。计划性维修的需求纳入维修大纲之中后，即成为计划性维修要求。

(7) 合格审定需求（航空装备）

合格审定需求是指根据适航条例要求或为了表明满足适航条例要求可能需要补充的功能、功能特性等需求。此类需求应与适航当局协商，并列入适航审定基础与系统规范、研制规范或产品规范之中。

5.9.3 需求捕获注意事项

为减少研制需求确定过程中的迭代次数，保证所捕获的需求能满足装备的研制需求，应重点注意两点：接口需求和第三方审查。

(1) 接口需求

装备研制过程中，接口需求方面最容易出现问题。研制的设计与管理人员需要关注：

1）装备与装备之间、装备内系统与系统之间、系统内子系统之间的接口。

2）使用及维护人员装备操作界面之间的接口，包括人的习惯性思维与动作。

3）制造工艺与使用保障的接口，如飞机机身与机翼的分类面、机身与机翼对接接头的检查便利性、飞机的运输需求等。

4）接口的工作环境、输入条件与输出结果。

5）接口的输入数据与输出结果应可见，以便确定是否能够满足规定的要求。

6）按涉外程度，适当提高其研制保证等级，如由国外研制的发动机。

7）接口需求的协议化。例如，研制需求文档、工作计划、相关手册、法律合同等均应以规范化的协议明确，做到有据可依，有据可查，有据可溯。

（2）第三方审查

一旦装备的研制需求捕获好后，研制单位应该邀请第三方对所捕获的需求进行审查、质询，确保研制单位所识别的研制需求以及需求的相关假设与用户（代表）的理解是一样的。

5.10　研制需求确认

5.10.1　确认目标、时机与内容

5.10.1.1　确认目标

什么样的装备研制需求决定了什么样的装备。研制需求确认就是通过结构化的确认过程，确保所捕获的安全性需求和功能需求足够正确和充分完整。或者说，研制需求确认就是审视我们正在研制的产品是不是用户需要的产品，能不能满足用户的使用与维修需求。例如，根据所识别的研制需求造出的飞机是不是制造商与用户共同期待的，这就取决于我们所识别的需求不应是：

1）模糊不清。

2）叙述不正确。

3）需求不完整。

以上3点也是研制差错产生的主要原因。因此，装备研制需求的确认目标就是保证研制需求的正确性和完整性。正确性是指研制需求中不存在模糊不清或差错的叙述；完整性是指研制需求所有叙述的内容包括全部的安全性和功能需求，且无疏漏或多余需求。

研制需求确认的关键：一是审查需求的必要性和充分性；二是找出系统及其接口中需求的非预定功能（多余功能）。

5.10.1.2　确认时机

一般来说，研制需求的确认应在装备设计的初步设计阶段前期进行，或者说在着手原理设计、布局打样前进行。但对高度复杂集成的系统，有时直到系统实施并在其要求的使用环境下经试验验证后，才能确认其研制需求。例如，所识别的飞控系统设计需求能否满足飞机对飞行品质的需求、所识别的飞机结构设计需求能否满足全机的颤振需求、所识别的座舱人机界面需求能否满足使用需求等。这种情况下研制需求的确认只能

分阶段进行，或者说根据在初步设计阶段前期所掌握的类似装备型号的经验及相关标准、规范、安全性评估结果，按照 ARP 4754 规定的研制程序，对研制需求进行阶段性确认。然后，随着研制阶段的不断深入，需对研制需求的正确性与完整性不断地予以迭代和确认。

因此，研制需求的确认过程贯穿于装备的整个研制周期。

国外相关装备的研制经验表明，在装备研制的早期阶段，通过对所制定的研制需求进行确认，可以发现大量的细节性设计差错和疏漏，减少对设计返工的概率和系统性能不满足设计需求的风险，并最终缩短研制周期。

5.10.1.3　确认内容

各层级系统研制需求的确认包括如下内容：

1）研制需求的确认计划。

2）研制需求的确认过程严格程度。

3）研制需求的正确性与完整性。

4）研制需求的假设。

5）研制需求的矩阵。

6）研制需求确认过程总结报告（确认总结）。

5.10.2　确认过程模型

研制需求的确认过程，就是根据 5.10.1 节所介绍的确认内容，依次在每个层级对装备各层次级别系统的安全性需求、功能需求等予以确认的过程。这一过程需按图 5-1 左侧所示顺序自下而上依次在每个层级上对自上而下分解的需求进行迭代确认。以飞机为例，它涉及飞机级、系统、子系统的安全性需求和功能需求的确认，包括对 FHA 和 PASA/PSSA 过程的确认。不同级别系统研制需求通用确认过程模型见图 5-8。

此处需要明确的是，有少部分需求的确认还需通过图 5-1 右侧自下而上的验证过程来完成，该图中自右而左的横向箭头也提示了这一点。

确认过程的输入包括：

1）确认对象的描述（装备、系统或子系统）。

2）使用环境。

3）研制总要求及系统规范、研制规范和产品规范。

4）架构定义及相关假设。

5）研制保证等级。

6）研制计划。

7）相关标准、规范、规章。

8）相似型号的经验与教训等。

确认过程的输出包括：

1）正确、完整的研制需求（图 5-8 最终矩阵）。

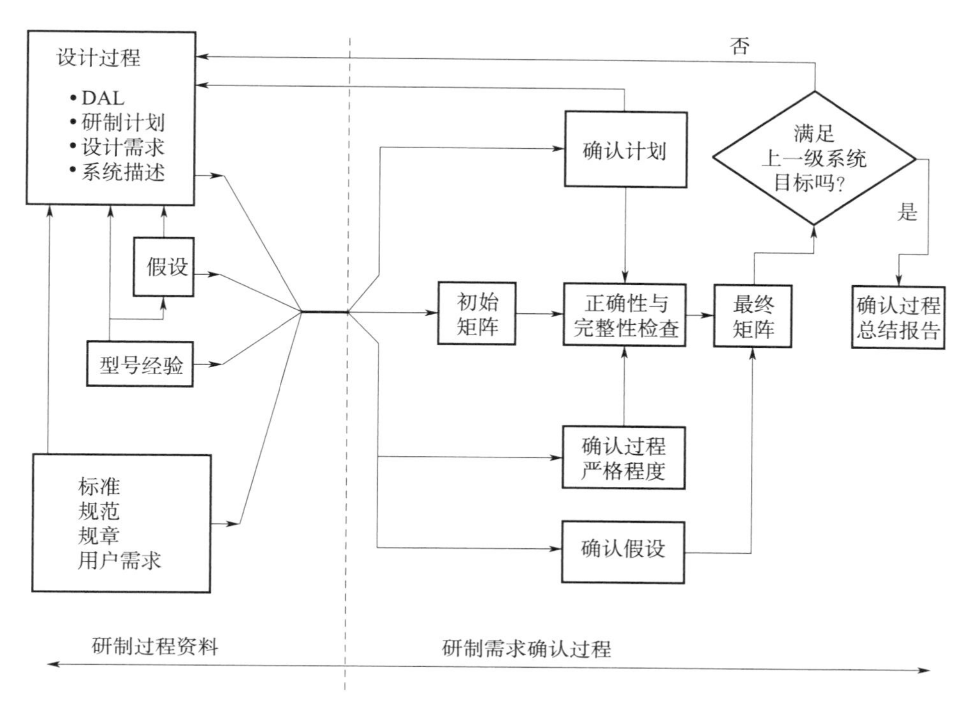

图 5-8　研制需求通用确认过程模型

2）确认过程总结报告。

需要注意的是，由于研制过程本身是反复迭代的，因此研制需求的确认过程也可能需要在设计过程中不断反复，见图 5-1～图 5-4。

5.10.3　正确性检查

在研制需求的确认过程中，应对装备各系统层次故障状态分类和需求叙述的正确性进行审查，并判断其内容的正确性。以下问题可用于评估研制需求的正确性：

(1) 是否正确地叙述了所有需求

1）需求的解释是唯一的吗？

2）需求的确定有依据吗？

3）需求是多余的吗？

4）需求和其他需求冲突吗？

5）需求失实吗？

6）需求可设计吗？或者说，需求能通过物理的方式实现吗？

7）需求是按照“什么对象”“什么时间”“何种要求”的方式表达的吗（而不是如何实现）？

8）对系统或系统接口的更改有足够可视的信息吗？

9）需求可验证吗？

10）衍生需求有原理或数据支撑吗？

11）需求的来源是正确且可追溯的吗？

12）包括了多个特性的需求能按具体特性单列吗？

13）单个特性的诸多需求能合并为一条吗？

14）所确定的研制保证等级能满足上一层次 FDAL 的需求吗？

15）需求有具体的容差吗？

（2）与需求相关的各种假设是否正确

1）假设是需求所固有的吗？

2）假设已记录在需求识别的相关文件中吗？如 FHA、PASA/PSSA、CCA 文件。

3）假设具有可追溯性吗？

4）是否确定了故障状态类别的假设？

（3）需求是否正确地反映了安全性评估的结果

1）包含了安全性评估导出的所有衍生需求吗？

2）所有故障状态的确定与分类正确吗？

3）考虑了不安全设计或设计差错的影响吗？

4）包含了所有可靠性、可用性和容错需求吗？

将以上问题用于具体的系统层次，应根据具体的分析对象进行增减。表 5－5 给出了研制需求正确性检查示例。

表 5－5　研制需求正确性检查（示例）

<table>
<tr><td colspan="2">研制需求内容</td><td>系统层次</td><td>条目编号</td></tr>
<tr><td colspan="2">起落架放不下的概率≤10^{-9}/FC …</td><td>飞机级</td><td>××××××</td></tr>
<tr><td>正确性检查标准提问</td><td>结果(是/否)</td><td>结果佐证摘要</td><td>问题报告编号</td></tr>
<tr><td>1)是否正确地叙述了所有的需求？</td><td></td><td rowspan="11">××-×××-××</td><td rowspan="11"></td></tr>
<tr><td>①需求的解释是唯一的吗？</td><td>是</td></tr>
<tr><td>②需求的确定有依据吗？</td><td>是</td></tr>
<tr><td>③需求是多余的吗？</td><td>是</td></tr>
<tr><td>④需求和其他需求冲突吗？</td><td>否</td></tr>
<tr><td>⑤需求失实吗？
……</td><td>否</td></tr>
<tr><td>2)与需求相关的各种假设是否正确？</td><td></td></tr>
<tr><td>①是否确定了故障状态类别的假设？
……</td><td>是</td></tr>
<tr><td>3)需求是否正确地反映了安全性评估的结果？</td><td></td></tr>
<tr><td>①包含了安全性评估导出的所有衍生需求吗？
……</td><td>是</td></tr>
</table>

5.10.4　完整性检查

本质上说，证明需求的完整性是一件非常难的事。但我们可通过研制需求系统化的完整性检查过程发现可能潜在的相关需求疏漏，进而减少研制需求发生差错的概率。这种系统化的完整性检查过程包括以下 3 种方式：

1）使用与维修场景。

2）研制需求完整性检查单与检查样板。采用检查单或相关检查样板的形式，按照已确定的研制需求清单逐条检查。

3）研制需求审查。邀请用户代表、使用与维修人员、适航审定当局（航空装备）代表对已确定的研制需求进行审查。

下面重点介绍前面两种方式。

5.10.4.1　使用与维修场景

获取一套完整研制需求的难点之一，就是用户对正在研制的系统不太了解，他们只知道承制商所研制的装备大体上能做些什么或不能做什么；而对设计人员而言，由于缺少使用与维护经验，或对装备的使用与维修场景不是很了解，因此往往有“闭门造车”之嫌。对于具有高新技术特征的装备，则更是如此。

实际上，通过模拟使用与维修场景的方法，可以从准“用户”那里获取相关的研制需求。例如，在装备研制的早期阶段，我们可以站在用户的角度，借鉴相似装备或系统的实际使用经验，或采用计算机仿真、构建初始原理样机、开展原理性试验、模拟虚拟维修等方式获得使用与维修场景，确定相关的使用与维修需求。这种方法有助于我们发现使用与维修方面所疏漏的研制需求。

在早期设计过程中，可以利用上述方式提供的使用与维修场景给系统输入用户指令，记录系统如何运行并完成既定的功能目标。装备使用程序与维修手册中使用与维修需求的确定，在设计早期就离不开这类使用与维修场景（不过，我国的装备在该阶段很少有这类使用程序与维修手册）。

这些使用与维修场景不仅应覆盖所有常规的使用环境和使用模式，而且还应考虑各种可能的异常使用情况，如使用或维修人员的误操作等。在各种使用与维修场景下，通过人与系统的互动，采取对系统边调试、边设计的方式，有助于设计人员发现原理设计中存在的问题，明白需要增、减哪些保护功能，设置哪些冗余功能，知道需要为故障的维修提供哪些便利需求、配置哪些保障资源，或有哪些防止使用与维修差错的需求。

但是，用于验证需求的场景模型通常采用所研制系统的环境模型。环境模型应代表所研制系统的环境。无论是仿真的还是真实的系统，都应对功能有高度的覆盖。

5.10.4.2　检查样板与检查单

检查样板建立在在役装备经验与教训的基础上，采用标准格式，有助于设计人员发现疏漏需求，便于开展研制需求的完整性检查。系统安全工程师的职责就是设置检查单的问题，并将其以检查样板的方式展现在设计人员面前，供他们开展研制需求的完整性检查工作。

以下问题适用于装备各层次系统检查单的设置（示例）：

1）有可追溯的材料或原理性数据表明本需求满足其父需求吗？此条需要考虑的内容如下：

①其上一层次的系统级、装备级功能。

②FHA 中所确定的功能、危险及故障状态类别。

③合并到 PSSA 中的所有故障状态。

2）系统层级需求中，应考虑系统接口或研制过程的如下内容：

①较高层级的功能是全部分配到本系统还是由本系统与其他系统共同完成？

②体现了安全性需求吗？

③体现了行业标准、规范、规章和指南的要求吗？

④体现了企业标准吗？

⑤体现了使用与维修场景吗？

⑥考虑了与其他系统、人和使用过程的所有接口吗？

⑦与系统接口需求相关的合同、安装技术状态、时序逻辑等细节性约束条件均考虑了吗？

⑧源于某接口的系统、人员或使用过程需求与通过多边接口捕获的需求一致吗？

此条以发动机系统为飞行显示系统提供数据为例，飞行机组人员希望显示哪些发动机数据？飞行显示系统如何从发动机控制系统中提取这些数据？这就与发动机控制系统的供应商及机组之间存在一个三边（飞行显示系统、发动机控制系统、机组人员）接口的需求。另外，飞行显示系统显示的数据应与发动机控制系统供应商拟提供的数据以及机组人员期望的需求相一致。

3）装备使用中有大量的禁止操作。这种禁止操作的需求如适合于本系统，有且完整吗？

4）功能需求已充分分配到下一层次系统，并追踪到相应层次系统的架构了吗？

5）系统架构中电子硬件和软件间的功能分配清晰吗？

6）充分定义和说明了假设吗？此条需要考虑的内容如下：

①用户需求或市场需求。

②安全性考虑（FHA、FMEA、PSSA、CCA 等）。

③使用环境考虑。

表 5-6 给出了研制需求完整性检查示例。

表 5-6　研制需求完整性检查（示例）

系统名称：液压刹车系统　　　　上一层次系统：液压系统

<table>
<tr><th>研制需求内容</th><th>系统层次</th><th colspan="2">条目编号</th></tr>
<tr><td>液压刹车功能完全丧失的概率为 10^{-6}/FC
液压刹车功能检查间隔：A 检
研制保证等级：A
液压刹车功能完全丧失时，应通过 BIT 在座舱主显示屏上以红色状态闪烁显示，并语音告警
能通过手柄由液压刹车切换至冷气刹车
……</td><td>子系统级</td><td colspan="2">××-××-××</td></tr>
<tr><th>完整性检查标准提问</th><th>结果(是/否)</th><th>结果佐证摘要</th><th>问题报告编号</th></tr>
<tr><td>1)有可追溯的材料或原理性数据表明本需求满足其父需求吗？</td><td>是</td><td rowspan="12"></td><td rowspan="12">××-×××-××</td></tr>
<tr><td>2)系统层级需求中，应考虑系统接口或研制过程的如下内容：</td><td></td></tr>
<tr><td>①较高层级的功能全部分配到本(子)系统了吗？</td><td>是</td></tr>
<tr><td>②较高层级的功能是由本系统与其他系统共同完成的吗？</td><td>是</td></tr>
<tr><td>③体现了安全性需求吗？</td><td>是</td></tr>
<tr><td>④体现了行业标准、规范、规章和指南的要求吗？</td><td>是</td></tr>
<tr><td>⑤体现了企业标准吗？</td><td>是</td></tr>
<tr><td>⑥体现了使用与维修场景吗？</td><td>是</td></tr>
<tr><td>⑦考虑了与其他系统、人和使用过程的所有接口吗？
……</td><td>是</td></tr>
<tr><td>3)装备使用中有大量的禁止操作。这种禁止操作的需求如适合于本系统，有且完整吗？</td><td>是</td></tr>
<tr><td>4)功能需求已充分分配到下一层次系统，并追踪到相应层次系统的架构了吗？</td><td>否</td></tr>
<tr><td>5)系统架构中电子硬件和软件间的功能分配清晰吗？</td><td>是</td></tr>
<tr><td>6)充分定义和说明了假设吗？</td><td>是</td></tr>
</table>

5.10.5　假设确认

在工程研制中，特别是研制初期，装备的研制离不开假设，如 FHA、PSSA、CCA、DAL 等过程假设，使用程序或飞行手册（航空装备）中诸多使用人员或机组人员工作项目的假设等。这些假设需求应正确（明确、合理、合情）。不合理的假设可能保证不了装备应达到的安全性目标水平和用户对装备相关功能需求的期盼，还有可能导致装备研制的费用、进度和技术风险。因此，需要对研制过程中装备及其各系统层级所做的各种假设进行确认。

假设的确认过程包括检查、分析和试验。为便于假设的确认，现以航空装备为例，将其分类如下：

1）使用与环境假设。

2）设计假设。

3）制造及生产能力假设。

4）使用能力假设。

5）安装假设。

5.10.5.1 使用与环境假设

使用假设包括以下相关内容：

1）空中交通。

2）维修。

3）货运。

4）人员。

5）飞行动力学。

6）空中交通管制系统。

7）飞机或发动机性能及相关限制。

8）使用程序。

9）乘客。

10）故障的暴露时间与维修间隔。

11）运营人和有关政府机构的政策与目标。

环境假设是指飞机内和飞机周围或预期使用剖面内的环境条件假定。环境假设至少包括以下相关内容：

1）大气与气象条件。

2）机内电磁环境。

3）L/HIRF。

4）高能设备和危险材料。

5）机内的力学环境、热力环境、化学环境等。

5.10.5.2 设计假设

设计假设分为机组人员接口、系统接口和可靠性 3 个方面。但假设往往是在设计早期给出的，随着设计过程的不断深入或技术状态的变更，此类假设有时也需要不断地迭代，并通过参考现有行业的经验与实践，以审查方式予以反复确认。

（1）机组人员接口假设

机组人员接口假设包括：

1）在正常、应急状态下的系统及使用环境之间的人机交互。

2）生理限制，如过载、低气压的承受能力等。

3）机组人员间的相互影响。

4）对各种不同类型信息（视觉、听觉、味觉、触觉）的响应时间。

5）对事件的识别与决策时间。

6）感知的差错率。

7）基于物理形状的辨别精度。

8）目视形态、颜色和动态性能识别的准确性等。

(2) 系统接口假设

系统接口假设关注交换信息（如信息格式、信息完整性、响应时间、分辨率）的意图及时序逻辑的先后等特性，或关注数据信号的物理特征，如电压电平、阻抗、信噪比等。

有关系统接口方面的某些假设示例如下：

1）数据总线的误读概率。

2）错误信号的抑制处理。

3）系统之间的数据调用。

4）抵御外部故障的能力。

5）容错、重构能力等。

(3) 可靠性假设

通常使用的可靠性假设如下：

1）寿命周期内故障率模型的适用性。

2）对不工作项目的签派考虑。

3）元器件、零件降额使用的合理性。

4）定期维修任务及其间隔的充分性。

5）潜伏故障及其暴露时间的考虑。

6）故障模式分析的完整性。

7）预测可靠性寿命与耐久性寿命所采用的数据其来源的充分性。

8）同类产品使用经验的适用性等。

5.10.5.3　制造及生产能力假设

制造及生产能力的假设包括检验及生产试验的有效性。这些假设的确认，可通过对承制商的企业标准及标准的执行情况进行审查来完成。

(1) 检验假设

工程分析，通常假设承制商的检验系统遵守其相关的企业标准。对航空装备而言，承制商的企业标准能满足 FAA/JAA 或 CAAC 的相关标准要求。

(2) 生产试验假设

假设产品试验足以验证：在整个装备全寿命周期内的生产期间，产品的制造过程符合规范。生产试验能够发现由正常功能试验不能够发现的性能缺陷（如保护装置的功能）。

生产试验的典型假设包括：

1）工厂的试验容差确保可用。

2）测试容差不会降低产品的安全性水平。

3）规定专门的试验以探测其他方式不能发现的差错。

5.10.5.4　使用能力假设

通常假设按使用与维修程序执行使用与维修任务，不会降低使用安全性水平。此假设可通过对飞行手册、维修大纲及相关设备修理手册等文件进行审查后确认。

5.10.5.5 安装假设

通常假设按设计图样及生产技术条件进行子系统、系统、装备的集成，不会因设备安装不当或系统间的干涉、共因故障的发生等而降低装备的使用安全性水平。

有关安装的典型假设包括分离、隔离、电缆捆扎、导线尺寸定位、电源连接、电路断路器大小、污染源、通风、排水、接地、屏蔽、系统集成等。本部分可通过审查解决。审查的对象一般是产品图样、相关试验、实体模型或样机。针对此类假设的检查，航空装备上常用的方式之一是区域安全性分析，其他方式还有制造符合性检查等。

5.10.6 资料确认

5.10.6.1 确认计划

为确认装备及其系统、子系统按图 5－1 自上而下所制定的研制需求是否正确、完整，需要系统地制订确认计划，并通过该计划给出拟采取的确认策略。研制需求的确认计划应贯穿整个研制过程。确认计划应描述：

1）如何表明需求的完整性与正确性。

2）如何对与需求相关的假设进行有效管理。

确认计划应包括如下内容：

1）与确认相关的任务和责任。

2）需收集的资料或应完成的报告。

3）拟采用的确认方法。

4）及时获取需求确认信息的方法。

5）当需求更改时，如何实现对研制需求更改的确认、维护与管理。

6）需记录的内容，如摘要、审查意见或调研结果。

7）关键需求确认工作的进度安排。

8）针对不同的设计层次、研制阶段，假设管理拟采用的方法。

9）实现需求独立性拟采用的工程方法。

需求的确认过程也适用于后续需求验证部分的，应与验证计划相协调。

5.10.6.2 确认追踪

确认追踪，就是采用确认矩阵或者其他合适的确认方法，追踪研制需求确认过程的各种状态。确认追踪的详尽程度取决于需求所涉及的 FDAL，并应在确认计划中予以说明。对于航空装备，建议在合格审定计划（Certification Plan，CP）中规定初步的跟踪过程，并按需更新。

确认追踪的最终结果应包含于“确认总结”中。确认追踪的报告至少应包含如下内容：

1）需求。

2）需求的来源。

3）相关功能。

4）DAL。

5）采用的确认方法。

6）确认过程的支撑材料。

7）确认结论（有效/无效）。

5.10.6.3　*确认总结*

编制确认总结是为了确保对所识别的研制需求完成了恰当的确认工作，并提供确认的证据。这些证据应有来源（可追溯）、有道理（分析等结果）、有着落（协议、样机）。确认总结的内容一般包括：

1）确认计划的索引以及针对确认计划的重要偏离说明。

2）确认矩阵。

3）支持性材料及其来源。

5.10.7　确认的严格程度

研制需求确认的严格程度由装备或构成装备的系统其功能研制保证等级及子系统或设备的研制保证等级确定，由其需求的确认方法和资料的齐套要求程度来保证。

研制需求确认时，应考虑预定和非预定功能。原则上装备不应存在非预定功能（如多余功能），剔除非预定功能实质上也是研制需求确认过程中的一项重要工作。

预定功能需求的确认，应按5.10.7.1节方法之一或方法的组合评估其能否达到既定的设计目标，并给出“通过/不通过”的结论。

对系统或设备是否存在非预定功能，则主要结合预定功能需求确认过程中的试验和分析期间是否出现异常状态而予以确认。对DAL为A级或B级的系统或设备，如果试验和分析期间没有出现异常状态，又不能证明是否存在非预定功能，或不能证明是否还存在其他非预定功能，则应安排有针对性的特定试验和分析过程以确认是否存在非预定功能，进而降低非预定功能出现的概率。

5.10.7.1　*确认方法*

确认方法主要有追溯法、分析法、计算机仿真法、试验法、相似法、工程审查法。

（1）追溯法

追溯法是装备、构成装备的系统和子系统需求确认的一个基本组成部分。一个需求，向上应可追溯到其父需求，向下应追溯到该需求所落实的设计图样、文档或相关技术协议书中。

可追溯性本身应充分表明，低层次级别的需求能完全满足源自高层次级别的需求。需要注意的是，有时部分低层次级别的需求，如衍生需求，对其父需求则没有可追溯性（参见5.9.1节）。此时，应开展审查以确定这类需求的有效性：

1）随研制过程的不断深入而逐步导出的衍生需求。

2）随研制过程的不断深入需追加的父需求。

3）假设的正确性确认（参见 5.10.5 节）。

（2）分析法

分析法广泛用于需求的确认过程。如果确定需求的分析方法不可接受，则所确定的需求就不可接受。

1）安全性相关需求。本书第 6 章给出了安全性评估的相关工具，如 FHA、PSSA、CCA 等。这些工具可用于分析子需求有没有满足父需求。但是，在 5.9 节需求捕获时已经用到了上述工具，正因如此，上述需求的捕获结果能否再作为需求的确认手段，应尽早与用户代表或适航当局沟通，以提高安全性相关需求的确认效率。

2）其他需求应按行业标准、规范、规章、相关型号的经验与教训、父需求等进行分析后确认。

（3）计算机仿真法

计算机仿真法用于复杂系统/子系统或设备需求的确认。该方法的关键在于：

1）工程模型向数学模型的转换。

2）转换过程中相关假设的合理性。

建议采用工程成熟度较高且曾应用于类似型号的数学模型。

（4）试验法

专项试验、演示均可用于需求的确认。对试验法而言，需求确认的时间可以是研制过程的任何时候；确认的工具可以是原理性试验、完整的系统性试验，或系统/子系统模型、电子样机、真实的软件和硬件的演示、虚拟维修之类的虚拟现实技术等。需要注意的是：

1）虚拟现实技术应足以代表真实的系统、系统接口及安装环境。

2）子系统/设备的验证试验也可以作为设计时其衍生需求的确认手段。

（5）相似法

通过与服役中同类装备相似系统进行比较，完成需求的确认。随着类似系统服役经验的不断积累，新研系统依据类似系统采用相似法进行需求确认过程也就更加可信。例如，对新研的商用飞机，可参照经适航审定并已投入使用的相似系统，通过类比完成需求的确认。

相似法应用的前提如下：

1）已投入服役的系统，其安全性问题已得到充分解决。

2）已投入服役的系统，其使用时间充分，对新研系统的类比具有说服力。

相似法应用的条件如下：

1）两个系统/子系统具有相同功能及故障状态分类，使用环境完全一样。

2）或至少两个系统/子系统在等效的环境中执行类似的功能。

（6）工程审查法

工程审查法就是利用审查人（专家）的经验，对在研系统以审查、检查、演示的方式进行需求的完整性和正确性确认。

工程审查法的时机应选择在系统实施之前，其效果则取决于参评专家的经验、能力与水平。因此，采用工程审查法时，不仅应对专家的具体意见、应用的基本原理与判据进行完整的记录，还应对审查过程中专家的姓名、所从事的专业、相关职务进行记录。

由于工程审查法采用的就是专家的工程经验，因此对与在役系统相似的衍生需求的确认将更为有效。

5.10.7.2　确认的严格程度

表5-7按A～E级DAL分别给出了航空装备研制需求确认的严格程度，即针对不同的DAL，规定了须采用的方法和须提供的资料。例如，确认A级或B级研制需求时，可以针对预定的功能，采用追溯、分析、试验、相似性及工程审查等方法判断需求的正确性与完整性；除此之外，还应提供PASA/PSSA、确认计划与矩阵、确认总结等资料。对于E级研制需求，则可不做要求。需求确认的严格程度可参照表5-7执行。此处需要说明的是：

1）某些需求的确认，可以用表5-7中的一种方法检查其正确性，用另一种方法检查其完整性。

2）表5-5和表5-6的检查单系开展研制需求确认所必需的前期基础性准备工作，不能代替表5-7中规定的方法。

表5-7　研制需求确认的严格程度（航空装备）

<table>
<tr><th>方法和资料</th><th>DAL
A、B级</th><th>DAL
C级</th><th>DAL
D级</th><th>DAL
E级</th></tr>
<tr><td>PASA/PSSA</td><td>R</td><td>R</td><td>A</td><td>N</td></tr>
<tr><td>确认计划</td><td>R</td><td>R</td><td>A</td><td>N</td></tr>
<tr><td>确认矩阵</td><td>R</td><td>R</td><td>A</td><td>N</td></tr>
<tr><td>确认总结</td><td>R</td><td>R</td><td>A</td><td>N</td></tr>
<tr><td>需求追溯(非衍生需求)</td><td>R</td><td>R</td><td>A</td><td>N</td></tr>
<tr><td>需求追溯(衍生需求基本原理)</td><td>R</td><td>R</td><td>A</td><td>N</td></tr>
<tr><td>分析、计算机仿真和试验</td><td>R</td><td rowspan="3">R
(一种方法)</td><td>A</td><td>N</td></tr>
<tr><td>相似性(使用经验)</td><td>A</td><td>A</td><td>N</td></tr>
<tr><td>工程审查</td><td>R</td><td>A</td><td>N</td></tr>
</table>

注：R—审定建议的方法；A—审定协商的方法；N—审定不做要求。

5.11　研制需求验证

5.11.1　验证过程的目的、目标与内容

5.11.1.1　验证过程目的

研制需求验证的目的就是确保装备每一层次级别系统的实现在规定的使用环境内满足其规定的需求（要求）；或者说我们制造出来的装备或系统，无论是其功能需求还是安全性需求，经证明均已达到设计所期望的水平。

5.11.1.2 验证过程目标

装备各层次级别系统研制需求验证目标如下：

1）确认期望的功能已得到正确的实施。

2）确认规定的需求已得到满足。

3）确保已实施的各层次系统其各类安全性分析结果有效。

5.11.1.3 验证内容

验证工作的详尽程度取决于 FDAL 和 IDAL。在验证预定功能的过程中，应报告包括非预定功能或不正常工作状态在内的所有异常情况，以便相关问题能得到及时审查与处置。验证过程中，一般可通过核对设计的实施过程与要求的定义过程确定是否存在异常情况。

各层级系统研制需求的验证一般包括如下内容：

1）研制需求的验证计划。

2）研制需求验证过程的严格程度。

3）研制需求的验证程序与结果。

4）研制需求的验证矩阵。

5）研制需求验证过程总结报告。

5.11.2 验证过程模型

研制需求的验证过程，就是通过 SSA/ASA、检查、审查、分析、试验和工程判断表明装备各层次级别系统按既定的架构所实施的结果能满足已确认的安全性需求和功能需求。装备研制需求的验证，需按图 5-1 右侧所示顺序自下而上依次在每个层级上迭代进行。以飞机为例，它涉及子系统、系统、飞机级的安全性需求和功能需求的验证，包括采用 FMEA、FTA、CCA 和 SSA/ASA 等方式的验证过程。

图 5-9 给出了装备不同层次级别系统的研制需求通用验证过程模型。图 5-9 所示验证过程包括以下 3 个不同部分：

1）计划，其内容包括必需的资源需求计划、任务的先后次序安排、所需的过程数据、必需的信息处理过程、具体任务及判据的选择、验证专用的硬件与软件安排等。

2）方法，即验证过程中所采用的验证方法。

3）资料，其内容包括验证过程中支撑验证结果的相关文档等过程资料。

验证过程的输入包括：

1）装备各层次级别系统的研制需求。

2）SSA/ASA 过程文档。

3）待验证的各层次系统完整描述。

研制过程的输出包括：

1）最终的验证矩阵（研制需求的符合性）。

2）验证过程总结报告（含异常情况解决途径、具体方案及需求符合性情况）。

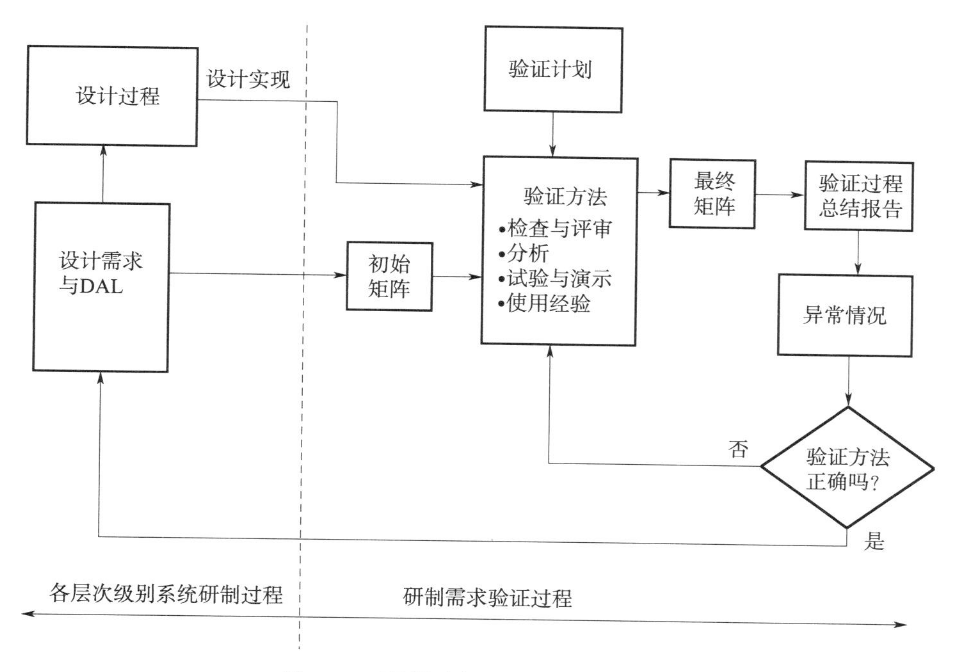

图 5-9　研制需求通用验证过程模型

需要注意的是，由于研制过程本身是反复迭代的，因此研制需求的验证过程也可能需要在设计过程中不断反复，见图 5-1～图 5-4。

5.11.3　资料验证

5.11.3.1　资料验证目的与说明

资料验证目的是提供验证过程已执行的证据。5.11.4.3 节中与表 5-8 相关的符合性证明均需要形成可作为证据的文件资料。这些证据（文件资料）可用于向第三方或用户表明装备在研制过程中是如何开展研制需求的符合性验证的，其还可作为航空装备合格审定对资料的要求。在研制期间需采用合理的方法对验证矩阵进行动态维护，以便于：

1）满足研制过程反复迭代这一特征。

2）用于编制装备各层次系统研制需求验证总结报告。

硬件和软件验证总结应作为其上一层次系统验证资料的输入，但需要说明的是：

1）软件需求的验证要求按 DO-178C/ED-12B（超出本书研究范围）。

2）电子硬件需求的验证要求按 DO-254/ED-80（超出本书研究范围）。

各层次系统验证资料包括如下内容：

1）验证计划。

2）验证程序与结果。

3）验证矩阵。

4）验证总结。

5.11.3.2 验证计划

为证明装备及其系统的实施如何满足其研制需求，需要系统地制订验证计划，并通过该计划给出拟采取的验证策略。典型验证计划包括如下内容：

1）与验证工作相关的任务和责任。

2）设计和验证工作的独立性程度描述。

3）适用的验证方法。

4）验证过程资料。

5）各种验证工作前后顺序。

6）关键验证工作时间安排。

7）高层次系统验证时，对低层次系统验证结果的评价。

可用于某些研制需求确认过程的验证结果，其验证计划应与相关确认计划相协调。

5.11.3.3 验证程序与结果

验证程序就是按验证计划对研制需求执行的验证活动，验证资料应包含验证程序和验证结果，以作为证据表明验证过程的恰当程度。

5.11.3.4 验证矩阵

研制需求的验证过程需建立验证矩阵或相关的等效文件，以追踪验证过程中各研制需求得到满足的程度。该矩阵的模式可参考研制需求的确认矩阵，矩阵的详细程度取决于各层次级别系统的 DAL。研制方需确定验证矩阵的格式，其格式至少包括如下内容：

1）研制需求。

2）相关功能。

3）拟用的验证方法（初始矩阵）或采用的验证方法（最终矩阵）。

4）验证程序（初始矩阵）、验证程序和结果（最终矩阵）。

5）验证覆盖摘要，即验证结果对需求的覆盖程度。

6）验证结论，即合格、不合格（最终矩阵）。

5.11.3.5 验证总结

理论上，所实现的各层次级别系统应满足给定的研制需求。研制需求的满足程度到底如何，则由验证总结所引用的相关证据予以评判。这些证据应看得见（有文件）、摸得着（有测试、分析等结果）、已实现（样机、鉴定结论）。验证总结应该包括如下内容：

1）验证计划和对计划的任何明显偏离说明。

2）所分配的 DAL（FDAL 或 IDAL）。

3）符合 5.11.3.4 节要求的验证矩阵。

4）问题报告（开口项）的描述与对安全性影响的评估。

5）支持性材料及其来源（见 5.12 节）。

6）需求验证的覆盖程度。

7）验证结论。

5.11.4　验证的严格程度

验证的严格程度一是取决于 DAL（FDAL 或 IDAL），二是应考虑系统、子系统架构及验证的独立性需求。验证的严格程度包括验证计划的编制、验证方法及验证的严格程度要求。

5.11.4.1　验证计划的编制

编制验证计划的目的，就是为表明各层次级别系统的实施如何满足所给定的研制需求，定义验证的过程及判据。验证计划的编制过程中应开展以下工作：

1）确定验证工作的任务和责任，保证研制需求设计实施过程与验证过程之间的独立性。

2）确定各层次系统验证的构型（技术状态）。该项工作包括专用试验设备、设施、待验证的具体硬件与软件。

3）定义拟采用的具体验证方法，以表明系统的实现如何满足基于 DAL 的每一研制需求（含架构独立性需求）。

4）定义验证工作有效与否的准则，为每一验证方法所得到的验证结果提供评估判据。

5）高层次系统验证时，应包含对低层次系统验证结果的评价内容。

6）关键验证工作的时间节点安排。

7）验证结果的确认办法。

5.11.4.2　验证方法

研制需求的验证目的，就是证明所实施的各层次系统如何满足其经确认的研制需求(功能需求与安全性需求)。在研制需求验证的过程中，必要时可采取多种方法证明需求的符合性。例如，需求符合性的分析再辅以物理试验的结果，往往更能覆盖所有最坏的情况。验证的具体方法主要有检查与审查、分析、试验与演示、相似性/使用经验。

（1）检查和审查

检查和审查的主要内容如下：

1）过程文档，如安全性评估报告，各层次级别系统的规范以及相关设计、工艺文件等。

2）图样。

3）样机（硬件与软件、系统和设备安装）。

检查和审查的主要目的如下：

1）各层次级别系统物理实现是否满足规定的研制需求和工艺要求。

2）设计审查，审查正常或非正常条件下相关层次级别系统的工作状态。

3）试验审查，确定各层次级别系统物理试验大纲、方案，监控试验过程，审查试验结果。

（2）分析

分析的主要途径是通过对功能需求与安全性需求开展详细检查，以评估各层次级别系统在正常或非正常的条件下能否履行其规定的功能，能否达到期望的安全性需求。

分析方法主要有模型分析、覆盖分析、安全性评估3种方式，其中安全性评估见第6章。

1）模型分析。复杂系统的典型模型可能是数学模型与试验模型的组合。通过建模，以实现对目标系统的参数化评估，尽早提供系统的验证信息或发现相关问题。

2）覆盖分析。覆盖分析就是研制需求在系统的实现过程中，能以各种方式得到验证的程度。典型的覆盖分析通常采用可追溯的方法并以矩阵（表格）的方式对研制需求的验证结果进行记录，核查所有的需求是否均得到验证、均得到满足。覆盖分析对被分析对象的接口需求来说往往是一种较为有效的方法。

（3）试验与演示

试验与演示是通过物理系统或子系统的实际运行与演示，以证明是否满足规定的研制需求。对于具体功能需求，可以采用试验方法予以验证；对于维修性、可达性、人机工程等维修性方面的需求，实物样机检查与演示有时是一种最为有效的方法。

此处，演示有时也是一种试验，如BIT的故障检测与隔离能力的试验室检查等；演示有时也可能是一种虚拟现实的仿真，如电子样机上的发动机拆装（维修性）演示。

试验与演示有两个目的：

1）通过试验与演示证明目标系统能够实现所预定的功能。预定功能试验与演示还包括由研制需求所确定的相关准则，而准则的演示结果一般为“符合”或“不符合”。

2）通过试验与演示证明目标系统没有出现影响安全的非预定功能。非预定功能的发现主要有两种方式：

①参考类似系统的经验，安排专门的试验项目。

②在正常试验期间，加强监视与提高警惕。

但需要注意的是，仅通过试验无法证明系统没有非预定功能。是否存在非预定功能的判断，也可参考5.10.7节相关内容。

试验时，应通过试验程序保证试验的结果可复现、可追踪，试验中发现的问题均通过FRACAS系统予以解决。

（4）相似性/使用经验

对与现役装备类似的系统/子系统，也可参考5.10.7节相关内容，可以通过设计和安装的评价（对比分析）进行验证。此类方法主要是利用现役装备系统/子系统的工程和使用经验定性判断：在研系统的实现是否存在尚未解决的重大故障隐患或系统安装上的问题。

5.11.4.3　验证的严格程度要求

表5-8按A～E级DAL分别给出了航空装备研制需求验证的严格程度，即针对不同的DAL，规定了须采用的方法和须提供的资料。例如，验证A级或B级研制需求时，可以针对预定的功能规划验证矩阵、制订验证计划、设计验证程序、编写验证总结、出具SSA/ASA报告等，并采用检查、审查、分析、试验及工程经验等方法，来判断预定的功

能是否得到实现、安全性需求是否得到满足。对于E级研制需求，则可不做要求。

需要说明的是：

1）其他装备研制要求的验证，可参照表5-8执行。

2）电子硬件和软件的验证方法则应分别按DO-178C/ED-12B和DO-254/ED-80的规定，结合其IDAL进行。

表5-8 研制需求验证的严格程度（航空装备）

方法和资料	DAL A、B级	DAL C级	DAL D级	DAL E级
验证矩阵	R①	R	A	N
验证计划	R	R	A	N
验证程序	R	R	A	N
验证总结	R	R	A	N
ASA/SSA②	R	R	A	N
检查、审查、分析或试验③	R （试验和一种或多种其他方法）	R （一种或多种方法）	A	N④
试验，非预定功能	R	A	A	N
使用经验	A	A	A	A

注：①R—审定建议的方法；A—审定协商的方法；N—审定不做要求。

②ASA/SSA确保装备已实施的各层次系统其各类安全性分析结果有效。

③这些工作提供了相似的验证程度。依据具体系统架构或具体功能灵活选用不同的方法。

④应按需表明验证对象（系统或设备需求）对安装和环境的兼容性。

5.12 构型管理

5.12.1 构型管理简介

"构型管理"一词来源于"Configuration Management"，有时也译为"配置管理""技术状态管理""技术状态（构型）管理"，如《军用软件配置管理》（GJB 5235—2004）、《航空产品技术状态（构型）管理要求》（HB 7807—2006）、《装备技术状态管理监督要求》（GJB 5709—2006）、《技术状态管理》（GJB 3206A—2010）。一般而言，我国民机适航领域称之为"构型管理"，军机领域称之为"技术状态管理"，计算机领域称之为"配置管理"。于是，本书视上下文意境，将"Configuration Management"灵活称为"构型管理""技术状态管理"或"配置管理"。

构型管理，从概念的出现到标准的颁布，再到标准在装备研制中的有效实施，已经有半个世纪的发展历史，有效地保障了装备研制质量。构型管理属于科研技术管理范畴，是产品质量保障体系的重要组成部分，主要围绕着技术状态标识、控制、记实和审核4项活动展开。

本书将“构型管理”安排在本章而不是第4章，主要是考虑到装备功能集成是本章的重点内容，其完整的集成过程（见图5-4）不能没有构型管理。本节仅围绕装备的功能集成介绍系统安全专业必须了解的构型管理过程模型、目标与任务等基本内容，构型管理的详细内容见《技术状态管理》（GJB 3206A—2010）。

5.12.2 构型管理的作用

构型管理是一种有效的技术管理手段。它对设计、制造、验证、进度和费用等方面权衡决策的完整性和可追溯性进行记录与控制，保证承制方向使用方交付的合格产品能够满足技术协议书或研制总要求的要求。显然，权衡决策的完整性和可追溯性，其核心内容就是资料与记录的完整性和可追溯性。构型管理对资料与记录的要求如下：

1）所完成的文档资料和记录应该是齐套的且可以检索的。

2）生成的资料源（如分析、试验等）应可控，以保证在需要的情况下，就可以重新生成相同数据的资料。

资料与记录的管理只有达到上述两条要求，才能便于相关技术的审查、问题的查找与解决、系统的持续改进等工作。

构型管理，关键是对5种基线的管理。基线管理与研制阶段技术审查的关系见图5-10，其主要作用如下：

1）对研制过程每一个阶段的产品状态进行完整的技术描述。

2）确保制造出的产品与技术描述一致，即“文实相符”。

3）技术文件（包括设计文件、制造文件和检验文件）的更改受控。

4）识别和判断产品制造状态与交付状态之间的要求偏离。

5）为装备使用阶段的加改装、维修大纲等各顶层文件的动态更新提供所需系统的技术状态追溯。

图5-10以装备的系统为例，图解了功能基线、分配基线、设计基线、制造基线、产品基线的确立时机，确定了各基线确立之前的基本工作要求以及各类工作间的先后时序关系。

采用图5-10所示的这种管理方法，既可避免订货方过多地干预承制方的内部事务，充分发挥承制方的积极性，又可控制承制方的研制过程，防止性能、进度、费用失控，使承制方能够在预定的周期内以最优的性能、较好的效费生产出满足要求（需求）的产品，最终保证订货方的利益。

5.12.3 构型管理过程的目标

构型管理过程的目标如下：

1）制订构型管理计划。

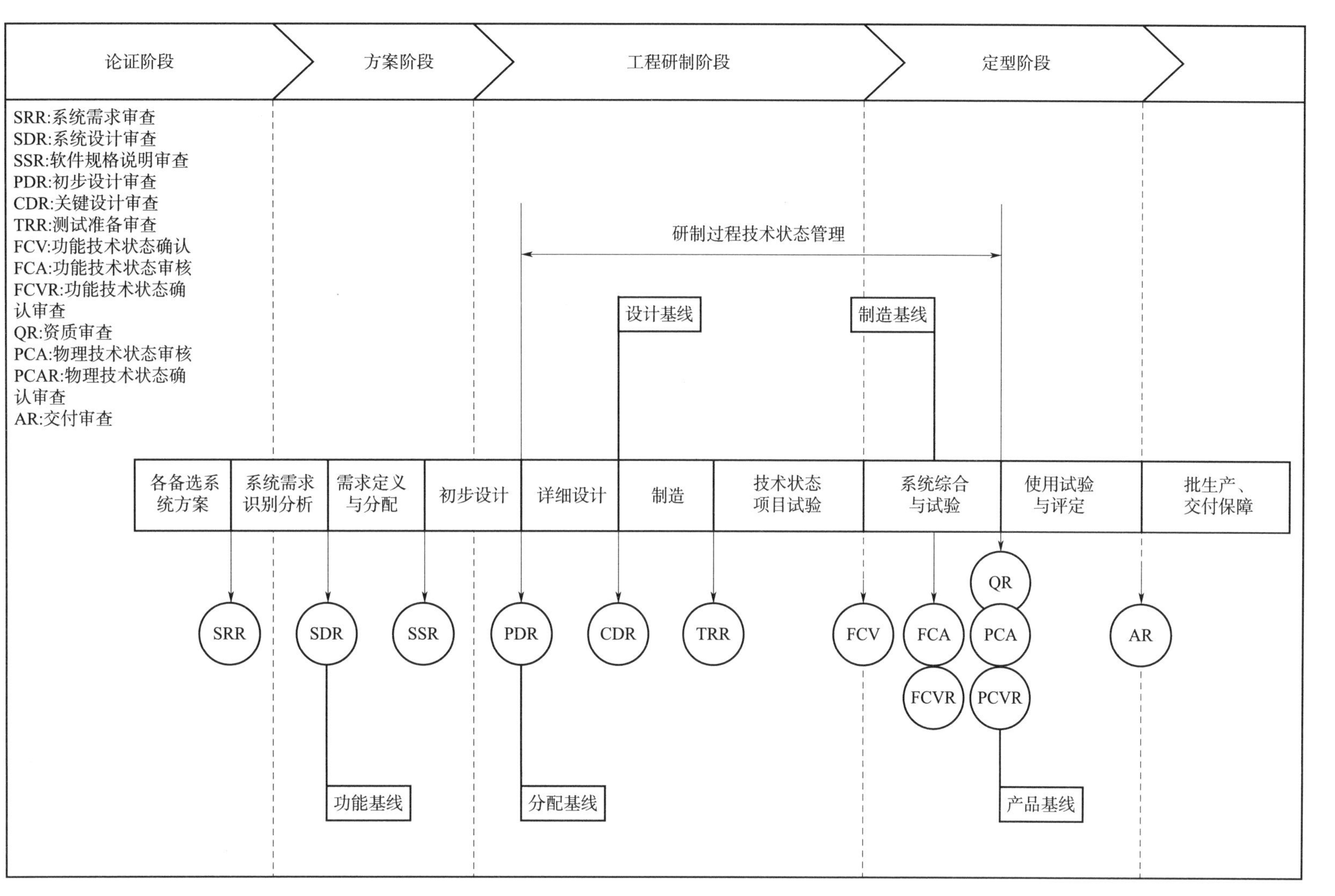

图 5－10　基线管理与研制阶段技术审查的关系

2）确立构型管理内容：

①各层次级别系统的研制需求。

②需完成的技术文件。

③为证明所实现的各层次级别系统满足已确定的研制需求，需在研制保证过程中纳入构型管理的设施、工具与相关资料。

④研制、生产与使用期间能够唯一确定各层次级别系统版本的其他资料。

3）构型的技术和管理控制：

①按照技术状态基线，能够确定系统构型的更改状态和更改内容。

②构型的控制能够保证发现的问题均有记录与解决措施，所有的更改有记录、经批准、已实施。

4）构型资料的物理归档、恢复和控制。系统研制、合格审定及使用与维修均需要有效的构型管理。在确定系统研制需求符合性的各节点上，就应建立相应的技术状态基线。在装备的研制阶段，系统最终的构型对其技术状态基线的可追溯性与否，才能证明装备的研制过程是否受控、研制保证过程是否有效；在装备的使用阶段，维修大纲等各顶层文件的动态更新也经常要求对相应系统的技术状态基线进行追溯。而这种可追溯性，依据的就是已归档的构型资料。因此，必须做好构型资料的物理归档、恢复和控制工作。

5.12.4 构型管理过程内容

构型管理过程包含的主要工作内容如下：

1）制订构型管理计划。

2）确定构型及其索引。

3）确立技术状态基线（构型基线）。

4）更改控制与问题报告。

5）存档和检索。

上述持续性的构型管理工作有助于保证整个构型管理过程的有效性和可信性。就航空装备而言，出于合格审定的需要或随时接受订购方监督的考虑，持续的构型管理过程证据至少应包括构型管理过程的历史纪录或阶段性总结报告。

5.12.5 构型管理过程模型

根据5.12.4节介绍的构型管理过程内容，确定的构型管理过程模型见图5-11。该模型的输入包括：

1）装备各层次级别系统的研制需求。

2）装备各层次级别系统的衍生需求。

该模型的输出包括：

1）最终构型（图5-10的5种基线）。

2）构型及其更改控制、问题报告的检索。

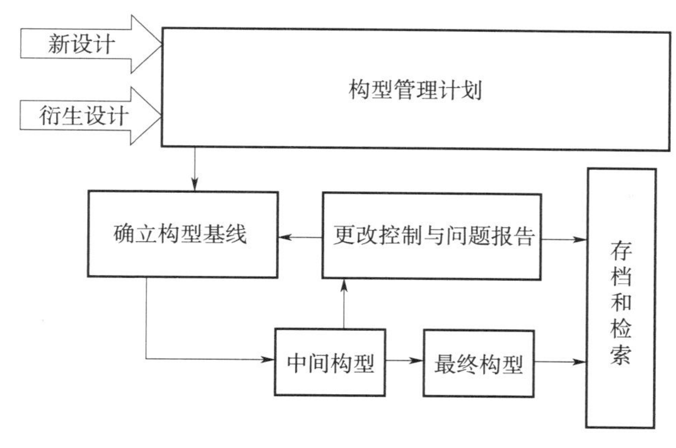

图5-11　构型管理过程模型

5.12.6　构型管理实施

5.12.6.1　制订构型管理计划

由于装备的研制过程是一个动态的迭代过程，因此在各层次级别系统的研制周期内，各系统的技术状态也是动态的。此时，制订构型管理计划就是为了对各系统动态的技术状态实施有效管理，从而实现构型管理过程的目标。为此，所制订的构型管理计划应该包括构型管理的程序、接口、工具、方法、标准、职能部门的责任等。

5.12.6.2　确定构型及其索引

确定构型及其索引的工作目标是对各个层次级别系统建立清晰、唯一标识的技术状态项，便于实现对每一技术状态项的控制与检索。

系统构型索引确定了：

1）组成系统的所有技术状态项目。

2）保证系统整体安全性水平所必需的程序与限制。

3）超出适航规章安全性要求所规定的系统设计特征与能力。

典型的系统构型索引应包括以下信息：

1）每一个系统所确定的技术状态。

2）子系统的技术状态（包括软件/硬件）。

3）系统或子系统的接口需求。

4）与其他系统的接口需求。

5）与安全性相关的使用或维护程序和限制。

6）系统可更换项目的互换与混装需求。

5.12.6.3　确立技术状态基线

确立技术状态基线的目标是实现对技术状态项的追溯与控制，具体如下：

1）对每一技术状态项确立对应的技术状态基线，便于研制需求的符合性验证。

2）一旦技术状态项的基线确定好后，该基线就应便于存档和检索，易于更改与控制。

3）一旦从已确立的基线中衍生出基线（简称衍生基线），就应及时对已确立的基线实施更改与控制。

4）衍生基线相对于其源对象（已确立的基线）应该是可追溯的。

于是，各层次级别系统按上述要求设计好的完整构型便可用于适航当局合格审定（航空装备）或供装备的订购方监督与检查。

5.12.6.4　更改控制与问题报告

更改控制与问题报告的目标是在审查、试验、使用和问题解决过程中，记录基线存在的问题或相关的更改情况。由于技术状态的更改与问题报告的状况受控与否直接关系到装备的研制过程是否受控，因此下面重点讲述技术状态的更改控制与问题报告事项：

1）确定更改文档及解决问题的方法。

2）更改控制应能确保：对各层次级别系统技术状态能追溯到到底改了什么，改之前的内容是什么，更改后的内容又是什么。

3）更改控制应能确保：对各层次级别系统技术状态的更改应是恰当的且能反映到与系统相关的文档上，这些更改后的文档可索引。

4）更改控制应保持各层次级别系统技术状态的完整性，且所有的更改已经过批准。

5.12.6.5　存档和检索

存档和检索工作的目标是确保所有的技术状态项均能得到有效的检索。存档和检索的要求具体如下：

1）各层次级别系统的资料均能从某个受控源处得到检索。该受控源一般为系统研制部门所在的公司或公司的某个部门（如信息档案部）。

2）应有程序确保存储资料的完整性。这些程序包括：

①不存在未经批准的更改。

②所选择的存储介质不会退化且能保证资料复制的过程中不会出现差错。

③能以合适的频度保证在存储介质到寿之前，相关资料能正确地转移到新的存储介质上。

④资料副本归档应与原件分开存放，以避免灾难性事件导致所有资料丧失的可能性。

5.13　过程保证

5.13.1　过程保证计划

过程保证的目标就是确保装备各层次级别系统必须有过程保证计划，并在研制过程中得到了严格执行，而且计划的实施过程有记实、有证据。

过程保证计划规定了装备各层次级别系统在研制期间所应遵循的程序与规范。制订过程保证计划时应考虑如下问题：

1）装备各层次级别系统的研制、合格审定、需求的确认与验证、构型管理计划的范围和内容必须与其研制保证等级（FDAL 或 IDAL）要求的严格程度相一致。

2）必须定义项目（装备研制）的联络、协调、先后次序、进程等监控机制。

3）必须定义需求的更改控制程序、功能的使用与维修程序。

4）应安排充分的项目审查，以保证能在第一时间发现研制差错。

5）应有与装备的订购方或适航当局充分协调的计划。

6）装备各层次级别系统的过程保证监督机制，应该独立于其研制过程的组织机构。

5.13.2　研制计划

研制计划不同于过程保证计划。

研制计划必须确定拟采用的顶层过程、研制周期内的关键事件、支撑研制工作的组织结构和关键人员职责；研制计划还应从装备各层次级别系统 DAL、研制工作时序及相互依赖关系、各工作过程或相关事件完成后的结果与特征等方面对研制的重要过程和关键事件进行充分描述，以明确孰轻孰重、孰先孰后。

对于复杂系统，研制计划还应描述具体的研制过程及相关细节，一是方便对装备各层次级别系统按系统级别管理；二是有利于研制人员均能准确理解研制过程中的关键要素及各要素之间的相互关系。

5.13.3　项目计划审查

项目计划包括项目研制计划、合格审定计划、需求的确认与验证计划、构型管理计划等。项目计划审查时需考虑如下问题：

1）以文件形式明确项目执行程序与规范。

2）应规定联络措施，以便于计划实施过程中相关人员之间及时交流信息。

3）规定由于过程、计划或技术更改而需相关计划及时更新的程序。

4）计划的更新应有跟踪和控制。

5.13.4　过程保证证据

完成项目计划规定的内容应有证据，具体如下：

1）项目计划应得到批准并有签字时间。

2）计划要求的报告、度量标准和审查意见。

3）来源于型号研制需求的捕获、确认、验证、构型管理和合格审定过程的有效资料。

4）过程保证审查的证明材料，如完整的检查清单和会议记录等。

5.14　合格审定和管理工作协调

本节全部内容适用于民用航空装备，可供其他航空装备合格审定时参考，也可供航天领域等高度综合与复杂装备和订购方协调时参考。

5.14.1 合格审定目标

合格审定的目标是证明飞机及其系统符合适航规章中适用的要求。

此处需要说明的是，适航规章中规定的要求，只是为保证飞机使用时的安全、可靠与经济而设立的最低要求。适航要求与安全性的关系见3.5节。不是说飞机满足了适航规章的要求，就能满足安全性与功能需求。从5.9节图5-7中不难发现，合格审定要求只是八大研制需求的组成部分之一。实质上，适航规章内的条款是一块块立在我们眼前的“墓碑”，我们必须对其怀有敬畏之心。我们有幸参与装备型号研制，应时刻不忘肩上的责任与义务，确保：

1）所确定的研制需求包含了适航规章等规范、标准规定的适用要求。

2）型号的研制严格执行了SAE ARP 4754A，研制过程受控。

5.14.2 合格审定计划

在大多数情况下，飞机的合格审定是按已制订的系列审定计划、审查计划的实施情况及实施结果的符合性来完成的。因此，合格审定计划的制订与协调极为关键，其重要性体现在：

1）为申请人和适航当局之间建立有效的沟通渠道。

2）如何表明飞机、系统及其子系统满足适航规章及行业标准的要求，申请人与适航当局须在审定要求的符合性方法上达成一致意见。

制订合格审定计划时，应把整个研制过程中有关适航规章方面的要求分成若干可管理的任务，使得这些任务能按一定的顺序逻辑完成。合格审定计划的主要任务如下：

- 描述合格审定项目。
- 确定审定基础（包括适用的规章要求和专用条件）。
- 阐明申请人希望使用的符合性验证方法。
- 给出符合性验证计划表。

对于飞机型号而言，应该有单独的合格审定计划（顶层计划）；而飞机的每个系统及其设备安装应有各自相应的一套合格审定计划。由于审定计划的内容总体上取决于飞机及系统的复杂与综合程度，为便于与适航当局沟通，审定计划制订得越早越好。

对于高度综合与复杂系统，合格审定计划应围绕系统本身的特性及系统在机上的安装环境这两个方面予以阐述，计划的详尽程度则取决于系统功能故障状态的严酷度类别。每个系统的合格审定计划均应该包括如下内容：

1）对系统的功能和使用需求做详细描述，对安装该系统的飞机功能与用途做简要描述。系统描述的要素还应包括：

①软件和硬件。

②系统与机上其他系统之间的功能、物理及信息等接口关系。

③系统与其他飞机的功能、物理及信息等接口关系。

2）本合格审定计划与其他相关系统合格审定计划之间的关系说明。

3）AFHA/FHA 总结（危险、故障状态与分类）。

4）PASA/PSSA 总结（飞机/系统安全性目标和系统/子系统研制保证等级）。

5）对满足安全性目标所采用的任何新颖或独特性设计特征的描述。

6）已采用的新工艺或新技术描述。

7）包括专用条件的系统合格审定基础。

8）满足合格审定基础的符合性方法，包括预期的研制保证过程概述，如安全性评估、研制需求的确认与验证、构型管理与过程保证等。

9）按构型（技术状态）控制应提交给适航当局审查的资料和申请人自留资料清单。

10）合格审定的大概顺序和日程安排。

11）负责合格审定协调的人员或专门机构。

5.14.3　合格审定符合性方法

飞机、系统或子系统如何满足既定的合格审定基础，申请人应当给出符合性验证方法的初步建议。对申请人的具体要求如下：

1）在相关研制工作开始前，将建议的合格审定计划提交给适航当局审查。

2）解决适航当局针对适航要求符合性方法方面所提出的问题。

3）与适航当局就合格审定计划的内容取得一致性意见。

5.14.4　符合性证明

合格审定资料是飞机、系统和子系统满足适航要求的证据，包括向适航当局提交的资料和申请人的留查资料。适航当局通过合格审定资料的审查，确定所研型号对适航要求符合性的充分程度。

申请人应编写合格审定总结。该总结应阐明合格审定计划执行结果，还应描述飞机、系统及其安装是如何按合格审定计划审定，并满足符合性要求的。按合格审定计划执行时，如果发生符合性偏离审定基础的情况，则均应把偏离的情况与偏离的理由逐一叙述清楚。

合格审定总结除了阐述合格审定计划的每项内容之外，还应包括以下内容：

1）适航要求符合性程度的叙述（以矩阵的形式）。

2）影响功能或安全性且未归零的问题报告。

5.14.5　合格审定资料

合格审定过程中应完成下述资料：

1）合格审定计划。

2）研制计划。

3）设计描述。

4）需求确认计划。

5）需求验证计划。

6）构型管理计划。

7）过程保证计划。

8）技术状态索引。

9）功能危险评估。

10）初步飞机/系统安全性评估。

11）飞机/系统安全性评估。

12）共因分析。

13）需求确认资料。

14）需求验证资料。

15）构型管理证据。

16）过程保证证据。

17）合格审定符合性报告。

18）合格审定总结。

这些文件均是飞机型号研制过程中必须完成的，否则不符合 SAE ARP 4754A 规定的研制过程。说严重点，即研制过程不太受控。不过需要说明的是，就飞机型号而言，肯定应有上述这 18 套资料。但具体到各层次级别系统，每套资料的详尽程度则应根据其研制保证等级并按 SAE APR 4754A 中附录 A 确定。

上述 18 套文件中，提交适航当局的资料至少应包括上述 1）、8）、18）3 套文件，即合格审定计划、技术状态索引和合格审定总结。其他文件按适航当局要求视情提供，但申请人均应完成这些文件，一是确保研制过程受控，二是供适航当局备查。

5.15 系统研制过程风险缓解

5.15.1 系统研制过程风险分析

5.15.1.1 风险的主要来源

不管是研制需求的确定还是系统的架构设计，如果没有充分继承历史经验，没有合理分配研制资源，没有充分考虑软件的不确定性（异常）情况，没有仔细权衡系统之间的相互影响及使用、维修保障需求，没有系统化地开展安全性评估，没有考虑或评估系统架构是否 ALARP，就可能给型号的研制带来较大的费用、进度、性能风险。

风险的主要来源有 3 个：

1）研制需求难以准确界定。

2）难以证明系统架构完全满足研制需求。

3）研制保证过程难以受控（见 3.15 节）。

（1）研制需求

当系统的复杂性增加时，想仅用试验和分析的方法证明“高度综合或复杂系统完全没有差错”这样的命题，显然不切合实际。此时，可通过结构化的研制过程（包括过程控制）弥补试验和分析不能覆盖系统全部状态的不足。

而结构化研制过程的主要任务之一，就是确定研制需求，并对之进行确认。某些需求的最终确认，有时直到系统已经实施或在实际的使用环境中进行试验后，才能合理而准确地给出。例如：

1）设备对炮击振动的需求。

2）发动机喘振对炮口与发动机进气道的相对位置需求。

3）软件与子系统、系统的接口需求。

4）座舱人机界面的需求。

5）设备、传感器及其连接电缆的 EMC 需求等。

研制需求的准确界定与否，显然会给型号的研制带来较大的风险。

（2）系统架构

由于人-机任务分配、系统架构选择构成了系统的基本决策，而且这些决策往往渗入大量主观因素，并直接影响装备的安全性水平，因此系统研制过程风险还体现在所采用的系统架构是否合理、可行上。

（3）研制保证过程

必须按 ARP 4754 的体系或等效体系严格实施装备的研制保证过程。如果装备承制方的质量管理体系不能履行对装备研制保证过程的全面管理，那么这一点就是装备研制的最大风险。

5.15.1.2　缓解风险的对策

缓解风险的对策主要有如下几点：

1）系统架构的隔离和独立。

2）软件研制需求与架构。

3）安全性评估。

4）资源的使用。

5）严格执行研制保证过程（见 3.15 节）。

5.15.2　系统架构的隔离和独立

5.15.2.1　研制需求与系统架构

在实际情况中，几乎没有合适的对策可以对装备型号全部海量需求实施有效管理。在高度综合或复杂系统中，通过限制需求差错的影响来衡量架构的有效性，是决定系统架构是否合理的重要因素。因此，特针对以下情况给出较为有效的策略：

1）利用非相似系统实现余度功能的类似办法，以保证单个子系统功能故障后对安全性需求的影响幅度最小。

2）对研制需求严格履行业已有效的确认程序。

3）当监督控制的功能应独立于功能系统时，需提供系统输出的超越监督控制（简称超控），如控制限制装置的使用、飞行员对系统的超控（自动驾驶改人工驾驶等）。实际上，先后于 2018 年 10 月、2019 年 3 月两架 737MAX 飞机的坠毁事故正是超控出现了问题。

4）研制需求中对超出系统极限的限制应体现在系统的架构之中。例如，飞机的过载、迎角、高度、失速速度等应在飞行控制系统的架构中统筹考虑，对由软件来实现的限制功能应在系统的架构中予以说明。2014 年 12 月，某型飞机空中飞行时法向过载大大超过了设计的规范，造成了飞机的损失。这一教训是非常深刻的。

5）尽量从成功运行（使用）的系统中，得到顶层需求，如座舱人机界面的需求。

6）对部分直到系统已经实施或在实际的使用环境中进行试验后，才能合理而准确地给出研制需求的项目，可参考类似型号的经验而预定。如发动机喘振对炮口与发动机进气道的相对位置需求。

7）所确定的系统架构应充分权衡，以 ALARP 的方式满足安全性与费用需求。

显然，上述第 4）～6）条均与使用经验有关。因此，对高度综合和复杂系统，确定一个什么样的研制需求、选择一个什么样的系统架构，而类似型号系统的研制需求及架构经验对这类系统研制需求的准确性与架构的合理性是非常重要的参考依据。

5.15.2.2　系统架构的隔离和独立

ARP 4754 表明，如果一个系统架构的一部分充分地与该系统的另一部分隔离，且每部分执行的功能充分独立，那么各独立部分的研制保证等级由各自的功能故障状态严酷程度所决定。这种方式的系统架构是否成功，取决于系统架构的合理性与充分性。因此，降低因研制需求不当（研制差错）所产生的风险，充分隔离和足够独立是一种比较好的方法。

但除了最简单的系统之外，对于衡量系统架构充分隔离和足够独立的合理性和充分性，目前没有任何量化过程。因此，对于那些高度综合和复杂系统研制需求的确定和验证，必须采用安全性评估与工程经验判断相结合的方法来确定每一系统是否充分隔离和足够独立。

5.15.3　软件研制需求与架构

虽然子系统级所辖的软件其架构执行的是 DO－178C/ED－12B 标准，并已超出本书讨论的范畴，但近年来，因软件差错致使飞机损失的案例越来越多。因此，此处特对软件的研制需求与架构风险略做说明。

通过对软件研制程序的研究表明，多达一半的软件差错实际上系设计疏漏、不正确的需求或需求的不正确解读所致。此时，重要的是如何选择备用方案来处置这类软件差错。而软件研制保证等级是确保其研制差错最小化的重要工程手段，软件的合理架构则是系统安全可靠性及相关性能实现的根本途径。事实上，部分软件研制保证等级准确确定及架构的合理设计往往是极其困难的。因而，为降低研制风险，至少应考虑如下两方面：软件研制保证等级和软件系统架构。

（1）软件研制保证等级

软件的研制保证等级，一是取决于其上一级系统功能所分配的研制保证等级，二是取决于 DO－178C/ED－12B 的要求。如果所使用的软件，其功能失效所造成的故障状态不是系统架构中最为严重的故障状态，那么软件研制保证等级应由软件中异常行为可能给系统带来的最为严重的故障状态决定。

（2）软件系统架构

软件的架构应尽量采用非相似性设计方法，这样可预防软件的某些异常情况，并同时告诉我们：只有通过安全性评估，才能证明软件研制保证等级及其架构是否确定得合适。

当系统的软件采用两个或两个以上部件的并联架构，以完成其上级系统所分配的功能时，至少应有一个软件部件的研制保证等级与该功能故障时所对应的最严重的故障状态严酷程度相对应。对采用并联架构的软件应证明：为通过冗余方法实现上一级系统所分配的功能，所并联的各个软件部件，包括其通道设计、集成与实现，均是独立非相似的。显然，软件的架构也离不开安全性评估。

5.15.4　安全性评估

安全性评估既能对研制需求与系统架构开展综合评定，又能有效地规避研制风险。安全性评估的开展应以经验及试验为基础、主观和客观评估相结合的方式进行。

事实上，安全性评估工作的深入与细致程度基本决定了型号研制风险的大与小。

虽然型号的总设计师对装备的安全性极为关注，尽管本书大部分篇幅也在讨论安全性评估，甚至连设计人员都在抱怨现代飞机的“设计差错猛于虎也”，可是目前国内装备的研制人员对系统安全工作的总体印象就是“系统安全只不过是花架子”。

这主要体现在装备的研制过程之中。例如，一、二代飞机基本上没有开展安全性评估，这些装备照样能达到比较好的安全性水平。现代装备用户要求承制商开展系统安全工作，那就按 GJB 900 等相关标准给出一些分析报告即可。几乎所有的人都知道，这些报告对设计、制造、试验与管理没有产生丝毫影响。在新机的试飞过程中没有可靠性工程师的参与，飞机的飞行也毫无影响。可靠性工程师参与新机的跟飞，几乎没有人能理解，“他们来干啥呀？”。

事实上，正如 4.5.2 节所述，型号的试飞安全不仅是各专业系统的工作，更多的是可靠性（系统安全）工程师的工作。可靠性工程师应站在总体的高度并至少应关注以下工作：

1）飞机的总体布局及系统架构是否合理？

2）研制需求是否合适？哪些需求需重新修订？还有哪些需求根本就没有考虑到？

3）飞机试飞期间出现的所有故障信息，其中哪些故障影响飞行的安全或任务的完成？

4）FRACAS 的运行情况如何？相关的纠正措施是否有效？

5）在使用与维修保障方面存在哪些问题？如维修方案规定的工作项目及维修间隔是否需要调整？试飞备件是否合理？用户资料能否满足飞机的使用与保障需求？

6）飞机试飞期间出现了哪些问题？这些问题在设计中有没有考虑到？是如何考虑的？后续飞机如何更改？

限于篇幅，安全性评估方面的研制风险不再详述，现只部分列举如下：

1）从设计员到高管，部分人认为系统安全是花架子，可靠性工程师是摆设。

2）研制需求及系统规范、研制规范、产品规范的确认没有安全性评估的输入。

3）研制需求及规范的符合性没有采用安全性评估结果。

4）试验及试飞期间发生的故障，有的甚至一年之内都找不到根本原因。

5）顶层文件的不规范致使共模问题普遍存在，如成品技术协议书模板要求等。

6）系统之间的接口分析不透彻，需求问题频出。

7）电缆、导管的布局在方案设计时未引起重视，易导致事故隐患。例如，传输关键信息的电缆与普通电缆或互为余度的两个子系统的电缆大规模地捆绑在一起，且走向一致，共同穿越同一框板等。

以上列举的问题，除第1）点外，均属于设计差错问题。了解本书前面内容的人也知道，系统安全的核心目的，就是规避“设计差错猛于虎”的现象，避免在装备的研制后期或使用阶段因安全性问题而需对装备进行大的改装。这就要求在装备研制阶段早期实施系统安全工作，开展安全性评估，确定好系统的研制需求与架构。就飞机研制而言，总体设计部门应特别注意的问题如下：

1）飞机的研制过程如何符合ARP 4754规定的程序。

2）诸如飞机结构的过载、颤振、共振、航炮射击、EMC、成品技术协议书模板等易给系统带来共模故障的问题。

3）边试飞、边调试、边设计的问题。

4）构型（技术状态）的管理问题。

5.15.5 资源使用

资源的使用主要有两点：资源的集中使用和根据装备的特点统筹分配资源。

（1）资源的集中使用

高度综合与复杂系统的研制需要来自研制组织机构和有关当局两方面的许多资源。随着系统复杂性和综合化程度的提高，研制过程的严格程序也越来越高，从而使得所需的资源越来越多。在资源总量一定的情况下，对特定研制过程所做的决策，其结果往往是某些系统研制过程的资源得到满足，而用于其他系统研制过程所需的资源则明显不足。因而，需对有限的资源集中使用。

（2）资源的统筹分配

立足于装备研制的全局角度，选择最适当的研制过程，其本身就是一种复杂的决策。这涉及研制组织机构和有关当局的理解和判断。经验证明，从一个系统到另一个系统，或从一种应用到另一种应用最恰当的研制过程，其资源需求的变化非常大。针对不同研制过程情况，对设计及其符合性验证方法进行合理优化，对有限的资源总量而言是必须而合适的。否则，所研制的装备或系统很难满足安全性需求。因此，需根据装备的特点统筹分配资源，如按图 6 - 4 合理地确定安全性评估的深度、按研制保证等级合理分配资源等。

根据我国三代机的研制情况及 ARP 4754 的要求，要全面开展系统安全工作，设计人员大概 4/5 的时间应花在可靠性、维修性、测试性、保障性、环境适应性、适航性、安全性与经济可承受性这“八性”的需求识别、确认、实施与验证上。没有“八性”，便没有系统安全。需要说明的是，此处“八性”的需求与图 5 - 7 的需求的维度不一样，但殊途同归，最终表达的都是装备的系统安全这一期望。“八性”中安全性与适航性之外的需求可视为安全性的衍生要求。

现代装备（如三代以上飞机）是高度复杂集成与综合系统，而我国部分研制单位以前没有这方面的经验积累，而今需要按 ARP 4754 的要求，要重视装备的研制结果，更要重视装备的研制过程；需结合装备的研制流程在安全性评估方面做细、做实，实现安全性评估与装备研制过程的有效融合。这就需要事先投入一定的资源去研究、去探讨、去学习，之后才能将取得的研究成果用于后续型号的研制之中。

没有资源，便没有系统安全。

第6章　安全性评估

6.1　安全性评估简介

大家可能注意到，以前装备的研制过程中连安全性专业人员都未配置，当时的装备并没有按ARP 4574所规定的体系开展安全性评估，或者说根本就没有开展安全性的设计工作。结果表明，这些装备在使用过程中似乎没有大的安全性问题，并且部分装备还受到国内外用户的好评。

事实上，这是由于：

1）以前的装备并非高度综合与复杂系统所构成（如基础教练机、二代机改型机等）。

2）系统工程师借鉴了类似装备的相关经验与教训。

3）系统工程师自觉或不自觉地使用了一些简单的安全性评估方法，如信息指南、目标规定、指导性规定、等效要求、主观方法等（具体见6.2.1节）。

但是，对如今高度综合与复杂系统及装备（如B737MAX及其电传操纵系统、综合模块化航电系统），如果不系统化地开展安全性评估，我们可能会遇到下列问题：

1）装备安全性需求不完整。

2）装备部分安全性需求不正确。

3）装备能达到的安全性水平不知道。

4）装备的研制过程无法按故障状态严酷度类别进行控制。

5）装备的研制资源无法按安全性水平需求的高低进行分配。

6）研制费用、进度不能受控。

7）其他诸如1.6.2.1节中所描述的问题。

需开展安全性评估的部门如下：

1）装备的研制部门。

2）装备的采办与使用部门。

3）其他涉及安全的部门与机构，如影响公众安全的易燃易爆品等生产与监督管理部门、工程施工与管理部门等。

本章主要讨论装备的研制部门（工业部门）针对复杂装备在研制阶段的安全性评估方法。

6.1.1　安全性评估目的

研制阶段安全性评估，其目的就是证明自顶而下装备安全性的需求分解与确定是合理的，自下而上子系统、系统及装备的集成过程是满足既定的安全性需求的。

使用阶段的安全性评估，其目的就是动态地监控装备的使用安全性水平，为维修大纲的动态调整、装备的持续改进提供技术支撑。

安全性评估报告是研制阶段构型管理过程的核心文件，是后续适航审定的支撑性文件，并将成为设计与使用等技术问题处理的依据（如 MMEL）。安全性评估报告还应表明，所有设计或研制中与安全性相关的问题均已得到考虑。系统的设计人员应该明白，安全性评估的目的不仅是满足适航当局的要求，它还可证明系统故障发生的概率相对于其故障后果而言在设计上做了最为恰当的处置。更重要的是，装备的总设计师或系统总师：

1）知道装备的安全性设计需求和应（已）达到的水平。

2）装备有哪些灾难性的和危险的故障状态。

3）在系统架构及研制保证过程中采取了哪些决策，以保证可接受的安全性水平。

4）装备研制的技术、进度、费用风险在哪。

6.1.2　安全性评估过程实质

造成飞机事故的两大主要原因如下：

1）使用与维修方面，如飞行员差错、恶劣天气、使用操作程序不当、预防性维修项目及维修间隔不合理等。

2）技术方面，如制造、维修差错，关键技术评估工作的缺失，包括可能引起飞行员差错的设计需求差错、用户资料错误等。

安全性评估过程的实质就是利用系统化的、科学有效的安全性评估过程，产生安全性设计需求，并通过系统化的设计满足这些需求，以一定的置信水平从设计源头上将设计、使用与维修的差错降到最低。具体地说，就是根据装备的功能需求，利用装备研制的迭代过程，确定装备及其系统的安全性需求与物理架构，并通过对物理架构的验证，确认现行的物理架构能够满足装备的安全性需求。

所以，安全性评估过程是装备物理实现不可分割的部分。对大多数高度综合与复杂的系统，安全性评估过程是一项非常重要的基础性工作。通过该项工作可以建立装备及其系统的安全性设计目标，并给出达到既定目标的方法与技术途径，见图 5－3。

此外，就航空装备而言，系统安全性评估以图 2－2 所示的第 4 级系统为主，但还应考虑图 2－2 所示的第 5 级及 5 级以上系统之间的接口。

因此，安全性评估过程是装备设计过程的固有组成部分，该项工作开展得越早，就能越好处置所识别出的危险，并以合理的成本和合理的时间实现装备及其系统的安全性目标。所谓合理，就是 ALARP（见 2.10.4 节）。

6.1.3　安全性评估的价值

安全性评估的价值在于以下 3 个方面：

1）在工程实践中，完整的、一致性的、正确的安全性评估报告，其价值不在于给出了多少数字化的准确结论，而在于对系统的设计开展了多少关键的、逻辑性的审查。此外，设计者本身还可通过系统化的安全性评估过程得到不少经验与教训。

2）通过严密的安全性评估工作及科学的管理方法保证：

①装备所有相关的故障状态均已得到识别。

②构成装备的系统之间功能的相互影响均已得到恰当的考虑。

③导致故障状态发生的所有重要的故障模式组合均已得到恰当的考虑，即通过 PSSA 按 FDAL 确定了合适的 IDAL，确保灾难性故障状态功能的潜在研制差错已被消除或得到减缓，并通过研制保证过程，将装备研制差错以一定的置信度降低到可接受的水平。

3）通过安全性评估表明，装备现行的安全性设计能满足装备研制总要求及相关标准、规范、规章的要求，如军用航空装备 MIL－HDBK516C 的适航性要求，民用航空装备 CCAR23、CCAR25 部的要求，无人机装备 STANAG 4671 的要求等。此处需要提醒的是，能满足装备相关标准、规范、规章的要求不一定能满足装备的安全性需求。

6.1.4 安全性评估的难点与解决途径

（1）非一致性的安全性判据

目前，虽然对故障模式发生的定性概率在什么样的情况下是“极不可能的”“极小的”“微小的”“可能的”对应的定量概率范围是什么，这些在商用飞机领域均已有明确的定义（见表 2－2），但在包括军用飞机在内的其他领域还没有较为明确的定义。这就使得工程上人们开展系统的安全性评估时较为困难，工作量较大，且争议较多。

（2）子系统的安全性评估接口考虑不够充分

子系统的安全性评估接口考虑不够充分，从而导致型号研制期间整个系统的安全性评估工作要么工作量分配不成比例，要么会产生许多重复的、无效的劳动。

（3）“化整为零，各个击破”的思想不适用于货架产品所集成的系统

各种零部件或子系统集成为一个可使用的系统时，绝不是简单地对货架产品进行技术性打包。这种货架产品所集成的系统，其安全性评估的难点在于安全性评估人员必须考虑到系统/子系统之间的接口。针对所集成系统开展安全性评估时，所考虑的因素远大于其组成部分各因素之和。很明显，在特定的情况下，这种由货架产品集成的系统，其遭遇的许多问题可能是我们以前未曾见过的，如货架产品的接口能力、多余功能、环境适应性能力等。

（4）复杂系统的安全性评估

以前航空器的复杂程度较低，构成航空器的每一系统通过了适航审定，则航空器就可以通过适航审定。像 C919 这样的航空装备存在大量的复杂或综合系统，属复杂装备，其飞控、航电等复杂系统到底有多少种状态是难以确定的，对这些复杂系统要测试每一种状态也是不可能的。此外，大量的测试也不切实际（进度和费用都不允许）。

产生以上四大问题深层次的原因就是对安全性评估的结构没有很好地理解。解决这一问题最好的办法如下：

1）定义好子系统的安全性评估范围与边界条件，而这就需要产品的承制方与转承制方之间具有良好的合作关系。

2）利用自顶而下的目标驱动型方式，即利用可度量的安全性目标，将有助于使得各个子系统的安全性评估工作以较为成比例的方式展开。

3）对诸如 C919 飞机这类现代复杂装备，除了整机及各系统按合格审定要求开展安全性评估之外，还应按 ARP 4754 规定的程序要求，根据初步系统安全性评估过程中分配的研制保证等级，做好研制过程保证；按照《航空器型号合格审定程序》（AP-21-AA-2011-03-R4）完成设计保证系统的要求和审查。

4）在装备研制周期的早期阶段制订清晰的工作计划。这类计划主要如下：

①研制类计划，包括安全性工作计划、型号研制计划、需求确认计划、需求验证计划、技术状态管理计划、过程保证计划等。

②审定类计划，包括审定计划、审定项目计划、安全保障合作计划、专项合格审定计划等。

如果系统的安全性评估工作执行自顶而下到所有组成元件的需求确认过程和自下而上的需求验证过程，没有严格的计划保证，则不可避免会发生一定量的研制需求差错问题。

6.2　安全性评估方法

6.2.1　安全性评估方法简介

有很多方法可用于装备的安全性评估。这些方法可以单独使用，也可以组合使用，具体如下。

（1）信息指南

这种方法适用于产品设计、工艺过程的检查。信息指南通常用于可能导致事故的产品或工艺过程，且一般用于商业目的。例如，娱乐场所就大量采用此类方法，如雷雨天不要放风筝、浴室里请勿使用燃气设备、地板湿滑注意摔跤等。

（2）主观方法

这种方法主要适用于市场上的全新产品，如 2020 年的 5G 产品、2020 年航空装备上拟采用的 5G 网络。产品的决策者根据行业和社会的需求自定产品的安全性要求。其优点是能够兼顾产品的经济性和具体的使用环境，其不足之处在于安全性要求的确定较为随意。

（3）指导性规定

这种方法主要适用于有国家标准和行业规范或标准要求的产品。有时国家有关机关会颁布装备的安全符合性要求，这些要求一般具有法律效力，并带有指令性性质。如果是这种情况，国家的相关部门一般会针对具体的功能、产品、工艺过程等设计出具体的格式化规定。这些规定应无条件地遵守，如《航空技术装备寿命和可靠性工作暂行规定》。

有些规定对于缺少经验的承制商而言等于提供了非常有用的参考资料，甚至可以说得上是设计准则，如《软件可靠性和安全性设计准则》（GJB/Z 102—1997）、《军用飞机可靠性设计准则》（HB 7232—1995）、《军用装备试验室环境试验方法》（GJB 150A—2009）、MIL－HDBK－516C 等军用标准、规范就属于此类。

指导性规定这种方法，其安全性评估类似于“目标规章”方法。其不足在于：

1）设计部门通常会将设计疏漏等责任推到“指导性规定”的制订方，认为是相关标准、规范、准则没有制订好或没有说明清楚。而事实上 3.5 节已将此问题解释清楚。

2）效费比不一定得到充分的考虑。

3）阻碍了技术的创新。

4）难以与时俱进。

（4）等效要求

这种方法主要适用于没有国家标准和行业规范或标准要求的产品。这种产品往往是采用新技术或非常规技术的产品。对于采用新技术或非常规技术的产品，短时内很难提出满足安全性需求的相应技术规范或标准。其解决方案就是向用户表明所采用的新技术或非常规技术其安全性水平等效于业已批准的技术。典型的示例就是，在 STANAG 4671 未颁布之前，无人航空器的适航审定按有人航空器的等效要求（剪裁）进行。

（5）目标规章

这种方法适用于在研装备对法定规范的符合性评估，如大型商用飞机除 CCAR 25.1309 条之外的适航审定。这些目标规章中规定的安全性条款往往是基于以往的经验与教训提出的，并且让人一目了然。例如，CCAR 25.1707 条系统分离：EWIS“(a) 每个 EWIS 的设计和安装必须与其他 EWIS 和飞机系统具有足够的物理分离，以使 EWIS 部件的失效不会产生危险状况。除非另有说明，本条的目的是通过分开一定的距离，或通过与分开距离等效的隔离保护来实现物理分离。”

满足规定的安全性标准或规范，则使得安全性评估过程相对容易，并为系统的安全性设计提供有力的技术支撑。CCAR 和 FAR 等适航规章即为此类。

（6）基于技术的方法

这种方法主要适用于前无古人的探索类产品。这类产品一般采用较多新的技术，有时还不计成本。基于技术的评估方法，主要是从技术实施的可行性方面进行理论分析，再辅以适当的地面试验予以评估，试验之前也经过了多次技术审查，但在装备投入使用之前，同类产品可能从来没有在实际的使用环境下得到过充分验证，而且无效费比可言。此类产品带来的危险及风险也许是前人所未遇过的，如我国探月工程的首台登月车就属于此类产品。

基于技术的评估方法一般用于重大科研项目，且代表国家意志。

有时基于技术的评估不能解决技术本身带来的问题，如切尔诺贝利核泄漏事故发生后其善后处理问题。

（7）基于风险的方法

该方法就是在处理问题时，把风险作为优先考虑对象，通过这种方式，吸引人们对装备故障所导致的最为严重性后果的关注。这种方法的实施要点是，在装备的研制及使用过程中，只有导致严重后果的危险得到识别之后，人们才能将注意力放在如何恰当处理这些危险上来。

（8）基于目标的方法

该方法主要适用于大型装备系统化的安全性评估，常用于全新装备的研制或现有装备的改进、改型。它源于安全性基本原理，通过识别故障危险、评估故障状态的严酷度等级，得出恰当的安全性需求，并将装备级安全性需求作为目标依次分配给系统、子系统及软硬件，从而实施对安全性目标的控制与管理。

以上所列的安全性评估方法各有特点。结合具体的产品情况与特色，这些安全性评估方法可以独立使用，也可以组合使用。或者说，装备的安全性评估并没有固定的套路，安全性评估到底采取上述何种方法或方法的组合，取决于装备的复杂程度、行业惯例、用户及相关规范、标准的要求。

由于其他方法较为简单，下面仅着重对基于风险的安全性评估和基于目标的安全性评估两种方法进行分析与比较。

6.2.2　基于风险的安全性评估

基于风险的安全性评估研究的对象为事故发生的概率与其严酷程度之积，风险问题的解决方案就是在经济可承受性、技术可行性与公众要求（危险可接受程度）之间寻找平衡（见图2-7）。该方法主要用于装备的采办及使用部门，但工业部门为了表明所研制的装备满足MIL-STD-882、GJB 900中部分工作项目的要求时，也会采取该评估方法。其基本步骤如下：

1）危险识别。

2）事故严酷度分类。

3）事故概率确定。

4）风险评估。

5）风险管理（略）。

基于风险的安全性评估，是一种源于工程经验的归纳法，它没有反映装备研制时自上而下的安全性需求确认与分解和自下而上的安全性需求的验证与集成的过程，且对研制差错没有系统化的抑制手段。

6.2.2.1　危险识别

综合考虑硬件、软件、环境及使用与维修规程等因素，通过周密的计划和管理以保证：装备在全寿命周期内所有可能存在的危险均能得到识别。识别危险的方法有很多，至于具体采用何种工具，取决于具体产品的形式、复杂性、寿命周期阶段等。常用的危险识别工具如下：

1）初步危险表。

2）FMEA/FMECA。

3）FHA、CCA。

4）使用与保障危险分析。

5）职业健康危险分析等。

6.2.2.2 事故严酷度分类

对每一识别的危险，应按照安全性判据定性地确定其事故严酷度分类。此处所考虑的事故一般由人为因素、环境条件、设计不周、使用程序缺陷及系统、子系统的故障或故障的组合所致。事故的严酷度分类按危险发生时可能产生的事故后果，通过定性的方式确定，具体可参照 DEF STAN 00－56 第一部分 7.3.2 节。按 DEF STAN 00－56，事故严酷度一般分为灾难的（Catastrophic）、严重的（Critical）、轻度的（Marginal）和轻微的（Negligible）共 4 类，见表 6－1。需要说明的是，无须过分地纠结事故严酷度分类、故障状态严酷度分类与危险严酷度分类。危险发生了就是事故，具体见 2.10.2 节。

表 6－1 事故严酷度分类

事故严酷度分类	事故后果
灾难的	大量人员死亡
严重的	个别人员死亡，多数人严重受伤或得严重职业病
轻度的	个别人员严重受伤或得职业病，多数人轻微受伤或得轻微职业病
轻微的	大多数情况下，个别人轻微受伤或得轻微职业病

注：本表依据 DEF STAN 00－56。

表 6－1 是基于武器装备系统的事故严酷度分类方法。此处事故严酷度的分类显然不同于表 2－2 中故障状态严酷度分类，表 2－2 的分类是基于 CCAR25 部大型商用类飞机而给出的。不同类型装备之间事故严酷度分类的差异较大，建议装备的研制单位按装备自身特点，结合相关行业规范自行确定。

6.2.2.3 事故概率确定

按表 6－1 所定义的事故后果判据对每一已识别的危险分配事故严酷度类别。在确定事故概率之前，需对造成危险的原因以及危险导致的系列事件进行分析，并参考表 2－2、表 6－2，结合具体的研究对象（装备），确定事故的定性与定量概率，进而为风险评估（见 6.2.2.4 节）与控制提供输入。

表 6－2 事故概率分类

事故概率（定性）	装备寿命周期内发生频度	每工作小时定量概率
经常的	可能连续发生	$<10^{-2}$
可能的	可能常常发生	$<10^{-4}$
偶尔的	可能发生几次	$<10^{-6}$
微小的	可能发生一次	$<10^{-8}$

续表

事故概率(定性)	装备寿命周期内发生频度	每工作小时定量概率
不可能的	不可能,但特殊情况下可能发生	$<10^{-10}$
极不可能的	事件极度不可能发生,在系统范畴内给出一个假想值	$<10^{-12}$

注:参考 DEF STAN 00-56。

6.2.2.4　风险评估

可根据表 6-1 的事故严酷度分类和表 6-2 的事故概率范围，按表 6-3 或 GJB 900A 中 4.3.5.4 节表 3 所确定的风险分类原则，采用 FMECA（具体可参见 GJB/Z 1391—2006）或其他工具评估风险。

表 6-3　风险分类

事故概率(定性)	灾难的	严重的	轻度的	轻微的
经常的	A	A	A	B
可能的	A	A	B	C
偶尔的	A	B	C	C
微小的	B	C	C	D
不可能的	C	C	D	D
极不可能的	C	D	D	D

A:风险不可接受。
B:风险不希望,需订购方决策。
C:风险经订购方评审后接受,但需表明风险为 ALARP。
D:风险可接受,无须进一步采取措施

注:参考 DEF STAN 00-56。

风险评估完毕后，再结合风险分类原则的要求按需采取相应的措施。对表 6-3 中的 C 类风险问题是否应进一步改进，还需要通过权衡分析做出决策，此时可使用 ALARP 工具（见 3.12.2 节）。

6.2.3　基于目标的安全性评估

基于目标的安全性评估的研究对象为故障状态发生的概率与其严酷程度对装备、系统及子系统（含部件）的安全性水平需求的确定、分配与验证的研制过程，即自顶而下装备安全性需求的确认、分解与自下而上子系统、系统及装备集成过程安全性水平的验证过程。该方法可以表明所研制的装备是否满足 ARP 4754 规定的安全性评估程序（过程），以及是如何考虑与评估研制差错的也便于更好地与适航审定部门等管理当局沟通。它主要用于工业部门（如装备的承制方），其基本步骤如下：

1）危险识别。

2）对危险导致的故障状态进行严酷度分类。

3）按故障状态严酷程度分配安全性设计目标。

4）证明安全性目标得到满足。

基于目标的安全性评估是一种源于安全性设计目标的演绎法，它反映了装备研制时自上而下的安全性需求确认与分解和自下而上的安全性需求的验证与集成过程。但使用与保障危险分析、职业健康危险分析等工作，采用基于风险的安全性评估效率更高。

6.2.3.1 危险识别

一般而言，识别危险始于功能危险评估，起步于装备系统尽可能的最高层次。FHA考虑的是装备的功能及其功能接口，也是装备各组成系统功能危险评估的主流工具。在识别危险时，需要注意的是同型装备之间的接口、装备各组成系统之间的接口以及边界条件；还应注意的是装备的一个安全性功能可能由多个系统协同实现，一个系统也可能提供多项装备的安全性功能。

识别危险的工具还有共因分析工具包（PRA、CMA、ZSA）等。

6.2.3.2 故障状态严酷度分类

对于航空装备，故障状态严酷度可参照 AMC 25.1309 及 AC 23.1309－1E 进行分类，见表 2－2。在确定危险导致的故障状态严酷度类别时，往往需在给定的相关假设条件下确定危险所造成的后果，此时最好的办法是咨询有使用经验的人。对航空装备而言，有使用经验的人一般是本专业的资深专家和空地勤人员。

6.2.3.3 安全性目标分配

适用于 CCAR25 部规章的航空装备，安全性目标分配可按 AMC25.1309、AMJ25.1309 或 AC25.1309－1B（draft）的要求，对每一危险对应的故障状态进行定性与定量的设计指标分配；采用 CCAR23 部规章的飞机，则相应按 AMC23.1309 或 AC23.1309－1E 要求进行分配；对于其他装备，可结合装备本身的需求参照相关规范进行。

6.2.3.4 实现安全性目标的证明

对每一具体故障状态分配的安全性目标，应有充分的证明材料表明所设计的装备/系统是如何实现并满足所分配的安全性需求的。这就意味着需踏实做好以下 3 项工作：

1）装备所有可能导致危险的故障状态均应得到识别。

2）每一可能导致装备危险的故障状态均应给出合理的安全性目标需求，并通过 FHA、PSSA 等工具（集）依次合理地分配到系统、子系统，最终落实到子系统的架构单元中（具体的部件）。

3）通过架构表明所设计的子系统（含部件）、系统已满足所分配的安全性定量与定性指标需求。

6.2.4 基于风险的安全性评估与基于目标的安全性评估方法对比

基于风险的安全性评估与基于目标的安全性评估方法对比见表 6－4。

表 6－4　基于风险的安全性评估与基于目标的安全性评估方法对比

项目	基于风险的安全性评估	基于目标的安全性评估
主要用途	以大量事件为基础，重点评估事故发生的可能概率	1）装备安全性目标的分解。 2）装备集成所达到的安全性水平
用户目标	装备的使用方用得多一些，如英国国防部。 评估所购买装备可接受的安全性水平	工业部门用得多一些，如装备的承制方。 1）研制出符合安全性要求的装备（工业部门）。 2）确保装备服役期间固有安全性水平能得到保持（工业部门和用户）
评估方法	源于工程经验的归纳法	源于安全性设计目标的演绎法
主要步骤	1）识别危险。 2）对每一危险可能造成事故的严酷程度进行分类。 3）确定每一事故可能发生的概率。 4）按照事故的严酷程度及其发生的概率评估风险对人员、装备（财产）可能造成的损失，或评估装备执行任务的成功概率。 5）减缓或管理风险	1）识别危险。 2）对每一故障状态危险的严酷程度进行分类。 3）分配每一故障状态的安全性需求。 4）通过合理的架构证明所分配的安全性需求得到满足
能解决的问题	1）任务失败、装备损失等人们不希望看到的结果，其发生的概率有多大？ 2）导致任务失败、装备损失的问题（决定性因子）到底出现在哪里？或者说还需针对哪些因素进行改进？ 3）选取什么方法可以降低风险发生的概率？ 4）降低风险所采取的方法（如系统改装、使用性限制等），其效费比是否合理并值得实施？ 5）哪些风险因子我们还没有把握，需要开展进一步的试验或分析	1）装备的安全性定量指标要求分配。 2）“灾难性的”“危险的”“（影响）大的”3 类故障状态的定量分析。 3）可为装备及各系统是否达到需求的安全性水平提供数据化文件支持。 4）可提供装备级完整的“灾难性的”“危险的”“（影响）大的”3 类故障状态清单，可为装备应急处置程序的设计及应急情况的处置提供完整的分析依据，也可为总设计师层面领导及系统工程师在装备的试验、试用过程中快速而合理地定位与处理故障提供技术支持。 5）能提供适航当局要求的审查文件。 6）能为操作手册、故障检测与隔离手册、维修大纲等关键使用与维修保障文件提供安全性数据输入
主要优点	1）该类方法为风险的可接受水平提供了 ALARP 法则。此法则有助于按相关因子（如设计、使用、维修、管理与环境）对所产生风险的权重进行优化。 2）适用于使用频度较高而很少发生事故的装备。 3）将风险与费用以共同的货币单位表示，便于决策者在项目管理时进行经济性分析。 4）基于不期望事件发生的后果设置全系统安全性目标。全系统，即人、设备、程序和培训构成的系统	1）相对于基于风险的安全性评估而言，技术原因的故障更易于预计。 2）对每一具体系统的故障对应的故障状态严酷度的确定不仅给出了明晰的指导，还给出了应满足的安全性目标，而且系统的设计人员易于将所给定的这些安全性目标分配到子系统及设备中。 3）对航空装备而言，由于故障危险严酷度类别及安全性目标要求是按国际通用的适航标准确定的，因此易于被装备制造的子供应商及装备用户与适航当局所接受。 4）为研制差错的过程控制提供输入

续表

项目	基于风险的安全性评估	基于目标的安全性评估
存在不足	1)所建立的风险判据需经企业高层批准。 2)没有反映装备研制时自上而下的安全性需求确认与分解和自下而上的安全性需求的验证与集成过程。 3)对研制差错没有系统化的抑制手段。 4)需注意定量概率分析时的度量单位,如飞行小时、工作小时、飞行起落等。 5)风险可接受者的对象难以确定。需了解风险可接受者的对象是谁,是公众、工程师、公司,还是用户? 6)不是所有的危险都会导致事故,而且任何一个危险可能由许多潜在的原因导致,因此同一危险可能有不同的后果。 7)每一事件发生概率的评判较为主观。这主要是由于: ①事故的后果有较大的变数,不可能考虑到所有的后果。 ②风险的评估在很大程度上基于可靠性、可用性和维修性综合的工程分析结果,还依赖于统计学、决断理论、系统工程、质量工程、工程经验和认知心理学。 ③事故后果中总少不了人的因素,如人的差错概率。 ④人的价格确定较为困难。在 ALARP 的费效分析中,需要引入人的价格	1)由于现行适航规章的安全性定量指标要求是基于以前历史统计数据得出的,对大型商用飞机而言,除满足现有适航规章的最低安全性要求外,对关键系统还应追求超高的安全性设计目标、制订超高安全性相关工作计划。A380 飞机就是这么做的。 2)工作重点主要在于安全性目标的把握与控制,且在不同事故的严酷度之间不易于区别与把握,如 10 人死亡与 100 人死亡。 3)主要考虑系统的故障与异常所致的危险,使用及人为差错在研制阶段虽按 ARP 4754 有所考虑(见 2.6.3 节),但很难处置得完全贴合工程实际。而现实装备中,单纯由系统故障及异常造成的事故非常少见,灾难性事故的发生往往是装备系统故障、事件或差错处置方式的组合。因此,减少灾难性事件发生的主要方式有如下 3 种: ①减少差错发生的可能性。 ②开展差错探测。 ③纠正差错。 上述差错包括人的差错(如培训与监督)、机械差错(如告警装置)、操作程序差错(如应急处置程序)等。 所以,尽管此种方法设计者易于接受和实现,但基于此种方法以上种种不足,用户还需要对装备开展进一步的安全性评估工作,如人为差错分析。 4)使用与保障危险分析、职业健康危险分析更适合采用基于风险的安全性评估方法
实施要点	1)风险控制。风险的控制方法必须影响到设计,否则就是空谈。 2)风险的持续评估。风险的评估是装备全寿命周期内的持续过程,评估结论的可信程度取决于定性与定量信息的有效性。在装备研制初期,这些信息较少,但随着研制工作的不断深入,安全性、可靠性、维修性、测试性、保障性等分析及适航取证过程中大量的试验结果可作为下一轮风险评估报告的信息输入。此外,航空装备系统的老龄化及使用与维修程序的改变也要求我们反复地对装备的运行风险进行评估。 3)FRACAS/DRACAS。风险的兆头往往是不起眼的小事件(小问题),见图 2-5。平时应注意运行 FRACAS/DRACAS,保证问题能得到及时解决	1)基础可靠性数据库的支持。没有同类和相似机型及成品的试验、使用可靠性数据支持,定量的安全性分析可能只是空谈。 2)实物样机上的安全性核查。必须通过核查保证安全性评估过程的所有假设与装备的实现保持一致。例如:两台飞行计算机承载了共 4 余度的飞行控制功能,在 FTA 中提出(假设)了 4 余度的独立性需求,那么实物装备上,这 4 个余度会不会因为所有的电缆共用一条敷设通路因共因故障而形同虚设? 3)工程经验。注重工程经验的应用,以减少安全性评估的工作量(见 6.3.3 节)。 4)安全性评估组织机构。通过组织机构确保安全性评估工作按研制计划执行,且与装备研制各阶段进度相协调

6.2.5 风险与目标相结合的安全性评估

工程设计人员也许会问:基于风险的事故严酷度分类判据和基于目标的故障状态严酷度分类判据能否组合成一套表格?回答是肯定的。基于这种严酷度判据组合的评估即为风险与目标相结合的安全性评估。该评估方法的原理示意如下:

对于按CCAR25部研制的航空装备，可以表6-5故障状态严酷度为横轴、以表6-6的故障概率为纵轴，绘制出图6-1所示的风险评估矩阵，开展风险评估。由于表6-5和表6-6反映了AC 25.1309-1B的判据与目标要求，因此图6-1所示的风险评估矩阵即为基于目标的风险评估矩阵，或者说图6-1所示的风险评估方法即为风险与目标相结合的安全性评估方法。事实上，美国FAA的国内安全管理系统（ASD-100-SEE-1）就是这么做的。

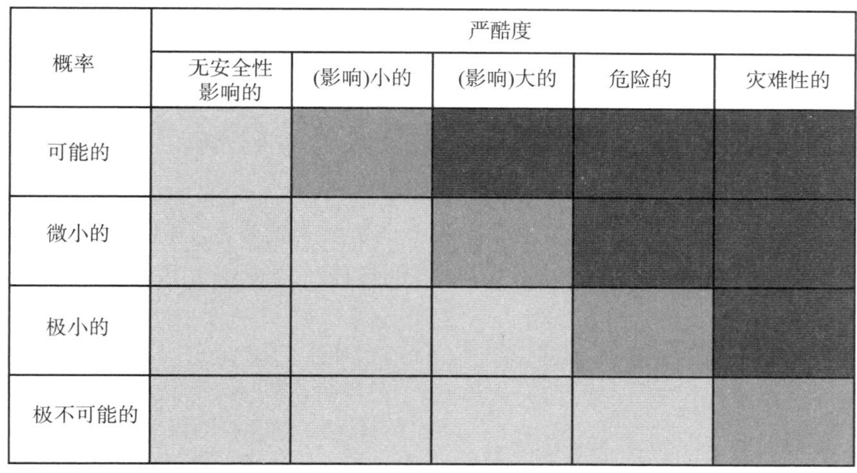

图6-1　风险评估矩阵

表6-5　故障状态严酷度

故障状态严酷度	(故障危险)严酷程度说明
灾难性的	导致若干死亡
危险的	飞机的安全性裕度和性能大幅降低，使得系统的性能或机组人员处理不利状态的能力极大降低。机组人员承受身体痛苦或很大的工作负荷，不能准确或完整地执行任务，少量乘员受重伤或死亡
(影响)大的	飞机的安全性裕度和性能明显降低，使得系统的性能或机组人员处理不利状态的能力降低。机组人员的工作负荷明显增加而工作效率明显降低，乘员身体感觉痛苦甚至受伤
(影响)小的	安全裕度或性能轻微降低，机组人员所要求的操作在其能力规定的范围之内，工作负荷轻微增加，乘员身体感觉有些不适
无安全性影响的	对安全无任何影响

注：本故障状态严酷度分类术语按CCAR25确定。

表6-6　故障后果发生概率

故障频度等级	故障概率	(故障危险)概率说明
A	可能的	定性：产品在其寿命周期内发生一次或多次。 定量：10^{-5}＜每飞行小时发生的概率≤10^{-3}

续表

故障频度等级	故障概率	(故障危险)概率说明
B	微小的	定性:产品在其寿命周期内不太可能发生。 定量:10^{-7}<每飞行小时发生的概率≤10^{-5}
C	极小的	定性:产品在其寿命周期内不可能发生,但在整个系统或机队寿命周期内可能发生几次。 定量:10^{-9}<每飞行小时发生的概率≤10^{-7}
D	极不可能的	定性:产品在整个系统或机队寿命周期内极不可能发生。 定量:每飞行小时发生的概率≤10^{-9}

注:本表故障概率分类术语按 CCAR25 确定。

图 6-1 所示的风险等级说明见表 6-7。图 6-1 将风险分为高风险、中度风险和低风险 3 个级别，其用意在于:

1) 考虑了 CCAR/FAR/JAR 关于航空装备风险要求的目标与判据。

2) 便于总体单位、适航当局及用户在装备的研制阶段审查可达到的固有安全性水平。PASA 及 ASA 的报告中若采用此矩阵并在图中相应位置示出各类功能故障状态的编码及数量，就能清晰表明现行的设计方案:

①有多少个功能故障状态?

②各故障状态对应的严酷度类别是什么?

③各故障状态发生的风险有多大?

④各故障状态是没有满足适航要求（高风险)，还是已满足适航的最低要求（中度风险）或优于适航要求（低风险)?

⑤各故障状态的架构设计需要进一步优化的迫切程度。

表 6-7 风险等级说明

风险等级	风险说明	承制商风险控制	用户风险控制
高风险	没有达到 AC25.1309-1B 的最低安全性要求	必须实施设计改进,重新开展安全性评估,否则满足不了适航要求	必须通过危险跟踪系统对危险进行跟踪,通过调整维修工作项目及其间隔、优化 MEL、QC 等方式降低风险到可接受的水平(适航要求)
中度风险	达到 AC25.1309-1B 的最低安全性要求	应采用 ALARP 工具权衡后再做出是否需要改进的决策	要求通过危险跟踪系统对危险进行跟踪,采取相关措施降低风险到固有安全性水平
低风险	优于 AC25.1309-1B 的最低安全性要求	对关键功能,可考虑采用 ALARP 工具权衡后再做出是否需要改进的决策	总结现有危险跟踪系统及可靠性监控系统的经验,继续实施风险控制

上述风险与目标相结合的安全性评估方法，其结合内容主要体现在:

1) 基于风险的事故严酷度分类判据和基于目标的故障状态严酷度分类判据的结合。

2) 故障状态严酷度与功能故障概率之间应成反比的安全性设计要求的结合。

3) 故障状态严酷度与功能故障概率之间实际对应关系的结合。

6.3　安全性评估过程

系统安全性设计过程中必须做的 4 项基本工作是建立标准、评估设计、指导纠正措施、验证符合性。这 4 项基本工作必须融入安全性的评估过程中，以实现在评估中设计、在设计中评估。

按 ARP 4754A 图 1 中规定的文件体系及程序，采用 ARP 4761 提供的指南与方法开展安全性评估过程，就是业内公认的并在 6.1.2 节中提到的“系统化的、科学有效的安全性评估过程”。但 ARP 4754 和 ARP 4761 是行业推荐的标准，并不是强制标准，如果采用其他的安全性评估标准，只要其评估过程是“系统化的、科学有效的安全性评估过程”即可。

一谈起安全性评估，大家就觉得很难，对初学者而言更是谈虎色变。实际上，读完本节后，也许有人会说，安全性评估没有想象中的难，工作量也没有想象中的大，只是需要数据积累和工程经验而已。

本节及以下仅按 ARP 4761 的标准要求介绍航空装备安全性评估过程的方法。

6.3.1　安全性评估流程

安全性评估流程见图 6-2。安全性评估与装备研制过程接口的模型参见图 5-2。由图 5-2 可知，安全性评估流程寓于装备的研制过程之中。装备级安全性需求的识别、确认与验证不可能独立于装备的研制过程，必须与装备的其他需求融为一体，并同步开展安全性需求的识别、确认与验证过程，而且是一种闭环的逻辑化控制过程。

图 6-2 中涉及安全性评估流程必须掌握的基本工具（集）有：FHA、PSSA、SSA 和 CCA。本章后续部分仅以飞机为例，对这些工具（集）及其在安全性评估方面的相关要求做较为详细的介绍。相关内容可供其他装备安全性评估时参考。

6.3.2　安全性评估过程

AC25.1309-1B 给出了安全性评估过程概述，见图 6-3。该评估过程虽定位于 CCAR25 部的飞机，但同样适用于 CCAR23/27/29 部等民机，按 MIL-HDBK-516C 审定的航空装备或按 STANAG 4671 适航要求研制的无人机亦可参考。

安全性评估过程简述如下：

1）根据飞机级的功能定义系统及其接口，确定系统需完成的功能。确定系统是否复杂，是否常规，是否和其他飞机上使用的系统相似。评估多个系统及其功能时，需考虑这些系统安全性评估之间的关系。

2）确定和划分故障状态：所有相关的工程活动，如系统、结构、推力、飞行试验，都应当包含在本过程中。可以通过功能危险评估确定和划分故障状态。故障状态的确定可使用下列方法之一：

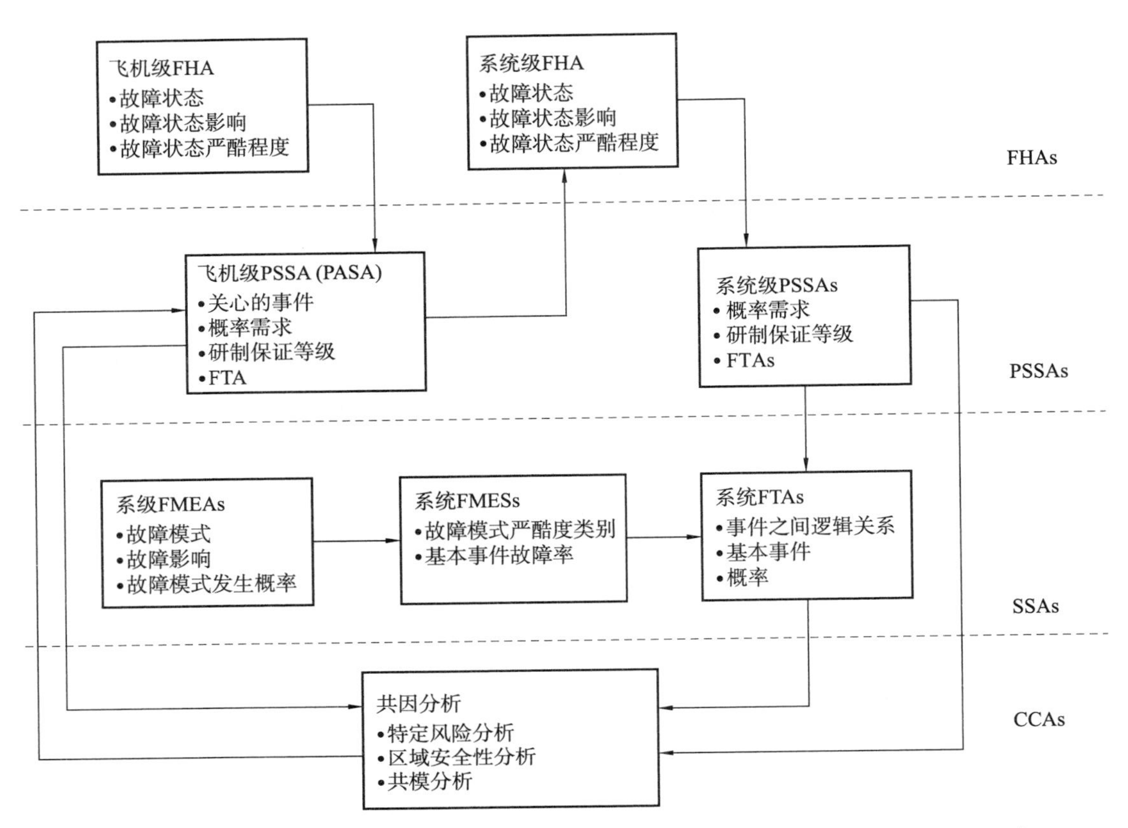

图 6-2　安全性评估流程

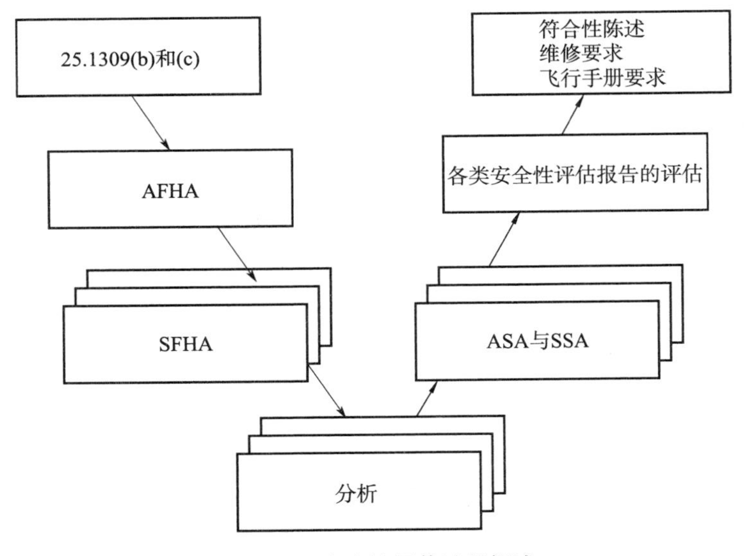

图 6-3　安全性评估过程概述

①如果系统不复杂，且它的相关属性与应用在其他飞机上的系统相似，那么故障状态的确定和分类可由设计与安装评估以及相似系统和已通过审定的系统的使用经验得出。

②如果系统复杂，有必要系统地假定任何可能的功能故障对飞机及其人员的安全性造成的影响。此时，既要考虑单个故障或事件的影响，也要考虑与其他故障或事件组合的影响。

3）选择符合 CCAR 25.1309 的方法，见图 6－4。分析的深度和范围取决于系统功能的类型、系统故障状态的严酷程度以及是否为复杂系统。例如：

①对于“（影响）大的”故障状态而言，工程经验判定和使用经验判定、设计与安装评估和类似系统的使用经验的比较均可以接受，或者仅使用上述方法，或者与定性分析一起使用，或者选择性地使用定量分析。

②对于“危险的”或“灾难性的”故障状态，应进行详细的安全性评估。申请人应尽早与局方就可接受的符合性方法取得一致。

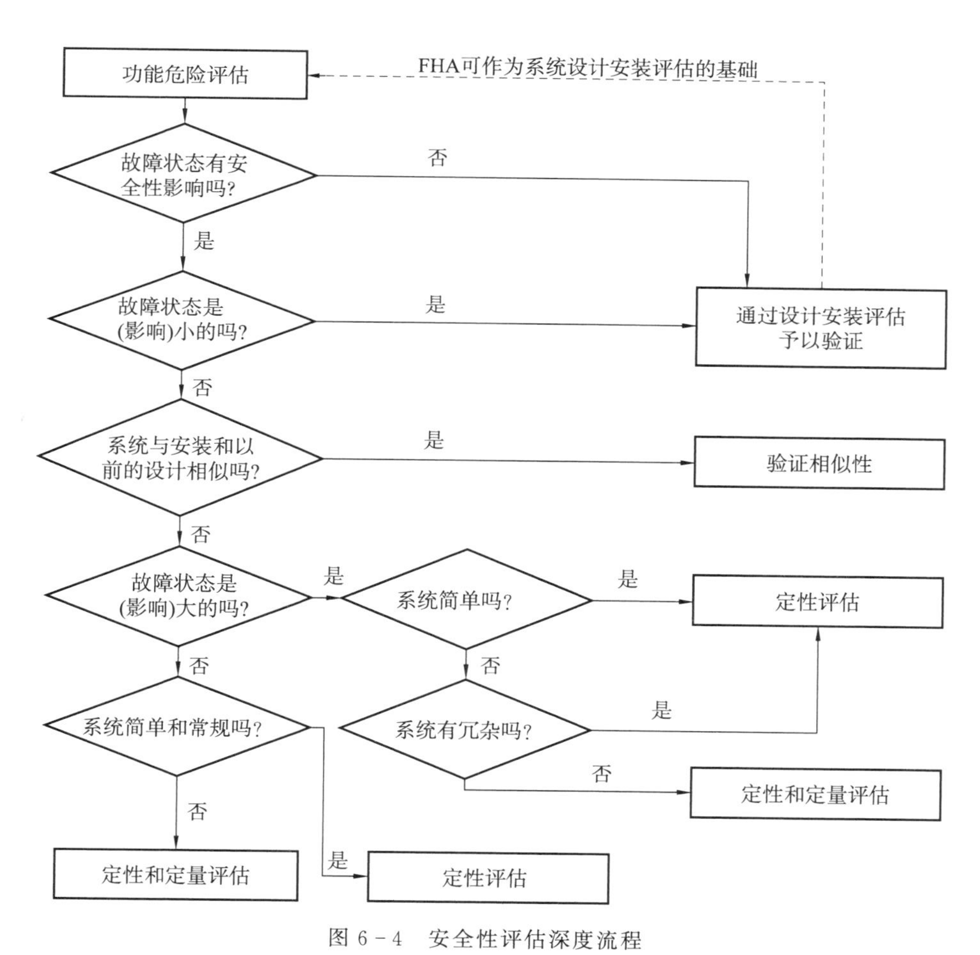

图 6－4　安全性评估深度流程

4）进行分析，产生局方同意接受且能表明符合性的数据。为表明符合性，典型的分析应包含下述信息：

①系统功能、边界和接口介绍。

②组成系统的零件和设备清单，如有可能，应包括它们的产品规范、设计标准和研制保证等级。该清单可参考相关文件的要求制定，如技术标准规定、制造商规范或军方规范等。

③故障状态及其分类和概率（如果可以，应用定性或定量的方法表示）陈述的结论，以表明符合 25.1309 的要求。

④建立正确性和完整性的结论性描述，且相关描述可追溯。该描述应该包含每个故障状态划分的依据（如分析、地面试验、飞行试验或模拟器试验），还应当包括对所采用的共因故障预防措施的描述，提供一些诸如组件的故障概率及其来源和适用的数据，以支持所做的假设，确定飞行机组人员或地勤人员所必须采取的措施，包括候选审定维修要求（CCMR）。

5）对于所有飞机级故障状态，应评估每一功能故障状态所涉及的全部系统安全性评估报告与报告结论，以确定是否符合既定的需求（要求）。例如，对于飞机的空地转换功能失灵这一故障状态，就应审查飞控系统与起落系统的安全性评估报告。此处，安全性评估报告是指 AFHA 和 SFHA、PASA 和 PSSA、ASA 和 SSA 等报告。

6）准备符合性陈述、维修要求和飞行手册要求。

6.3.3 安全性评估深度

由于安全性评估的工作量是巨大的，在安全性评估时，不是所有的故障状态都必须开展 FTA 的定性与定量评估。我们要学会“弹钢琴”，装备安全性评估的深度应把握至恰到好处，合理地安排时间与人力等资源。一般而言，装备安全性评估的深度随着装备本身或系统的复杂性与故障状态严酷度等级的变化而变化。

航空装备的安全性评估深度由 AFHA 和 SFHA 中确定的故障状态严酷度等级、系统的复杂与综合程度、技术的新颖性、设计与安装的相似性及系统的余度等因素综合确定，并随故障状态严酷度等级及技术复杂程度的增加而加深，具体见图 6－4。图 6－4 所示安全性评估深度流程详解于表 6－8。

图 6－4 主要参考 AC 25.1309－1B（draft）、AC23.1309－1E 及 AMC25.1309 而来，适合于执行 CCAR23/25 部等规章的航空装备。其他装备安全性评估的深度可参考图 6－4 执行，也可按 ARP 4761 中图 4 的规定执行，但需与适航当局或订购方沟通，并征得他们同意。

FHA 时需对表 6－12 和表 6－13 中各故障状态所对应的安全性需求给出相应的符合性验证方法。该验证方法的依据就是图 6－4，该图还可作为航空装备验证计划的制订依据。

表 6-8 满足安全性目标所需要的分析深度

故障状态严酷度分类	无安全性影响	(影响)小的	(影响)大的	危险的	灾难性的
定量概率要求(1/FH)	无要求	$10^{-5} < p \leqslant 10^{-3}$	$10^{-7} < p \leqslant 10^{-5}$	$10^{-9} < p \leqslant 10^{-7}$	$p \leqslant 10^{-9}$
定性概率要求	经常的	可能的	微小的	极小的	极不可能的
满足安全性目标所需要的分析深度	无要求	实施设计与安装评价，以验证部件之间功能和物理分离的独立性。简单地说，就是每一部件故障不会导致其他部件或系统故障，不会使得系统的故障状态严酷度升级。 如果经设计与安装评价后，故障状态仍然是“(影响)小的”，则能满足25.1309的要求，无须开展进一步的工作	1)如果系统复杂性较低，并且系统在相关特性方面与其他飞机中所用系统的特性相似，且故障影响也相同，则可以采用下述两种方式的结合以表明对适航的符合性要求： ①设计与安装评价。 ②相似设备采用历史使用数据的分析结果。 2)如果无法证实相似性，但是系统在相关特性方面是常规的，那么符合性可以通过定性评估来表明。对高度复杂系统，如果能以合理的置信度表明其故障状态不会超过“(影响)大的”这一级别，则也可以定性评估。 3)对于包括功能冗余的复杂系统，需要进行定性的FMEA或FTA来判断实际上是否存在冗余(如无单一故障影响所有的功能通道)，并表明设备的故障模式不会对其他功能造成相关的适航性影响	除了2)外，有必要针对功能危险评估所识别的“危险的”和“灾难性的”故障状态进行详细的安全性分析，通常该分析包括设计的定性与定量评估。与“灾难性的”故障状态相关的概率水平不能仅依据数据进行分析与评估，除非有充分依据证明这些数据来源是不容置疑的。 对于极简单和极常规的设备，即复杂性较低且相关特性相似，可以只基于经验的工程判断对极不可能发生的灾难性故障状态进行评估。评估的基础将是冗余度、已建立的独立性、通道之间的隔离和相关技术的可靠性记录。当从系统设计和使用条件两方面确立了紧密的相似性时，应用于许多飞机的相似系统，其满意的使用经验用于在研系统的适航符合性评估是足够的。 正如1)和2)中所讨论的那样，并不复杂的系统及其系统部件的适航符合性可以通过设计和安装评估表明，也可以通过在其他在役飞机上相同系统或相似系统满意的使用经验数据表明	

6.4 功能危险评估

6.4.1 FHA 简介

FHA 目的如下：

1）确定每个故障状态。

2）给出故障状态分类的理由。

在飞机研制开始时，飞机级功能危险评估（AFHA）对所定义的飞机基本功能进行定性的高层次评估。按设计过程将飞机功能分配到系统后，应通过 FHA 过程对综合多重飞机功能的每一系统重新进行检查，以保证所有飞机单个功能或组合功能的故障均得到恰当的考虑，并依据检查结果对原 AFHA 报告予以更新。

系统级功能危险评估（SFHA）也是一种定性的评估，其评估过程本质上是一种迭代的过程。随着系统研制工作的不断深入，SFHA 将逐步达到与所设计的系统架构一致。SFHA 必须考虑影响飞机功能的每一个系统故障或故障的组合。具体硬件或软件项目的评估不是 SFHA 的目的。按设计过程将系统的功能分配到子系统后，应通过 FHA 过程对综合多重系统功能的每一子系统重新进行检查，以保证所有系统单个功能或组合功能的故障均得到恰当的考虑，并依据检查结果对原 SFHA 报告予以更新。

FHA 的输出应作为 PSSA 过程的起点。

FHA 应在飞机整机级和系统级间实施。FHA 提供了和每一功能（相应的飞机整机级和系统级）相关的以下信息：

1）相关故障状态的识别。

2）故障状态影响的识别。

3）故障状态严酷程度分类。

4）故障状态评估时所做的假设与应考虑的相关内容（如不利的使用或者环境条件与所处的飞行阶段）。

评估故障状态时应达到的目标是：按照相关的要求（如 AC25.1309－1B、AC23.1309－1E）清楚地识别出每个故障状态，并按照故障状态后果的严重程度准确地分类。

这里需要特别强调的是，当故障影响在不同的飞行阶段不一样时，FHA 应对每一阶段的故障状态及分类加以识别。

此外，应对与安全性相关的各功能故障状态及其安全性目标进行定义，并给出符合性验证方法。飞机级功能故障状态安全性目标及验证符合性方法应在 AFHA 中给出，系统级的则在 SFHA 中给出。

有时，一个飞机级功能可能需要几个独立系统来完成。对这类功能如果利用 AFHA，则可确定出比较切合实际的故障状态分类，而且这种故障状态的类别往往比由单个独立系统的 FHA 结果要高。

为保证可能的危险状态在新型号的研制中均能得到识别（不被忽略或遗漏），最理想的情况是结合飞机的立项论证报告以及ATA 2200或S1000D等规范，参考类似型号的功能清单及功能危险清单结果，建立一套在研型号的功能清单，并据此进一步建立功能危险清单。

AFHA的工作质量往往关系到飞机设计成败。因此，它是飞机总体设计时最重要、最核心、最关键的工作。其工作质量不仅取决于工作态度，还取决于设计人员的专业深度与广度，更需要有大量业内专家及空、地勤人员的技术支持。

6.4.2　FHA过程

FHA过程是识别功能故障状态和评估其影响的一种自顶而下的工作。FHA按以下过程开展：

1）识别与分析层次相关的所有功能（内部功能和交互功能）。

2）识别并说明与这些功能相关的故障状态。这些故障状态应涉及以下情况：

①单一故障和多重故障。

②正常及恶劣情况下的使用环境。

3）确定故障状态的影响。

4）对飞机故障状态进行分类［灾难性的、危险的、（影响）大的、（影响）小的、无安全性影响的］。

5）确定故障状态影响分类所采用的支撑材料。

6）确定故障状态安全性需求符合性验证拟采用的验证方法（见6.3.3节）。

图6-5和图6-6分别图解了飞机级和系统级FHA流程。

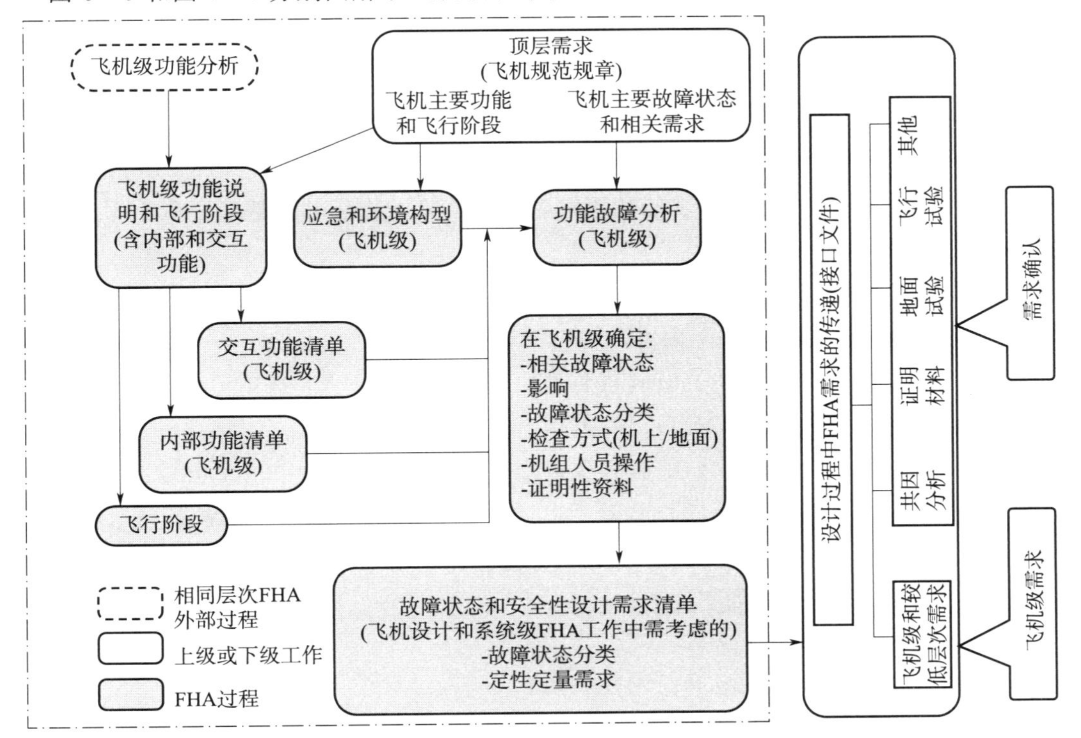

图6-5　AFHA过程

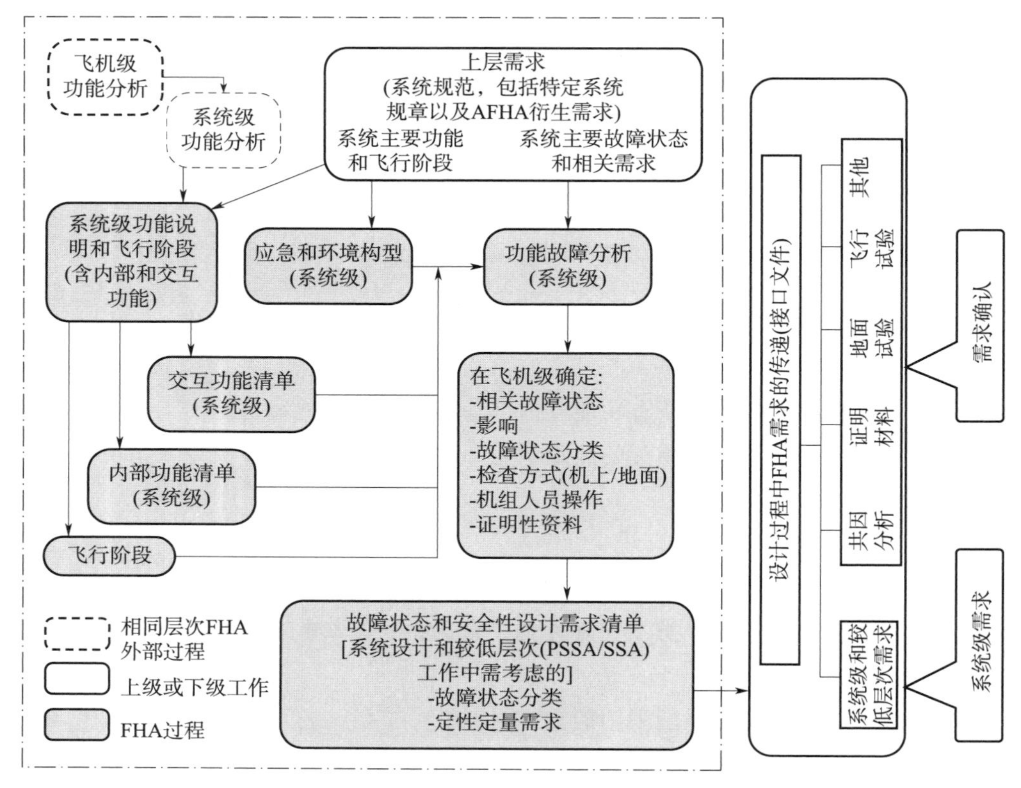

图 6-6　SFHA 过程

6.4.2.1　功能确定

FHA 中功能清单的建立应充分考虑飞机设计的需求和目标、系统需求及用户和市场需求等相关信息，应识别飞机级及系统级（待分析层级）有关的所有功能，包括内部功能和交互功能，并列出功能清单。功能的识别应以相关的原始资料为基础。在 5.3.2 节的基础上应开展如下工作。

(1) 收集原始资料

AFHA 的原始资料包括如下内容：

1) 飞机研制立项论证报告及研制总要求。

2) 飞机顶层功能清单，如升力、推力等。

3) 飞机的目标和用户需求，如旅客数量、航程等。

4) 初始的设计决策，如发动机数量及其安装形式（翼/尾吊）、尾翼布局、水上迫降及外挂需求等。

SFHA 的原始资料包括如下内容：

1) 需要实现的主要功能清单。

2) 表明外部接口的功能图。

3) AFHA 的功能清单。

4）AFHA中确定的故障状态清单。

5）PASA等相关文件中定义的设计目标与需求。

6）飞机级设计方案的选择及其原理。

（2）建立功能清单

建立功能清单之前，首先要做的是确定飞机级及系统级的所有功能，从期望的功能和需考虑的数据输入开始，采取自上而下的分析方法，绘制功能树并建立FHA的功能清单。功能树容易给人们一个总体的认识，而功能清单则便于系统安全工作的管理。

在飞机级或系统级，将功能分配到系统或子系统时，由于架构设计决策会引入新的功能，因此飞机级或系统级的功能清单还必须按后续的PASA/PSSA结果不断迭代予以修正，确保功能清单中已包含这部分新的功能。在建立FHA功能清单的过程中，需注意识别两类功能：

1）内部功能。

①在AFHA中，内部功能是指飞机的主要功能和飞机内部系统之间的交互功能。

②在SFHA中，内部功能是指系统的主要功能和系统内部子系统（设备）之间的交互功能。

2）交互功能。

①在AFHA中，交互功能是指飞机与其他飞机或地面系统的接口功能。

②在SFHA中，交互功能是指给定系统提供给其他系统的功能或其他系统提供给给定系统的功能。此处，其他系统可以是本机或其他飞机上的系统，也可以是地面系统。

飞机层级的功能清单示例见表6-9。飞机层级的功能清单定稿之前，应通过审查保证所考虑的功能是完整的和正确的；系统层级的功能清单定稿之前，应通过审查保证与飞机级的功能需求之间存在可追溯性，确保功能是完整的和正确的。

表6-9　飞机层级的功能清单（示例）

第一层功能	第二层功能
1　动力控制	1.1　提供推力
	1.2　推力控制
2　飞行控制	2.1　俯仰控制
	2.2　偏航控制
	2.3　滚转控制
	2.4　升/阻力控制
	2.5　空地构型转换
3　飞行信息提供	3.1　提供姿态信息
	3.2　提供升降速度信息
	3.3　提供侧滑信息
	3.4　提供发动机信息
	……

续表

第一层功能	第二层功能
4 地面减速与方向控制	4.1 地面高速减速与方向控制
	4.2 地面低速减速与方向控制
……	……

以系统层级为例，机轮刹车系统的层级功能清单见表 6-10。表 6-10 中第一层级的功能需求来源于表 6-9 中“地面低速减速与方向控制”的需求。

表 6-10 机轮刹车系统的层级功能清单（示例）

第一层功能	第二层功能
1 地面减速机轮	1.1 人工机轮刹车
	1.2 自动机轮刹车
	1.3 自动防滑
	1.4 停机时防止飞机滑动
2 丧失机轮刹车功能时向机组报警	
3 差动刹车	
……	……

6.4.2.2 故障状态的识别与说明

故障状态的识别过程应从建立环境和应急构型清单开始；接着，分析人员考虑内部功能清单、交互功能清单、环境和应急/非正常构型清单；然后，分析人员在考虑正常和不利两种环境的情况下单一和多重故障发生时的飞机/系统级的故障状态清单。只有分析和了解各种可能的故障模式，包括功能全部或部分丧失、功能的失控或非指令性动作、有无指示和通告等，才能得到在一定假设条件下的各种故障状态。当故障状态的严酷程度随飞机的不同飞行阶段而变化时，应把故障状态细分到飞机的各飞行阶段。故障状态识别过程注意事项如下。

（1）环境和应急构型清单

故障状态的识别，除了列出功能清单之外，还需列出环境条件清单。飞机级环境条件清单应考虑如下内容（示例）：

1）天气（雷电、冰雹、大风、雨雪、酷热、酷冷）。

2）HIRF（高强度辐射场）。

3）火山灰。

4）飞鸟。

5）跑道长度与海拔高度等。

故障状态的识别，还需列出需考虑的应急/非正常状态导致的飞机构型清单。飞机/系统级的应急/非正常状态清单应考虑如下内容（示例）：

1）水上迫降。

2）发动机停车。

3）通信丧失。

4）全部导航功能丧失。

5）座舱失压等。

对于 SFHA，本清单来源于：

1）AFHA。

2）基于概念设计阶段初始原理方案的架构设计决策。

因此，SFHA 的应急/非正常状态的构型清单还应包括如下内容：

1）所有液压动力丧失。

2）所有电力丧失。

3）设备冷却能力丧失等。

典型机轮刹车系统应考虑的环境和应急构型清单示例如下：

1）跑道积水或结冰。

2）跑道长度。

3）顺风/侧风。

4）发动机停车。

5）液压系统丧失。

6）电气系统丧失。

(2) 单一和多重故障情况下故障状态的识别

故障状态的识别，还应考虑单一故障和多重故障这两种情况。当故障状态考虑单一故障时，需对以前建立的功能清单进行检查和审核，并对初始设计过程中建立的原理方案进行设计分析；当故障状态考虑多重故障时，需要理解系统部件的综合以及被分析系统与飞机上其他系统的接口关系。

只有先理解飞机及系统的架构，才能准确地确定单一或多重故障情况下的故障状态清单。此外，也只有确定了多重故障情况下的故障状态，才有助于较全面地理解某一故障发生时对相关系统可用性的影响。

单一故障情况下故障状态典型示例如下：

1)（单一）功能丧失，如正常刹车功能完全丧失，但应急刹车功能正常。

2)（单一）功能丧失后不知道，如正常刹车功能完全丧失后不知道。

3)（单一）功能异常，如正常刹车系统无指令刹车或左右机轮不对称刹车。

多重故障情况下故障状态典型示例如下：

1）4 余度的功能系统中，丧失了两个或两个以上的余度功能。

2）正常刹车功能完全丧失的同时，应急刹车功能也完全丧失。

3）通信与导航功能同时丧失。

(3) 故障状态的逐级分解

通过 AFHA、PASA、SFHA，表 6－9 中功能对应的故障状态可做进一步分解。现以

“地面减速与方向控制”功能为例，飞机级对应的故障状态之一为不能实现地面低速减速与方向控制。在系统级，其故障状态可分解如下：

1）地面减速机轮能力丧失：

①人工机轮刹车能力丧失。

②自动机轮刹车能力丧失。

③自动防滑能力丧失。

……

2）机轮刹车功能丧失时无法报警。

3）差动刹车能力丧失。

……

（4）使用与维修差错

主要考虑空地勤人员在使用与维修中出现的差错可能引起的功能危险。其中，使用差错包括飞机使用过程中因应急处置程序不当致使已出现的危险不能缓解等问题。

（5）故障状态说明

故障状态识别之后，需用标准化的语言表达清楚，便于 AFHA 时判断对机组、乘员及飞机的影响；便于 SFHA 时判断对系统本身、其他系统的影响，进而判断对机组、乘员及飞机的影响。故障状态的这一表达过程即为故障状态（危险）说明，其基本要求如下：

1）应表达清楚故障状态的环境和应急构型。

2）应表达清楚故障状态是单一功能故障还是多重功能故障。

3）应考虑使用与维修差错。

4）应对故障状态进行适当分解，并与 AFHA 或 SFHA 相对应。

根据以上 4 点形成故障状态清单。

机轮刹车系统故障状态清单见表 6－11。

表 6－11　机轮刹车系统故障状态清单（示例）

第一层功能	第二层功能	故障状态
1　地面减速机轮	1.1　人工机轮刹车	无通告正常刹车功能完全丧失，但应急刹车功能正常
		无通告正常刹车功能完全丧失，但应急刹车功能正常，跑道长度偏短（如攀枝花机场），且遭遇雨雪天气，略有积冰
		无通告正常刹车功能完全丧失，（无通告）应急刹车功能丧失，跑道长度偏短（如攀枝花机场），且遭遇雨雪天气，略有积冰
		有通告正常刹车功能完全丧失，但应急刹车功能正常，跑道长度偏短（如攀枝花机场），且遭遇雨雪天气，略有积冰
		有通告正常刹车功能完全丧失，（无通告）应急刹车功能丧失，跑道长度偏短（如攀枝花机场），但遭遇雨雪天气，略有积冰
	1.2　自动机轮刹车	……
	……	……

(6) 不同层次故障状态之间的可追溯性

在6.4.2.1节中，要求系统级功能与飞机级功能之间存在可追溯性。同理，此处要求系统级功能故障状态与飞机级功能故障状态之间也应具有可追溯性。

只有在故障状态可追溯的前提下才能保证：

1) 系统级与飞机级安全性预计逻辑与算法的兼容性。

2) FDAL与IDAL逻辑的兼容性。

6.4.2.3　故障发生时机和工作阶段

确定功能失效或故障发生时飞机的飞行阶段或特殊状态。工作阶段划分根据故障出现的飞行状态、使用环境及飞机飞行剖面的复杂程度等特点综合确定。

对小型飞机（如空重6000磅以下）的工作阶段一般划分如下：

1) 地面。

2) 起飞。

3) 飞行中。

4) 着陆。

对大型商用飞机，工作阶段划分一般应依据AP-121AA-02的规定确定，具体如下：

1) 地面。

2) 起飞。

3) 爬升。

4) 巡航。

5) 下降。

6) 进近。

7) 着陆。

8) 滑行。

FHA时，在参照AP-121AA-02的阶段划分基础上，一般将工作阶段细化如下：

1) 地面。

① G1地面滑行。

② G2飞机静止（系统工作）。

③ G3维修。

2) 起飞。

① T1起飞滑跑（抬前轮之前，含中断起飞）。

② T2起飞（抬前轮之后）。

3) 飞行中。

① F1爬升。

② F2收起落架。

③ F3放起落架。

④ F4巡航。

⑤ F5 下降。

⑥ F6 进近。

⑦ F7 复飞。

⑧ F8 200 英尺到着地。

⑨ F9 其他（根据说明）。

4）着陆。

① L1 着陆滑跑。

② L2 反推力刹车。

6.4.2.4 故障状态影响

在进行 AFHA 时，需考虑故障状态对飞机、机组和乘客的影响（如果是军用飞机，则应考虑对飞机、机组和作战任务的影响）；在进行 SFHA 时，同样应考虑功能故障时其故障状态对飞机、机组和乘客的影响。但在 SFHA 过程中，由于系统之间的交互作用，使得某系统功能故障对其他系统造成一定影响，应据此综合考虑对飞机级的影响，以便于后续准确确定故障状态的严酷度等级。

（1）故障状态对飞机和机组、乘员的影响

应通过咨询有经验的飞行员和有关专家，参考其他机型上的设计经验，确定各功能故障状态对飞机和机组、乘员的影响。

（2）故障状态对被评估系统的影响

在 SFHA 时，需先确定故障状态对系统的影响，再将该影响落实到对飞机和机组、乘员的影响上。

（3）故障状态对其他系统的影响

系统之间的相互作用，使得某项功能故障后可能对相关系统造成一定影响。因此，进行 SFHA 时，要确定该功能故障对相关系统的影响，如冷气系统、电气系统或燃油系统的失效或故障时对其他系统的影响等。一般可以通过经验或咨询有经验的专家了解其影响。在 SFHA 时，同（2）一样，最终需将该影响落实到对飞机和机组、乘员的影响上。

（4）故障状态影响与飞行阶段的关系

功能故障在不同飞行阶段产生的影响不同时，要对不同飞行阶段的同一功能故障状态分别进行分析，确定出功能故障时不同飞行阶段对应的不同影响。

6.4.2.5 故障状态严酷度等级

故障状态影响分类的确定，主要通过分析在役型号事故/事件数据、查看规章指导材料、使用以前的设计经验和咨询机组人员来解决。按故障状态的影响程度，故障状态严酷度等级有以下 5 种分类：

1）灾难性的。

2）危险的。

3）（影响）大的。

4）（影响）小的。

5）无全性影响的。

根据故障状态的影响程度，按表2-2进行故障状态严酷度等级分类。分类时应考虑以下原则：

1）按表2-2在确定了故障状态严酷度等级分类的同时，等于确定了每一故障状态的安全性定性与定量概率需求。这里所确定的需求应纳入飞机及系统对应的系统规范之中。

2）指示系统差错一般比指示系统故障或功能失效的影响更为严重。

3）为便于分析故障状态对时操作的影响，应假设并了解各飞行阶段飞机对飞行员的操作与控制需求；应假设并了解故障状态发生时飞行员所对应的处置程序。因此，此处再次提示我们，飞行手册同FHA及MRBR（维修大纲）之间存在反复迭代的关系。

6.4.2.6　故障状态严酷度等级的支持材料

对于难以理解的故障状态影响，在进行故障状态严酷度分类时，须提供参考的支持材料，以便于消除争议，取得一致意见，并对分类的正确性予以确认。支持材料包括：

1）试验室试验。

2）计算分析报告（含计算机仿真）。

3）飞行试验。

4）同类故障的研究成果。

5）NTSB报告等。

对于严酷度等级为Ⅰ、Ⅱ类的故障状态，可以选择工程模拟器试验、飞行模拟器试验、铁鸟试验、地面试验进行确认，如无法开展试验，则需给出分析报告；对于严酷度等级为Ⅲ、Ⅳ类的故障状态，可以选择工程模拟器试验、飞行模拟器试验、铁鸟试验、地面试验或飞行试验进行确认，如果在试验前需要分析、计算支持，则需给出分析报告。

6.4.2.7　符合性验证方法

符合性验证方法即为满足安全性目标拟采用的验证方法。对每一故障状态，针对6.4.2.5节给出的定性与定量概率需求，分析人员应给出所设计的飞机/系统满足相应需求的验证方法，这就是本节的符合性验证方法。而符合性验证方法，其实质就是安全性评估的深度，具体见6.3.3节内容及图6-4和表6-8。对于执行CCAR25部的飞机，符合性验证方法要求如下：

1）故障状态严酷度等级为Ⅳ级（小的）和Ⅴ级（无安全性影响的）的，要求提供FHA分析报告。

2）对故障状态严酷度等级为Ⅰ、Ⅱ、Ⅲ级的系统，在完成FHA报告的基础上，须完成下述项目之一：

①系统与安装和以前的设计相似，须在系统的总体设计（或试验）报告中对相似性予以证明；否则，对故障状态严酷度等级为Ⅲ级的简单、常规或冗余系统需提供定性FMEA报告。

②对故障状态严酷度等级为Ⅲ级的复杂系统，针对冗余系统需提供定性FMEA报告，否则要求提供定量FMEA报告。

③对故障状态严酷度等级为Ⅰ、Ⅱ级的简单、常规系统，要求提供定性 FMEA 和定性 FTA 报告。

④对故障状态严酷度等级为Ⅰ、Ⅱ级的冗余系统或复杂系统，要求提供定量 FMEA 和定量 FTA 报告。

6.4.2.8 经验

为避免遗漏某些很少遇到的故障状态，最好能利用相似型号 FHA 的结果、使用过程中的故障信息对已经得出故障状态及其严酷度分类的清单进行复查。

6.4.2.9 功能危险评估表格

将 FHA 的结果填入表 6-12 或表 6-13 中。

表 6-12 飞机级功能危险评估

功能	故障状态	飞行阶段	故障状态对飞机、机组、乘员的影响	故障状态严酷度等级	严酷度等级支持材料	验证方法
6.4.2.1 节	6.4.2.2 节	6.4.2.3 节	6.4.2.4 节	6.4.2.5 节	6.4.2.6 节	6.4.2.7 节

表 6-13 飞机系统级功能危险评估

功能	故障状态	飞行阶段	故障状态影响			故障状态严酷度等级	严酷度等级支持材料	验证方法
			系统本身	其他系统	飞机、机组、乘员			
6.4.2.1 节	6.4.2.2 节	6.4.2.3 节	6.4.2.4 节			6.4.2.5 节	6.4.2.6 节	6.4.2.7 节

6.4.3 FHA 报告要求

依据 6.4.2 节的分析过程，将分析结果写入评估报告。报告中应包括以下内容：

1）被评估对象（整机或系统）的简单描述。

2）被评估对象功能清单及功能树。

3）功能故障状态分类原则及对应的最大故障概率要求（需求）。

4）被评估对象环境和应急构型清单。

5）填写评估表格（或参照表 6-12 或表 6-13 格式要求）。

在首次 AFHA 报告中完成上述内容，报告即完成。但是，AFHA 报告后续应根据 SFHA、PASA/PSSA 及 SSA 过程中的实际分析与评估动态地进行修订。这一修订过程同样适用于 SFHA。

6.4.4 FHA 与其他安全性评估工具接口

6.4.4.1 FHA、FMEA、FTA 和 CCA 功能接口

FHA 的功能是确立飞机及系统的安全性设计需求与目标（标准）；FMEA 是寻找单个功能故障、潜伏功能故障发生的原因，以及对飞机和系统的安全性影响，对 FHA 确定的

故障状态、故障影响、故障状态严酷度及相应的安全性需求进行确认与验证；FTA 用于表征组合故障及研制差错如何导致 FHA 所示功能故障状态的发生，对 FHA 确定的故障状态、故障影响、故障状态严酷度及相应的安全性需求进行确认与验证；CCA（ZSA、PRA、CMA）用于寻找冗余违犯者，对 FTA 中与门的独立性需求进行确认与验证。

FHA、FMEA、FTA 和 CCA 功能接口见图 6-7。图 6-7 仅概述了 FHA、FMEA、FTA 和 CCA 之间的主要交互关系与功能接口，实际应用时交互关系更为复杂（可参见图 6-10）。

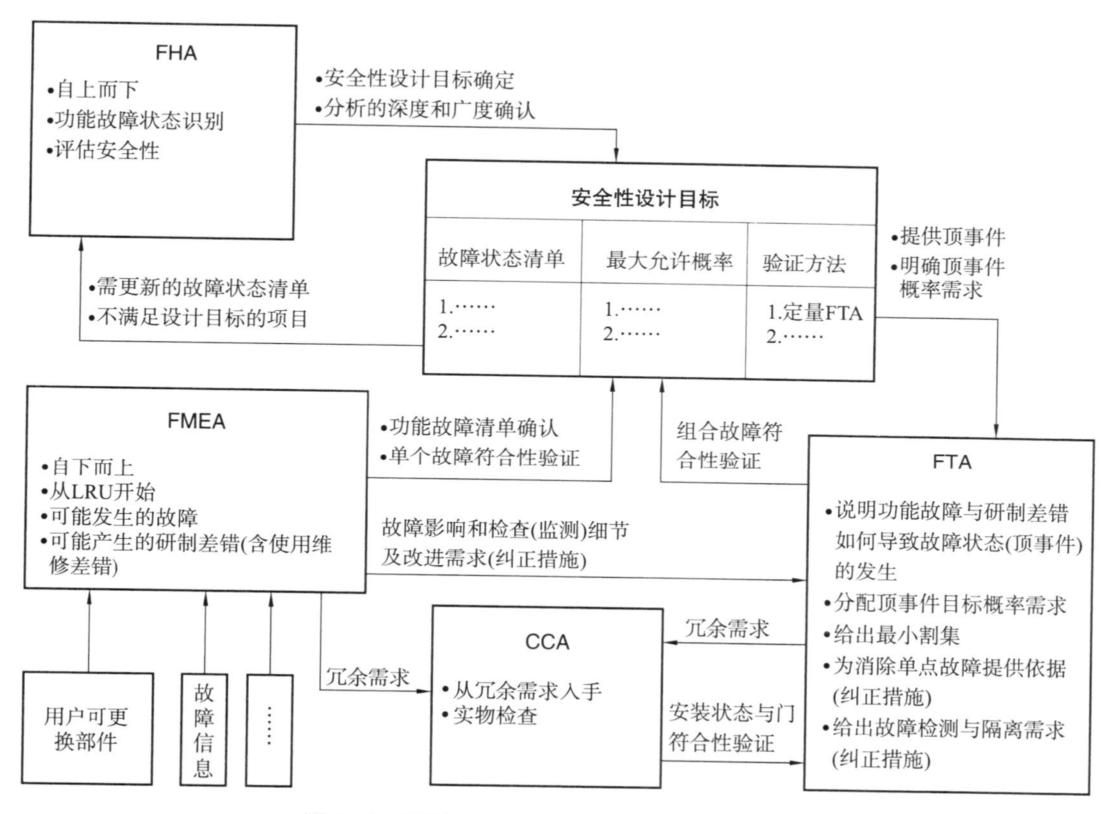

图 6-7　FHA、FMEA、FTA 和 CCA 功能接口

6.4.4.2　FHA 与 FTA、FMEA 不同研制阶段的迭代关系

AFHA 的输出是安全性需求产生与分配的起点。从 FHA 中导出较低层次的需求，一般由 FTA（DD 或 MA）完成。AFHA 中导出的需求一般由 PASA（FTA）完成，SFHA 中导出的需求一般由 PSSA（FTA）完成。这些导出的需求和 FHA 中确定的需求应一起纳入飞机和系统的设计规范中。

图 6-8 所示为 FHA 与 FTA、FMEA 在不同研制阶段整机、系统、子系统之间的迭代关系。图 6-8 给出了如何由 FHA 得到 FTA 顶事件的示例；还强调了如何将来源于 FMEA 的定量分析结果以及 PSSA 中 FTA 的定量分析结果依次反馈到系统级及飞机级 FTA 中，以表明符合 FHA 中定性与定量需求所对应的安全性目标值。

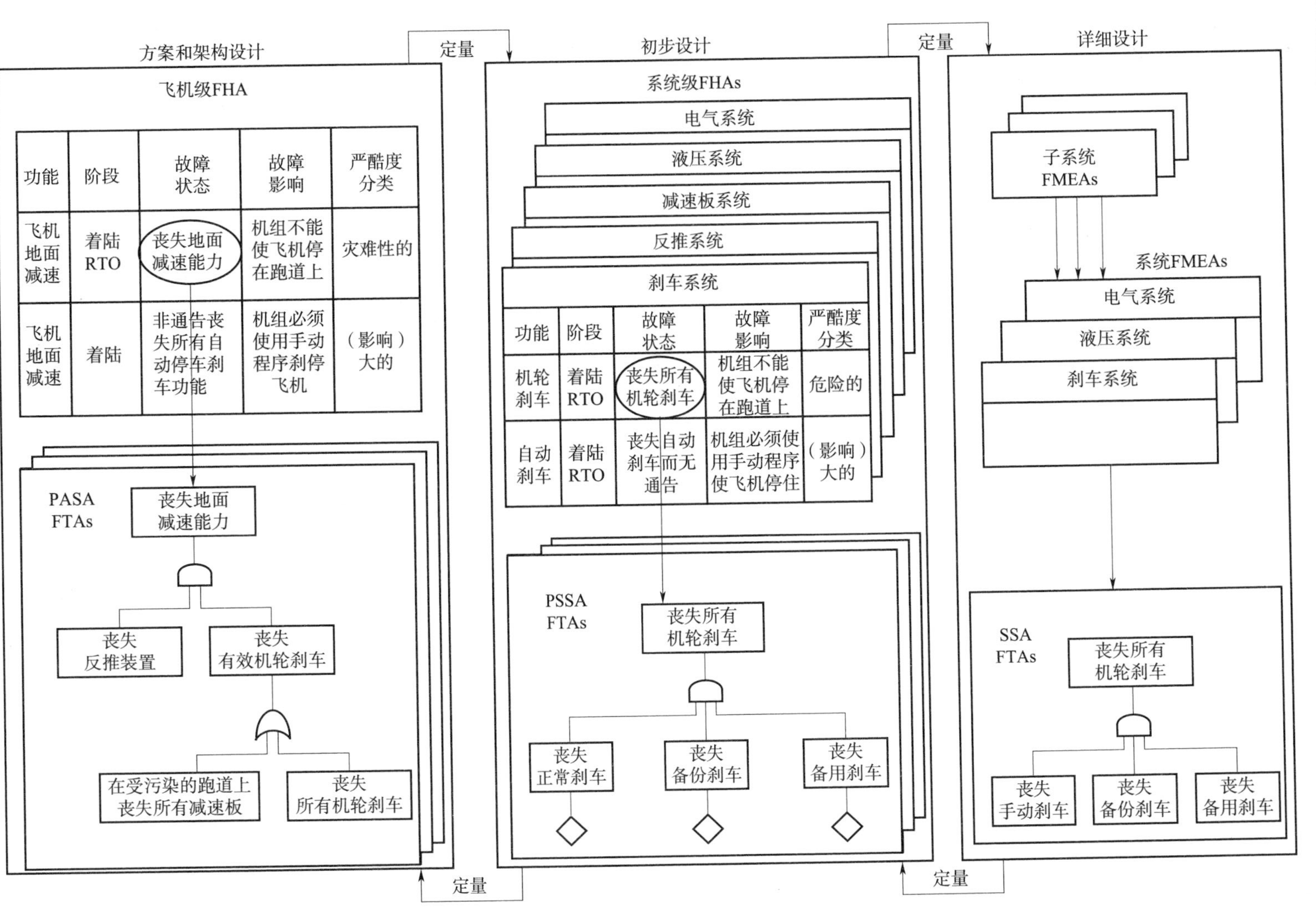

图6-8 FHA与FTA、FMEA的迭代关系

6.5　初步系统安全性评估

6.5.1　简介

初步系统安全性评估是一个对飞机整机及其组成系统的架构所开展的系统性检查过程。其目的如下：

1）确立完整的安全性需求。

2）确认所拟定的架构方案能否满足安全性需求。

3）确定衍生的安全性需求；

4）输出安全性需求；

5）定义架构。

（1）确立完整的安全性需求

确立完整的安全性需求，就是把由FHA确定的安全性需求分配给系统、子系统、硬件与软件。PASA/PSSA用来分配功能故障状态清单对应的安全性需求（含研制保证等级）。PASA以AFHA为输入，将飞机级的安全性需求分配给系统，并在此基础上进一步迭代完善飞机级的安全性需求；PSSA就是以SFHA及PASA为输入，将系统级的安全性需求分配给子系统，并在此基础上进一步迭代完善系统级的安全性需求；PSSA还可继续以子系统的安全性需求为输入，进一步将子系统的安全性需求分配至硬件与软件。

需要说明的是，安全性需求包括可靠性、维修性、测试性、保障性与研制保证等级等需求，详见5.9.2节。

（2）确认所拟定的架构方案能否满足安全性需求

确认所拟定的架构方案能否以合理的方式满足FHA分配的安全性需求。通过PASA/PSSA过程，确定故障如何导致由FHA识别的功能危险，或者说，能确定FHA识别的故障状态在什么情况下发生，发生的概率是多少（见图5-1左侧、图5-2和图5-3）。

（3）确定衍生的安全性需求

为实现安全性的裕度需求，PASA/PSSA还能够针对具体的飞机、系统、子系统及硬件与软件的架构确定出衍生的安全性需求，如分区需求（两个功能相同且互为余度的子系统，分别布置在飞机的两侧），机内测试、状态监控需求，独立性需求（刹车系统中的一套为液压原理，另一套则采用冷气原理）和维修任务、间隔需求等。

（4）输出安全性需求

通过上述3个过程，PASA/PSSA输出低一层次系统的安全性需求主要如下：

1）安装（分离/隔离）需求。

2）安全性概率需求。

3）故障-安全需求。

4）研制保证等级需求。

5）对接口系统的安全性概率需求。

6）使用或维修任务项目及间隔需求。

7）其他需求（如机内测试、状态监控等）。

（5）定义架构

由于设计过程是反复迭代的过程，因此 PASA/PSSA 过程也是在飞机、系统和子系统这一自顶而下的研制过程中反复迭代的过程。最高层次的 PSSA 从飞机级开始，即 PASA；较低层次的 PSSA 以较高层次的 PSSA 为输入；最低层次的 PSSA 就是确定硬件/软件的相关可靠性、维修性、测试性、保障性与研制保证等级等需求。所以，PSSA 过程在飞机整个设计周期中是连续的。因此，以 AFHA/SFHA 为输入的 PASA/PSSA 过程完全是安全性需求的制定与确认过程，或者说是飞机、系统、子系统及软硬件的架构定义过程，也可以说飞机、系统、子系统及软硬件到底应该设计（定义）成什么样子由 PASA/PSSA 决定。

PASA/PSSA 的结果将按相应的层次列入飞机的系统规范、研制规范和产品规范中，从而实现对相应层次架构的定义；PASA/PSSA 的结果还将作为成品技术协议书、系统安全性评估和飞机安全性评估及其他文件安全性需求的输入，以评估相应层次定义的架构是否达到所规定的安全性水平。

上述（2）的内容，实质上就是架构的定义过程。当（3）（4）的需求确定好之后，相关层次系统的架构也即定义完成。

6.5.2 PSSA 过程

PSSA 是一种自上而下的方法，可以是定性的，也可以是定量的。PSSA 工作的深度取决于评估对象架构设计、复杂性、故障状态（或故障影响）的严酷程度以及所分析系统其执行的功能类型。PSSA 应以飞机级或系统级 FHA 的结果为输入，参考图 6-9 的要求或相关适航规章与规范中的规定进行。

PSSA 过程如下：

1）完成飞机级和系统级安全性需求。

2）确定所提出的架构、制订的设计方案是否能合理地满足安全性需求和目标。

3）导出下一层次的安全性需求，包括设计、安装、接口、使用与维修等方面的安全性需求。图 6-9 说明了飞机的组成系统这一层次的 PSSA 过程流程，飞机级的 PSSA（PASA）可参考图 6-9 的过程流程进行。

6.5.2.1 飞机级/系统级安全性需求

通过 AFHA/CCA 可产生一组有关飞机设计的初始安全性需求；同理，通过系统级 SFHA/CCA 可产生一组有关系统设计的初始安全性需求。

将初始的安全性需求同 PSSA 过程中确定的设计/架构方案结合起来，则可分析得到一组完整的飞机级或系统级安全性需求（清单）。

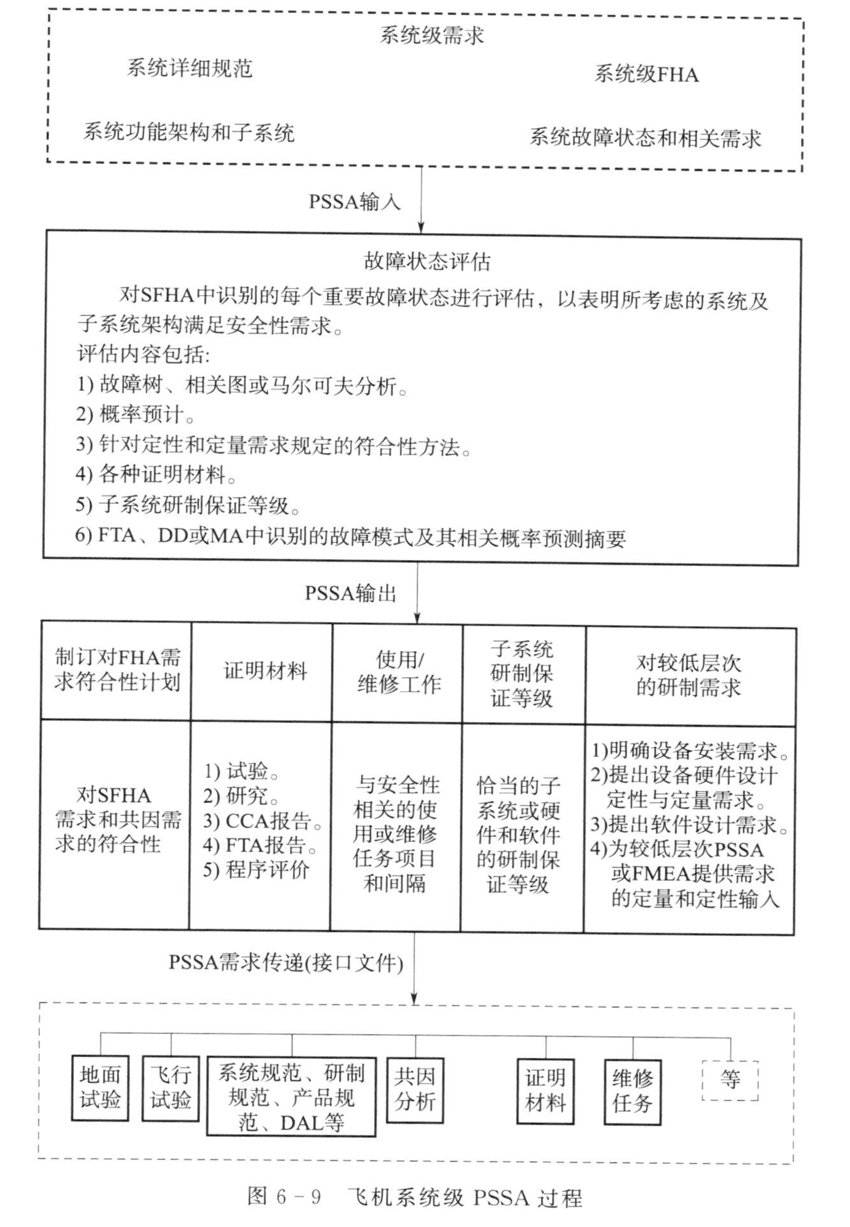

图 6－9　飞机系统级 PSSA 过程

（1） 获得必需的原始资料

PSSA 的输入是飞机或系统级的 FHA、初步共因分析以及 PSSA 中考虑的每一架构的说明。对每一架构的选择，应考虑的输入如下：

1） 飞机或系统级 FHA 中确定的故障状态与需求。

2） 飞机或系统架构的描述及其选择的理由，包括典型飞机平均飞行时间、故障率分布函数及与门独立性的假设。

3） 飞机或系统功能清单及设备清单。

4）与其他飞机或系统的接口与功能。

5）初步共因分析，包括如下内容：

① CCA 中（ZSA、PRA、CMA）发现的问题。

②参考在役型号经验可能遇到的共因问题。

③适航规章或审定基础（含专用技术条件）对共因方面的要求。

PSSA 过程需对 FHA 期间所做的各种假设确认后，才能开展飞机/系统的架构设计。

（2）完成飞机级/系统级安全性需求清单

针对飞机地面减速功能给出的典型飞机级安全性需求清单见表 6－14。

表 6－14　飞机级安全性需求清单（示例）

序号	故障状态	严酷度等级	安全性目标
1	未通告丧失减速能力	Ⅰ	功能故障概率需求：$\leqslant 1\times 10^{-9}$/FH 功能研制保证等级需求：FDAL A
2	通告丧失减速能力	Ⅱ	功能故障概率需求：$\leqslant 1\times 10^{-7}$/FH 功能研制保证等级需求：FDAL B
…	……	……	……

飞机/系统架构、子系统、硬件或软件的功能集成及实施过程中可能会产生新的功能。此时，应对 FHA 进行迭代（更新），以得出新的故障状态，并据此导出新的安全性需求。

因此，通过 FHA/CCA 产生的初始安全性需求，需将其同 PASA/PSSA 过程中确定的设计/架构方案结合起来，并及时更新、反复迭代，才可得到一组完整的飞机级/系统级安全性需求（清单）。

6.5.2.2　评估设计/架构的决策

按所得到的安全性需求和目标（见表 6－14）评估设计/架构的决策，并按评估结果确定飞机/系统/子系统的架构。

FHA 完成后，应按图 6－4 对故障状态严酷度为“危险的”和“灾难性的”故障状态进行评估，评估的内容包括：

1）使用 FTA 或类似的方法，表明子系统的故障组合如何导致 FHA 中考虑的故障状态。

2）按 FTA 结果确定与门的独立性需求时，需考虑如下内容：

①在 CCA 中得到的所有分离/隔离需求和相关的验证需求。

②为验证独立性而需开展的各种地面或飞行试验。

③共因故障（ZSA、PRA、CMA）结果。

3）使用 FTA 或类似的分析方法表明所提出的系统架构与所预测的故障率能满足由 FHA 确定的故障状态及其定性与定量需求的目标。

4）根据 FTA 中对潜伏故障的分析结果，确定“不得逾期”的维修工作间隔，并作为 CCMR 输入。

5）在 FTA 中考虑了可能发生的设计、制造、使用与维修差错。

6）按FTA的分析结果，确定各功能或硬件与软件针对具体研制差错的研制保证等级。

注意：必要时，针对复杂程度较高且无冗余功能的“（影响）大的”故障状态，也可利用上述方法进行评估，或参考上述评估内容进行定量FMEA评估。

在实施PSSA的过程中，有时还得不到子系统或硬件与软件的详细设计结果，此时，PSSA必须部分地依靠工程判断和相似设计的使用经验。PSSA过程属迭代性质，并将随着设计与评估的深入而不断完善。

6.5.2.3　子系统安全性需求

系统级导出的安全性设计需求即为子系统安全性需求，必须分配到组成系统的各个子系统，并落实到技术协议书与产品规范或研制规范中。

安全性需求的分配主要过程如下：

1）给出分配的需求，即最新的系统级故障状态清单。该清单内容包括：

①安全性的定量及定性需求。

②满足所选择架构的基本原理。

2）将系统级定性与定量的安全性需求分配到每一子系统。

3）描述子系统的安装设计需求，如隔离、分区和保护需求。例如，两个功能相同且互为余度的子系统应分别布置在飞机的两侧、大功率电源电缆与数字或模拟信号电缆的隔离需求、着火区与设备舱的隔离需求、电气短路时的保护需求、冷凝水的排放需求等。

4）子系统或软硬件的研制保证等级。

5）与安全性相关的维修工作及“不得逾期”的维修间隔。例如：

①飞行前检查应急刹车系统。

②规定期限内更换主起落架支柱等。

通过PASA将飞机级的安全性需求分配给系统过程可参照本小节进行。

6.5.3　PSSA报告要求

为便于完成PSSA的总报告，并保证PSSA的每一步骤均可追溯，需对PSSA每一步过程信息形成报告（记录在案）。依据6.5.2节的分析过程，将分析结果写入评估报告。本节仅给出系统级PSSA报告中至少应包括的内容：

1）被评估系统的简单描述，包括子系统构成、典型飞机平均飞行时间、与门独立性等相关假设。

2）给出分配的需求，即最新的系统级故障状态清单（含安全性目标）。

3）FTA的主要过程和结果。

4）CCA的主要过程和结果。

5）系统架构中子系统的安全性需求：

①故障概率需求。

②环境适应性需求。

③ L/HIRF 需求。

④功能研制保证等级需求。

⑤使用与维修任务及间隔需求等。

为保证 PSSA 报告的可追溯性，应保留的过程文件至少如下：

1）安全性合格审定计划。

2）最新 FHA 报告。

3）故障状态分类的支持材料清单。

4）故障状态清单。

5）包括研制保证等级在内的较低层次安全性需求（如构成系统的硬件或软件等）。

6）定性或定量 FTA 报告。

7）初步 CCA 报告。

8）包括飞行与维修在内的使用需求。

同样，PASA 报告可参考本节完成。

6.5.4 PSSA 示例

具体参见 SAE ARP 4761 附录 L 中图 L3 机轮刹车系统 PSSA 和图 L4 刹车系统控制单元 PSSA（第 190～227 页）。

6.5.5 PSSA 与 FHA、SSA 的关系

PSSA 与 FHA、SSA 的关系见图 6－10。PSSA 应识别出对 FHA 中所列故障状态有贡献的故障。可通过 FTA 等方法找出导致 FHA 中所列故障状态发生时的各种底事件，这些底事件包括硬件故障、硬件/软件设计差错、各种共因产生的故障，以及潜伏故障与对应的暴露时间等。只有找到这些底事件，才能通过 PSSA 衍生出系统和子系统的安全性需求。

PSSA 中包含硬件和软件的设计差错。它旨在弄清这些差错导致相关故障状态发生时的权重，以便据此确定恰当的研制保证等级。PSSA 还能识别出软件安全性具体需求，如抑制边界的定义、软件模块划分策略、具体的安全性需求验证策略等。通过 PSSA 识别的所有这些需求均应作为系统规范、研制规范或产品规范的一部分。

图 6－10 左侧图解了 PSSA 过程的步骤与顺序。每次评估时，应考虑每个步骤的适用性，并据此予以取舍。

系统级 PSSA 过程有两种主要输入数据，即 SFHA 和飞机级 FTA。SFHA 给出了系统级 PSSA 第一步工作所必需的故障状态和严酷度类别；飞机级 FTA 则给出了需要关注的功能故障（底事件）。在进行系统级 FTA 时，应以飞机级 FTA 中的关键底事件作为系统级每一 FTA 的顶事件，并以飞机级 CCA 结果作为补充，以生成系统级 FTA 完整的故障影响事件。CCA 还能确定诸如冗余、隔离、功能独立等系统级需求，供系统设计、实施时使用。系统级 PSSA 确立的需求用于具体子系统中的产品规范或研制规范。

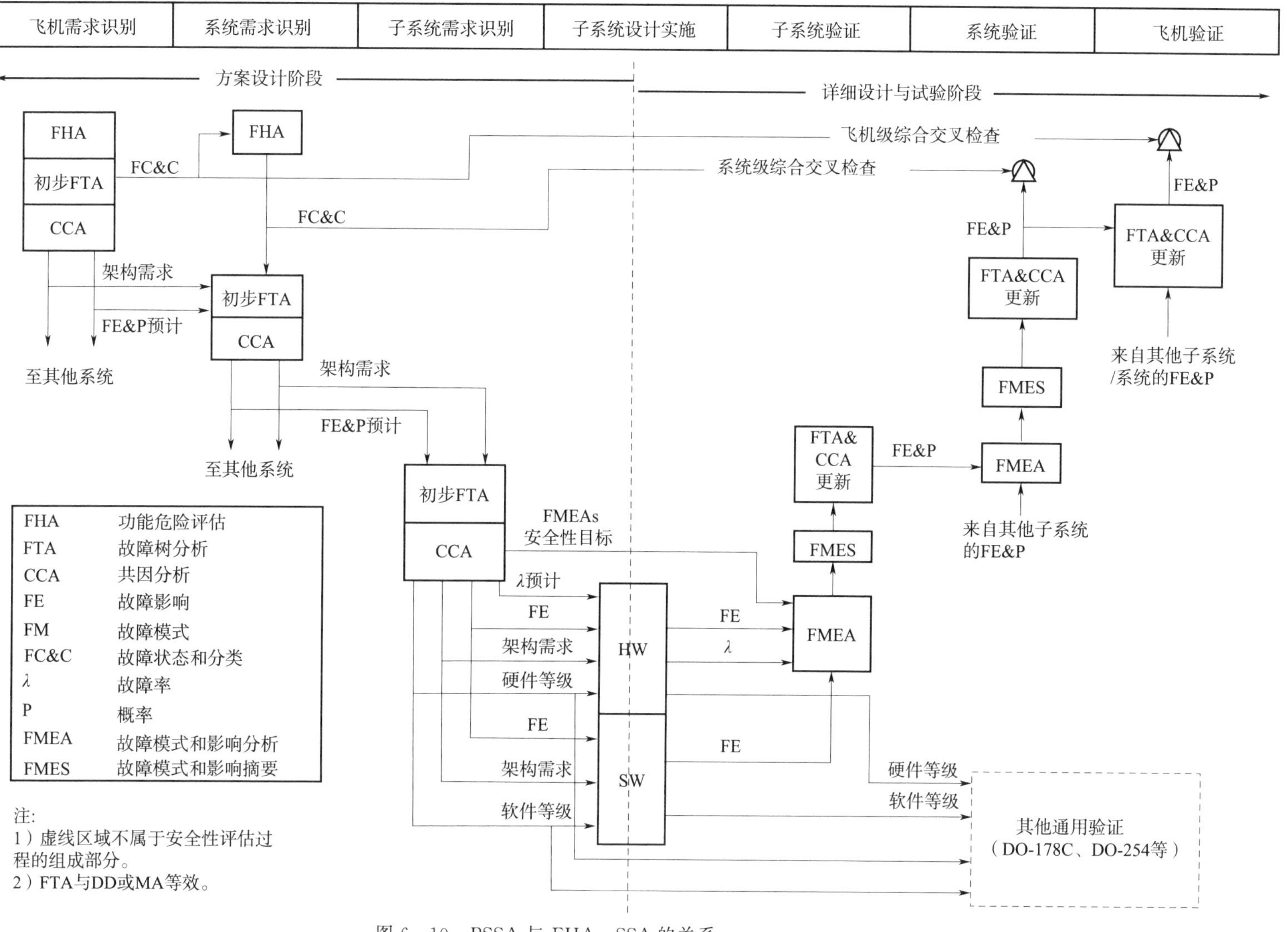

图 6-10　PSSA 与 FHA、SSA 的关系

同理，在进行子系统级 FTA 时，应以系统级 FTA 中的关键底事件作为子系统级每一 FTA 的顶事件，并以系统级 CCA 结果作为补充，以生成子系统级 FTA 完整的故障影响事件。子系统级 FTA 还应以子系统级 CCA 结果作为补充，以进一步确定设计需求、研制保证等级和硬件可靠性需求。所确立的需求用于具体子系统中硬件与软件的产品规范。

PSSA 的结果用于识别硬件的故障影响、硬件和软件研制差错影响、可靠性预计和研制保证等级的确定等。为满足安全性目标，应根据 PSSA 结果确立系统的安全性保护策略及架构特征。

为保证所有的故障影响在 FMEA 中均已考虑，从 PSSA 故障树底事件中得到的安全性需求应反馈给 FMEA。反馈的信息包括故障影响和故障率等数据，这些信息有助于确定 FMEA 分析的重点和深度。

图 6－10 右侧图解了 SSA 过程的步骤顺序。每次评估时，应考虑每个步骤的适用性，并据此予以取舍。

PSSA 过程的输出应作为 SSA 过程的输入。不同层次上实施的每一 SSA 均应有相应层次的 PSSA。SSA 过程的工作流一般根据自底而上的验证等级提出。通过这种自底而上的验证等级层次，硬件的可靠性需求、硬件与软件的研制保证等级、子系统及系统的架构需求均应按照 PSSA 过程中确定的安全性需求进行验证。对较低设计层次，需反复开展评价工作，以确认满足 PSSA 导出的相关需求。申请人应与审定当局一起建立合适的研制保证程序，并按 DO－178 中规定的程序验证软件的实施是否满足所要求的软件研制保证等级需求，按 DO－254 中规定的程序验证硬件的实施是否满足所要求的硬件研制保证等级需求。

子系统级的 FMEA 应形成子统级的 FMES，以证明子统级 FTA/CCA 中确定的故障模式其故障率需求、安装需求等均已得到满足。系统级的 FMEA 应形成系统级的 FMES，以证明系统级 FTA/CCA 中确定的故障模式其故障率需求、独立性需求、分离与隔离需求、安装需求、使用与维护需求等均已得到满足。系统级综合交叉审查时，应通过系统级 FTA/CCA 表明已对 SFHA 及飞机级 FTA 进行了更新，系统的故障状态和发生概率满足更新后的 SFHA 及飞机级 FTA 确定的需求。飞机级 FTA/CCA 及 SFHA 更新后，应及时更新 AFHA。飞机级综合交叉审查时，应通过飞机级 FTA/CCA 表明 AFHA 中故障状态和发生概率的需求能够得到满足。

由于子系统集成于系统中，而系统又集成到飞机上，因此每一硬件、软件及子系统的故障影响应同 SFHA 中所识别的故障状态做比较，每一子系统、系统的故障影响应同 AFHA 中所识别的故障状态做比较。这一比较过程，就是图 6－10 所示的系统级综合交叉检查过程或飞机级综合交叉检查过程。

最后，针对 PSSA 与 FHA 及 SSA 的关系需强调的是，PSSA 是系统功能分配与架构设计及优化的过程，只有 PSSA 之后，才能表明所采用的架构是否与在役装备的系统具有设计及安装相似性。因此，图 6－4 及 ARP 4761 中 FIGURE 4（第 23 页）所述的安全性评估深度、表 6－12/表 6－13 中 FHA 所要求的验证方法均只针对 SSA 而言，而并非针对 PSSA。

6.6　系统安全性评估

6.6.1　SSA 简介

SSA 是对所实施的系统其架构及安装进行系统化的核查与评估，以表明相关的安全性需求已得到满足。其分析过程类似于 PSSA，但范围不同。PSSA 和 SSA 的差异在于：PSSA 对拟采用的架构进行评价，并导出系统及子系统的安全性需求；而 SSA 则对已实施的设计方案进行评价，以确定是否满足由 PSSA 确定的定性与定量安全性需求，以及 FHA 和 PSSA 中需求的所有证明材料是否已经闭环。

SSA 综合了各种分析结果。它包括对整个系统的安全性验证，并保证由 PSSA 确定的具体安全性需求均已得到考虑。SSA 过程文档包括相关分析结果均要求得到证明。SSA 包含的主要相关信息如下：

1）经认可的以前有关外部事件概率清单。

2）系统描述。

3）故障状态清单（FHA、PSSA）。

4）故障状态严酷度类别（FHA、PSSA）。

5）故障状态的定性分析（FTA、DD、FMES）。

6）故障状态的定量分析（FTA、DD、MA、FMES 等）。

7）共因分析。

8）与安全性相关的维修任务与间隔（FTA、DD、MA、FMES 等）。

9）硬件与软件的研制保证等级（PSSA）。

10）来自 PSSA 的需求已纳入详细设计，并经分析和/或试验过程表明能得到满足。

11）非解析的验证过程结果（如试验、演示、检查等）。

以上主要信息就是为了完成如下内容：

1）验证 SFHA 中确立的设计需求是否得到满足。

2）验证确定的飞机级故障状态严酷度分类是否正确。

3）验证在 CCA 过程中确认的安全性设计需求是否得到满足。

4）验证由飞机设计需求和目标导出的安全性需求是否得到满足。

5）SSA 反过来为 PSSA、FHA 提供迭代修改依据。

6.6.2　SSA 过程

SSA 过程一种以自下而上的方式验证所完成的详细设计是否满足 PSSA 和 FHA 所分配的安全性需求与目标。飞机系统级的 SSA 过程如图 6-11 所示。

系统级 SSA 评估过程解决 3 件事：

1）明确需验证的安全性设计需求。

2）评估故障状态。

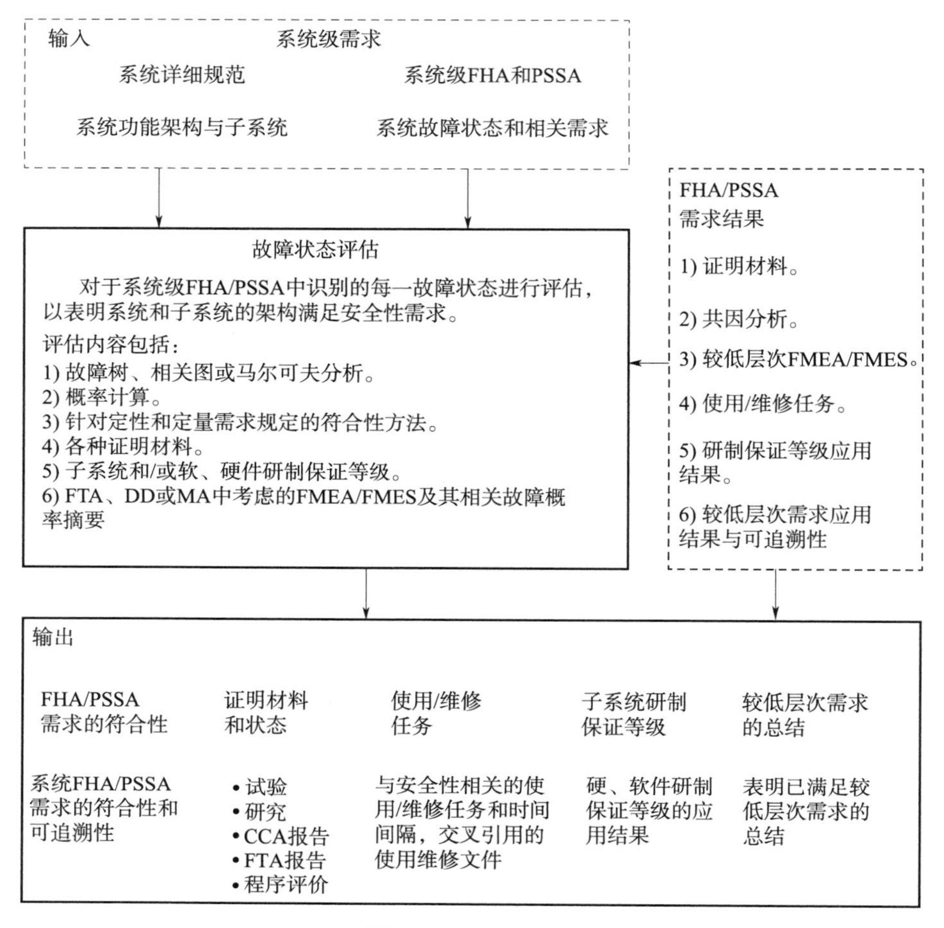

图 6－11 SSA 过程

3）输出底层设计达到的安全性目标与需求。

6.6.2.1 设计需求验证内容

明确安全性设计需求需验证的内容，就是明确 SSA 的输入。按图 6－11 确定需验证的设计需求内容，具体如下：

1）系统详细设计规范。

2）系统的架构说明与相关设计原理。

3）系统的接口及与相邻系统、子系统的相互作用。

4）SFHA/PSSA 中识别的故障状态与安全性需求。

5）从 SFHA 得到的功能和相关原理清单。

6）CCA 的分析结果，包括：

① ZSA 结果。

② PRA 结果。

③ CMA 结果。

7）FHA/PSSA 的所有支撑材料及对低层次系统的研究结果（如子系统），包括：

①子系统供应商提供的 FMEA/FMES。

②飞行试验等。

上述安全性需求是飞机设计时通过自上而下（飞机级、系统级、子系统级、软件与硬件）的过程得到的，需再采用自下而上（软件与硬件、子系统级、系统级、飞机级）的过程予以验证，见图 5-1。

6.6.2.2　故障状态评估

故障状态评估的三大工作要点如下：

1）故障状态的评估内容。

2）故障状态严酷度分类的确认。

3）证明 SSA 对应系统层级需求文档中所确立的安全性需求已得到满足。

（1）故障状态的评估内容

在 FHA 中识别的每个故障状态需按图 6-11 进行评估，具体应包括如下内容：

1）通过 FTA，表明系统、子系统、硬件与设备的故障组合如何引发 FHA 中识别的故障状态。

2）通过 FTA，表明与故障状态相关的定性、定量需求和目标如何得到满足。

3）对于隐蔽故障，检查并确认维修文件（Maintenance Review Board Report，MRBR）中对应的维修检查间隔，应小于 FTA 中的需求值。

4）验证由 FTA 导出的子系统或功能设备与组件的研制保证等级已得到满足。

5）通过对故障状态进行试验，表明其安全性需求已得到满足。

6）通过分析或试验，表明 SSA 对应系统层级的故障状态均已得到考虑，且其安全性需求也已得到满足。

（2）故障状态严酷度分类的确认

ARP 4761 中关于 SSA 所提及的“故障状态严酷度分类的确认”，实质上是确认按 FHA 所开展的故障状态严酷度分类、所分配的安全性需求、所提出的验证方法，以及按 PSSA 所建立的安全性需求（含研制保证等级）是如何通过详细的设计予以实现的，并给出实现过程的证明材料。

故障状态严酷度分类的确认过程，实质上是从工程实施的角度保证：根据故障状态严酷度分类分配的安全性需求已融入详细设计与试验（含飞行试验）阶段的相关文档中，并可追溯。可追溯的文档主要如下：

1）飞机设计需求与目标文档。

2）系统需求文档。

3）试验计划（地面试验、飞行试验等）。

4）维修文件。

5）共因分析文档。

一般通过建立故障状态严酷度及其安全性需求与可追溯文档之间的矩阵来完成该项

工作。

(3) 证明所确立的安全性需求已得到满足

应通过 SSA 证明：SSA 对应系统层级需求文档中所确立的安全性需求已得到满足，以及飞机层级需求文档中所确立的安全性需求已得到满足。

飞机层级需求文档包含飞机设计的所有需求。这些需求一般包含于飞机系统规范之中，主要来源于：

①功能与性能需求。

② AFHA、PASA、CCA 过程产生的需求。

③ CCAR/FAR 及用户的需求。

要验证上述需求，可选择下述 4 种方法之一：

①试验。

②分析。

③演示。

④检查/核查。

例如，CCA 过程就会产生关于系统与部件的分离、隔离、外部事件承受能力、共源等需求，这些需求不管是纳入飞机级还是系统级的需求文档之中，都可采用上述 4 种方法之一进行验证。

6.6.2.3 安全性目标与需求的输出

通过 SSA 除了表明 FHA/PSSA 所确立的安全性需求得到满足之外，还需输出安全性目标与需求，并对与安全性目标、需求的相关输入、输出文件进行修订。其中，SSA 输出的安全性目标与需求主要如下：

1) 相应 SSA 系统层级的安全性需求与目标。

2) 使用与维修任务。

3) 子系统与硬、软件的研制保证等级。

4) 较低层次的基本可靠性及设备安装等需求。

修订的相关文件主要如下：

1) FHA/PSSA 报告及相关可追溯文件。

2) 相应 SSA 系统层级的设计规范。

6.6.3 SSA 报告要求

为便于完成 SSA 的总报告，并保证 SSA 的每一步骤均可追溯，需对 SSA 每一步过程信息形成报告（记录在案）。依据 6.6.2 节的分析过程，将分析结果写入评估报告。本节仅给出系统级 SSA 报告中至少应包括的内容，具体如下：

1) 以前经认可的有关外部事件概率清单。

2) 系统描述。

3) 最新的故障状态清单（FHA、PSSA）。

4）最新的故障状态严酷度类别（FHA、PSSA）。

5）详细设计及试验阶段的故障状态定性分析结果（FTA、DD、FMES）。

6）详细设计及试验阶段的故障状态定量分析结果（FTA、DD、MA、FMES等）。

7）详细设计及试验阶段共因分析结果。

8）与安全性相关的维修任务与间隔实施结果。

9）硬件与软件的研制保证等级实施结果。

10）来自PSSA的需求已纳入设计、试验过程的证明。

11）非解析的验证过程结果（如试验、演示、检查等）。

12）对PSSA报告的修改及建议。

为保证SSA报告的可追溯性，应保留的过程文件至少如下：

1）最新的FHA报告。

2）最新故障状态分类的支持材料清单。

3）最新故障状态清单。

4）详细设计及试验阶段的定性或定量的FTA报告。

5）详细设计阶段的CCA报告。

6）系统的技术总结报告至少包括如下内容：

①表明符合定性与定量安全性设计需求的基本原理。

②表明系统、子系统及设备的安装需求（如分隔、保护等）实施方式。

③表明系统、子系统及设备如何研制，并满足所分配的研制保证等级。

7）表明飞行与维修在内的使用需求已得到落实的相关飞行手册、维修文档（如维修大纲、审定维修要求等）。

同样，ASA报告可参考本节完成。

需要注意的是，当SSA后，如有部分结果不能满足FHA及PSSA分配的需求与目标，应针对不满足部分提出拟采取的改进措施，并重新进行PSSA等工作的迭代，直到满足相应的需求与目标为止。改进措施包括但不限于以下内容：

①设计原理更改。

②闪电/高强度辐射防护等需求。

③设计安装需求。

④维修任务及间隔需求。

6.7 CCA

6.7.1 概述

6.7.1.1 CCA简介

共因故障一是存在于有冗余的系统；二是存在于被一个或多个系统共同使用的软、硬件模块或设备；三是存在于受外部事件影响导致功能故障的系统。

人们不希望某一共同的故障原因导致一个或多个系统功能全部故障，这就需要提供一种故障安全的设计方法，来保证实现飞机某些关键功能的主设备与这些关键功能的备份（或冗余）设备、保护性装置相互隔离或隔开。这种设计方法的分析就是共因分析。

为保证系统或子系统、设备的设计、制造与安装满足安全性需求，往往要求功能之间彼此独立，或功能相关的共因风险是可以接受的。CCA 既是一种验证功能之间是否彼此独立的分析工具，也是一种识别功能是否相关的分析工具。

CCA 能确定单个故障模式或外部事件是否导致灾难性、危险性故障状态。对导致灾难性故障状态的共因事件，应通过设计予以排除；对导致危险性故障状态的共因事件，则应通过设计控制其在给定的概率预计范围之内。

CCA 包括区域安全性分析（ZSA）、特定风险评估（PRA）、共模分析（CMA）。

为表明满足 CCAR/FAR/CS25.1309 或 23.1309 条的符合性要求，一般需要借助 CCA 提供相关符合性证据。

6.7.1.2 CCA 工作开展的时机

一般在飞机架构初步布局时、电子样机结束前、详细发图结束前、飞机总装完成后（首飞前）均应进行 CCA 的分析和检查。之所以开展这么多次 CCA 工作，主要是因为：

1）从经验上看，仅按系统设计图样开展 CCA 是不够的，因为系统设计图样不如实物样机能充分反映不同系统间的物理安装关系。

2）需要通过 CCA 为 AFHA 的修订及 SFHA、PASA/PSSA、SSA 等工作的开展提供输入。

3）需要根据 AFHA 的修订及 SFHA、PASA/PSSA、ASA/SSA 的结果对 CCA 进行迭代。

4）由于系统架构的潜在影响，在设计过程的早期阶段开展这些分析效费比最高。

5）虽然在电子样机阶段（方案设计阶段）就可以开展 CCA 分析，但是需等到首架样机试制出来才能完成 CCA 结果的最终确认。

6.7.2 ZSA

6.7.2.1 ZSA 内涵与目的

区域安全性要求是关于飞机各区域内系统或设备的安装、干扰以及维修差错、环境、兼容性等方面的安全性需求；ZSA 是对飞机各区域内系统或设备的安装、干扰以及维修差错、环境、兼容性等方面的安全性需求进行评估，是抑制共因故障产生的重要措施。因此，需对飞机的每一区域开展 ZSA。

由于 SSA 的评估是对所评估的对象建立在独立性假设的基础上开展的，因此其需要通过 ZSA 检查 SSA 的独立性假设与实物样机的符合性；需要通过 ZSA 考虑复杂系统中系统与邻近系统之间的相互作用关系；需要通过 ZSA 考虑系统之间及系统内部设备之间其物理安装的相互作用；需要通过 ZSA 考虑影响系统或设备的环境因素，如温度、振动、液体泄漏等。这些因素均影响到飞机各系统及设备之间的独立性，并最终会影响到飞机级功能对安全性裕度及水平需求的实现。

ZSA 的主要目的如下：

1）基本安装方面。对飞机各区域内系统和设备的安装进行检查，判断安装情况是否符合安全性设计需求，如温度、力学、热力、化学等环境对系统或设备安装的影响。

2）系统干扰方面。判断位于同一区域的各系统之间的相互影响程度。

3）维修差错方面。分析产生维修差错的可能性及其影响程度。

4）系统独立性方面。验证设计对 FTA、DD 或 MA 事件独立性需求的满足情况。

5）衍生安全性需求方面。当发现系统、设备与安装对装备有安全性影响时，应对其衍生出新的安全性需求，并对相关的系统、设备与安装重新设计，保证在后续的系统安全性评估中满足相关安全性需求。

6.7.2.2 ZSA 过程

区域安全性分析基本上是定性分析。区域的划分按 ATA2200/S1000D 等规范或标准执行，与维修大纲等顶层维修文件的区域应保持一致。ZSA 过程主要包括如下 3 个方面的工作：

1）设计和安装准则的编制。

2）区域内的安装检查。

3）系统与设备外部故障模式对相邻系统和飞机的影响分析。

ZSA 主要工作流程见图 6-12。

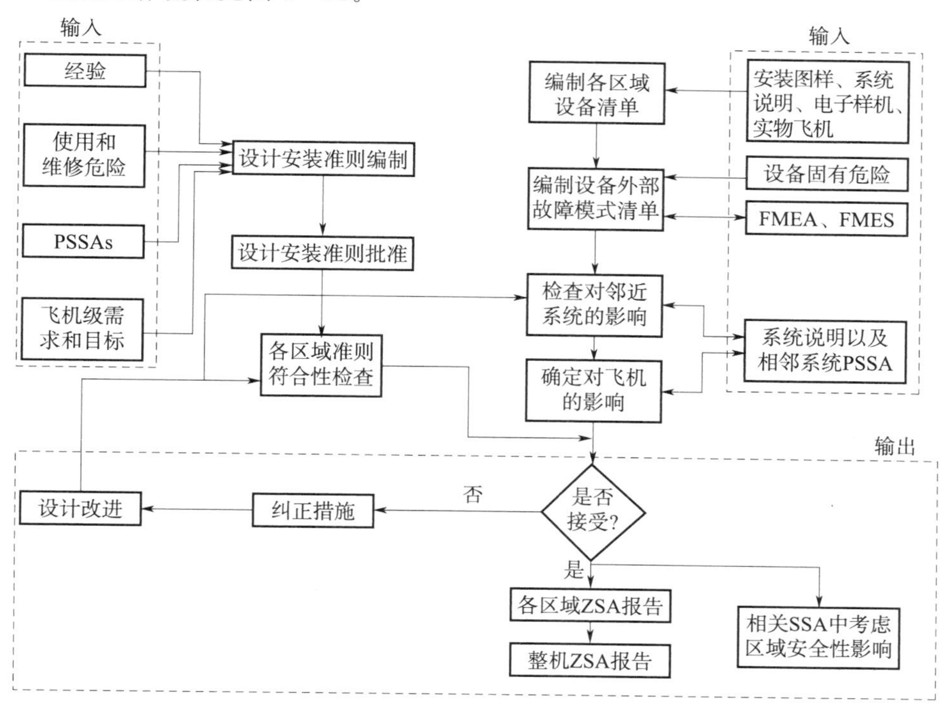

图 6-12 ZSA 主要工作流程

6.7.2.3　设计和安装准则的编制

设计和安装准则（以下简称 ZSA 准则）由飞机型号研制的设计部门编写，并经相关部门批准制定。

（1）ZSA 准则编制应考虑的内容与信息来源

ZSA 准则应围绕 ZSA 的基本目的进行编制，应反映系统或设备的基本安装、系统干扰、维修差错、独立性、衍生安全性需求等方面的需求。因此，ZSA 准则除了考虑飞机使用过程中温度变化、结构变形、振动与加速度影响以及设计与制造容差之外，还应着重考虑：

1）FHA 和 PASA/PSSA 确定的飞机级及系统级安全性目标与需求。

2）系统与设备的安装。

3）管路、导管、软管、EWIS 的安装。

4）设备的拆卸与更换。

5）使用与维修差错。

6）液体排放（包括废水、冷凝水、清洗液与防冰液、燃油、液压油、滑油等）。

7）高温气体的泄漏与排放等。

准则编制的信息来源主要如下：

1）飞机总体设计目标与需求。

2）适航规章要求。

3）飞机及系统 FHA 报告。

4）PASA/PSSA 报告。

5）系统设计指南或设计规范。

6）结构设计指南或设计规范。

7）系统安装需求。

8）飞机可靠性、维修性、测试性、安全性设计准则。

9）相似型号事故分析报告。

10）相似型号维修及使用经验与教训。

11）设计经验等。

（2）ZSA 准则的迭代属性

由于 ZSA 始于飞机型号的方案设计，一般结束于型号的详细设计与试验之后，期间与 AFHA/SFHA 、PASA/PSSA 及 ASA/SSA 之间存在着多轮迭代关系，因此 ZSA 的设计和安装准则的内容也应该是一个动态过程。初始 ZSA 时，ZSA 准则的编制可能没有 PASA/PSSA 的输入，更多依据的是通用的适航性要求、相关行业标准等材料，但在后续的 ZSA 时应将 ZSA 准则逐步细化与完善。

因此，ZSA 准则应遵循以下原则：

1）动态更新，与飞机的技术状态相一致。

2）尽量降低设备安装、故障对邻近系统或结构的安全性影响。

3）尽量避免相邻系统间的干扰。

4）尽量降低维修、安装失误对安全性的影响。

5）尽量考虑环境因素对安全性的影响，如炮口区域内的关键设备应适应于炮击振动环境。

（3）ZSA准则对结构的需求

以前在编制ZSA准则时，一般会考虑总体的布局需求以及飞机各系统的需求，但对零部件、设备结构以及飞机结构往往会考虑得不够。

结构的设计与安装更多的是考虑其材料的耐久性。在制订准则及开展准则符合性检查时，除了考虑其信息来源之外，还应考虑其力学环境、热力环境、化学环境、特定风险（雷电、火灾）等方面的影响。因此，需特别注意以下几点：

1）过载影响。

2）结构的偏差与制造公差。

3）压力的变化。

4）热量变化的影响。

5）振动。

6）不同接触材料的电位差影响。

7）材料与涂层。

8）流体污染物影响。

9）防火与耐火等。

（4）ZSA准则的编制内容与示例

ZSA准则通常包括如下3个方面的内容：

1）通用设计与安装指南。

2）系统专用设计与安装指南。

3）特定区域设计与安装考虑。

下面针对上述3方面的内容给出相应的ZSA准则示例。

1）通用设计与安装指南。

通用设计与安装指南包括系统和设备安装、部件拆卸与更换、使用与维护、排放4方面的内容。

①系统和设备安装不但包括系统、子系统、设备、部件的安装，还包括导管、软管、电缆等组件的安装。系统和设备安装应满足以下基本要求：

a）安装应确保没有施加不可接受的应力。

b）与运动部件连接的装配应力应最小化。

c）与运动部件的连接与定位应不妨碍相邻结构或设备，或不被相邻结构与设备妨碍。

d）冷气导管、软管及电缆的装配应避免冷凝水的聚集。

e）两个系统的隔离应表明：一个系统的故障对另一个系统的影响，或一个系统的故障对两个相互隔离系统的影响均是可接受的。

②部件拆卸与更换应满足以下基本要求：

a）更换相似但不完全相同的部件时，对系统性能不应有不可接受的影响。

b）任何部件安装方位的偏差不应产生难以解决的问题，如引起间隙显著减少或引起任何连接电线、电缆、软管等不可承受的应力。

c）应避免连接器、管道等的交叉连接。

③使用与维护应满足以下基本要求：

a）地面维护的充、填、加、挂点应明确标识和便于接近，以利于充填规定的流体或连接正确的设备。

b）当可能时，设计应允许在不拆卸其他设备，尤其是不拆卸其他系统设备的条件下可以实现部件的更换。

c）设备不应频繁离位保养或维修，否则应将设备因离位保养或维修后漏装或装配不当时可能发生的飞行危险降到可接受的水平（如蓄电池的离位维护与保养）。

④排放应满足以下基本要求：

a）安装有液体的管道时，区域内应设置排水（液）孔。

b）应确保系统设备（含导管）冷凝水的排泄不会导致周围系统的功能故障。

c）高温气体的排放不应影响周围功能系统。

2）系统专用设计与安装指南。

各系统专用设计与安装指南应充分考虑该系统在同类飞机上的使用经验与教训、本专业的设计经验、相关的 PASA/PSSA 独立性需求与目标，并保证所制定的专用设计与安装准则有来源、可追溯。表 6－15 为某型飞机液压系统 ZSA 准则示例。

表 6－15　某型飞机液压系统 ZSA 准则（示例）

序号	设计与安装准则	准则来源	备注
1	液压导管不能作为线束或其他系统的导管和设备、附件的支承件	HB7583 中 5.2.7.4 d)条	基本安装、系统干扰需求
2	第一液压系统与第二液压系统的管路应尽量拉开安装距离，避免同时受到损害	AVIC 40106 中 6.5 d)条	独立性需求
3	液压泵进出口管路的连接应有防差错措施	工程经验	维修差错需求
4	除非有必要对液压系统部件提供电气连接，EWIS 的设计和安装必须与液压管路和其他液压系统部件具有足够的物理分离	CCAR25.1707(f)条	基本安装、系统干扰需求 独立性需求
5	在易着火或高温区域安装导管、液压附件时，应考虑防火、隔热等保护措施	PSSA 报告 编号：××××	独立性需求
6	液压导管和附件应尽量排列整齐，导管之间防止交叉排列，否则要采取防磨损措施。附件应尽量相对集中，并安装在附件舱中	HB7583 中 5.2.7.1 e)条	基本安装、系统干扰需求
…	……		

3）特定区域设计与安装考虑。

飞机的某些区域可能存在特殊环境需求，同这些环境相关的区域也需要一些相应的特殊考虑。这些区域的特殊环境通常包括热表面、电缆设备、防火、通风、排放等方面。ZSA工作中关于“特定区域设计与安装考虑”，主要是为了检查相关系统是否考虑了特殊环境的需求，以及在设计中是如何考虑并落实这些环境需求的。某型飞机主起落架舱区域针对特殊环境需求所制定的准则（措施）见表6-16（示例）。

表6-16　主起落架舱区域特殊环境需求下的设计与安装准则（示例）

特殊环境类型	特殊环境需求	设计与安装准则(措施)
热表面	轮胎及轮毂刹车表面的最高温度为120 ℃	轮胎外围100 mm附近不应安排液压与燃油设备
	在APU大功率状态下或在个别故障状态下运行时排气的最高温度为260 ℃	排气管用钛合金制造,并用两层玻璃纤维隔热,再用纤维外壳密封
	空气压力调节器,文氏管和空气调节阀不是隔热的,其表面最高温度为205 ℃	空气压力调节器,文氏管和空气调节阀外围120 mm附近不应安排液压与燃油设备,50 mm附近不应安排电缆
电缆和设备	连续运行时电缆的最高温度为200 ℃	电缆束安装在铝质管道中
	闪电防护需求	通往机翼前缘的电缆束安装在特殊管道中
		分段的引线和接头连接均是密封的
火灾	易燃液体不允许外漏	燃油阀和APU泵的设计使得主起落架舱基本不可能发生燃油泄漏
		APU燃油供给管路是绝缘密封的
	少量外漏易燃液体的蒸汽不允许积存	任何易燃流体的泄漏都能被密封且任何蒸汽均被通风气流及时清除
通风	因轮胎、环控附件及电缆工作温度较高,且本区域存在燃油泄漏的风险,故地面和飞行中均应提供良好的通风条件	在地面上,主起落架舱是敞开的,且与外部保持空气流通
		飞行中,新鲜空气通过连接管道从ECS舱流入,一部分空气通过冷却出口栅流向机外,其余空气则流入液压舱
排放	不允许易燃液体积存	任何液体将通过腹部整流装置水槽的排水孔和起落架舱门密封装置上的小口排出舱外

6.7.2.4　区域内的安装检查

（1）分析对象

以次主要区域为单位开展ZSA工作。区域安全性工作组执行由顶层设计的按S1000D或ATA2200要求的区域划分结果，对每一次主要区域进行分析。例如，起落架及其舱门在全机中的主要区域号为700，其中主起落架及其舱门为次主要区域，编号为730。区域安全性工作组应对每一次主要区域内的所有设备、系统及安装进行ZSA分析。

（2）区域描述

区域描述应至少包括以下内容：

1）所分析区域其界面划分列表说明。

2）区域内各系统（含各类导管及 EWIS）的布局情况。

3）FHA、PSSA 针对区域内各系统给出的安全性目标与需求。

4）所分析区域需考虑的特殊环境需求。

(3) 区域内系统与设备（含部件）清单

列出所分析区域系统与设备（含部件）清单。

(4) ZSA 准则符合性检查

按已制定的设计和安装准则，对每一区域在电子样机、实物样机上进行检查。开始检查之前，需先按飞机通用设计和安装准则、各组成系统的专用设计和安装准则以及特殊环境需求下的设计与安装准则制定各检查区域的 ZSA 检查单。检查单的示例可参照表 6－17。检查过程中发现的问题按表 6－18 要求填写纠正措施（落实到设计中），按表 6－19 的要求进行问题归零。

表 6－17　某型飞机主起落架舱设计与安装准则符合性检查

区域编号:730		检查人:李四	审核人:王五	检查单编号:JC－140	
区域名称:主起落架舱		检查日期:2021－01－16	审核日期:2021－01－18	飞机型号:C998	
序号	设计与安装准则	是否符合（是/否）	符合情况说明	不符合原因	备注
1	为防止机轮离地后高速旋转,应考虑安装当机轮收起后就能将其刹住的装置	是	已设计有自动刹车装置		
2	燃油导管与飞机结构件的间隙应不小于 5 mm,与活动构件之间的间隙应不小于 10 mm	是	燃油导管与固定件(含结构)的最小间隙为 6 mm,与活动构件最小间隙为 12 mm		
3	燃油导管的敷设必须考虑飞机机体变形和热膨胀的补偿	是	已设计有金属软管		
4	液压管路不应与其他液体管路捆绑或作为其他的支撑用途	是	未发现与其他液体管路捆绑或作为支撑		
5	液压设备标牌应便于维修人员识别	否		防滑控制盒标牌在设备侧面,维修人员看不到	
6	液压泵进出口管路的连接应有防差错措施	是	进口与出口管接头已分别采用不同的规格		
7	液压管路下方不应有电缆	否		起落架收放控制电缆位于第一液压系统管路下方	
8	轮胎外围 100 mm 附近不应安排液压与燃油设备	是	轮胎外围 100 mm 附近无设备		
…	……	……		……	……

表6-18 某型飞机主起落架舱设计与安装准则符合性问题纠正措施

序号	准则需求	问题描述	责任单位	纠正措施	备注
1	液压设备标牌应便于维修人员识别	防滑控制盒标牌在设备侧面，维修人员看不到	机电部	重新在成品技术协议上明确标牌位置	
2	液压管路下方不应有电缆	起落架收放控制电缆位于第一液压系统管路下方	机电部	电缆改从专用导管内穿行	
…	……	……	……	……	

表6-19 某型飞机主起落架舱设计与安装准则符合性问题归零

序号	准则需求	问题描述	责任单位	纠正措施	归零情况
1	液压设备标牌应便于维修人员识别	防滑控制盒标牌在设备侧面，维修人员看不到	机电部	修改成品技术协议，将标牌移至维护人员能识别的位置	成品技术协议已修改，现满足准则要求
2	液压管路下方不应有电缆	起落架收放控制电缆位于第一液压系统管路下方	机电部	电缆改从专用导管内穿行	已更改电缆设计图样
…	……	……	……	……	……

6.7.2.5 外部故障模式影响分析

系统和设备自身的某些故障多半是超越了规定性能的上下限要求，因此对飞机的安全性影响往往很有限。但是，这些故障模式往往会对邻近系统产生重大影响，进而对飞机的安全性构成威胁。例如，发动机排气装置或发动机引气管路（空调系统）的空气泄漏对发动机本身的性能影响有限，但对其封闭区域内正常工作的系统也许是一场灾难。对区域安全性所考虑的这类故障模式即外部故障模式。

系统和设备的外部故障是指系统或设备所有故障模式之中，能够对邻近系统或设备产生影响的那些诸如泄漏、断裂、爆破、松脱等的故障模式。在确定系统和设备外部故障模式时，需考虑的典型故障模式如下：

1）高能旋转设备叶片脱落或断裂导致飞机系统或结构的二次损伤，如发动机、涡轮冷却器、液压泵、轮胎等。

2）高能存储设备能量的非正常释放导致飞机系统或结构的二次损伤，如蓄压器、氧气瓶、弹簧等。

3）电气设备及导线磨损或过热后产生的烟雾、火花或短路。

4）发动机排气装置或发动机引气管路（空调系统）的空气泄漏可能会在封闭的区域产生高压或高温。

5）任何承载具有腐蚀性物质设备的泄漏，如蓄电池、废水管路、液压系统设备等。

6）运动机构松动时对液压管路、控制电缆、配线、燃油管路等产生的二次损伤。

以上故障模式中有些风险也是特定风险，会进一步按 PRA 的要求完成相关分析。

外部故障模式影响分析，就是检查系统/设备的外部故障对区域内邻近系统及飞机的影响。该项工作是在区域内系统和设备外部故障模式清单的基础上，分析其外部故障模式对邻近系统及飞机的安全性影响。表 6－20 给出了外部故障清单示例。

表 6－20　某型飞机主起落架舱区域外部故障模式清单（示例）

序号	系统名称	设备名称	外部故障模式	备注
1	飞控系统	襟翼驱动轴(左侧)	襟翼驱动轴断裂	
2	燃油系统	主油箱	主油箱后壁板下边缘渗油	
3	液压系统	第一液压系统蓄压器	第一液压系统蓄压器泄漏	
4	液压系统	液压导管	液压导管泄漏	
…	……	……	……	

外部故障清单应基于系统和设备的 FMEA 及 FMES，并基于对系统/设备固有风险的了解。应通过 FMEA 过程得出系统/设备的外部故障模式对邻近系统及整机的影响，并且所描述的影响应该与 PSSA、SSA 的结果相一致。表 6－21 给出了某型飞机外部故障模式对邻近系统及飞机影响的示例。

表 6－21　系统和设备（含部件）外部故障模式对邻近系统及飞机的影响分析（示例）

区域编号:730		区域名称:主起落架舱区域			影响分析表编号:	
序号	外部故障模式	邻近系统	故障现象 1)空勤机组。 2)地勤机组	对邻近系统影响	对飞机影响	故障纠正措施 1)机组纠正措施。 2)机组纠正措施后飞机状态
1	主油箱后壁板下边缘渗油	液压系统 电气系统	2)可通过飞行前检查发现	液压系统无影响; 电气系统电缆均从专用管道穿行,设备电气接头均有密封连接要求	燃油泄漏可通过排液槽排出;燃油蒸汽可通过通风清除	1)无
…	……	……	……	……	……	……

表 6－21 中：

1）“故障现象”一栏主要填写针对外部故障模式所表现出的征兆，空勤机组按飞行手册或地勤机组按维护手册如何识别与发现。其中，“1）”代表空勤机组，“2）”代表地勤机组。

2）“对邻近系统影响”一栏主要填写对其造成的功能故障与物理故障。当无影响时，如果不能明显判断，则需填写受影响系统已采取的措施。若填写内容过多，则填写可以引用的 SSA 报告编号。

3）当“对邻近系统影响”不可接受时，应填写类似表 6－18 的纠正措施和表 6－19 的问题归零，并给出相应的设计改进措施或可以接受的使用与维修补偿措施。

4）“故障纠正措施”一栏主要填写故障模式发生后，机组按飞行手册所采取的措施以及采取措施后飞机可达到的状态。其中，“1）”代表空勤机组措施，“2）”代表飞机状态。

在PSSA、SSA工作尚未开展之前，ZSA的结果应作为PSSA、SSA的输入。

6.7.2.6　实施要点

在实施ZSA过程中，应注意以下要点：

1）成立工作组。工作组成员一般包括设计人员、空地勤人员、适航与安全性人员、有经验的其他人员。

2）制定区域的ZSA准则。在方案设计早期阶段，根据相似型号的经验与教训，结合研制型号特点，考虑使用与维修中可能遭遇的危险，兼顾FTA中与门独立性需求，制定通用设计与安装指南、系统专用设计与安装指南和特定区域环境的设计与安装需求，最终形成各区域的ZSA准则，作为在研型号总体安装布局的重要依据。

3）明确应用对象。按飞机各区域而不是系统开展区域安全性分析（不同于HB7583及AVIC 40106标准要求）。

4）分析外部故障模式。应按表6-21的要求开展FMEA分析（高于HB7583要求）。

5）及时更新ZSA报告。应随FHA、PSSA、SSA、电子样机、实物样机的技术状态变化而及时更新ZSA报告。

6.7.2.7　文档要求

ZSA报告至少应包含如下内容：

1）范围。

2）引用文件：

①系统（含结构）设计和安装准则。

②区域划分的指导性文件。

③ FHA报告。

④ PSSA、SSA报告。

3）区域描述（含区域内系统与设备清单）。

4）设计和安装准则符合性检查表、问题纠正表、问题归零表。

5）外部故障模式清单及对邻近系统、整机影响情况分析表。

6）需进一步协调解决的问题。

6.7.3　PRA

6.7.3.1　PRA内涵与目的

特定风险可定义为位于飞机外部或内部且位于被分析系统或子系统外部的事件或影响，这些事件或影响有可能破坏所分析对象的故障独立性要求。

特定风险的发生往往造成飞机多区域或多个系统同时故障，破坏系统、功能或组件之间的独立性需求，是造成系统级联故障与共因故障的重要原因。典型的特定风险如下：

1）火灾。

2）高能装置（非包容）：

①发动机。

②APU。

③风扇。

3）高压瓶。

4）高压空气管道破裂。

5）高温空气管道破裂。

6）液体泄漏（如无特别要求，可只开展 ZSA）：

①燃油。

②液压油。

③蓄电池酸液。

④水。

7）冰雹、冰、雪。

8）鸟撞。

9）轮胎爆破、胎面剥落。

10）轮缘松脱。

11）雷击。

12）高强度辐射场。

13）任意摆动的轴杆。

14）隔框断裂。

其中，有些风险是应具体的适航要求而开展评估的，如非包容性发动机转子飞出、轮胎爆破等；还有些风险则是众所周知的对飞机或系统产生的外部威胁。一旦确定了设计需考虑的特定风险，就需对每一风险进行单独的研究。

PRA 主要目的是围绕特定风险开展以下工作：

1）识别特定风险对灾难性、危险的、（影响）大的故障状态发生概率的影响。

2）通过合理布局等方式，尽可能避免多个功能系统或功能子系统布置在共同的区域内，以规避诸如鸟撞、火灾等风险发生时导致飞机多个功能丧失。

3）验证 PASA 与 PSSA 的独立性需求。对特定风险是否影响飞机及系统架构、负载通道、控制通道冗余独立性需求进行验证。

4）验证故障状态分类。对 AFHA 和 SFHA 确定的灾难性、危险的、（影响）大的故障状态，需验证（分析）特定风险发生后的严酷度合理性。

在新型号飞机研制的整个过程中都应开展 PRA 工作，对有重大改装的飞机也应开展 PRA 工作。

PRA 工作之初，应以 AFHA 及 PASA 作为输入，针对飞机的初步架构与初步总体布局进行分析，为总体布局的优化提供输入；但随着研制工作的深入，PRA应基于数字样机，之后是真实的飞机。这种分析一般由飞机总体研制单位进行。

6.7.3.2　PRA过程

PRA通常按逐个的风险进行分析。火灾、鸟撞、L/HIRF等不同的特定风险项目所建立的分析模型有天壤之别，但均不外乎以下定义的主要过程：

1）定义需进行分析的具体特定风险，如爆胎。

2）定义分析对象的故障模型，如爆胎的模型。

3）列出需满足需求的清单，如CCAR25.729（f）。

4）定义受影响的区域，如前起落架舱、主起落架舱、进气道等区域。

5）定义受影响的系统/子系统，可借助ZSA实施交叉检查。

6）从工程实施角度定义设计与安装应采取的措施，可借助ZSA中规定的设计与安装准则进行交叉检查。

7）审查特定风险对受影响子系统及系统的后果，可借助FMEA/PSSA实施交叉检查。

8）审查特定风险致使相关子系统或系统故障后，其故障模式或故障模式的组合对飞机的影响，可借助SSA实施交叉检查。

9）确定特定风险的后果是否可能接受。

①如果风险的后果可以接受，则制定合格审定的判据，并用于SSA或其他具体的合格审定文件之中。

②如果风险的后果不可接受，则着手更改设计。

轮胎爆破、高能转子叶片脱落、L/HIRF等分析难度较大的项目均有相应的AC或参考资料可以借鉴，此处不再赘述。

6.7.3.3　PRA与ZSA在分析外部事件或影响时的区别

PRA是对已确定的每一风险进行单独的研究，并形成研究报告，这些特定的风险可以在同一时间影响几个区域甚至全机所有区域；而ZSA则是对每个具体的区域进行分析。或者说，ZSA针对的是外部危险对单一区域系统功能的威胁，而PRA针对的往往是外部风险对多区域的同时作用。

6.7.3.4　文档要求

对于每一特定风险后果的评定，应形成包含下列信息的文件：

1）所分析特定风险的描述。

2）受特定风险影响的区域。

3）受影响区域的设备及系统。

4）特定风险引起的故障模式。

5）故障模式对飞机的影响。

6）故障状态影响分类的合理性验证。

对飞机的影响，应按PSSA/SSA进行交叉检查（见图6-10），并确保PRA同PSSA/

SSA“对飞机的影响”和“故障状态严酷程度分类”的输入是一致的。PRA 的结果应包含在相关的 PSSA/SSA 文件之中。

此外，PRA 文档还应包含下述细节：

1）对初始假设的任何偏离。

2）分析中发现问题的解决方式、解决问题的责任单位。

3）外部威胁对飞机影响的引用性文件。

6.7.4 CMA

6.7.4.1 CMA 内涵与目的

（1）CMA 内涵

现代航空装备，为提高其任务可靠性和安全可靠性，往往将相关系统设计成具有一定的冗余能力。在型号的试验、试飞及使用过程中，往往会出现两个或多个部件由于共同的原因而同时出现故障的情况。当这些故障模式相同时，即为共模故障。或者说，共模故障即由同一故障模式引起的多通道、多设备或多系统故障。共模故障一旦发生，可能会将原冗余系统的任务可靠性或安全可靠性水平降低几个数量级。共模故障广泛存在于这种有冗余的复杂系统之中。

例如，当军用飞机在空中进行航炮射击时，炮口附近的部分设备不同程度地承受炮击振动的能量而同时出现故障，这就是典型的共模故障示例。导致共模故障/差错的共模因素主要有工程因素、使用维修因素和环境因素 3 类，见表 6－22。

表 6－22　共模因素类别与含义

共模因素类别	共模因素含义
工程因素	工程因素通常包括规范、设计、制造、试验 4 个方面。 1)规范方面，是指不完善或相互冲突的规范。 2)设计方面，是指共用设备的每一通道产生相同的故障模式、相同功能组件的集中安装又缺乏相应的隔离措施等。例如，4 余度的飞控系统其全部电缆最终汇成一个路径接入上下或左右安装在一起的飞控计算机中；飞控系统软件开发错误，使得飞控各余度系统或设备处于某一工作状态时均出现相同的故障模式等。 3)制造方面，是指同一批生产的元件或系统在制造过程中因共同原因出现同样的缺陷，如工艺要求不合理、工艺指令错误、工装设备校准错误、装配错误等。例如，某环控温控盒一批 8 件产品，内部线路连接全部接反。 4)试验方面，是指试验方案不充分、试验程序不合理，致使被试产品的试验条件没有充分反映使用过程中出现的工作应力而造成设备批次性的故障，如寿命试验的试验应力与加载时长不合理等
使用维修因素	使用维护因素通常包括储存、使用、维护与修理 3 个方面。 1)储存方面，是指飞机的停放或设备的储存等不符合要求而造成多设备同时故障。例如，飞机雨天库外停放致使机内许多设备进水。 2)使用方面，是指使用程序等不符合要求而造成多设备同时故障。例如，飞机超出规定的过载条件飞行，致使许多设备因超出了设计过载要求而同时出现故障。 3)维护与修理方面，是指维护修理操作不符合要求或操作程序本身不当而造成多设备同时故障。例如，液压油清洁度不符合要求，使得主、辅液压系统同时故障；或液压油清洁度检查设备校准错误，使得液压系统内多个组成设备因油液污染而均不能正常工作等

续表

共模因素类别	共模因素含义
环境因素	环境因素主要包括DO－160、GJB 150等规范规定的环境和没有规定的环境两个方面。 1)DO－160、GJB 150等规范规定的环境包括化学、机械、热力、气候、电磁等内容，是指对DO－160、GJB 150剪裁不合理，使得各设备不能承受飞机正常使用时所应该承受的应力。例如，连接于发动机的液压泵，其宽带随机振动应力值按一般设备舱的需求选取。 2)没有规定的环境，是指流体的水击、生物等特殊环境。例如，液压导管因液压油通断的急剧变化而传递给各设备的水击应力；蛇、虫、鸟、老鼠等通过未堵塞的排气孔或排水孔、发动机尾喷口、进气道等钻进飞机内局部空间

按表6－22，常见的共模因素如下：

1）软件开发差错。

2）硬件研制差错。

3）硬件故障。

4）生产/修理缺陷。

5）与应力有关的事件（不正常的飞行状态、不正常的系统构型等）。

6）安装差错。

7）需求差错。

8）环境因素（温度、振动、湿度等）。

9）级联故障。

10）共同外部源故障等。

（2）CMA目的

CMA目的就是依据FHA和PSSA所构建的飞机、系统、子系统（含设备）架构，对设计及实施的过程进行分析，找出破坏设计功能冗余度或独立性的共模故障/差错。凡危及冗余度或独立性的共模故障/差错，要么通过改进设计予以消除，要么证明其在可接受的范围内。

因此，CMA主要目的是围绕共模故障/差错开展以下工作：

1）确定灾难性及危险性故障状态的CMA要求。

2）识别灾难性及危险性故障状态的共模故障/差错。

3）判断设计是否考虑了共模因素并采取了必要的应对措施。

4）通过改进设计对造成共模故障/差错的原因予以消除，或证明其在可接受的范围内。

5）验证PASA与PSSA确立的独立性需求。对共模因素是否影响飞机、系统、子系统架构、负载通道、控制通道冗余独立性需求进行验证。

6.7.4.2　CMA过程与工作流程

CMA以FHA和PSSA为输入，CMA报告可作为SSA的输入。通过CMA验证FTA、DD和MA中的与门事件是否真正独立。也就是说，通过分析设计、制造、使用与维修差错及系统部件、元件故障对与门事件独立性的影响，找出导致设备或系统功能故障时那些共同的故障模式/差错，并针对共模故障模式/差错给出可以接受的解决方案。

在整个安全性评估过程中，CMA 是一种用来确保设计“良好”的定性分析方法。在CMA 过程中可充分利用设计经验，并以一种系统化的方式检查部件或系统的集成。CMA评估工作贯穿于图 5－1 所示的研制周期全过程。

CMA 包括如下 5 个过程：

1）建立 CMA 通用检查单。

2）确定 CMA 要求及相关故障状态清单。

3）判定共模故障与差错的共模类型与共模来源。

4）分析共模故障与差错。

5）编制 CMA 报告。

图 6－13 描述了实施飞机/系统级 CMA 的通用过程，设备级的 CMA 工作可以参照此图执行。根据图 6－13，可以得到图 6－14 所示的 CMA 工作流程。

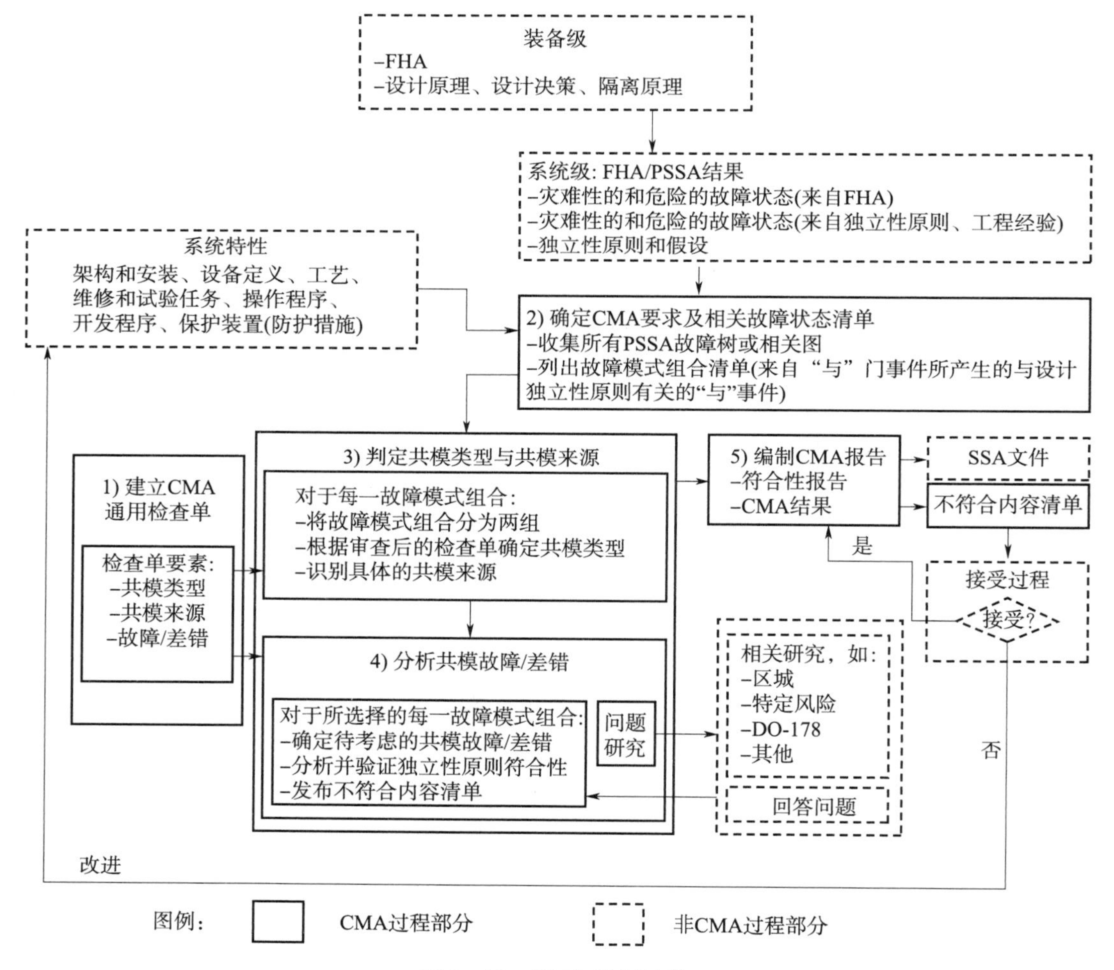

图 6－13　CMA 通用过程

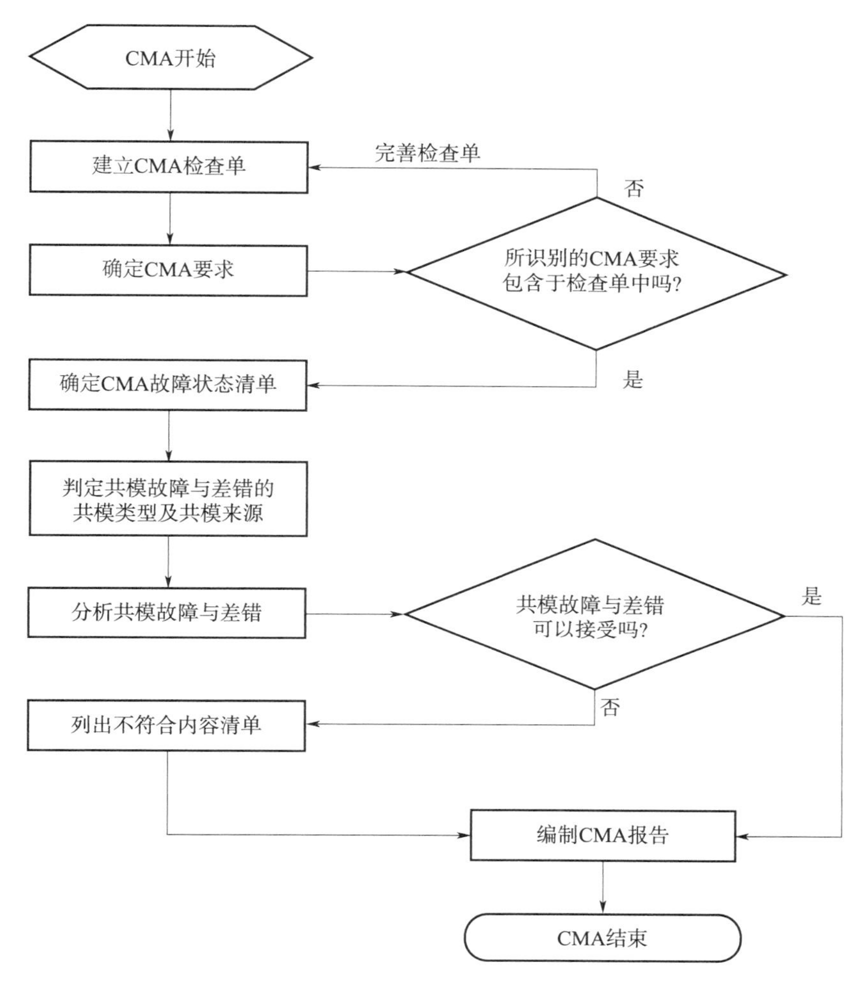

图 6-14　CMA 工作流程

6.7.4.3　CMA 检查清单

简单地说，建立 CMA 检查清单就是依据 FHA 和 PSSA 所构建的飞机或系统架构设计原理、设计决策、隔离原理，结合在研型号的工程因素、使用维修因素和环境因素及系统特性，参考相似型号的在役经验，形成 CMA 通用检查清单。其具体如下：

CMA 通用检查清单需考虑的共模因素很多，常见的共模因素见 6.7.4.1 节。表 6-23 给出了 CMA 通用检查单示例。它包括共模类型、共模来源及共模故障/差错等内容，用于具体系统、设备中与门事件下每一故障模式组合的共模来源、共模故障/差错可能性的检查，便于按 6.7.4.5 节要求确定灾难性及危险的故障状态共模类型与共模来源。

表 6-23 CMA 通用检查单（示例）

共模类型	共模子类型	共模来源	共模故障/差错
原理和设计	设计架构	电源	电源丧失，所有用电设备不能工作……
		液压(气)源	液压(气)源丧失，所有以液压(气)为动力输入的设备不能工作……
		电连接器	共用的电连接器失效
		线束	相同的线束路径，一根导线短路致使整束线缆失效
		位置	局部的故障或事件(火灾、鸟撞等)
		通风	公共区域的通风功能丧失，区域内设备可能过热失效
		设备保护与监控	预测事件差错或容差不合理致使 BIT 等设计错误……
		工作特性(正常使用、备份……)	不恰当的工作模式……
		异常条件(飞行、系统……)	相关事件造成的应力，如超过规定的过载飞行……
		元器件	元器件质量等级达不到要求……
		相同硬件	硬件差错
		相同软件	软件差错
		其他	……
	工艺、材料、设备型号	工艺	工艺方法差错，如复合材料成型后其耐久性不能满足需求……
		材料	新材料的材料特性不稳定及工艺特性成熟度不高，致使设备期望性能不稳定……
		工艺设备型号	工艺设备型号不对，导致所加工的产品质量与可靠性不高……
	技术规范	规范来源	技术规范过时(未选用较新版本)，本身不适用于在研产品……
		沿用规范	沿用相似系统规范，未按系统特点制订适合在研型号的技术规范……
		相同规范	有缺陷的规范……
	设计培训	培训老师	知识传授错误，致使需求捕获差错……
	其他	……	……
制造	制造商	制造商	制造商的共同差错导致的设计、制造与安装差错
		其他	……
	制造程序	程序	错误的软件程序、错误的管理程序……
		其他	……
	制造过程	过程	不正确的工序、不合适的制造控制、不合适的检验、不恰当的试验……
		其他	……

续表

共模类型	共模子类型	共模来源	共模故障/差错
安装/集成与试验	装配	人员	由装配人员引起的安装差错……
		其他	……
	安装/综合	安装阶段	相同的安装差错,如设备内部某处线路全部接反……
		其他	……
	调试	调试	参数调试差错,如不合适的调试方案……
		其他	……
使用	使用人员	人员	未经合适培训的人员、压力过大或不熟练引起的误操作……
		其他	……
	使用程序	程序	不合适的操作程序、误判(事后发现操作程序差错)、忘记操作程序、非完备的操作程序……
		其他	……
维修	维修人员	人员	未经合适培训的人员、不正确的维修操作引起的差错……
		其他	……
	维修程序	程序	不遵守维修程序、非完备的维修程序、缺少维修程序……
		其他	……
试验	试验人员	人员	试验结果差错,如未经合适培训的人员、不正确的试验操作引起的差错……
		其他	……
	试验程序	程序	试验结果差错,如不遵守试验程序、不合适的试验程序、缺少试验程序……
		其他	……
校准	校准人员	人员	未经合适培训的人员、不正确的校准操作引起的差错……
		校准工具	不合适的工具调整……
		其他	……
	校准程序	程序	不遵守校准程序、非完备的校准程序、缺少校准程序……
		其他	……
环境	机械和热环境	温度	着火、雷电、冷却系统故障、电路短路、高温管路爆裂进而产生局部高温……
		金属碎屑	运动部件产生的粉尘、金属碎屑……
		冲击	导管振动、水击、武器发射、固定松脱……
		振动	机械转子动平衡失衡……
		压力	爆炸、转子超速、流体堵塞、系统超压、系统失压……
		湿度	天气潮湿、凝露、雨水、管道爆破……
		应力	热应力、切削应力……
		其他	……

续表

共模类型	共模子类型	共模来源	共模故障/差错
环境	电气与辐射环境	电磁	电动机转子、闪电、供电接口，不同的电子设备使用相同的晶振频率……
		辐射	伽马射线、带电粒子辐射、闪电、高强度辐射场……
		传导介质	湿气、液体……
		超出允差	电源浪涌电压、短路、电源浪涌电流……
		其他	……
	化学环境	腐蚀(酸)	维修时用于除锈和清洁的酸液泄漏……
		腐蚀(氧化)	金属周围水气……
		其他化学反应	有机溶液对透明材料腐蚀，燃油箱体、燃油氧化物的电化腐蚀……
	其他	生物	蛇、虫、鸟、老鼠等钻进飞机内局部空间……
		雨水	整机无防雨设计，非密封舱大部分设备进水……
		其他	……

CMA 通用检查单应由设计、工艺、制造、使用、维修等方面有经验的人员共同制定，并作为企业的宝贵财富和技术秘密。CMA 报告的编写人员可以参与通用检查单的讨论与审查，但不应作为检查单的起草与制定人。检查单的详尽程度不仅取决于在研型号的设计、工艺、制造、使用与维修的复杂程度以及相关技术的成熟度，还取决于在役型号的经验与教训。

建议对应用于型号的 CMA 通用检查单组织专家进行审查。

6.7.4.4 CMA 要求确定

CMA 要求的确定分为以下 3 步：

1）熟悉系统特性。

2）确定 CMA 范围与对象。

3）确定 CMA 要求。

（1）熟悉系统特性

CMA 过程要求 CMA 相关人员了解所研系统的设计、制造、使用与维修特性，这些特性至少包括如下方面：

1）设计架构与安装方案。

2）设备和部件的特性。

3）维修和试验任务。

4）机组操作程序。

5）软硬件开发程序。

6）系统、设备和软件规范。

此外，CMA 过程中还必须熟悉与安全防护（保护装置）有关的系统特性，并了解是如何通过系统特性消除共模影响或使其影响最小化的。这些特性如下：

1）非相似的冗余设计和故障提示（如系统使用之前恰当的故障指示、警告及检查，或使用过程中恰当的故障指示、警告及相应的处置程序）。

2）使用测试与预防性维修大纲。

3）设计控制与研制保证等级。

4）操作、开发程序或技术规范。

5）人员培训。

6）质量控制。

（2）确定 CMA 范围与对象

在研究和理解系统的特性之后，FHA、PSSA 中已确定的每一灾难性的、危险的事件就是 CMA 的分析范围；找出每一与门事件，与门事件与该事件下每一组合故障就是 CMA 的分析对象，具体见图 6－15。

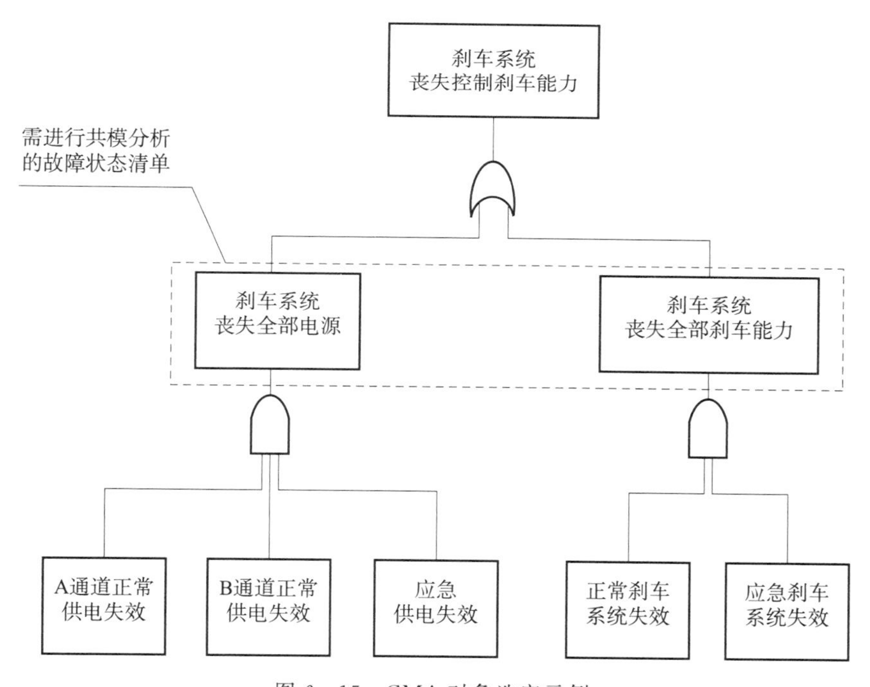

图 6－15　CMA 对象选定示例

图 6－15 中，由于“刹车系统丧失控制刹车能力”这一顶事件属某型飞机的灾难性故障状态，显然已进入了需共模分析的遴选范围；而虚线部分的两个故障状态中任意一个发生均会导致顶事件发生，且每一故障状态均由两个或两个以上的故障组合构成。于是，虚线部分的两个故障状态进而构成了 CMA 对象。

（3）确定 CMA 要求

针对图 6－15 确定的 CMA 对象，明确 CMA 要求。CMA 要求包括两部分：

1）设计独立性原则。该原则源于灾难性的或危险的故障状态中与门事件所产生的设计独立性要求。

2）其他 CMA 要求。该要求是为保证满足设计独立性原则，从设计、制造、使用与维修差错及系统部件、元件故障对与门事件独立性的影响等方面识别出的要求，它来源于 6.7.4.3 节建立的 CMA 通用检查单及在役型号的工程经验。其中，该条要求应（迭代）列入 CMA 通用检查单中。

因此，简单地说，CMA 要求就是共模分析分析什么，怎么分析，达到什么目的。换言之，就是确定可能造成飞机灾难性的或危险的故障状态的共模分析要求。其分析的范围为 FHA 中灾难性和危险的故障状态；分析对象为 PSSA 故障树或相关图中与门事件、与门事件下的故障组合；分析的需求为共模故障与差错的来源（需求转化为系统规范或产品规范、CMA 通用检查单后即为要求）；分析的最终目的为对源自 FHA/PSSA/MA 的独立性需求进行验证，识别需消除或降低发生概率的共模故障/差错需求，并加以确认与验证。

6.7.4.5 CMA 故障状态清单的确定

图 6－15 中，虚线部分的两个故障状态构成了 CMA 对象，自然构成了需进行 CMA 的故障状态清单项目，见表 6－24。

表 6－24 CMA 故障状态清单

故障状态名称	严酷度分类	设计独立性原则
刹车系统丧失全部电源	灾难性的	正常供电与应急供电功能彼此独立
刹车系统丧失全部刹车能力	灾难性的	正常刹车与应急刹车功能彼此独立

表 6－24 中，“故障状态名称”一栏应列出来自与门事件产生的与设计独立性原则有关的“与”事件（故障模式组合）；“设计独立性原则”一栏源自 FHA 与 PSSA，需通过 CMA 过程、利用 CMA 通用检查单加以验证。

6.7.4.6 共模故障/差错的共模类型与共模来源判定

在确定共模类型和来源之前，需要按图 6－13 所示的 CMA 过程及图 6－14 所示的 CMA 流程将图 6－15 中的组合故障在考虑系统特性后分为两组，见表 6－25 和图 6－16。

表 6－25 共模分析故障状态分组

故障状态名称	故障状态组
刹车系统丧失全部电源	故障状态组 1:正常供电 故障状态组 2:应急供电

紧接着按照 6.7.4.3 节 CMA 通用检查单，对与门事件下的两个故障状态组确定其共模类型和来源（见表 6－26）。

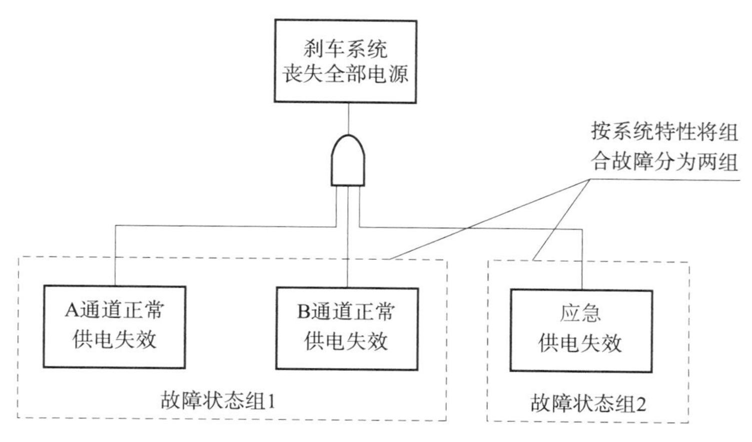

图 6－16　组合故障分组示例

表 6－26　某型飞机刹车系统供电全部丧失共模类型和来源（示例）

故障状态编号：		故障状态名称：刹车系统丧失全部电源			故障状态严酷度等级：Ⅰ
设计独立性原则：正常供电与应急供电功能彼此独立					
共模类型与来源		故障状态组 1	故障状态组 2	相似程度	
共模类型	共模来源	正常供电	应急供电	相异	相似（共模来源）
设计架构	位置	第三设备舱	第四设备舱	不同安装位置	
	电连接器	型号 A	型号 C	不同型号	
	线束	电缆路径位于飞机左侧	电缆路径位于飞机右侧	不同路径	
	通风	区域通风	区域通风		共同风道
	……	……	……	……	……
装配	人员	人员 A	人员 A		相同装配人员
	安装阶段	安装阶段 J	安装阶段 K	不同安装阶段	
技术规范	相同规范	执行 DO－160G	执行 DO－160G		相同技术与试验规范
……	……	……	……	……	……

因此，共模故障/差错的共模类型与来源的确定工作可以归纳为 3 步：

1）将所分析的与门事件下的组合故障在考虑系统特性后分为两组。

2）运用 CMA 通用检查单的每个共模类型及来源确定分析对象的共模类型。

3）针对每个选定的共模类型，依据 6.7.4.4 节描述的系统特性，明确各故障状态组已采取的工程方案，并判定方案的相似程度。其中，方案相同的共模来源判定为共模故障与差错的共模类型与共模来源。

6.7.4.7　共模故障/差错分析

共模故障/差错分析即对设计、制造、试验、使用与维修过程进行分析，以确定是否满足与门事件下的独立性需求。根据表 6－26 得出的"刹车系统丧失全部电源"这一故障状态的全部共模来源，可以通过表 6－27 确定可能存在的共模故障/差错，得出是否满足共模独立性需求的状态。

表 6－27 某型飞机刹车系统供电全部丧失共模故障与差错分析（示例）

故障状态编号：	故障状态名称：刹车系统丧失全部电源		故障状态严酷度等级：I
共模需求：正常供电与应急供电功能彼此独立			
共模来源	共模故障/差错描述	防护措施	可接受理由或不可接受原因
共同风道	通风丧失，可能造成正常和应急供电功能丧失	由交流电动机提供通风，该电动机可在无外部通风的情况下 24 h 不间断工作	可接受，理由如下： 1)虽然交流电动机的电流由机上直流电源转化而来，也有可能因全机掉电而不能工作，而刹车系统正常供电和应急供电全部丧失时，其原因之一也有可能是全机掉电，但是全机掉电这一故障模式的概率已（按适航审定基础）要求按不大于 10^{-9}FH 设计。 2)交流电动机通风装置可靠性指标满足设计要求。 3)类似型号交流电动机通风装置经在役飞机使用，能满足使用要求
相同装配人员	装配人员人为差错可能造成正常和应急供电功能丧失	1)安排专职检验人员。 2)技术条件上已规定全机联试试验	不可接受，原因如下： 1)试验不能模拟系统所有的工作状态。 2)外场使用情况已多次证明专职检验人员不能杜绝人为差错的发生
相同技术与试验规范	规范缺陷或错误可能造成正常和应急供电功能丧失	无防护	可接受，理由如下： DO－160G 是国际通用成熟规范，是适航部门指定标准。自 DO－160 原版及其前身 DO－138 从 1958 年作为环境试验规范以来，经过了原版到 G 版的升级和国际上 60 多年的使用考核
……	……	……	……

事实上：

1）得出满足共模独立性需求的状态，就是对所分析与门事件独立性需求的符合性验证。

2）得出不满足共模独立性需求的状态，就是对所分析与门事件提出新的独立性需求，并采取相应的设计、制造、使用与维护、环境等方面的措施，使之最终达到与门事件架构设计所需的需求。

而上述这一过程，即与门事件独立性需求的确认与验证过程。CMA 过程中用到了通用检查单以及具体产品的工程经验，通过检查单考虑了产品的设计过程、设计细节、选用的部件、制造过程、安装过程以及使用与维修过程中可能出现的共模故障/差错。其中，对应的每一与门设计独立性假设、原则及工程经验需求验证就是 CMA 的主要目的。此处也告诉我们，CMA 要求包括对飞机、系统、设备共模需求的验证与补缺。

因此，对于所选择的每一故障模式组合，针对 6.7.4.6 节判定的共模来源，共模故障/差错的分析工作可以归纳为两步：

1）根据两组故障状态的系统特性，从设计、制造、试验、使用与维修过程的相异或相似程度方面进行分析，确定待考虑的共模故障/差错，参见表6-26。

2）对每一条共模故障/差错，从工程方案及独立性需求的符合性原理方面说明已采取的防护措施，分析独立性要求的符合性程度，给出可接受理由或不可接受原因，参见表6-27。可接受理由或不可接受理由判据：所分析的与门事件是否满足共模独立性要求。

6.7.4.8　列出不符合内容清单

对不可接受的共模故障/差错，发布不符合内容清单，参见表6-28。在不符合内容清单中按检查单的要求，从设计、制造、使用与维护、环境等方面明确改进建议，并按改进建议重新对CMA过程进行检查后，最终能满足与门事件架构设计所需的独立性要求。

表6-28　某型飞机刹车系统供电全部丧失共模故障与差错分析不符合内容清单（示例）

<table>
<tr><td>故障状态编号：</td><td colspan="3">故障状态名称：刹车系统丧失全部电源</td><td>故障状态严酷度等级：I</td></tr>
<tr><td colspan="5">共模需求：正常供电与应急供电功能彼此独立</td></tr>
<tr><td colspan="5">共模来源：相同装配人员</td></tr>
<tr><td colspan="5">共模故障与差错描述：装配人员人为差错可能造成正常和应急供电功能丧失</td></tr>
<tr><td colspan="5">建议部门：安全性工作小组
建议内容：按AP-21-04生产许可审定和监督程序建立质量管理体系，申请生产许可证</td></tr>
<tr><td>设计：</td><td>审核：</td><td>审定：</td><td>安全性总师：</td><td>副总工程师：</td></tr>
<tr><td colspan="5">责任部门：
纠正措施：</td></tr>
<tr><td>设计：</td><td>审核：</td><td>审定：</td><td>责任部门总师：</td><td>副总工程师：</td></tr>
</table>

6.7.4.9　实施要点

在实施CMA过程中应注意以下要点：

1）应用范围确定。应考虑FHA/PSSA中灾难性和危险的故障状态。

2）CMA执行深度。应按相关标准、规章，并商适航当局或用户后确定。例如，对于应符合CCAR25部要求的飞机，应对FHA中规定的需FTA定量和/或定性评估的灾难性与危险的故障状态开展CMA；对应符合STANAG 4671要求的飞机，只需对FHA中规定的需进行FTA定量和/或定性评估的灾难性故障状态开展CMA。

3）分析对象选择。选择构成与门的故障模式组合。

4）通用检查单建立。应按飞机、系统、子系统（含设备）建立适合相应层次的CMA检查单。

5）通用检查单审查。承制方应组织专家对CMA通用检查单进行审查。

6）共模来源判定。（一般）将故障模式组合分为两组，对照通用检查单判定共模类型和共模来源。

7）共模故障/差错描述。针对共模来源并结合系统特性描述故障模式/差错。

8）独立性需求符合性检查。按共模类型和来源分析表（参见表6-26）检查独立性需求的符合性。

9）不符合独立性需求的共模故障/差错处理。对不符合内容应阐明可接受的理由或不可接受的理由（参见表6－27）；对不可接受的内容应形成清单（参见表6－28），并由安全性小组提出建议，经副总工程师批准后，由共模故障/差错责任部门组织实施。

6.7.4.10 文档要求

共模分析的输出就是CMA报告。该报告应包括如下内容：

1）分析中使用的参考文件、图样和支撑材料。

2）建立CMA通用检查单。

3）所分析的装备、系统、设备级系统特性说明。

4）CMA要求及相关故障状态清单。

5）共模类型与共模来源判定：

①共模故障/差错分析。

②独立性需求的符合性原理。

6）分析中发现的问题。

7）问题的解决措施及措施实施后达到的可接受水平。

8）CMA结论。

6.7.4.11 CMA同其他安全性评估工具的接口关系

（1）CMA与FHA、PSSA和SSA的关系

共模分析需使用FHA/PSSA的结果，如灾难性的和危险的故障状态清单、设计中考虑的独立性原则以及其他可能驱动CMA工作方面的需求。而CMA的结果则应包括在SSA中。经CMA后，任何未消除的共模事件应纳入FTA、DD或MA报告中。

（2）CMA与ZSA和PRA的关系

ZSA和PRA不属于CMA，但它们均可为CMA提供可能的共模事件输入。因此，CMA报告应包括ZSA和PRA中所识别的共模事件，并确保这些事件在ZSA与PRA中得到了恰当的考虑或处置。

6.8 使用过程中的安全性评估

从整体上来看，ARP 4761、ARP5150、ARP5151涵盖了民机及其系统、子系统从方案设计到退役这一全寿命周期内的安全性评估过程。这些评估方法同样适用于军用飞机。

使用过程中的安全性评估过程在ARP5150“商用运输机安全性评估”和ARP5151“一般商用飞机和旋翼机安全性评估”中进行了描述。这些文件就如何对使用过程中飞机安全性的监控等方面进行了深度研究，并提出了解决方案。

安全性不是自我维持的。飞机交付时，虽然通过研制阶段飞机安全性评估的系统过程已取得一个初始的而且被用户接受的安全性水平，但飞机投入使用后，其安全性水平的维持需通过持续的使用监控，以发现相关安全性问题，并给出对路的解决方案：该设计改进的要改进，需调整维修工作项目及间隔的要调整，必须优化的使用程序要优化。

使用过程中的飞机安全性评估过程包括3个目标：

1）飞机适航状态保持。

2）飞机安全性水平维持。

3）飞机安全性持续改进。

飞机投入使用后，其安全性评估过程应该是持续的、迭代的和闭环的。当发现问题时，应立即开展安全性评估工作，提出改进措施，监控措施的落实情况，评估措施的有效性。

使用过程中的安全性评估不只适用于领先使用的飞机，它同样适用于所有投入使用的飞机，包括老龄飞机。也只有这样，我们才能针对同一型号的每一架飞机自身的"体检"状况，经济性地给出其"退休"时刻表，最大限度地"利用"其能力。

当然，这就需求我们必须时刻掌握所交付的每一架飞机的健康状况，而这靠的就是：

1）研制阶段SSA报告。

2）使用过程中可靠性、安全性信息。

3）每架飞机使用过程中经历的重大事件。

4）每架飞机的（实时）技术状态（含历次维修情况）。

5）每架飞机的维修资源（含备件、人力等资源）的需求。

6）机队每季度的可靠性、安全性评估报告。

7）机群中领先使用飞机的研究成果。

8）每架飞机预计的安全性寿命等。

因此，使用过程中的安全性评估过程从飞机交付使用时开始，到飞机"退休"时结束。

6.9　安全性评估常用工具对比分析

在装备的设计与使用过程中，用到的安全性分析工具很多，如功能危险评估（FHA）、故障树分析（FTA）、相关图（DD）、共模分析（CMA）、特定风险分析（PRA）、区域安全性分析（ZSA）、故障报告分析与纠正措施系统（FRACAS）、事件树分析（ETA）、危险与使用分析（HAZOPs）、马尔可夫分析（MA）、蒙特卡罗仿真、SHEL模型、鱼刺图（Ishikawa）、软件潜在回路分析（SCCA）、硬件潜在通路分析（SCA）、Petri网分析、职业健康危险分析等上百种工具。这些工具中的大多数对安全性分析与评估人员的技术水平需求较高，如MA分析。因此，往往还需要对评估人员（一般是专业领域内的专家）进行专业培训，才有可能推广使用这些工具。有时，即使是学科专家，如果基础数据的支持力度不够，其所完成的报告也不一定能准确地反映所评估系统的实际水平。此外，每一种工具都有其应用的局限性。

限于全书篇幅与时间问题，本节仅对安全性方面常用工具的优点与局限性进行比较，具体见表6-29。

表 6-29 安全性评估常用工具比较

安全性评估工具	简要说明	优点	局限性
功能危险评估(FHA)	主要用于系统化地评估装备及其构成系统所有功能故障。通过这一评估过程，确定装备级及系统级的安全性定性与定量概率需求及装备与组成系统的架构	1)采用自顶而下的方式，全面梳理装备的功能清单及功能故障时完整的故障状态清单，从而为装备及其系统的后续设计、试验、生产与使用过程中实现对关键性故障状态的监控与管理提供依据，如安全性评估深度、研制保证等级的确定或应急使用程序的制定等。 2)可具体分析故障状态对飞机、机组及乘员的影响。 3)可实现对装备之间的接口功能、装备内部系统之间的接口功能分析，给出相关的故障状态严酷度等级。 4)为 FTA 及 DD 分析提供顶事件。 5)可评估外部环境因素对装备的影响	1)仅强调功能危险。 2)与所耗时间不成比例。 3)确定危险的严酷程度时，不考虑必须发生的系统故障，只试图确定对危险发生概率的限制
故障模式影响分析(FMEA)	主要用于系统化地分析装备及其构成系统、设备的故障模式，对设备自身、系统及装备的影响采用的是一种自底而上的分析方式	1)可发现设备、系统及装备的可靠性薄弱环节，为设计改进提供依据。 2)可作为装备试验及使用过程中故障诊断的依据。 3)可作为故障检测与隔离手册的输入。 4)可作为维修性分析、测试性与保障性分析的输入。 5)可为 FTA、DD 提供底事件输入。 6)对航空类装备，其分析结果能被适航部门认可	1)FMEA 的分析水平受分析人员的技术水平及工程经验的影响较大。 2)装备使用过程中发现的故障模式在 FMEA 报告中有时没有，而 FMEA 报告中分析的故障模式大多数又根本不可能发生。 3)最好能有类似设备、系统或装备的使用可靠性数据作支撑
故障模式影响摘要(FMES)	主要用于 FMEA 中具有相同影响的故障模式摘要。每种故障影响对应的故障模式概率为 FMEA 中相应影响各故障模式概率之和	1)可作为 FTA 的输入。 2)将具有相同影响的各种故障模式合为一个事件，有利于简化 FTA(减少或门)	
故障树分析(FTA)	主要用于系统化地开展安全性需求的分配与符合性验证以及重大故障或事件的原因分析。它是一种自上而下的分析方式	1)事件分析过程可视化、逻辑化。 2)有助于分析系统架构的薄弱环节。 3)FTA 能分析底事件对顶事件贡献的大小。 4)可合理地确定安全性需求和分配研制资源，包括研制保证等级的分配。 5)能找出造成顶事件的各种原因组合，这些原因可以包括软硬件故障、人为因素(含设计差错)、环境因素等底事件。 6)可用于系统或装备架构的设计与评估。 7)便于对各种事件开展定性分析	1)进行定量分析时，需要导致顶事件发生的各种底事件发生的概率。 2)若故障树相当庞大时，则需要简化，此时对数学基础有较高的要求。 3)识别危险时，不如 FHA 好用

续表

安全性评估工具	简要说明	优点	局限性
共模分析（CMA）	主要用于识别功能是否相关，并验证功能之间是否彼此独立	1）便于验证FTA/DD/MA中与门独立性。 2）非常适合冗余的复杂系统分析。 3）便于设计复查。 4）涵盖各种设计、制造、维修与使用等差错的影响	1）对工程经验需求较高，最好有知识库。 2）对研制过程要求严格
区域安全性分析（ZSA）	主要用于装备同一区域内不同系统之间的干扰。其目的是评估系统或部件的安装是否可能破坏区域内各系统的独立性	1）便于发现系统之间或设备之间的干扰。 2）可为PSSA及FTA提供输入。 3）易于发现热、气、油等对系统或设备、电缆的影响。 4）早期（电子样机阶段）ZSA可优化系统或设备的布局。 5）工作相对于CMA易于实施	1）对工程经验需求较高，最好有知识库。 2）诸如飞机整机的电子样机上开展此类工作，很难考虑到电线束及细小导管束的影响。 3）分析过程较为主观
特定风险分析（PRA）	主要用于对已确定的每一风险进行单独的研究，给出分析结果	可同时评估外部事件对多个区域的影响。典型的事件有轮胎面脱落、火灾、鸟撞、冰雹、结冰、高能设备等	1）需针对具体的设计方案进行分析。 2）需要复杂的模拟，如轮胎爆裂后的运动轨迹
相关图（DD）	主要用于FTA的替代分析。它采用路径而不是逻辑门来表现故障之间的关系。DD的用途等效于FTA	较FTA容易	1）具备FTA分析的经验。 2）没有FTA直观
马尔可夫分析（MA）	主要用于描述各种不同的系统状态以及各状态之间的瞬态关系。在系统的不同状态中，系统的组成部件可以是工作的，也可以是不工作的。从一种状态到另一种状态的变换概率是故障或维修率的函数。由于每个状态是相互排斥的，因此在任何给定的时间内，系统仅可能是一种状态	1）无须考虑系统部件之间的独立性。 2）可考虑瞬态影响。 3）适合于故障容限系统（如现代装备中具有故障重构功能的航电、飞控系统）。 4）可用于航空装备MMEL的确定或维修工作延误的情况。 5）可确定维修工作项目的维修间隔。 6）能为共因故障建模。 7）提供一种在系统内部具有较强相关性的情况下系统的安全可靠性水平或可用度分析结果	马尔可夫模型的规模随系统组成部件的数据呈指数增长，对于一个有 n 个部件的系统，在最简单的情况下有多达 2^n 个状态；如果任何部件与两个以上的状态相关，则状态的数量还要大
蒙特卡罗仿真	用数理统计的方法对装备系统的安全性水平进行抽样仿真。 FAA也曾将该工具用于确定燃油箱可燃性暴露时间的分析	通过建立蒙特卡罗仿真的数学模型，了解系统设计的薄弱环节，当实验室不具备条件开展相关试验时，可作为试验的一种替代方法	仿真结果的可信性取决于模型假设及输入参数的准确性

续表

安全性评估工具	简要说明	优点	局限性
SHEL模型	主要针对具体系统建立L(人件)、H(硬件)、S(软件)及E(环境)之间的关系,并在系统内合理地分配资源。 可直观说明单一资源的变化如何影响整个系统的完整性及系统资源需求,如硬件的变化、对软件及人力资源的相关需求	便于以下常见的接口分析: 1)L-L接口:教练机前舱学员和后舱教员之间的操作与控制指令的沟通、地面指挥人员与飞机的飞行机组人员之间的信息传递等。 2)L-H接口:人和硬件之间的相互作用,如座舱内的显示、警告系统对飞机机组人员注意力的分配,飞机机组人员对救生系统及操纵按钮、开关等相关部件的适应性等。人与硬件的接口差错往往是灾难性事故发生的原因。 3)L-S接口:考虑人的特点和规则、程序等需求之间的相互作用。 4)L-E接口:人如何应对装备使用时所遭遇的极端环境条件,如宇航员对太空环境的适应性。 此外,还存在如下扩充接口: 1)H-H接口:硬件之间的协调问题,如装备中不同的硬件之间使用具有相同频率的晶振会产生电磁兼容性方面的问题、即插即用设备与系统之间的匹配问题等 2)S-S接口:软件之间的相互通信及一致性问题等	1)需要大量来自使用人员的经验,如飞行员。 2)有时需要有真实的样机,如飞机座舱的人机环境评估

6.10 安全性评估案例

根据CCAR 25.1701条,电气线路互联系统是指安装在飞机上任何区域,用于在两个或多个端接点之间传输电能(包括数据和信号)的各种电线、端接器件、布线器件或它们的组合。

1996年7月,美国环球航空公司一架波音747飞机在大西洋上空爆炸并坠入大海,致使230人丧生。自此时起,EWIS的功能故障受到了美国国家运输安全委员会等相关部门的重视,于是先后对MSG-3、FAR 25.1309等适航标准、规范等进行了修订,在装备的研制阶段增加了EWIS的安全性评估需求等内容,在使用阶段增加了EWIS维修工作项目的制定流程等内容。例如,美国联邦航空局在2007年发布的运输类飞机适航规章(FAR 25部)123号修正案中正式提出了EWIS概念及相应的规章要求,中国民用航空局在2011年发布的中国民用航空规章CCAR 25部R4版中也推出了与EWIS相关的规章要求。

人们常常会对航空装备的发动机、起落架收放、电传操纵等系统依次进行FHA、PSSA、CCA、SSA这种自上而下,再自下而上的完整的安全性评估。然而,EWIS不会单独存在,它总是与上述系统一起完成装备或装备各系统所期望的功能,但其往往容易在安全性评估过程中被人忽略。虽然 APR 4761 附录中系统化地给出了基于目标的安全性评估实例，并可作为各在研制型号开展安全性评估时的参考，但该附录中并未包含 EWIS 部件的安全性评估。

现代装备中，EWIS 部件覆盖了装备上的绝大多数系统，到底应该如何开展安全性评估呢？于是，本节谨以 EWIS 部件为案例，按 ARP 4754 程序，采用 ARP 4761 的安全性评估流程和方法，综合论述了第 5 章装备研制保证过程和第 6 章安全性评估技术的应用过程，给出了从 EWIS 的功能故障方面开展安全性评估的思路。

6.10.1　适航规章对 EWIS 的要求及解析

CCAR 25.1709 和 FAR 25.1709 条均需求每个 EWIS 的设计和安装必须使得：

1）灾难性的故障状态是极不可能的且不会因单个故障而引起。

2）每个危险的故障状态是极小的。

AC 25.1701 - 1 对 FAR 25.1709 条款的制定背景进行了进一步解析。FAR 25 部中之所以增加 FAR 25.1709 条要求，一是因为 FAR 25.1309 条考虑了设备、系统及安装的安全性影响，并没有考虑 EWIS 部件对飞机的安全性影响；二是因为 EWIS 设计的集成特性和 EWIS 部件故障状态的严酷程度（如导线的电弧故障可能导致着火）除了需要按 ARP 4754 程序，采用 ARP 4761 的安全性评估流程和方法进行评估之外，还需要考虑 EWIS 本身设计的集成特性及其布线形式，按 AC 25.1701 - 1 提供的结构化分析方法进行分析（见图 8 - 1）。

6.10.2　EWIS（部件）的安全性分析要求

AC 25.1701 - 1 建议从物理故障和功能故障两个方面进行 EWIS 的安全性分析（具体参见 8.4 节）。

物理故障分析中，主要考虑带电的 EWIS 部件故障，并结合分析其周围燃油、氧气、液压油等因素的情况下，产生的着火、冒烟或有毒气体对周围系统、结构或者人员的影响。需考虑飞机上所有系统的 EWIS 部件。EWIS 的物理故障分析主要以飞机级功能危险评估为输入，在飞机级层面开展，即应融于飞机级的 ZSA、PRA、CMA 等中，并隐含于 FHA、PSSA、CCA 及 SSA 中。

功能故障分析中，主要考虑 EWIS 部件的功能故障对所属系统安全性水平的影响。由于 EWIS 部件通常不独立具备系统级功能，并且在 CCAR 25 部和 FAR 25 部中均要求在系统符合性验证的过程中需考虑相关 EWIS 部件的影响，因此对 EWIS 部件的功能故障分析宜作为所属系统安全性评估的一部分来开展，即应该融于系统的 FMEA、FTA、ZSA、PRA、CMA 等分析中。

6.10.3　EWIS（部件）安全性分析过程和方法

安全性评估贯穿于型号研制的整个过程，通常划分为安全性需求定义、系统架构检查和安全性需求分配以及安全性需求验证共3个阶段。其中涉及EWIS部件的主要为后两个阶段。安全性评估与飞机研制过程的关系参见图5-2。

EWIS部件的安全性评估过程中应用的分析和评估工具、方法主要包括功能危险评估（FHA）、初步系统安全性评估（PSSA）、共因分析（CCA）、系统安全性评估（SSA）、故障模式影响分析（FMEA）和故障树分析（FTA）等。

6.10.3.1 安全性需求定义

安全性需求定义以FHA的形式开展。FHA中检查和分析各功能的故障状态，确定潜在功能故障，并根据功能故障对飞机、机组和乘员的影响进行分类，进而得出各功能的安全性需求。此阶段，EWIS部件的功能寓于相关的功能子系统或系统之中。

6.10.3.2 系统架构检查和安全性需求分配

系统架构检查和安全性需求分配阶段，通过PSSA对建议的系统架构进行检查，评估系统架构设计能否满足FHA中定义的安全性需求，并将系统级安全性需求分配到子系统级和设备级。PSSA过程中主要应用FTA这一分析工具。

在PSSA中应考虑系统中EWIS部件的影响，具体来说，应将EWIS部件的故障模式加入故障树中（见图6-15），检查系统架构设计能否满足定义的安全性需求（需求确认）。由于装备EWIS设计通常滞后于系统设计，在方案设计阶段EWIS设计通常还处于电气原理图阶段，而EWIS部件的故障概率与部件本身、安装方式及工作环境均有一定的关系，因此在这一阶段还无法分析出每个EWIS部件准确的故障概率。为此，可以基于相似机型的经验数据初步确定EWIS部件故障概率的假设值，并加入系统故障树分析中。假设值应随着系统EWIS设计的深入，随系统PSSA文件的换版而进行迭代更新，以更准确地评估EWIS部件功能故障对系统安全性水平的影响，并在必要时对系统设计和EWIS设计进行优化。选取假设值时，可基于EWIS部件在端点之间传输电能、数据和信号这一功能进行故障概率的假设，而不是关注每个具体的EWIS部件。例如，在设备A和设备B之间传输某个信号，至少需经过设备A连接器、设备B连接器和连接导线3个EWIS部件，如果对这3个部件分别假设概率值，容易带来假设值偏差大、故障树分析中底事件过多等问题。针对这种情况，可以设定“EWIS部件故障导致设备A和设备B之间某个信号传输故障”的故障概率假设值，该故障概率可以包含所有用于支持该信号传输的EWIS部件的故障，以简化分析。故障概率假设值的选取应略为保守，以避免因为没有充分考虑EWIS部件的故障影响，在后期发现系统设计不能满足安全性需求而带来的系统设计更改。

PSSA之后，还需进行EWIS的CCA，得出系统内的冗余通道及通道所属设备、部件（包括EWIS部件）的相互隔离需求，分析结果用于更新PSSA和FHA。更新后的PSSA结果应作为EWIS安全性需求的输入（含EWIS在装备上的安装需求），并纳入系统研制规范或产品规范之中。

6.10.3.3 安全性需求验证

安全性需求验证阶段，通过进行系统安全性评估和共因分析，对系统设计和安装进行全面检查，评估系统设计和安装能否满足所分配的安全性需求（含相关适航规章要求）。

SSA 中应用的分析工具主要包括 FMEA 和 FTA。此外，系统 CCA 的结论也要作为 SSA 结论的一部分，用于支持安全性需求验证。

系统 FMEA 应包括对 EWIS 的分析，应分析 EWIS 的各种故障模式（表现形式）、故障模式影响以及发生的概率。为了满足 25.1709 条的要求，FMEA 中应分析系统中 EWIS 的故障模式是否存在可能导致灾难性故障状态的单点故障。

FTA 是对组合故障进行分析，对适用于 MIL-HDBK-516C 及 STANAG 4671 适航要求的无人机系统等装备，主要针对 FHA 中所定义的对灾难性的、危险的故障状态计算出发生的概率（见图 6-4），并将其与所规定的定量概率需求进行对比，判断是否满足定量概率需求；对适用于 FAR 25 部的航空装备，则还需考虑（影响）大的故障状态。为了满足 25.1709 规章的要求，FTA 应考虑系统中所有 EWIS 故障模式影响，将其作为故障树底事件进行分析。

系统 CCA 包括 CMA、ZSA 和 PRA 共 3 方面内容。

CMA 用于证明“系统架构检查和安全性需求分配”阶段分配的独立性和冗余需求在系统设计中是否得到了贯彻，从而表明系统故障树中与门间独立性是否真实存在，进而作为系统安全性评估结果的支撑。CMA 中需要考虑系统共用的连接器、共用的接插件、共用的接地点等 EWIS 共用器件，分析这些共用器件的故障影响。

ZSA 根据飞机区域划分，将设备、系统及安装（包括 EWIS 部件）的外部故障作为潜在危险源，按逐个区域分析其对区域内邻近系统及飞机的功能影响，以证明系统的设备和部件安装（包括 EWIS 部件）可以满足相关安全性需求。

PRA 则是分析一些特定风险项，如轮胎爆破、鸟撞、火灾、闪电/高强度辐射场（L/HIRF）等外部风险在多区域内对系统设备和部件（包括 EWIS 部件）的影响，以证明系统的设备和部件安装可以满足相关安全性需求。

通过 CCA 应能证明，在考虑了全部系统设备和部件（包括 EWIS 部件）的内、外部风险后，不存在可能导致灾难性故障的单点故障；可能导致危险性故障状态的故障，其发生风险也处于可接受的范围内。

6.10.4 结论

EWIS 部件的故障对系统安全性的影响越来越受到公众、适航审查方以及飞机制造方的关注。本节初步研究了如何在安全性评估各阶段中考虑 EWIS 部件的影响，探讨了如何按 ARP 4754 的程序，采用 ARP 4761 的安全性评估方法，给出了从 EWIS 的功能故障方面开展安全性评估的思路，表明系统中 EWIS 部件的设计对 FAR 25.1709 等条款的符合性。

第7章　最低设备清单

7.1　概述

随着航空工业技术的发展以及可靠性与安全性应用技术的不断提高和多发飞机的出现，飞机系统的设计一般采用了多裕度技术，从而使得飞机的固有安全性水平已大大高于适航规章中规定的最低安全性水平要求。

现代飞机在带给人们高效、便捷、舒适的同时，它本身也是一种故障发生器，故障可以说伴随着飞机从投入使用到退役的全过程。因此，由于经济性或使用方面的需求，当某些功能设备故障时，设计时就应该考虑并保证飞机仍能以一种可接受的安全性水平飞行。这是因为：

1）系统和相关设备故障时，需要留有维修时间。

2）在履行所计划的飞行任务或航班前，由于保障资源设置等原因，解决相关故障有一定的难度。此外，有些故障可留在飞机改装或定期维护时一揽子解决。

3）有时，飞机只有回到具有一定维修条件的基地，才能彻底地排除相关故障。

系统由许多零部件组成，由于内部或外部原因，产品难免发生故障或失效。为提高系统的任务可靠性，大量不同水平的冗余技术被引入设计。对民用飞行器来讲，在保证飞行安全的前提下，部分设备可以暂时不工作。从提高系统利用率和经济性的角度考虑，在特定条件下，系统可以“带故障”运行。传统的“飞机不能带故障上天”的思想与原则莫须有地影响着航班的正点率和飞机的日利用率，并严重影响着航空营运企业的经济效益。在现代航空工业发展的今天，应转变为“飞机不能带危及飞行安全的故障上天”。于是，在上述思想的驱动下，MEL（Minimum Equipment List，最低设备清单）应运而生，它明确了系统“带故障”运行的条件。

今天，最低设备清单并不是一个新概念。适航当局使用与这一类概念相关的术语已经多年，如可允许的外形缺损清单（Configuration Deviation List，CDL）、签派偏离程序指南（Dispatch Deviation Procedure Guide，DDPG）等。从适航管理发展的历史来看，早在1964年，美国联邦航空局对按照联邦航空条例（FAR）121部营运的航空公司建立和采用了最低设备清单程序；1978年，按照联邦航空条例135部营运多发飞机的航空公司也采用了最低设备清单程序；1991年，按照联邦航空条例135部营运的单发飞机航空公司也被包括在内，即所有进行航空运输营运的航空公司都要制定其最低设备清单。

最低设备清单是为了允许一架飞机在某种情况下携带有故障的设备继续营运而制定的。其原因是适航部门已经发现，对于某些特定情况，设备带故障运行在一段有限的时间里可以维持一个可接受的安全性水平，直到有故障的具体设备项目被修理为止。相关规范规定，当故障不会引起人员伤害或其他设备的损坏，且预防性维修费用很高时，可以实行无预防性维修（Run-To-Failure），而且效费比很好。也就是说，这类符合无预防性维修条件的设备一般不会影响飞行安全，往往也是最低设备清单的候选项目。

由于民机主最低设备清单的制定，有《民用飞机主最低设备清单建议书（PMMEL）项目分析方法》（GB/T 42099—2022）、《航空器主最低设备清单的制定和批准》（AC-91-037）等持续适航标准的技术支持，而军用飞机只需在民机的基础上再考虑相应的任务性影响即可。为此，本章主要介绍民用飞机最低设备清单的基本概念、基本原理、基本分析要求和相关注意事项，并探讨军机最低设备清单的必要性与意义，便于读者对清单有一个总体的概念。清单的定性与定量分析过程此处不再做详细介绍。

7.2 最低设备清单

7.2.1 基本概念

1）主最低设备清单建议书（PMMEL）：由制造厂家或运营人起草的主最低设备清单的草稿，提交给飞行运行评审委员会作为制定主最低设备清单的基础。

2）主最低设备清单（MMEL）：中国民航总局批准的在特定运行条件下可以不工作仍能保持可接受的安全水平的设备项目清单。MMEL 包含这些设备项目不工作时航空器运行的条件、限制和程序，是运营人制定各自最低设备清单的依据。

3）最低设备清单（MEL）：运营人依据 MMEL 并考虑到航空器的构型、运行程序和条件为其运行所编制的设备项目清单。MEL 经局方批准后，允许航空器在规定条件下，所列设备项目不工作时继续运行。MEL 应当遵守相应航空器型号 MMEL 的限制，或者比其更为严格。

4）航空器评估组（AEG）：以组织评审委员会的方式，对航空器有关的持续适航文件、运行配置、机组和执照训练要求、MMEL 等文件进行评审的机构。

5）飞行运行评审委员会（FOEB）：由具体负责航空器型号审定的当局有关人员组成的委员会，由运行、电子、维修监察员和航空器型号审定专家组成，负责制定或修订 MMEL。

6）建议的主最低设备清单：由飞机制造商通过分析、模拟或试飞制定的一个初始的主最低设备清单。当它用于提交给飞行运行评审委员会时，便成了主最低设备清单建议书。

7）最低设备清单制定程序。通过上述基本概念的介绍，可以知道最低设备清单的制定程序：首先由飞机制造商制定主最低设备清单建议书，以此为基础在飞机型号合格审定期间，适航当局组织飞行运行评审委员会，为该机型制定和发行其主最低设备清单，最后由各个购买该机型的航空公司制定自己特定的最低设备清单，并由适航当局批准。

7.2.2 基本内涵

虽然，适航审定时要求通过设计保证飞机达到一定的安全性水平，但当某一系统、仪表或设备不能履行其正常功能时，使用安全性水平就会降低。我们所面临的问题就是如何确保飞机在这种情况下，仍能持续安全飞行与着陆。该问题的解决方案就是：通过系统的安全性评估确定 MEL，可以允许一架飞机带有清单内（允许不工作的）仪表和设备，按一定的限制和工作程序进行有限的飞行。

MEL 最初的概念就是允许营运商使用带有某些不工作设备的飞机飞行，并采取以下措施保证维持到等效的安全性水平：

1）采用合适的使用限制。

2）将相关功能转换到其他部件。

3）由其他仪表或设备提供所要求的信息。

早期使用的飞机复杂程度低，因此无须开展专门的分析就可判断签派时哪些设备或功能项目可允许失效。但是，随着现代飞机系统复杂程度的日益增加，当某些设备或功能项目失效时，需要采取专门的措施以评估飞机系统功能的完整性。如果现代飞机允许带有不工作的设备或失效的功能项目飞行，在逻辑上需对这些不工作的设备或失效的功能项目进行安全性评估。AC25.1309 建议如下：

对飞行中允许不工作的设备或功能项目应制定采取相应补偿措施的清单。这些补偿措施有使用或时间限制、飞行机组操作程序或地面机组检查程序。该清单的制定应符合 AC 25.1309 及其他相关文件的规定。这份清单就是 PMMEL，它是 MMEL 的基础。制定 PMML 时，应采用工程经验或使用判断的方法。

MMEL 就是针对给定机型允许飞机带有不工作设备或功能项目的清单，并由适航当局给出。该清单上的设备或项目暂时不工作或失效时，仍能保证飞机的安全性水平满足适航审定时规定的要求。之所以能维持规定的安全性水平，是因为针对 MMEL 上的设备：

1）设计上存在固有的冗余。

2）定义了规定的使用与维修程序。

3）定义了规定的使用限制条件。

飞机所属航空公司针对所运营飞机的具体技术状态，按照使用经验、运营条件及维修程序，对 MMEL 进行修订后得到的清单即 MEL。对航空公司特定的飞机，其 MEL 项目及相关限制条件不应低于 MMEL，并须经适航当局批准。

MEL 是一份由航空公司完成的关于维修与使用的文档，它包括如下基本内容：

1）给出满足给定型号飞机的审定要求及使用要求的最低设备和条件。

2）为维持飞机可接受的安全性水平，定义处置不工作设备所必需的操作程序。

3）为维持飞机可接受的安全性水平和保证不工作设备处于安全状态，定义所必需的维护程序。

MEL 和 MMEL 的关系示于图 7－1。所有与适航相关的项目及 MEL 中未列出的项目是飞行时必需的项目。但为保证 MEL 及 MMEL 的简洁，以便于机组人员检查和放行飞机，对明显与安全无关的设备，如厨房设备、旅客娱乐设施等无须列入 MMEL 及 MEL 中。

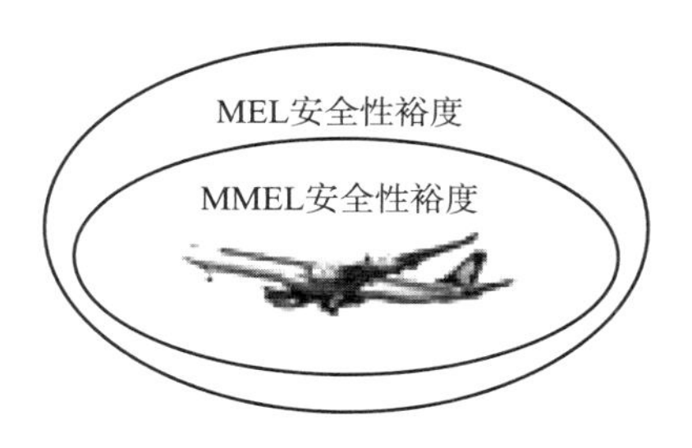

图 7－1　飞机安全性裕度

［注：参考 UK CAA Presentation on Continued Airworthiness（2003）］

7.2.3　基本原理

制定 MMEL 和 MEL 的基本原理如下：

1）按照功能失效时对飞机或系统导致的危险严酷程度开展安全性评估。

2）允许不工作的项目必须通过其他可靠的方法实现等效的安全性水平：

①冗余单元，在短时间（限制的飞行时间）内可以允许不工作，但对其所属系统要求的安全性水平不应有重大影响。

②在有些情况下，可通过维修检查替代冗余。

③在有些情况下，可通过限制飞机的性能减少不工作（故障）项目对飞机或系统导致的危险严酷程度。

当飞机处于图 7－2 所示状态时，即如果一种失效（故障）导致系统的安全性水平由可接受区域转至不可接受区域，那么有两种方法可以将系统的安全性水平恢复至等效（故障前）的综合水平，即适航可接受的安全可靠性水平：

1）通过使用限制、维修程序调整等手段，使故障状态发生的概率恢复到可接受的安全可靠性水平。

2）通过使用限制降低故障状态的严酷度等级。例如，当座舱的泄漏量不能满足规定的要求时，可以通过适当降低飞机飞行高度减少故障时严酷度的等级。

对上述第 1）种情况示例如下：

假设某大型商用飞机上现有一套由两个完全相同的单一系统构成的双余度系统，单一系统失效的概率 p 为 3.16×10^{-4}/FH。当该双余度系统完全失效时，将有危险性后果（事故征候），因此该双余度系统的安全性设计目标值为 10^{-7}/FH。

那么，当其中的一个单一系统失效时，该带故障的双余度系统飞机可持续飞行多长时间？

解决办法：

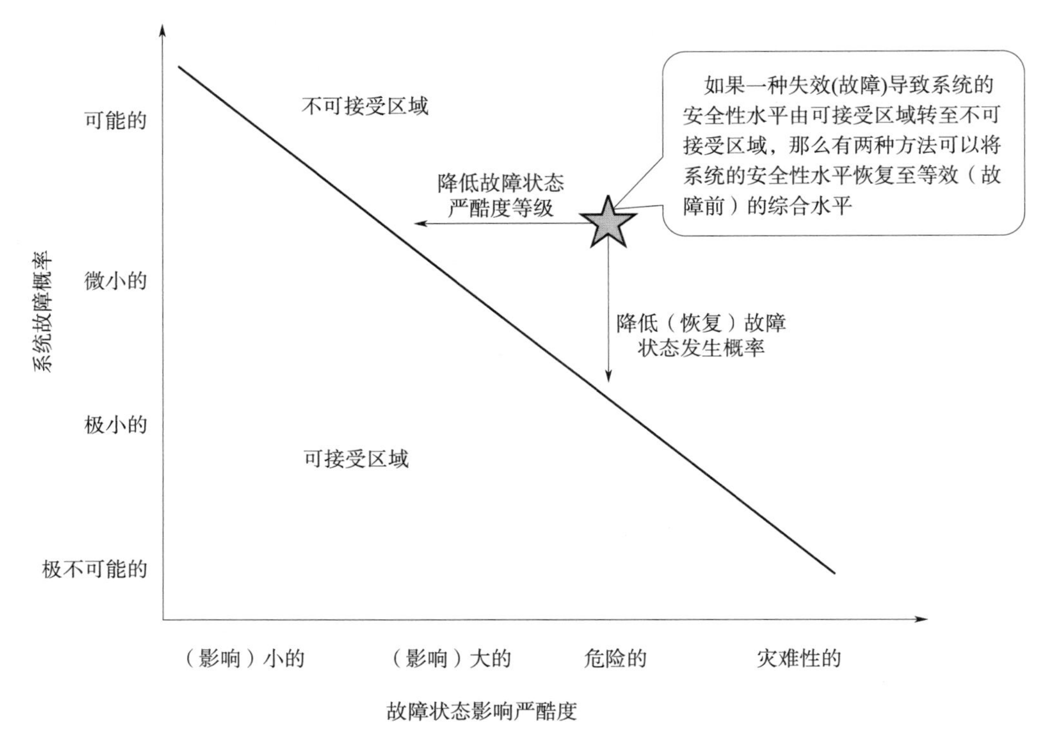

图 7-2　系统故障后果与故障频率之间的反比关系

双余度系统完全失效的概率要求（目标值）不大于 10^{-7}/FH，其实际失效的概率可计算如下：

$$P_{\text{double}} = P \times P = p^2 T^2$$

式中：$P = pT$

只有要求 $p^2T^2 \leqslant 10^{-7}T$，才能满足适航要求，即 $(3.16 \times 10^{-4})^2 T^2 \leqslant 10^{-7}T$，故有 $T \leqslant 1$ FH 。

这就是说，该带故障的双余度系统飞机可持续飞行的时间不应超过 1 h，即如飞行时间超过 1 h，则飞机是不满足适航要求的。

在工程实践中遇到的情况不一定有上面描述的示例那么清楚，但是飞机承制商和适航当局必须坚信，在确定 MMEL 或 MEL 时，已非常负责任地采用了上述基本原理，允许设备或功能不工作（故障）时，飞机的使用安全性水平是满足适航规章规定的最低要求的。

7.3　PMMEL 分析

7.3.1　PMMEL 分析范围

由于大多数飞机设计和审定时具有大量的设备冗余，使得飞机能以较大的裕度满足适航要求。此外，飞机上安装的设备并不是在所有使用情况下都要求具有安全性方面的功能，如白天条件下的仪表灯。其他诸如为旅客提供便利的娱乐或厨房这类设备即使不工作，也与飞机本身的安全及使用无关，因而无须列入MMEL/MEL中，也无须给出一个调整后的维修间隔。但是，如果这些看似与安全无关的设备要履行与安全相关的功能，如利用旅客娱乐系统发布安全注意事项或安全性信息，那么这种项目就必须包含于MMEL/MEL中，并给出相应的维修间隔。

简单地说，民机MMEL/MEL需列出与系统安全相关的设备，但以下两种情况例外：

1）完成应急程序要求的仪表、设备、系统或者部件不能列为MMEL项目。

2）MMEL中备注栏为“按规章要求”的条款必须包括确保“完成应急程序要求的仪表、设备、系统或者部件不能列为MMEL项目”的补充说明。

7.3.2　PMMEL分析要求

PMMEL的内容应当源自系统安全性分析，对不工作项目及可能造成继发故障的影响进行分析，确认航空器在带有不工作项目放行及飞行中发生继发故障时，有足够的能力可以保持所要求的安全水平。

所要求的安全水平一般是指针对飞机所有预期的运行不会造成故障状态严酷度为“（影响）大的”及以上等级的安全性后果。PMMEL分析时，应对建议放行状态下要求的任何运行程序和/或维修程序予以说明。PMMEL分析文件至少应当包括下述内容：

1）系统说明：应当包括所考虑的系统或设备说明，包括其功能和有助于评估建议项目的其他详情，可应用原理图或者其他系统图辅助说明。如可能，机队中的各种构型也应当详细说明（如不同飞机间安装数量的差异等）。

2）审定基础（可选项）：此部分可用于解释型号合格审定的要求，明确建议项目与审定基础之间有没有联系。

3）故障影响：说明不工作项目对飞行或系统工作的影响，并评估其在各种运行环境下可能造成的安全性后果。如存在安全性影响，说明可采取的消除安全性影响的具体措施，包括：

①将功能转换到正常工作的部件。

②参考具有相同功能或提供相同信息的其他仪表或部件。

③调整运行限制。

④调整操作程序。

⑤调整维修程序。

上述措施如涉及对飞行程序和机组工作负荷的影响，应当具体说明并在评估安全性影响时予以充分考虑。

4）继发故障影响：除评估带有不工作项目运行的潜在后果外，还应当考虑下一个关键部件的并发故障、不工作项目之间的干扰、对AFM程序的影响和飞行机组负荷的增加等因素。继发故障状态的严酷度等级如为“（影响）大的”或以上，则应当通过定量分析确认符合适航审定对故障后果相应的概率要求。

5）运行程序和维修程序：如果上述分析中确定消除安全性影响的措施为调整操作程序或维修程序，则应当具体说明。具体的操作程序或维修程序可直接参考已经制定的运行或持续适航文件。

如果不工作项目可能造成故障状态严酷度为“危险的”或“灾难性的”等级安全性后果，则需要进行定性和定量的安全性分析，以及充分的工程判断；如果不工作项目可能造成故障状态严酷度为“（影响）大的”及以下等级安全性后果，则在充分结合飞机实际运行情况、相似产品数据与信息以及工程经验与判断的基础上，进行定性的安全性评估即可。

7.3.3 PMMEL 分析原则

对民用飞机，当制定 PMMEL 时，应遵循以下原则：

1）列出故障状态严酷度为“（影响）小的”及以上等级不工作设备清单，清单应包括构成系统及系统相关设备的关键安全或重要安全功能。其中，关键安全功能故障将导致灾难性故障状态发生，重要安全功能故障将导致危险的故障状态发生，具体可参见 JAR 25.1309（b）（1）和（2）。

2）应考虑不一定是系统导致的其他可能事件的影响，如环境条件、日历时间、白天、黑夜等。

3）应考虑要求某些设备一直应处于工作状态的有关国家标准或规章规定。

4）针对冗余系统中设备功能的不可用性，确认其是否会有明显加大危险事件发生的可能性；或针对这种设备功能的不可用性，确认其是否有足够的冗余以保证对飞机的安全不会出现任何不利的影响。

5）应考虑通过飞行前检查或增加有关维修检查项目能否提供足够的补偿，从而保证飞行满足持续适航的要求。

6）应考虑临时飞行的实际情况，或变更空勤组人员的操作程序，评估对机组人员工作负荷的增加情况。

以上六大原则中，最难理解的是第 5）条。现以起落架放下功能完全丧失为顶事件，对如何通过定义规定的维修程序来保证持续适航要求的原理进行解释。具体示例如下：

假设起落架收放系统由正常放、备份放和应急放共 3 个相互独立的部分组成，则起落架放下功能完全丧失故障树见图 7－3。

由图 7－3 知，每飞行小时起落架放下功能完全丧失的概率如下：

$$\begin{aligned} P &= P_A \times P_B \times P_C \\ &= (1\times10^{-4})\times(1\times10^{-4})\times(1\times10^{-5}) \\ &= 1\times10^{-13} \end{aligned}$$

如果维修检查间隔为每 10 000 FH，则 $p = 1\times10^{-9}$/FH。

问题 1：假设起落架放不下的概率其安全性设计目标为 $p = 1\times10^{-9}$/FH。当正常放起落架功能或备用放起落架功能失效时，我们能签派飞机吗？

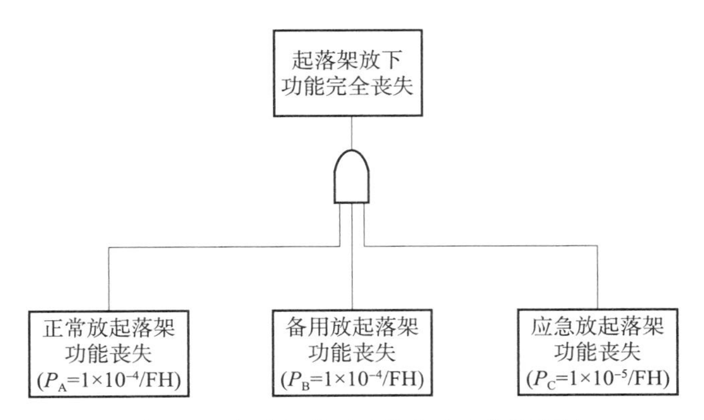

图 7－3　起落架放下功能完全丧失故障树

答：如果飞行时间是 1 h，而在每次飞行前对备用放起落架功能或正常放起落架功能、应急放起落架功能进行检查，发现两者均工作正常，则下一飞行小时内，起落架放不下的概率 $p=1\times10^{-9}$/FH，满足等效的安全性水平。

问题 2：如果应急放起落架功能不能正常工作，而正常及备用放起落架功能正常，飞机能签派吗？

答：当飞机的飞行时间为 1 h 时，$p=(1\times10^{-4})\times(1\times10^{-4})=1\times10^{-8}$/FH，此概率不满足等效的安全性水平，因此不能放行。

7.4　MEL 注意事项

对民用飞机，MEL 是在确保系统功能正常的前提下，为了提高系统利用率和经济性，根据系统性能和设计余度，允许在特定条件下某些设备不工作而系统可以继续使用。但 MEL 绝不是系统的维护标准，也不是系统可以长期带故障运行的依据。营运人应积极加强维护工作，努力提高维护质量，尽量使系统处于最佳状态运行。

执行 MEL 的目的不是鼓励航空公司使用带不工作设备的飞机。人们不希望飞机签派时带有不工作的设备。只有对每项不工作的设备开展了认真的安全性分析，分析结果表明这些设备不工作仍能保证飞机飞行时可接受的安全性水平，才允许飞机带有这些不工作的设备飞行，并应履行相关的批准手续。需考虑的内容如下：

1）对于不包括在 MEL 中且与飞机适航相关的所有项目，飞行前必须要求正常工作。

2）当飞机带有 MEL 中特定的不工作项目时，飞机的使用者或飞行员有权决定是飞行还是拒绝飞行。

3）带有符 MEL 条件的飞机，应尽量将持续飞行的次数减到最低。

4）当考虑到冗余技术时，为保证飞机能以足够的安全裕度进行持续的飞行和着陆，系统的设计者对某些系统应提供超级冗余，如 A380 的飞控系统。

5）安全性评估应包括所有的 MEL 项目。

7.5 军用航空领域应用探讨

最低设备清单目前应用领域主要集中在民用航空方面，事实上，其在军用航空领域也具有广泛的应用前景。

7.5.1 军用飞机也可“带故障”飞行

严格地讲，军用飞机能否带故障飞行，除了与安全性要求相关外，还与拟执行的任务有关。武器系统对执行作战任务的军用飞机而言不允许有故障，但对航校飞机而言却并非如此。航校中大多数飞行训练科目与武器系统并无关系，在不执行与武器系统相关的训练任务时，武器系统可以有故障甚至被拆除。飞参系统是近年来发展起来的一种新型机载设备，而多数老型飞机并没有飞参系统，因此对某一机型来讲，并不能因为飞参系统的故障而妄自断言该机不能执行其一般任务，此类实例很多。总而言之，军用飞机在一定的飞行条件与飞行任务下可“带故障”飞行，在保证安全的同时，也能保证任务的完成。

实际上，2012年颁布的GJB 3968A中提出了主最低设备清单需求，这就是对“军用飞机也可‘带故障’飞行”在技术上的肯定。因此，为最大限度地提高飞机的可用性、利用率和经济性，军用飞机应配套最低设备清单，该清单制定的过程中还应兼顾对任务完成概率的影响。

7.5.2 军机最低设备清单制定与应用的基本程序

参照民机的相关程序，建议军用飞机最低设备清单制定与应用的基本程序如下：

1）在装备论证阶段，提出军用飞机的作战任务，明确其作战、训练科目。

2）在装备研制阶段，研制单位根据研制指标进行研制，结合军机的作战、训练科目，提出飞机的主最低设备放飞清单以及相应的维修、操作程序文件。

3）在装备试飞鉴定与定型阶段，结合军机作战任务、飞行科目要求，对主最低设备清单中的项目通过试飞验证等手段，验证清单及其维修、操作程序的合理性。

4）装备使用部门依据研制单位提供的主最低设备清单，结合装备使用实际，提出军机的最低设备清单及其执行程序，上报装备主管机关批准。

5）装备主管机关审核装备使用部门上报的最低设备清单，颁发批准文件，最低设备清单开始正式执行。

第8章　电气线路互联系统

8.1　概述

据《飞行国际》网站2016年12月20日报道，一架F-35B右侧武器舱起火，飞行员安全着陆、没有受伤，但造成了事故征候。该机起火原因系武器舱内用于固定电线的卡箍松脱。松脱的卡箍使得电线的绝缘材料被磨破，致使电线在液压管路上产生火花，引发了右侧武器舱起火。

现代航空装备的设计、制造过程中，人们关注更多的是其总体性能的实现，如有效载荷、超视距作战能力、隐身能力、各系统的冗余程度要求等。为达到这些优异性能，人们更注重元器件的选取，设备及系统的设计、制造与安装，但往往忽视了连接设备与系统的各类电缆的总体布局、设计和维修。严格来说，现代航空装备电缆本身的故障率相对于装备级而言是较低的，但我国航空装备在用户试用或使用过程中，也往往因电缆故障导致各类事故征候频发，严重地影响了装备的使用。

由于早期装备使用的电缆在设计时未给定安全性目标，没有作为装备的一个专门系统进行研究，没有与系统一起同设计、同布局、同试验、同验收，致使电缆方面存在的典型问题如下：

1）部分舱段电缆过于拥挤，电缆束的体积和质量过大，因振动等使用环境原因，电缆极易磨损。如果某一根电缆发生电弧之类的故障模式，则极易造成整个舱段的火灾和部分功能设备或系统故障，从而引发灾难性事故。

2）电缆在活动区域的走向较为随意，极容易造成电缆与活动件干扰，使故障的严酷程度不可控。

3）电缆束中有故障时影响安全的关键电缆，也有不影响安全与任务成功的普通电缆。

4）系统有安全裕度需求的电缆未给出分离、隔离等独立性需求。

5）开敞区、高温区、着火区的电缆没有保护措施。

6）各种电缆随意与液压、燃油、环控等导管捆扎在一起的情况较为普遍。

7）电缆抗EMC能力较弱，致使部分电子设备使用中报故、返厂后检验合格，而重新装机使用时又报故的事情经常发生。

8）装备维修检查文件中，对电缆的维护检查项目不全、检查要求不具体、安装和修理的合格判据描述不够充分和具体等。

本章针对我国现代航空装备在使用过程中暴露出的电缆设计、安装和维修等方面的典型问题，研究了国外电气线路互联系统（Electrical Wiring Interconnection Systems,

EWIS）的理念与技术发展方向，提出了在装备的方案与工程研制阶段如何将电缆及其连接部件作为一个系统，将其安全性属性通过设计、制造、使用与维护等方式融入装备之中，从而保证 EWIS 在装备全寿命期内的持续适航能力与安全性水平。

8.2 EWIS 理念与技术发展方向

8.2.1 EWIS 的来源

在早期航空装备设计过程中，电缆并未作为一个独立系统来考虑，也并未当作一个独立的系统来设计和评估。但从 20 世纪 90 年代中期开始，由于线路的原因造成了多起航空事故，线路的安全性问题开始受到了广泛的关注。例如，1996 年 7 月，美国环球航空公司一架波音 747 飞机在大西洋上空爆炸并坠入大海。据美国国家运输安全委员会（National Transportation Safety Board，NTSB）的调查结果显示，这起事故最可能的原因是飞机电气线路故障产生的电火花进入燃油箱而导致空中爆炸。1998 年 9 月，瑞士航空公司一架 MD-11 飞机失火后坠入大西洋，这是 MD-11 飞机历史上最严重的一次航空事故。尽管最后未能完全确定导致此次事故的确切原因，但事后在最有可能最早起火的客舱位置处找到的一段客舱娱乐系统的电缆上发现有凝固铜。这表明，该处电缆曾产生过电弧，导致铜质导体融化后又重新凝固。因此，该导线故障产生的电弧很有可能就是这起飞机失火坠毁的直接原因。紧接着，FAA 对部分老龄民机的线路进行了检查，发现了大量的线路问题，具体统计情况见表 8-1。

表 8-1　民机线路问题情况统计

序号	机型	检查数量	线路问题总数
1	B-727	9	276
2	B-737	9	399
3	B-747	7	238
4	DC-8	14	974
5	DC-9	15	116
6	DC-10	14	714
7	L-1011	3	247
8	A-300	10	408

不巧的是，正当 FAA 和 NTSB 在调查电缆问题时，线路故障导致的安全性问题越来越多。据 FAA 报告，在 2005 年 10 月至 2006 年 3 月短短半年时间内，由于线路连接器受潮引起的线路短路又造成了 6 起支线飞机的火灾事件。FAA 认为电缆所致的民机安全性事故和表 8-1 所示的相关线路问题基本上由以下两类原因引起：

1）飞机老龄化。这主要表现在线路老化、线路连接器腐蚀、线束被易燃液体及金属碎屑与尘埃等脏物污染、维修工作中对导线的安装和修理不正确等方面。

2）持续适航文件不完整。这主要体现在对电缆的维护检查项目不全、检查要求不具体、安装和修理的合格判据描述不够充分和具体。

表面上看，EWIS 问题是一个老龄化问题，但事实上，在航空装备研制过程中，就应该考虑到其老龄化时电缆及其连接部件的退化与持续适航文件的完整性问题。因此，以上两类原因表面上看是线路连接器的选用、电缆的安装与维修问题，但归根结底还是设计与制造问题。

由于 FAR 25.1309 等条款已经无法针对这类线路问题为装备系统的完整性和安全性提供有效的技术保证，因此 FAA 在 2007 年颁布了 25－123 号修正案。该修正案在 FAR 25 部中增加了 H 分部共 17 个条款，正式提出了 EWIS 的概念及相应的设计、安装和维修方面的要求；明确了将电气线路作为一个独立的系统，必须与其他系统一样给予足够的重视；规定了电气线路系统标识、分离、安全性、可达性及相关防护等方面的审定准则。CAAC 在 2011 年颁布的 CCAR－25－R4 版中也提出了 EWIS 的相关要求。

8.2.2　EWIS 定义

根据 CCAR 25.1701 条，EWIS 是指安装在飞机上任何区域，用于在两个或多个端接点之间传输电能（包括数据和信号）的各种电线、端接器件、布线器件或它们的组合。它包括：

1）导线和电缆。

2）汇流条。

3）电气装置的端点，包括继电器、断路器、开关、接触器、接线块、跳开关和其他电路保护装置的端点。

4）插头，包括贯穿插头。

5）插头附件。

6）电气接地和搭铁装置及其相应的连接。

7）接线片。

8）给导线提供附加保护材料，包括导线绝缘、导线套管、用于搭接具有电气端点的导管。

9）屏蔽线和编织线。

10）卡箍或其他用于布线和固定导线束的装置。

11）电缆束缚装置。

12）标牌或其他识别措施。

13）压力封严。

14）在支架、面板、设备架、连接盒、分配面板和设备架的背板内部的 EWIS 组件，包括但不限于电路板的背板、线路集成单元和设备外部线路。

除 14）指明的设备外，下列设备内的 EWIS 部件和该设备的外部插头不包括在本节的 EWIS 定义中：

1）经预定环境条件和试验程序合格鉴定的电子电气设备。

2）不作为航空装备型号设计一部分的便携式电气设备，包括个人娱乐设备和便携式计算机。

3）光纤。

8.2.3 EWIS 理念

8.2.3.1 任何系统 EWIS 故障均有可能导致灾难性事故发生

1998 年 9 月，瑞士航空公司一架 MD－11 飞机客舱娱乐系统电缆故障就导致了灾难性事故的发生。大多数人会认为，客舱娱乐系统并不是适航规章中要求的系统，其电缆的故障顶多只会导致客舱娱乐系统的功能故障，完全不可能影响到飞机的安全。但事实往往并非如此，它告诉我们，任何系统 EWIS 故障均有可能导致灾难性事故发生。

例如，部分航空装备因其安装空间受限，很多电缆束中既有影响飞机安全功能的重要系统电缆，又有对安全功能无影响的普通电缆。人们往往会对包含有重要系统电缆的整个电缆束的安装与维修较为重视，这些普通电缆会在其路径的某一处加入包含有重要电缆的电缆束中，又会从其路径的另外一处脱离该电缆束进入目标系统或另一电缆束中，而普通电缆的全行程未必会受到重要系统电缆同级别的安装与维修“待遇”。事实上普通电缆的某些故障模式有可能会导致其路径上电缆束内所有电缆故障，进而导致与电缆束相连接的所有功能设备或系统故障，从而引发灾难性事故发生。这一点必须引起重视。

正因如此，CCAR－25－R4 的 H 分部中第 25.1709 条款对每个 EWIS 规定了安全性的定性与定量指标要求，具体如下。每个 EWIS 的设计和安装必须使得：

1）灾难性的故障状态其发生概率是极不可能的，且不会因单个故障而引起。

2）危险的故障状态其发生概率是极小的。

8.2.3.2 FAA 第 25－123 号修正案前的 25.1309 条要求保证不了 EWIS 的安全性水平

在 FAA 颁发第 25－123 号修正案（2007 年 12 月）之前，按 FAR 25.1309 条要求开展安全性的符合性验证保证不了 EWIS 的安全性水平。这是因为之前的 FAR 25.1309：

1）仅规定了对 FAR 25 部要求的系统和设备进行安全性评估的要求，用于评估相应的 EWIS 并不充分。例如，FAR 25.1309 条的系统安全性评估通常只考虑电缆功能故障对系统功能的影响，并没有考虑电缆物理故障对周围其他电缆的影响。

2）FAR 25 部未要求的系统和设备不予评估，其相关的 EWIS 更不会评估，如机上娱乐系统。

3）25.1309 条对飞机某些系统的某些部分是不适用的，如 FAR 25.671（c）（1）和 FAR 25.671（c）（3）项中单点故障或卡滞。于是，对这些部分的 EWIS 不进行评估也是名正言顺之事。

所以，FAA 第 25－123 号修正案特在 FAR 25.1309 条中增加了一条“必须按照 FAR 25.1709 条的要求对电气线路互联系统（EWIS）进行评估”，以示强调。FAA 还为 EWIS 的安全性评估工作提供了相应指南 AC 25.1701－1。

8.2.3.3　EWIS的安装状态是否科学、维修方式是否合理对航空装备安全性影响很大

EWIS的安装状态是制造出来的，是通过合理的维修方式予以保持的，而安装状态的输入则来源于装备及系统的安全性需求。安装状态的安全性需求又来源于系统工程师的设计与分析过程，而设计与分析过程的输入则来源于装备和系统的FHA等安全性评估过程及相应的规章、规范和咨询通告。

虽然MIL-HDBK-516C、CCAR 25.1701～25.1733对EWIS的布局、设计和维修从航空装备安全性角度做了很多规定，但这些都是全局性、原则性的规定，对电缆的细节设计，如如何设计才能满足分离、隔离、防火、防静电等需求均并未做细节性的指导。这就要求EWIS的工程师参照FHA、PSSA、CCA确立的装备及系统级安全性需求，按照EWIS的安全性分析程序，认真识别和确认各系统EWIS的安全性需求，仔细琢磨相关规章、规范、咨询通告等对EWIS的安全性要求，恰当评估EWIS物理故障对周围结构、系统及电缆（束）的二次损伤；科学布局与设计EWIS的安装方式和可达性，准确制定标准线路施工手册（Standard Wiring Practices Manual，SWPM），合理确定EWIS的维修方式及关键设计构型控制项目（Critical Design Configuration Control Limitation，CDCCL）；否则，会严重影响航空装备的安全性水平。

例如，飞机起飞和着陆过程中，起落架舱均属开敞区，主起落架的轮速传感器及各种微动电门电缆均为小股电缆，直接用尼龙扎带固定于起落架的刚性结构上，电缆外面没有采用导线套管等保护措施。使用这种布局与设计措施，当飞机起降达到一定的次数之后，可能承受不住飞机起飞或着陆期间气流以60～70 m/s的速度长时间地反复吹袭，这些小股电缆磨破或扯断的可能性很大，继而影响到飞机起落架的收放和地面减速，极大地危害飞机的持续安全飞行与着陆。但如果这些小股电缆外面套了金属管进行保护，则其磨破或扯断的可能性基本没有，而且可大大提高其抗EMC能力。

因此，EWIS的安装状态是否科学、维修方式是否合理对航空装备安全性影响很大。

8.2.3.4　EWIS不应成为军用航空装备安全性水平的短板

部分设计人员认为，军用航空装备EWIS的安全性水平不可能达到大型商用飞机的水平，进而也满足不了FAR 25.1701～CCAR 25.1733的要求。其主要理由如下：

1）军用航空装备安全性要求没有大型商用飞机的高。

2）军用航空装备追求优异的作战性能和尽可能大的有效载荷，其有效空间相当紧张，电缆的布局、分离与隔离、安装与维修要求不可能达到大型商用飞机的水平。

实际上，这些想法是不完全正确的，因为：

1）大型商用飞机在设计时，其安全性水平一般高于FAR 25的要求，如A380飞机。FAR 25只是规定应达到的最低要求。

2）部分二代航空装备20多年的使用数据表明，其安全性水平只是略低于大型商用飞机，但仍在一个量级上，如某型基础教练机。三代、四代航空装备其安全性水平如果达不到同类二代装备的水平，那用户是坚决不可接受的。

3）因军用航空装备空间紧张致使EWIS的分离间距要求难以实现时，可以采用加大

卡箍密度、采用隔离环或对 EWIS 增加保护套管等措施。

4）可以利用总线或无线网络传输技术适当减少数字信号类的 EWIS 总量。

5）军用航空装备只要 EWIS 的总体布局、设计、维修得当，达到或优于装备上飞控、发动机、起落架、液压等系统的安全性水平是完全可能的，否则用户同样不可接受。

因此，EWIS 不应成为军用航空装备安全性水平的短板。

8.2.4 EWIS 技术发展方向

8.2.4.1 将 EWIS 纳入航空装备安全性评估的一部分

EWIS 的质量一般占航空装备量的 4%～5%，分布于装备的所有舱段，经历装备全寿命期内振动、湿热等各种力学、热力、化学与气候环境，易于聚集各种油脂尘埃，发生锈蚀、接触不良、电弧、局部电缆束过热等故障模式。这些故障模式可能会引起装备的灾难性故障，而且故障模式发生的频度和 EWIS 的设计、安装与维修的合理性相关。为此，2007 年 FAR 25 部的第 123 号修正案中推出 FAR 25.1701～25.1733 共 17 条适航条款，其中在 FAR 25.1709 条“系统安全：EWIS”中明确了每个 EWIS 的设计目标，提出了安全性评估要求；与修正案 25-123 同步颁发的 AC 25.1701-1 中，针对 FAR 25.1709 条给出了参考的安全性评估流程，已将 EWIS 纳入航空装备安全性评估的一部分。

8.2.4.2 开展 EWIS 安全性的结构化分析与评估

在 FAA 颁发第 25-123 号修正案之前，航空装备承制商一般按 FAR 25.1309 条的要求对 FAR 25 部要求的设备与系统相连接的电缆进行评估，而 FAR 25 部没有要求的设备或对 FAR 25.1309 条不适用的设备，其电缆一般不参与安全性评估。事实上，普普通通的一根类似于客舱娱乐系统的电缆，其短路形成的电弧足以损坏与之一起的整束电缆，进而可能导致整束电缆的故障、着火甚至结构损伤，从而严重威胁飞机的安全。由于 FAR 25.1309 条的工程实践不能确保所有影响飞机层次安全性的 EWIS 故障状态均得到考虑；按 ARP 4761 给出的安全性评估方法（见 6.10 节），仅从 EWIS 的功能故障方面告诉我们如何开展安全性评估，并没有给出如何对 EWIS 的物理故障进行评估，因此也不够满足航空装备 EWIS 的安全性评估要求。于是，FAA 在 AC 25.1701-1 中给出了两套评估方法，每套方法均从物理故障和功能故障两个角度给出了 EWIS 结构化的安全性分析与评估流程（见 8.4 节）。通过安全性评估，结合设计说明、地面试验、飞行试验及机上检查等方法证明：FAR 25.1701～25.1733 共 17 条适航条款要求的适用部分，每一 EWIS 均能满足。

8.2.4.3 针对 EWIS 的维护编制持续适航文件

航空装备的等级事故及事故征候情况表明，不恰当的维护、修理和改装会加速 EWIS 部件的失效或故障。设计、维修、安装、改装人员只有了解了 EWIS 的物理及功能信息，才能对装备实现正确的安装、维修和改装。于是，为保持航空装备或其相关系统的持续适航，FAA 要求针对 EWIS 的维护编制持续适航文件。该文件必须明确 CDCCL 项目及其维修间隔（强制更换的 EWIS 部件），具体要求可参考 FAR 25.1729。

8.2.4.4　光纤代替信息传输的EWIS

光纤不是EWIS，但它具有质量小、抗干扰、传输速率高、可靠性好、扩展余度大、拓扑灵活等特点，已经成为航空航天装备数据总线的研究和关注焦点。

8.3　装备型号EWIS问题解决方案

8.3.1　EWIS的组织与管理

成立专门的EWIS设计与研究机构，全面负责型号EWIS全寿命周期内的布局与设计、评估、试验与验证、使用与维修等技术工作；系统性地统筹规划型号EWIS的可靠性、维修性、保障性、安全性、环境适应性、适航性及经济可承受性等工作；优化型号EWIS的路径与数量；制定EWIS器件的选用手册；主导EWIS的六性分析（含安全性分析）与持续改进；研究光缆替换部分EWIS的技术可行性；研究如何利用总线或无线网络传输技术减少数字信号类EWIS总量的技术可行性。

8.3.2　EWIS安全性设计目标

CCAR-25-R4的H分部中第25.1709条款规定了大型商用飞机EWIS的安全性必须符合：每个EWIS的设计和安装必须使得灾难性的故障状态是极不可能的且不会因单个故障而引起，并且每个危险的故障状态是极小的。不同类型的航空装备均应有用户可接受的EWIS安全性设计目标。该目标可参考装备级的安全性目标及CCAR-25-R4第25.1709条款的规定确定。

8.3.3　EWIS设计准则

EWIS设计准则包括可靠性、维修性、安全性、环境适应性等方面的定性内容。准则主要来源于3个方面：

1）源于工程经验和相关标准、规范与规章。

2）源于型号安全性评估过程（FHA、PSSA、CCA）中的需求。例如，为达到FHA中确定的定量与定性安全性需求，对相关系统在特定风险、EMC、独立性、隔离与分离、可达性等方面提出的EWIS定性安装需求。

3）源于EWIS的物理故障与功能故障分析。

为便于将EWIS的设计、安装与维修需求从初步设计阶段开始，通过PSSA、SSA过程落实到航空装备中，EWIS详细设计准则的制定需要利用FHA、PSSA、CCA及EWIS安全性评估与分析结果，需要借助相似型号的经验与教训，需要参考MIL-HDBK-516C、FAR 25.1701～25.1733、STANAG 4671等标准、规章及相关GJB的要求。显然，设计准则的制定也是一个需要反复迭代的过程，需要随着研制过程的不断深入和FHA、PSSA、CCA、SSA的不断更新而逐步完善。表8-2给出了EWIS设计准则示例。

表 8-2　EWIS 设计准则（示例）

序号	准则项目	准则要求	要求说明	准则类型
1	安全性目标需求	每个 EWIS 的设计和安装必须使得： 1）灾难性故障状态是极不可能的，且不会因单个故障而引起。 2）每个危险故障状况是极小的	每个 EWIS 均应参考 AC 25.1701-1 的方法进行分析。左列准则源于 CCAR25.1709 条的要求	安全性设计准则
2	特定风险需求	航空器结构（如机身、机翼、尾翼、短舱等）内的电缆以及起落装置上安装的电缆应具有抗鸟撞能力	抗鸟撞要求。左列准则源于 MIL-HDBK-516C 第 5 章要求	安全性设计准则
		开敞区（如起落架舱、导弹舱）内小股电缆应采用金属管或橡胶管保护 ……	抵抗气流、水、雪、轮胎甩出的碎片等对电缆及其安装的损坏。 左列准则源于相似型号经验	可靠性设计准则
3	EMC 需求	组成电子爆破子系统（如爆破驱动灭火瓶和应急放油装置）的线路应敷设成屏蔽加套双绞电缆，并保持不间断屏蔽且与插座处的其他接线分离	CMA 分析结果要求。 左列准则源于相似型号经验及参考文献[72]中第 227 页	环境适应性设计准则
		防滑刹车轮速传感器线路应敷设成屏蔽加套双绞电缆，并保持不间断屏蔽且与插座处的其他接线分离 ……	PSSA 分析结果要求	
4	防水防潮需求	电缆套管的低点应设置滴水环 ……	左列准则源于相似型号经验	环境适应性设计准则
5	独立性需求	1）具有冗余设计的系统，与这些系统相关的 EWIS 部件的设计和安装必须具有足够的物理分离。 2）飞机独立电源之间不得共用同一接地端。 3）飞机系统的静电接地不得与任何飞机独立电源共用同一接地端	对只有具有冗余设计才能满足合格审定要求的系统，必须保持互为冗余部分的各自独立性。 左列准则源于 CCAR 25.1707 条要求	安全性设计准则
		第一液压系统与第二液压系统的 EWIS 部件不能有共用部分 ……	PSSA、CMA 分析结果要求	
6	维修性需求	1）必须用二维码的方式识别 EWIS 部件、功能、设计限制或其他内容。 2）任何 EWIS 部件必须可以接近，以对其进行持续适航所需的检查和更换 ……	左列准则源于 CCAR 25.1711、CCAR 25.1719 条要求	维修性设计准则

续表

序号	准则项目	准则要求	要求说明	准则类型
7	电缆防磨防振需求	每个 EWIS 的设计和安装必须与其他飞机部件和飞机结构具有足够的物理分离，保护 EWIS 免受锐利边角的损伤，将潜在的磨损、振动损坏和其他类型的机械损伤降至最低	左列准则源于 CCAR 25.1707 条要求	可靠性设计准则
8	电缆的隔离与分离需求	电缆与液压、环控、燃油、氧气、水系统等导管应有充分的物理分离	左列准则源于 CCAR 25.1707 条要求	安全性设计准则
		与飞控系统相关的 EWIS 和其他 EWIS 至少需要有 50 mm 的物理间距 ……	电缆之间的隔离与分离要求。 左列准则源于相似型号经验	安全性设计准则
9	活动区电缆的安装需求	1）相对运动的结构上设置卡箍固定电缆，设置运动弧线，并保持电缆弧线形状。 2）电缆应有金属编织软管或橡胶软管保护 ……	活动区电缆一般为小股电缆，如无软管保护，则难以保持相对固定的运动轨迹，活动件维修时也易伤及电缆。 左列准则源于相似型号经验	可靠性设计准则
10	持续适航文件要求	规定关键设计构型控制项目（CDCCL）的强制更换时间，并纳入 MRBR 中适航性限制部分 ……	为保证 EWIS 维护、修理和改装的正确性，设计、安装、维修和改装人员需要了解 EWIS 的特定信息。 左列准则源于 CCAR 25.1729 条要求	安全性设计准则
…	……	……	……	……

将 EWIS 设计准则融入型号的可靠性、维修性、安全性、环境适应性等专项准则及相应的系统规范或产品规范之中。准则的符合性检查，既可借助于 ZSA 对电子样机或实物样机每一区域的每个 EWIS 与相应的准则进行对照，结合工程经验开展定性判断，来表明对每条准则的符合性；也可通过相关的计算、试验与设计分析表明对相关准则的符合性，如抗鸟撞、抗 EMC（含 L/HIRF）的能力。最终形成符合性分析报告，对存在的问题实施设计或工艺改进，以确保 EWIS 的安全性需求得到满足。

8.3.4　EWIS 维护与检查要求

EWIS 维护与检查要求应遵照 MSG－3/S4000P、AC 25－27 中规定的区域分析程序，通过对每个区域的 EWIS 开展维护和检查要求分析，确定相应的维护和检查项目与执行间隔，并列入 MRBR 中。EWIS 维护与检查应达到如下目的：

1）确保航空装备所有区域的 EWIS 均已得到检查。

2）确保 EWIS 的损伤及老龄化问题均已得到妥善处理。

3）确保 L/HIRF 防护系统的完整性。

4）确保 EWIS 聚集的易燃物均可得到有效清除。

5）确保所有 EWIS 均符合适航审定基础的要求。

8.3.5 EWIS 标准施工手册

编制 EWIS 标准施工手册，实际上是产品支援（综合保障）的要求。其主要目的是便于维护和修理人员正确地理解 EWIS 相关信息，实现 EWIS 正确的维护和修理。该手册应至少包含如下内容：

1）EWIS 的识别方法/EWIS 更改后的识别方法。

2）EWIS 电气负载数据和该数据更新的说明。

3）EWIS 的安装、固定、路径及插座、接线、搭接、接地等信息，如飞控系统 1、2 通道电缆与 3、4 通道电缆的不同路径。

4）EWIS 维护和修理前的预防、注意、警告事项。

5）EWIS 的清洗要求与方法。

6）EWIS 的损伤极限与检查方法。

7）EWIS 部件的拆卸、修理和安装程序。

8）EWIS 维护修理的合格判据，如飞控系统 EWIS 和其他 EWIS 之间至少应保持 50 mm 的物理间距或等效物理间距（EWIS 的分离需求）。

8.4 EWIS 安全性分析

CCAR 25.1309 条中，定性评估始终是必需的，而定量概率分析则主要是针对危险和灾难性故障状态的一种符合性分析方法；对没有冗余的复杂系统，当故障状态是“（影响）大的”时，也应进行故障状态的定性与定量分析（见 6.3.3 节）。

CCAR 25.1709 的符合性分析要求同 CCAR 25.1309 是一致的。EWIS 的安全性分析不是纯数字式的定量概率分析，其目的不是检查每一单个线路与其他线路的关系，而是确保不存在导致危险或灾难性故障状态的组合。

为实现 EWIS 的安全性设计目标，AC 25.1709－1 建议从物理故障和功能故障两个方面开展 EWIS 的安全性分析，见图 8－1。图 8－1 描述了新研或改装型号研制过程中 EWIS 的安全性分析理念与方法。

图 8－1 的分析流程首先从 AFHA（步骤 A）开始。步骤 A 要求：应假设电气线路传输电能、信号或信息数据时，EWIS 故障可能引起飞机的功能退化。需要说明的是，此处 AFHA 是为表明 CCAR 25.1309 的符合性而专门建立的文件，并不是为表明对

CCAR 25.1709 条的符合性而建立的。步骤 B～I 为物理故障分析，步骤 J～P 为功能故障分析。

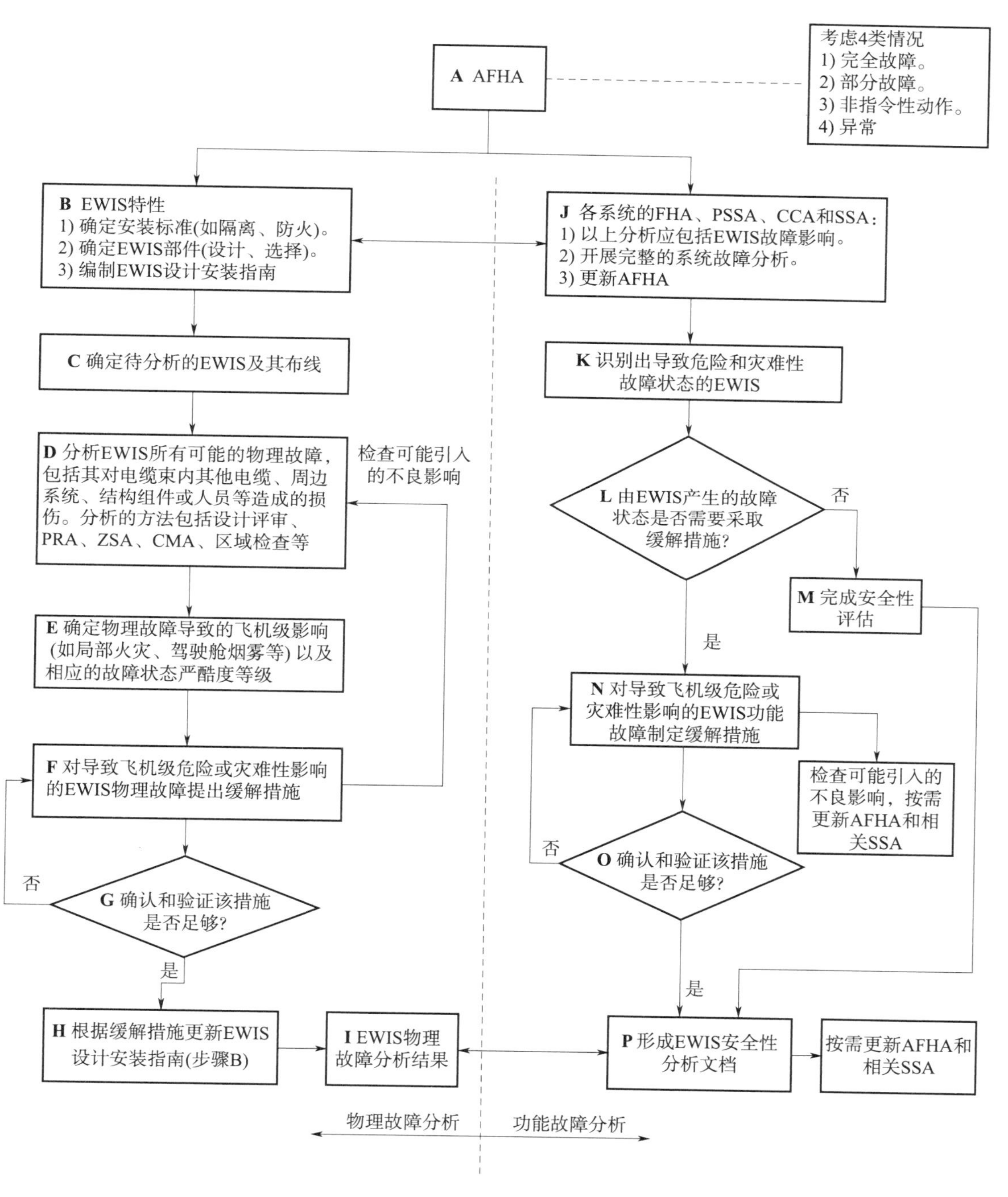

图 8-1　EWIS 安全性分析流程

8.4.1 物理故障分析

EWIS物理故障分析主要以飞机级功能危险评估为输入，在飞机级层面开展。

物理故障分析只考虑单因共因事件，其分析范围是航空装备上每一EWIS部件（包括娱乐、广播系统）。该分析应考虑在周围燃油、氧气、液压油等因素的作用下，带电的EWIS部件发生过热、冒烟、释放有毒气体或着火等故障模式后，对EWIS部件周围系统、结构、人员的影响，并据此确定EWIS物理故障导致的故障状态严酷程度，确定相应的缓解措施（如隔离、分离、套管保护等），并将严酷度等级和发生的概率降低到可接受水平。

物理故障分析包括EWIS特性的确定、安装标准（需求或准则）的确认和验证、减缓措施的设计与确认等内容。报告分析的深度随研制阶段的进展而不断深入，并与装备级、系统级的安全性评估交叉进行。物理故障分析需要依据装备级和系统级FHA、PSSA和SSA的结果，需要利用数字样机、物理样机、飞行信息、历史数据等信息，需要采用首件检验、设计评审、PRA、ZSA、CMA及区域检查（按MRBR确定的检查项目）结果。对于EWIS部件的磨损、腐蚀等物理故障模式，主要通过设计、安装和后期维护等措施尽量避免；对电弧造成的二次损伤、火灾等安全性影响，应结合试验与分析结果、历史数据、所采用措施的有效性等进行工程判断。

EWIS物理故障分析为图8-1中从B到I的流程，其主要过程如下。

（1）EWIS特征定义（步骤B）

使用AFHA（步骤A）、PSSA、CCA及SSA（框图J）中的结果，定义EWIS的安装标准和部件特性。EWIS的安装标准包括分离、隔离、防火等要求，部件特性包括抗EMC性能、防潮、机械强度、最小弯曲半径、元器件质量等级等要求。将EWIS的安装标准和部件特性形成设计指南，作为设计、分析和准则符合性等检查的依据。该指南还应根据步骤H的结果适时更新。

步骤B的结果应反馈给步骤J中的PSSA和SSA。

（2）EWIS安装标准的确认及验证（步骤C、D、E）

C、D、E 3个步骤是对EWIS安装标准进行确认及验证，确保EWIS部件的特性指标考虑了在装备中所处位置、限制条件，且满足设计、安装及使用要求，具体可参考CCAR25.1703和25.1707等要求。

利用可用的信息（数字样机、物理样机、飞行数据和历史数据）对EWIS进行检查和分析，以确认设计和安装标准考虑了多重系统的影响，满足所在区域内规定的功能。安装标准的确认及验证可采取设计评审、PRA、ZSA、CMA、区域检查等分析和检查方式。

在分析和检查过程中，应对以往类似型号使用过程中存在的问题进行考虑，如电弧、烟雾、卡箍松动、摩擦、潮湿、与其他系统的干涉、EMC、舱门和出口等活动区有弯曲要求的线缆等。对任何电源导线应假设任意的单个电弧故障，无论概率如何，均应证实其电弧强度、后果，并应有相应的缓解措施。在任何情况下，CCAR 25.1703（b）款要求导线的选择必须考虑其安装和使用时的损伤风险（包括任何电弧现象）降至最低。

（3）EWIS缓解措施的制定和确认（步骤F和G）

为步骤D和E中识别的物理故障及其不利影响确定缓解措施。缓解措施的确认与验证需确保：

1）危险的故障状态是极小的。

2）灾难性的故障状态是极不可能的，且不会由单个共因事件或单个共因故障引起。

3）缓解措施不会引发新的故障状态。

对不能满足CCAR 25.1709条要求而采取了等效措施的，应对等效措施的真正等效程度进行评估。例如，当某电缆与液压导管的间距不能满足规定的隔离间距要求时，可采用金属导管对电缆进行保护。这种等效措施的评估过程就是缓解措施的制定和确认过程。评估合格，就表明制定和确认过程结束。

（4）EWIS适用缓解措施的归并（步骤H）

步骤F制定的缓解措施，经G步确认能满足设计与使用要求后，全部并入步骤B的指南中，用于设计、分析和检查过程迭代。

（5）EWIS物理故障分析结果（步骤I）

将步骤B～H的EWIS物理故障分析结果形成报告，报告至少包括物理故障描述、物理故障影响、相应的缓解措施等内容，该报告还应作为步骤P中EWIS安全性分析报告的输入。

8.4.2　功能故障分析

功能故障分析主要考虑EWIS部件功能故障对所属系统安全性水平的影响。

由于EWIS部件通常不独立具备系统级功能，并且CCAR 25部和FAR 25部均要求系统在进行符合性验证的过程中需考虑与系统相关的EWIS部件的影响。因此，对EWIS部件的功能故障分析宜作为所属系统安全性评估的一部分来开展，即应该融于系统的FMEA、FTA、ZSA、PRA、CMA等分析中（见6.10.2节）。

功能故障分析包括与EWIS相关系统的安全性评估、故障状态的确定、衍生的EWIS安全性需求或准则的确认和验证、减缓措施的设计与确认等内容，并结合EWIS物理故障分析结果，完成EWIS安全性评估报告（见图8-1第P步）。功能故障分析的深度同样随研制阶段的进展而不断深入，并与装备级、系统级的安全性评估交叉进行。功能故障分析主要采用FMEA、FTA、CMA等方法，以评估EWIS部件发生松脱、受潮、锈蚀、过热、短路、断路等故障模式对装备级、系统级功能的影响，给出必要的设计改进措施，措施的有效性至少应经工程判断可行。EWIS功能故障分析得到的故障影响应嵌入AFHA和SFHA中，并根据需要嵌入PSSA、CCA和SSA中。

EWIS功能故障分析为图8-1中从J到P的流程，其主要过程如下。

（1）EWIS系统安全评估（步骤J）

利用步骤A中AFHA的分析结果及步骤B中定义的安装标准和部件特性，指导

SFHA，将应满足 CCAR 25.1309 条要求（AC 25.7101－1 原意：按 § 25.1709 条所识别）的 EWIS 故障嵌入 SFHA 和 AFHA 中，并视情嵌入 PASA、PSSA、CCA、SSA 中。EWIS 安全性评估的目的是判断步骤 B 中定义的安装标准和部件特性能否满足 CCAR 25.1309 条的要求，分析的结果可用来更新步骤 B 中 EWIS 的定义。

（2）EWIS 危险的和灾难性的故障状态识别（步骤 K、L 和 M）

使用框图 J 的分析结果判断与所分析系统相关的 EWIS 是否可全部或部分导致危险的和灾难性的故障状态，判断 EWIS 故障是否需采取缓解措施。如果需要，则制定、确认和验证缓解措施（步骤 N）；如果不需要，则按要求完成相应的安全性评估。

（3）EWIS 缓解措施的制定和确认（步骤 N、O）

对由框图 J 识别的 EWIS 功能故障和不利影响，确定缓解措施。缓解措施的确认与验证过程如下：

1）判断初始目标（CCAR 25.1709 条）是否完全得到满足。

2）确认此缓解措施与当前安装及安装标准（步骤 B）是否兼容。

需要强调的是，若航空装备故障系 EWIS 引起，则所制定的缓解措施可能会引入原分析中未涵盖的新的不利影响。此时，必须更新所有与其相关系统的安全性评估文件（见步骤 J）。

（4）EWIS 安全性分析结果文件汇编（步骤 P）

在缓解措施确认及验证后，将 CCAR 25.1709 的物理故障和功能故障分析结果综合成 EWIS 的安全性分析文件，分析结果应与支持 CCAR 25.1309 条合格审定的 AFHA 等系列安全性评估文件保持一致。

附录A 术语

本附录只列入与飞机系统安全相关的常用术语。其排列顺序按汉语拼音，且附有相应的英文名称。

序号	术语名称	定义
1	保证(Assurance)	产品或过程为满足给定需求的充分置信度所必须采取的计划性和系统性活动
2	暴露时间(Exposure Time)	已知产品上次正确工作的时间，和已知它将被再次(确认)正确工作的时间之间的间隔
3	差错(Error)	它包含两部分：①机务或维修人员疏忽的或不正确的作业；②需求确定、设计、实施过程中产生的错误
4	独立性(Independence)	①将飞机、系统、子系统功能之间因发生共模差错、级联故障的可能性控制到最低程度的设计理念；②确保实现客观评价的职责分开，如系统或组件需求的确认工作不能由需求的制定者单方完成
5	分区(Partitioning)	将系统或子系统隔开成若干实体部分，以实现研制保证等级规定的充分独立性需求
6	分析(Analysis)	基于分解成简单元素的评价
7	符合性(Compliance)	所有强制性工作已成功完成，预期或预定结果与实际结果相吻合
8	复杂性(Complexity)	系统或子系统的一种功能属性。该属性使得不借助于分析方法而对系统或子系统运行的故障模式或影响难以理解
9	隔离(Segregation)	在两个硬件或部件之间采用物理隔离方面的措施来维持其独立性
10	功能独立性(Functional Independence)	为了共同需求错误发生的概率最小化，采取完全不同的物理原理实现同一功能的属性
11	功能危险评估(Functional Hazard Assessment)	对功能进行系统综合的分析，以识别功能的故障状态并对其按照严酷程度进行分类
12	功能研制保证等级(Functional Development Assurance Level)	为功能而实施的研制保证任务严格程度等级。 注：飞机、系统的功能研制保证等级按 ARP 4754/ED－79 确定，用于控制研制差错应满足的目标
13	共模差错(Common Mode Error)	会对原被认为独立的多个单元产生影响的差错
14	共模故障(Common Mode Failure)	会对原被认为独立的多个单元产生影响的故障
15	共因分析(Common Cause Analysis)	包括区域安全性分析、特定风险分析、共模分析在内的通用术语
16	故障(Failure)	通常也称为功能故障或功能失效，即产品不能执行规定功能的状态。但因等待预防性维修或缺乏外部资源造成不能执行规定功能的情况除外。 注：差错可能引起故障，其本身不应作为故障

续表

序号	术语名称	定义
17	故障状态 (Failure Condition)	在考虑到各种飞行阶段、相关的不利的运行条件、环境条件或外部事件的情况下，一个或多个故障或差错引起的能对飞机及(或)机上人员产生直接或间接影响的状态
18	合格审定 (Certification)	合法地鉴别产品、服务、机构或人员对适用要求的符合性。这种审定包含技术地检查产品、服务、机构或人员的工作，以及采用颁发合格证件、执照、批准或其他被国家法律和程序要求用文件证明的方式，正式认可对适用要求符合性的活动
19	集成/综合 (Integration)	使系统/子系统的各组成单元协同执行某一具体功能的行为，或使若干分离的功能集中到单个实施过程之中的行为
20	级联故障 (Cascading Failure)	因外部相关事件(如火灾、流体泄漏、鸟撞、轮胎爆破、非包容高能转子故障、L/HIRF 影响等)破坏系统若干单元的独立性后，所引发的后续一个或多个故障
21	可追溯性(Traceability)	产品研制过程中，建立在两个或多个元素之间的记录关系，如需求与需求的来源、需求的验证方法与需求的确认方法
22	评估(Assessment)	基于工程判断的评价
23	区域安全性分析 (Zonal Safety Analysis)	对飞机各区域内系统或设备的安装、干扰以及维修差错、环境、兼容性等方面的安全性需求进行评估，是抑制共因故障产生的重要措施
24	确认(Validation)	确定对产品的需求是充分正确和完整的
25	设备(子系统) (Item)	有边界或完好接口定义的硬件或软件(见 ARP 4754A Figure 6)
26	设备研制保证等级 (Item Development Assurance Level)	对设备实施的研制保证任务严格程度等级。 注：设备研制保证等级中，软件按 DO-178C/ED-12B、硬件按 DO-254/ED-80 确定，用于控制研制差错应满足的目标
27	失常(Malfunction)	使用时出现超出规定限度的状态或时好时坏的状态
28	实施(Implementation)	依据技术规范创建物理实体的行为
29	适航性(Airworthiness)	产品(飞机、飞机系统或零部件)以安全的工作方式运行和完成其预定功能的状态
30	外部事件(External Event)	事件的发生不是来源于飞机或系统的内部，而是由大气条件、使用环境、客货舱火灾、鸟撞或发动机振动脉冲等引起的事件，如阵风、风切变、冰雹、雷击、跑道状况、通信条件、导航、监控设施等飞机或系统外部原因导致的事件。该术语不包括蓄意破坏活动
31	相似性(Similarity)	在研系统与经合格审定的飞机系统在特征及功能使用方面的相似性，如相同的设计原理、相近的使用应力、相同或相似的使用环境与安装方式等
32	需求(Requirements)	功能技术规范可识别的元素。该元素在设计时可确认，在实施时可验证
33	需求数据库 (Requirements Database)	对装备研制需求实施跟踪与管理的数据库。数据库内容不仅包括装备或装备级以下本身的安全性需求，还包括相应的技术接口、可靠性、维修性、测试性、保障性、环境适应性、适航性、经济性等需求。库中数据可能来源于： 1)客户需求。 2)FHA、PSSA 等安全性评估中确定的需求。 3)相似型号的经验与教训。 4)其他

续表

序号	术语名称	定义
34	研制保证 (Development Assurance)	在充分的置信度水平下，用来证明需求确定、设计、实施过程中的差错已得到发现和纠正。这种发现和纠正差错的过程是有计划的和系统性的过程，能保证所研制的系统满足适用的审定基础
35	研制差错(Development Error)	在需求的确定、设计及实施过程中产生的错误
36	衍生需求 (Derived Requirements)	在研制过程中，由设计或决策的实施生产的附加需求。衍生需求对其较高层面的需求是不可直接跟踪的
37	验证(Verification)	对实施结果进行评价，以确定适用的需求已得到满足

附录 B　英文缩略语

ADCN	Aircraft Data Communication Network	飞机数据通信网络
AEP	Allied Engineering Publication	联合工程出版社
AFDX	Avionics Full DupleX switched Ethernet	航电全双工以太网
AFHA	Aircraft Functional Hazard Assessment	飞机级功能危险评估
AFM	Airplane Flight Manual	飞行手册
ALARP	As Low As Reasonably Practicable	最低合理可行
AMC	Advisory Material Circular	咨询资料通告
AMC	Acceptable Means of Compliance（EASA）	符合性方法
AMJ	Advisory Material Joint	联合咨询资料
AOA	Angle of Attack	攻角
ARP	Aerospace Recommended Practice	航空宇航推荐标准
ASA	Aircraft Safety Assessment	飞机安全性评估
ASAT	Aircraft - Level Safety Assessment Team	飞机级安全性评估团队
CAAC	Civil Aviation Administration of China	中国民用航空局
CCAR	China Civil Aviation Regulation	中国民用航空规章
CAT	Catastrophic	灾难性的
CBM	Condition Based Maintenance	基于状态的维修
CC	Change Control	更改控制
CCA	Common Cause Analysis	共因分析
CDCCL	Critical Design Configuration Control Limitation	关键设计构型控制项目
CDL	Configuration Deviation List	构型偏离清单
CFR	Code of Federal Regulations	联邦规章法典
CM	Configuration Management	配置管理
CMA	Common Mode Analysis	共模分析

CMP	Configuration Management Plan	配置管理计划
CCMR	Candidate Certification Maintenance Requirement	候选审定维修要求
CMR	Certification Maintenance Requirement	审定维修要求
CMS	Central Maintenance System	中央维修系统
COTS	Commercial Off - The - Shelf	商业货架产品
CS	Certification Specifications	合格审定规范（欧洲）
DAL	Development Assure Level	研制保证等级
DD	Dependence Diagram	相关图
DRACAS	Data Reporting，Analysis and Corrective Action System	数据报告、分析和纠正措施系统
ETA	Event Tree Analysis	事件树分析
EWIS	Electrical Wiring Interconnection Systems	电气线路互联系统
FC	Failure Condition	故障状态
FC&C	Failure Condition and Classifications	故障状态与分类
FDAL	Function Development Assurance Level	功能研制保证等级
FFS	Functional Failure Set	功能故障集
FH	Flight Hours	飞行小时
FHA	Functional Hazard Assessment	功能危险评估
FMEA	Failure Modes and Effect Analysis	故障模式影响分析
FMES	Failure Modes and Effect Summary	故障模式影响摘要
FOD	Foreign Object Damage	外来物损伤
FRACAS	Failure Reporting，Analysis and Corrective Action System	故障报告、分析和纠正措施系统
FTA	Fault Tree Analysis	故障树分析
HAZ	Hazardous	危险的
HAZOP	Hazard and Operability Studies	使用危险分析
HW	Hardware	硬件
H/W	Hardware	硬件
ICA	Instructions for Continued Airworthiness	持续适航文件

ICAO	International Civil Aviation Organization	国际民航组织
IDAL	Item Development Assurance Level	设备研制保证等级
IMA	Integrated Modular Avionics	综合模块化航电
IMA	Integrated Modular Architecture	集成模块架构
LORA	Level of Repair Analysis	修理级别分析
LRU	Line Replacement Unit	外场可更换单元
MA	Markov Analysis	马尔可夫分析
MCAS	Maneuvering Characteristics Augmentation System	机动特性增强系统
MEL	Minimum Equipment List	最低设备清单
MMEL	Master Minimum Equipment List	主最低设备清单
MSG	Maintenance Steering Group	维修指导小组
NTSB	National Transportation Safety Board	国家运输安全委员会
O&MTA	Operation and Maintenance Task Analysis	使用与维修任务分析
OEM	Original Equipment Manufacturer	初始设备制造商
PASA	Preliminary Aircraft Safety Assessment	初步飞机安全性评估
PHM	Prognostics and Health Management	故障诊断与健康管理
PMMEL	Proposed Master Minimum Equipment List	主最低设备清单建议书
PR	Problem Report	问题报告
PRA	Particular Risk Analysis	特定风险分析
PRRT	Particular Risk Review Team	特定风险审查团队
PSSA	Preliminary System Safety Assessment	初步系统安全性评估
RCM	Reliability Centered Maintenance	以可靠性为中心的维修
RCMA	Reliability Centered Maintenance Analysis	以可靠性为中心的维修分析
RTCA	Radio Technical Commission for Aeronautics	航空无线电技术委员会
RTO	Rejected Takeoff	中断起飞
RTS	Release to Service	投入使用
SFHA	System Functional Hazard Assessment	系统级功能危险评估
SIRT	Systems Integration Requirements Task	系统集成需求工作

SHEL	Software, Hardware, Environment, Liveware	软件、硬件、环境、人件
SRU	Shop Replacement Unit	内场可更换单元
SSA	System Safety Assessment	系统安全性评估
STANAG	Standardization Agreement	标准化协议
STC	Supplemental Type Certificate	补充型号合格证
SW	Software	软件
S/W	Software	软件
SWPM	Standard Wiring Practices Manual	标准线路施工手册
TATEM	Technologies and Technique for New Maintenance	新型维修的技术和方法
TC	Type Certificate	型号合格证
TSO	Technical Standard Order	技术标准规定
V&V	Validation and Verification	确认与验证
ZSA	Zonal Safety Analysis	区域安全性分析

参考文献

[1] SAE ARP 4754 Certification Considerations for Highly - Integrated or Complex Aircraft Systems [S]. 1996.

[2] SAE ARP 4754A Guidelines for Development of Civil Aircraft and System [S]. 2010.

[3] SAE ARP 4761 Guidelines and Methods for Conducting the Safety Assessment Process on Civil Airborne Systems [S]. 1996.

[4] SAE ARP 5150 Safety Assessment of Transport Airplanes in Commercial Service [S]. 2003.

[5] SAE ARP 5151 Safety Assessment of General Aviation Airplanes and Rotorcraft in Commercial Service [S]. 2006.

[6] RTCA DO - 160G Environmental Considerations and Test Procedures for Airborne Equipment [S]. 2010.

[7] RTCA DO - 178B Software Considerations in Airborne Systems and Equipment Certification [S]. 1992.

[8] RTCA DO - 178C Software Considerations in Airborne Systems and Equipment Certification [S]. 2012.

[9] RTCA DO - 254 Design Assurance Guidance for Airborne Electronic Hardware [S]. 2000.

[10] RTCA DO - 297 Integrated Modular Avionics (IMA) Development Guidance and Certification Considerations [S]. 2009.

[11] MIL - STD - 882C System Safety Program Requirements [S]. Department of Defense, 1993.

[12] MIL - STD - 882D Standard Practice for System Safety [S]. Department of Defense, 2000.

[13] MIL - STD - 882E Standard Practice for System Safety [S]. Department of Defense, 2012.

[14] MIL - HDBK - 516B (w/CHANGE 1) AIRWORTHINESS CERTIFICATION CRITERIA [S]. 2008.

[15] EUROPEAN MILITARY AIRWORTHINESS CERTIFICATION CRITERIA [S]. European Defence Agency, 2013.

[16] MIL - HDBK - 516C AIRWORTHINESS CERTIFICATION CRITERIA [S]. 2014.

[17] MIL - HDBK - 764 System Safety Engineering Design Guide for Army Materiel [S]. 1990.

[18] DEF - STAN 00 - 56, Issue 4. Safety Management Requirements for Defence Systems [S]. 2007.

[19] DEF - STAN 00 - 56, Issue 2. Safety Management Requirements for Defence Systems [S]. 1996.

[20] DEF - STAN 00 - 970, Issue 2. Design and Airworthiness Requirements for Service Aircraft [S]. 1999.

[21] STANAG 4671 UNMANNED AERIAL VEHICLE SYSTEMS AIRWORTHINESS REQUIREMENTS (USAR) [S]. 2009.

[22] STANAG 4671 UNMANNED AIRCRAFT SYSTEMS AIRWORTHINESS REQUIREMENTS (USAR) [S]. 2019.

[23] AC 23. 1309 - 1E Equipment System and Installation in Part 23 Airplanes [S].

[24] AC 25. 1309 - 1A System Design and Analysis [S].

[25] AC 25. 1309 - 1B System Design and Analysis (draft) [S].

[26] AMC 25. 1309 System Design and Analysis [S].

[27] AC 25. 1701 - 1 Certification of Electrical Wiring Interconnection Systems on Transport Category Airplanes [S]. 2007.
[28] AC 25 - 26 Development of Standard Wiring Practices Documentation [S].
[29] AP - 21 - AA - 2011 - 03 - R4 航空器型号合格审定程序 [S].
[30] AC - 121/135 - 49 民用航空器主最低设备清单、最低设备清单的制定和批准 [S].
[31] MD - FS - AEG002 MMEL 建议项目政策指南 [S].
[32] AC - 91 - 037 航空器主最低设备清单的制定和批准 [S].
[33] AC - 25. 1529 - 1 审定维修要求 [S].
[34] AC - 25 - 19A 审定维修要求 [S].
[35] AC - 121 - 54R1 可靠性方案 [S].
[36] AC - 121/135 - 53R1 民用航空器维修方案 [S].
[37] AC - 121/135 - 67 维修审查委员会和维修审查委员会报告 [S].
[38] CCAR - 25 - R4 运输类飞机适航标准 [S].
[39] ASD - 100 - SEE - 1 REV 7D, NAS Modernisation System Safety Management Programme [M].
[40] ICAO DOC9859 Safety Management Manual (SMM) [M]. 2006, 2008, 2009, 2013.
[41] FAA - H - 8083 - 2 Risk Management Handbook [M]. 2009.
[42] FAA System Safety Handbook [M]. 2000.
[43] NASA/TM - 2007 - 214539 Preliminary Considerations for Classifying Hazards of Unmanned Aircraft Systems [R]. 2007.
[44] NASA/CR - 2006 - 213953Model - Based Safety Analysis [R].
[45] JSP533 Military Airworthiness Regulations [S]. 1st Edition, Change 2, 2004.
[46] MSG - 3 Airline/Manufacturer Maintenance Program Development Document [S]. Air Transport Association of America, 1993.
[47] MSG - 3 Operator/Manufacturer Scheduled Maintenance Development [S]. Air Transport Association of America, 2001, 2002, 2003, 2005, 2007, 2009, 2011, 2013.
[48] MSG - 3 Operator/Manufacturer Scheduled Maintenance Development Volume 1 - Fixed Wing Aircraft [S]. Air Transport Association of America. 2015, 2018.
[49] ATA iSpec 2200 Information Standards for Aviation Maintenance [S].
[50] S4000P International specification for developing and continuously improving preventive maintenance [S]. Aerospace and Defence Industries Association of Europe, 2014.
[51] AFB NM 87117 - 5670 Air Force System Safety Handbook [M]. 2000.
[52] DHB - S - 001 System safety handbook [M]. 1999.
[53] Duane Kritzinger. Aircraft System Safety: Assessments for Initial Airworthiness Certification. Woodhead Publishing [M]. 2017.
[54] Mcintyre G. R. Patterns in Safety Thinking. Ashgate Publishing Limited [M]. 2000.
[55] AEROSPACE SAFETY ADVISORY PANEL ANNUAL REPORT FOR 2010 [R]. National Aeronautics and Space Administration. DC 20546, 2011.
[56] Nancy G. Leveson. Engineering a Safer World: System Safety for the 21st Century [M]. Aeronautics and Astronautics Massachusetts Institute of Technology, 2009.
[57] Nancy G. Leveson. System Safety Engineering: Back to the Future [D]. Aeronautics and

Astronautics Massachusetts Institute of Technology, 2002.

[58] Joseph T. Nall, Accident Trends and Factors for 2007 [R]. AOPA Air Safety Foundation, 2008.

[59] National Research Council. Fostering Visions for the Future: A Review of the NASA Institute for Advanced Concepts [R]. Washington, D. C.: The National Academies Press, 2009.

[60] Mark S. Saglimbene. Reliability analysis techniques: How they relate to aircraft certification [J]. Proceedings of the Annual Reliability and Maintainability Symposium, Fort Worth, 2009: 218-222.

[61] Duane Kritzinger. Aircraft System Safety: Military and Civil Aeronautical Applications [M]. Woodhead Publishing, 2006.

[62] John Rose. The Jet Engine [M]. Rolls-Royce plc, 2005.

[63] Don Harris, Helen C. Muir. Contemporary Issues in Human Factors and Aviation Safety [M]. Ashgate Publishing Limited, 2005.

[64] National Transportation Safety Board. In-flight Breakup over the Atlantic Ocean, Trans World Airlines Flight 800, Boeing 747-131, N93119, near East Moriches, New York, July 17, 1996. Aircraft Accident Report NTSB/AAR-00/03 [R]. Washington, DC. 2000.

[65] The House Committee on Transportation & Infrastructure. FINAL COMMITTEE REPORT THE DESIGN DEVELOPMENT & CERTIFICATION OF THE BOEING 737 MAX [R]. 2020.

[66] 何钟武，肖朝云，姬长法．以可靠性为中心的维修 [M]. 北京：中国宇航出版社，2007.

[67] 何钟武，刘毅，刘友丹，等．系统安全技术国内外研究与应用综述 [J]. 航空标准化与质量，2010 (3)：14-17.

[68] 何钟武，张向前，许艳，等．航空装备 EWIS 技术的研究与应用 [J]. 航空标准化与质量，2017 (5)：42-46.

[69] 何钟武，金媛媛，雷长春．关于取消航空装备首翻期及翻修间隔期的技术研究 [J]. 航空标准化与质量，2020 (2)：48-51.

[70] 修忠信，等．民用飞机系统安全性设计与评估技术概论 [M]. 上海：上海交通大学出版社，2013.

[71] 阎芳．运输类飞机适航要求解读第 5 卷，设备 [M]. 北京：航空工业出版社，2013.

[72] 王鹏．运输类飞机适航要求解读第 6 卷，使用限制资料和电气线路互联系统 [M]. 北京：航空工业出版社，2013.

[73] 郭博智，王敏芹，阮宏泽．民用飞机安全性设计与验证技术 [M]. 北京：航空工业出版社，2015.

[74] 赵廷弟．安全性设计分析与验证 [M]. 北京：国防工业出版社，2011.

[75] 周庆，等．综合模块化航电软件仿真测试环境研究 [J]. 航空学报，2012，33 (4)：722-733.

[76] 曹海峰．民用航空器事故中的人为因素分析 [J]. 中国民用航空，2008 (2)：41-43.

[77] 刘晓杰，刘英．航空安全与人为因素热点问题研究 [M]. 北京：中国民航出版社，2007.

[78] 宋太亮，黄金娥．装备质量建设经验与实践 [M]. 北京：国防工业出版社，2011.

[79] 曾天翔，等．航空装备安全性技术发展及应用（一）．中国航空信息中心，HY98015. 1998.

[80] 张铁纯，等．安全性发展趋势分析 [J]. 中国民航大学，2008.

[81] 高培建．人为因素与航空安全 [J]. 科技创新导报，2009 (13)：212.

[82] 杨建元．浅议最低设备清单 [J]. 航空维修与工程，2006 (4)：58-59.

[83] 李敏．提高铁道基础结构的可靠性确保铁路运输安全 [J]. 铁道工程学报，2003 (1)：22-28.

[84] 石君友．测试性设计分析与验证 [M]. 北京：国防工业出版社，2011.
[85] 常士基，刘延利，郭泣夏．民用航空维修工程 [M]. 北京：航空工业出版社，2018.
[86] 常士基．民用航空维修工程管理 [M]. 山西：山西科学技术出版社，2002.
[87] 王再兴．民用航空器外场维修 [M]. 北京：中国民航出版社，2000.
[88] GJB/Z 99—1997. 系统安全工程手册 [S].
[89] GJB/Z 170—2013 军工产品设计定型文件编制指南 [S].
[90] GJB 775.1—89 军用飞机结构完整性大纲 飞机要求 [S].
[91] GJB 900—1990 系统安全性通用大纲 [S].
[92] GJB 900A—2012 装备安全性工作通用要求 [S].
[93] GJB 1378A—2007 装备以可靠性为中心的维修分析 [S].
[94] GJB/Z 1391—2006 故障模式影响及危害性分析指南 [S].
[95] GJB 3273A—2017 武器装备研制项目技术审查 [S].
[96] GJB 3206A—2010 技术状态管理 [S].
[97] GJB 3968A—2012 军用飞机用户技术资料通用要求 [S].
[98] GJB 5709—2006 装备技术状态管理监督要求 [S].
[99] GJB 5235—2004 军用软件配置管理 [S].
[100] HB 7807—2006 航空产品技术状态（构型）管理要求 [S].
[101] GJB 6387—2008 武器装备研制项目专用规范编写规定 [S].
[102] GJB 8892.13—2017 武器装备论证通用要求 安全性 [S].
[103] Q/AVIC 40106—2016 直升机区域安全性分析要求 [S].
[104] Q/AVIC DM 1483—2022 航空装备共模分析指南 [S].
[105] 郑建．民用飞机系统安全性分析中 EWIS 部件的考虑 [J]. 航空科学技术，2013（3）：58-60.

后　记

随着 1992 年 DO－178B 及 1996 年之后 ARP 4754、ARP 4761、MIL－HDBK－516、DO－254 等系列标准及规范的相继推出，系统安全技术使得现代装备的研制进入了研制保证与过程控制阶段。具体来说，通过功能危险评估及初步系统安全性评估确定（分配）各系统及子系统的安全性需求，通过系统安全性评估验证安全性目标是否达到，通过研制保证等级对装备的设计、试验、试制过程进行管理。

常说“一流企业搞标准”。只有先进的标准，经合理剪裁、充实和实施后，才能保证产品的质量，提升企业的效率和竞争力。本书就是研究国内外系统安全方面的现代标准与规范，希望能将这些标准及规范的现代理念真正落实到装备的研制、生产与管理中，将事后“质量整顿”的精力前移至论证、方案和工程研制阶段需求的正确性与完整性上，并在装备全寿命周期内对其灾难性及危险的故障状态进行持续监控，以改变目前国内部分新机在试飞前“排故－排故－再排故”、在试飞阶段时“飞－停－飞”的状态，放松各类型号参研人在新研型号首次试用（如火箭的发射、飞机的首飞、飞船的绕月等）时的紧张心态，减少安全事故或事故征候的频度。

如果说《系统安全》一书重点是在研制阶段通过贯彻“以全寿命周期内安全性需求引导装备研制”的思想，权衡性能、进度与费用风险，最终向用户提供满足需求的装备，那么《以可靠性为中心的维修》一书重点是在研制阶段通过贯彻“以可靠性为中心的维修”思想，避免使用阶段装备的过度维修，并提高其可用度。读者不难发现，如将两本书有机融合在一起，则可为保证装备寿命期内使用时的安全、可靠与经济提供基础技术支撑。

从大学时起，就敬畏装备安全，坚信保证安全就是创造财富。少年梦想，一生拼搏。

承蒙洪都集团各级领导近四十年来的关怀，值此告老之际，特以致谢！

作　者

2021 年 2 月 9 日